工程力学学习指导

（第2版）

⊙主编　邱小林 包忠有 杨秀英 郭纪林

北京理工大学出版社
BEIJING INSTITUTE OF TECHNOLOGY PRESS

内 容 简 介

本书与作者编著的《工程力学》(第2版)教材配套使用。全书共分为上下两卷。上卷为理论力学,包括静力学、运动学、动力学共3篇13章;下卷为材料力学,计12章。篇首或卷首有相应的提示,篇末或卷尾有内容小结;各章都包含内容提要、知识要点、解题指导和练习题四个部分。练习题中的应用题附有答案。

图书在版编目(CIP)数据

工程力学学习指导/邱小林等主编.—2版.—北京:北京理工大学出版社,2012.7 (2023.1重印)

ISBN 978-7-5640-6340-5

Ⅰ.①工… Ⅱ.①邱… Ⅲ.①工程力学-高等学校-教学参考资料 Ⅳ.①TB12

中国版本图书馆CIP数据核字(2012)第170196号

出版发行/北京理工大学出版社
社　　址/北京市海淀区中关村南大街5号
邮　　编/100081
电　　话/(010)68914775(办公室) 68944990(批销中心) 68911084(读者服务部)
网　　址/http://www.bitpress.com.cn
经　　销/全国各地新华书店
印　　刷/唐山富达印务有限公司
开　　本/787毫米×1092毫米 1/16
印　　张/20.5
字　　数/470千字
版　　次/2012年7月第2版 2023年1月第7次印刷
定　　价/56.00元

责任校对/陈玉梅
责任印制/王美丽

出版说明 >>>>>>>

北京理工大学出版社为了顺应国家对机电专业技术人才的培养要求，满足企业对毕业生的技能需求，以服务教学、立足岗位、面向就业为方向，经过多年的大力发展，开发了近30多个系列500多个品种的高等教育机电类产品，覆盖了机械设计与制造、材料成型与控制技术、数控技术、模具设计与制造、机电一体化技术、焊接技术及自动化等30多个制造类专业。

为了进一步服务全国机电类高等教育的发展，北京理工大学出版社特邀请一批国内知名行业专业、高等院校骨干教师、企业专家和相关作者，根据高等教育教材改革的发展趋势，从业已出版的机电类教材中，精心挑选一批质量高、销量好、院校覆盖面广的作品，集中研讨、分别针对每本书提出修改意见，修订出版了该高等院校“十二五”特色精品课程建设成果系列教材。

本系列教材立足于完整的专业课程体系，结构严整，同时又不失灵活性，配有大量的插图、表格和案例资料。作者结合已出版教材在各个院校的实际使用情况，本着“实用、适用、先进”的修订原则和“通俗、精炼、可操作”的编写风格，力求提高学生的实际操作能力，使学生更好地适应社会需求。

本系列教材在开发过程中，为了更适宜于教学，特开发配套立体资源包，包括如下内容：

- 教材使用说明；
- 电子教案，并附有课程说明、教学大纲、教学重难点及课时安排等；
- 教学课件，包括：PPT课件及教学实训演示视频等；
- 教学拓展资源，包括：教学素材、教学案例及网络资源等；

➢ 教学题库及答案，包括：同步测试题及答案、阶段测试题及答案等；

➢ 教材交流支持平台。

北京理工大学出版社

Qianyan

前 言 >>>>>>

本教材在编写过程中，作者一方面总结了自己多年的教学经验，另一方面又广泛地征求了同行专家的意见，结合机械类专业及土建类专业对工程力学教学改革的需要，精选内容，科学组织内容，以比较精炼简洁的语言阐明工程力学最基本的概念以及内容间的内在联系，深入浅出，从一般到特殊，适时地总结规律，从而达到以少量的教学课时，实现能系统熟练掌握相应基本理论，基本方法的目标。本教材在“材料力学”部分的内力分析时，一改传统的微分计算方法，用积分法（边界载荷法）分析各内力要素之间及内力与外载荷之间的积分关系，实现了正确快捷地进行内力分析的目的。在例题和习题选择方面十分注重结合工程实际。以提高读者的分析问题和解决问题的能力。

为了能更有效地应用已学课程的知识内容，针对已经在普通物理中讲授过的知识点，本书只做简要的叙述，以作为必要的知识衔接而侧重与工程力学的性质、任务和要求出发，应用这些内容的理论和方法去分析工程实际中的力学问题、达到巩固深化和提高的目的。这样既节省了授课的时数，又能让读者更系统地掌握各学科之间的内在联系，防止了对同一内容的重复讲授。

全书分为上下两卷。上卷为理论力学包括静力学、运动学、动力学计 13 章。下卷为材料力学计 12 章，共计 25 章，并有附表（型钢表）及习题答案。

本书由南昌理工学院邱小林教授、华东交通大学包忠有教授、南昌理工学院杨秀英教授、郭纪林教授主编，华东交通大学余学文副教授、南昌理工学院杨兴玉老师参加了编写。

江西省力学学会理事长扶名福教授对本书的编写给予大力的支持，提出了许多宝贵的意见，在此谨向他致以深深的谢意。

限于我们的水平，书中一定会有不少缺点，诚恳希望广大读者批评指正。

编 者

目 录

上卷 理论力学

第一篇 静 力 学

第二篇 运 动 学

第三篇 动 力 学

下卷 材料力学

上 卷

理论力学

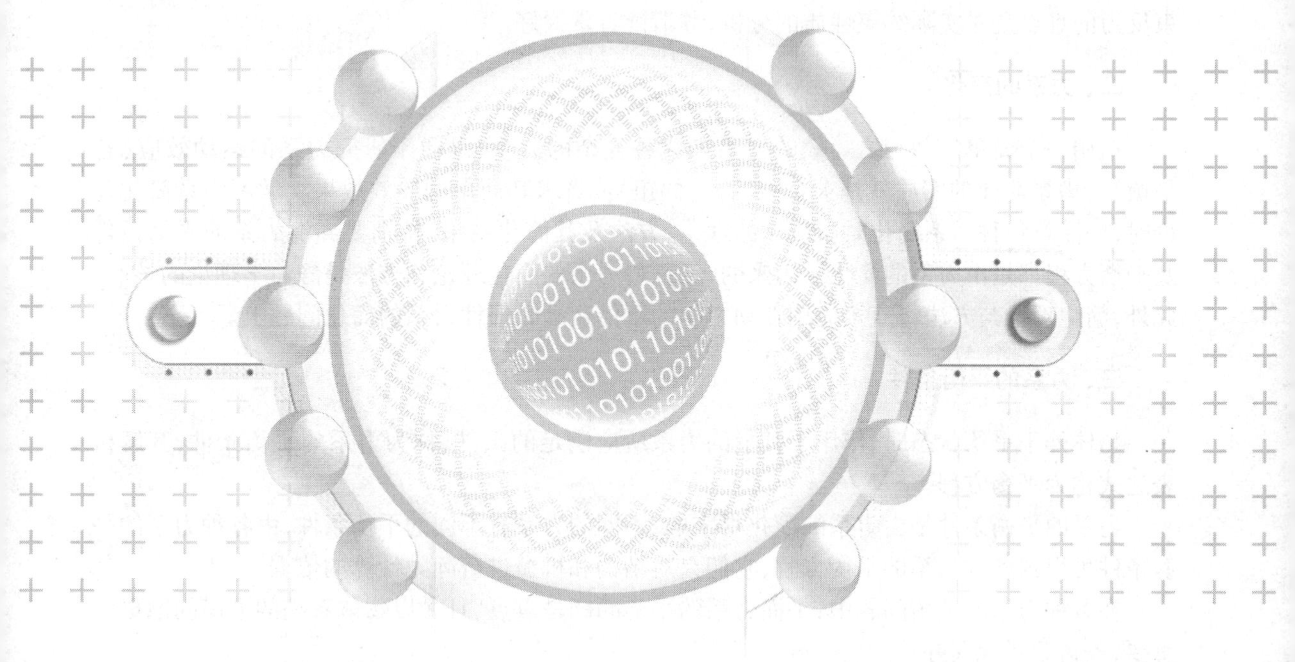

第一篇 静 力 学

静力学学习指导

理论力学是研究物体机械运动一般规律的科学。物体的平衡是机械运动的特殊情况。在工程上，物体相对于地面处于静止状态或匀速直线运动状态称为平衡。静力学即研究物体在力系作用下的平衡问题，主要包括以下三个方面。

一、物体的受力分析

即分析所研究的物体受到哪些力的作用，并画出其受力图。这是研究力学问题的首要工作，因为搞不清受力，就无法解决静力学、动力学以及材料力学问题。所以，正确分析物体的受力情况并画出其受力图是解决工程力学问题的前提。画受力图的重点是画约束反力，而画约束反力的难点是对实际约束性质的分析，务请读者掌握好。

二、力系的简化

指用一个简单的并与之等效的力系来代替复杂的力系，以便于研究力系的运动效应（含平衡）。力系简化的实质就是求合力（合力偶矩）或者求其简单的等效效果。学习力系简化理论时，要注意各种力系简化时所应用的理论、方法及其简化结果，特别要弄清力系的平衡条件及平衡方程都是由力系的简化导出来的。所以，力系的简化理论和方法是静力学理论的核心。此外，简化理论与方法将直接应用在动力学的刚体运动时惯性力系的简化问题上。

三、力系的平衡条件

物体处于平衡状态时，作用于其上的力系所应满足的条件，称为力系的平衡条件，其解析表达式称为平衡方程。

力系的平衡条件是由力系的简化得来的，不同的力系有不同的平衡条件，由各种力系的平衡条件可得出各种力系的平衡方程，它们是对结构和机械进行静力计算的依据。

在各种力系的平衡问题中，平面力系的平衡问题是重点，且尤以**物体系统**的平衡问题更为重要，务请读者掌握好。

1.1　内容提要

本章阐述静力学中的一些基本概念、定义、五个公理和两个推论,以及工程上常见的约束和约束反力的分析。重点是静力学的公理及物体的受力分析和受力图的画法。

1.2　知识要点

1. 力、刚体、平衡的概念是力学中最基本的概念

(1) **力**是物体间相互的机械作用,这种作用使物体的运动状态发生变化(**外效应**)和使物体发生变形(**内效应**)。

力对物体的效应取决于力的**大小**、**方向**、**作用点**三个要素,力是**定位矢量**。作用于刚体上的力可沿其作用线移动,故对刚体而言,力的作用效应为力的**大小**、**方向**、**作用线**,故为**滑动矢量**。

必须指出,**两力大小相等**、**两力矢相等**、**两力相等**,这三种说法是有区别的。用 $\boldsymbol{F}_1$、$\boldsymbol{F}_2$ 表示两个力。所谓两力的大小相等,是指两个力的模相等,但它们的方向和作用点可以是任意的,记为 $F_1=F_2$,如图1-1(a)所示;所谓两个力的力矢相等,是指除两个力的模相等外,这两个力的方向也相同,但它们的作用点可以是任意的,以 $\boldsymbol{F}_1=\boldsymbol{F}_2$ 表示,如图1-1(b)所示;两力相等,则不仅指两力的模相等,两力的方向相同,而且它们的作用点也相同,如图1-1(c)所示。

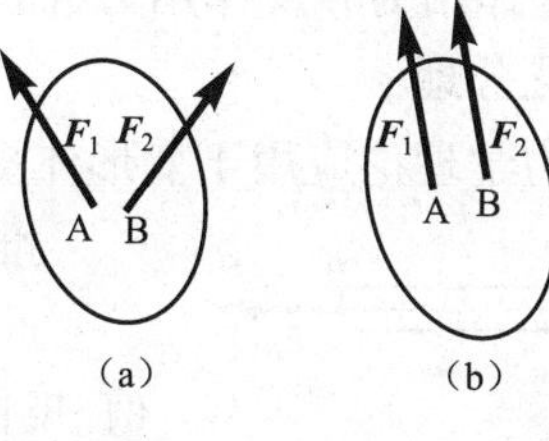

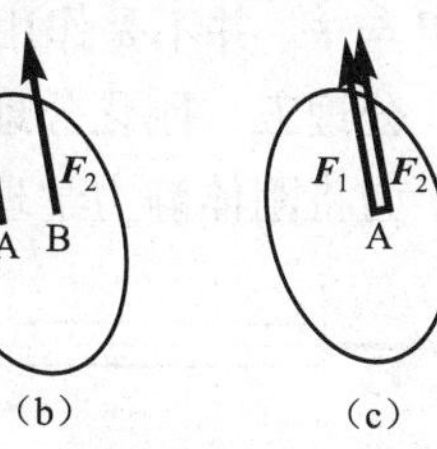

图1-1

(2) **刚体**是受力而不变形的物体。它是实际物体抽象化的力学模型。

(3) **平衡**是指物体相对于地面保持静止或匀速直线运动的状态。

2. 静力学公理是力学最基本、最普遍的客观规律

使用静力学公理,必须注意它们的应用条件。

公理一　二力平衡公理(二力平衡条件)

由图1-2可见:二力平衡公理是一个刚体平衡的充要条件,对不能承受压力的变形体,如绳类来说,它仅是平衡的必要条件。

公理二　加减平衡力系公理

平衡力系是指不改变物体原有运动状态的力系。因此,在某力系作用下的物体上,加上或

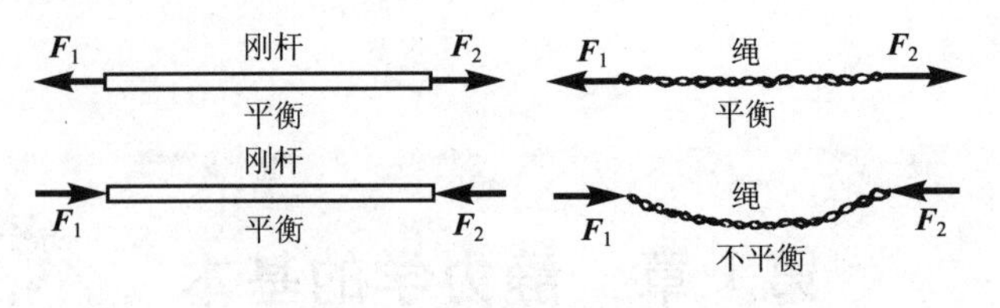

图 1－2

减去一个平衡力系，虽不改变物体的运动效应，但却会改变物体的变形效应。因此，此公理只适用于刚体，而不适用于变形体。

公理三　平行四边形公理（平行四边形法则）

此为矢量合成与分解的通用法则，对刚体与变形体均适用。

公理四　作用与反作用公理

要注意作用力与反作用力并不作用在同一物体上。因此，绝不能与二力平衡公理中的二力混同，有人常犯这方面的错误。

例如，一重为 P 的物块静止于一光滑的水平面上，如图 1－3(a)所示，此物体受重力 $\boldsymbol{P}$ 及地面的反力 $\boldsymbol{F}_\mathrm{N}$ 作用。依二力平衡公理可知 $\boldsymbol{P}$ 与 $\boldsymbol{F}_\mathrm{N}$ 是等值、反向、共线的。于是就有人错误地认为 $\boldsymbol{P}$ 与 $\boldsymbol{F}_\mathrm{N}$ 就是作用力和反作用力平衡。实际上，与力 $\boldsymbol{F}_\mathrm{N}$ 互为作用力与反作用力的是 $\boldsymbol{F}_\mathrm{N}'$，如图 1－3(c)所示，而并不是 $\boldsymbol{P}$，力 $\boldsymbol{F}_\mathrm{N}'$ 是物块对地面的压力；而重力 $\boldsymbol{P}$ 是地球对物块的引力，与力 $\boldsymbol{P}$ 成对的反作用力应该是物块对地球的引力 $\boldsymbol{P}'$，如图 1－3(d)所示。图 1－3(b)中的 $\boldsymbol{P}$ 与 $\boldsymbol{F}_\mathrm{N}$ 并不是作用力和反作用力，而是同一物体所受的两个力。

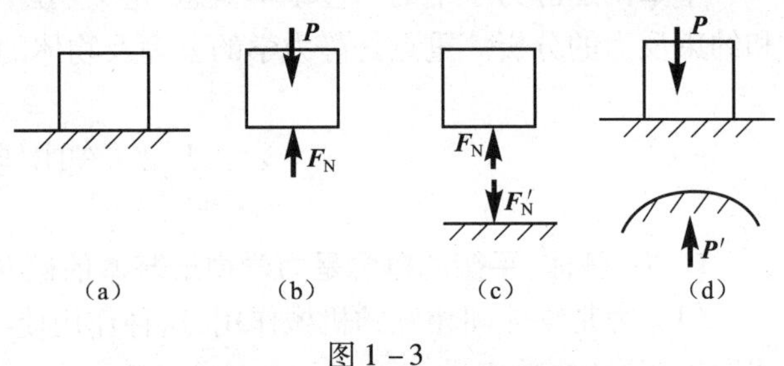

图 1－3

公理五　刚化公理

为将刚体静力学理论应用于变形体提供了依据。

推论一　力的可传性原理

此原理只能用于刚体，如图 1－4(a)所示刚体受二等值、反向、共线的拉力 $\boldsymbol{F}_A = -\boldsymbol{F}_B$ 作用平衡，依力的可传性，将二力分别沿作用线移动成图 1－4(b)所示受二压力作用平衡是允许的。但对变形体（假如图 1－4 中杆 AB 是变形体，变形体将在材料力学中研究）则力的可传性原理不成立。因图 1－4(a)中杆 AB 受拉产生伸长变形，而图 1－4(b)中杆 AB 受压产生缩短变形，二者截然不同。如不考虑条件，乱用力的可传性，必将导致错误结果。

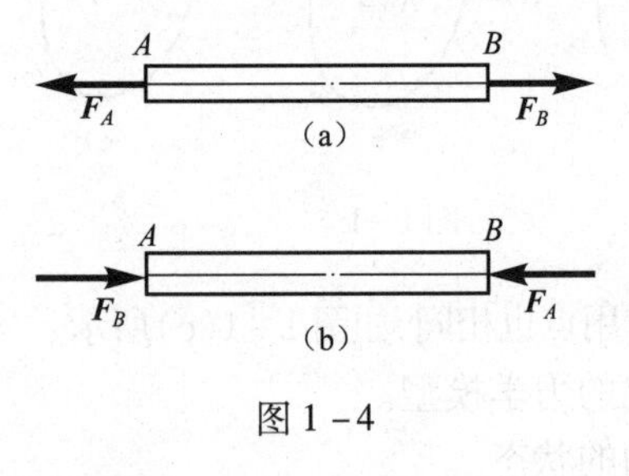

图 1－4

又如图 1－5(a)、(b)所示刚架，根据力的可传性，将力 $\boldsymbol{F}$ 由作用点 O 移到了作用点 O'，对吗？

要注意力的可传性是针对一个刚体而言的，即作用在同一刚体上的力可沿其作用线移动到该刚体上的任一点，而不改变此力对刚体的外效应。故图 1－4(a)中力的移动是可以的，但图 1－5(b)中力 $\boldsymbol{F}$ 的移动是错误的。因为，这时力 $\boldsymbol{F}$ 已由刚体 AB 移到了刚体 BC 上，这是不允许的。因为移动前 BC 是二力构件，刚体 AB 是受三力作用而平衡的。其受力图如图 1－6

(a)所示。而移动后刚体 BC 和 AB 的受力图都发生了变化,如图1-6(b)所示。刚体 AB 由原受三力平衡变为受二力平衡(二力构件)。而刚体 BC 由原受二力平衡变为受三力平衡。同时在铰链 B 处,两个刚体相互作用力的方向在力移动之后也发生了变化。因此,力只能在同一刚体上沿其作用线移动,而绝不允许由一个刚体移动到另一个刚体上。

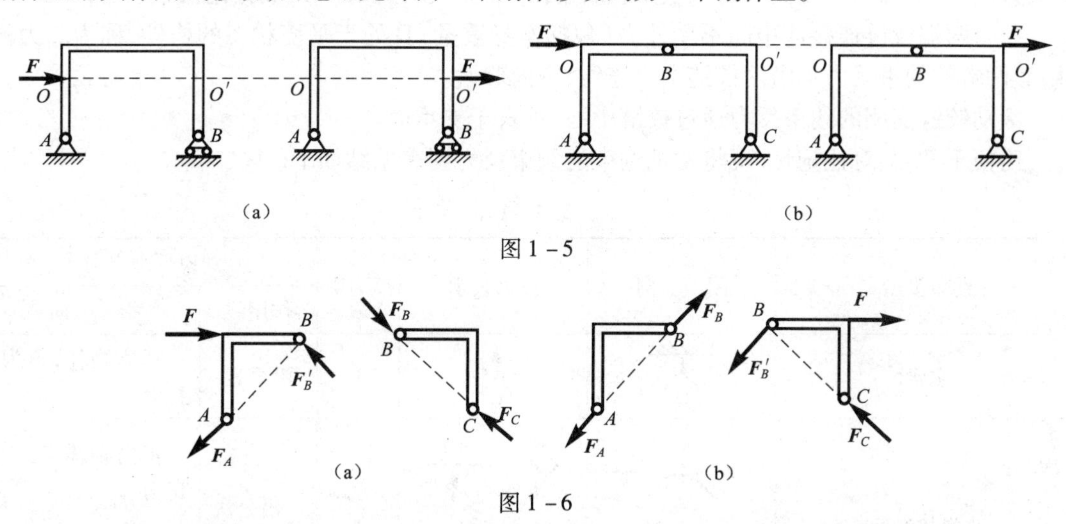

图1-5

图1-6

3. 约束和约束反力

约束　限制非自由体某些运动的周围物体。如绳索、光滑面、光滑铰链、固定铰链支座、活动铰链支座、二力构件、轴承、推力轴承等。

约束反力　约束对非自由体(被约束体)施加的力。

约束反力的方向　应与约束所能阻止的物体的运动方向相反。画约束反力时,应根据约束本身的特性(约束的类型)来确定约束反力的方向。

柔索的约束反力,沿柔索中心线,背离物体,恒为拉力。

光滑面约束的约束反力,过接触点、沿接触面的公法线方向,恒为压力。

注意:

(1) 当两个物体的接触点处有一物体无法线(如图1-7杆的尖角 A 及槽的尖角 B 处),则压力沿另一物体法线方向。

(2) 光滑面约束有单面(单向)、双面(双向)约束之分(图1-8(a)、(b))。光滑支承面只能单一地阻止物体向下运动(图1-8(a)),称为**单面约束**。若物块放在光滑水平槽中(图1-8(b)),槽面能限制物块两个方向的运动,称为**双面约束**。由于间隙的存在,在一种受力状

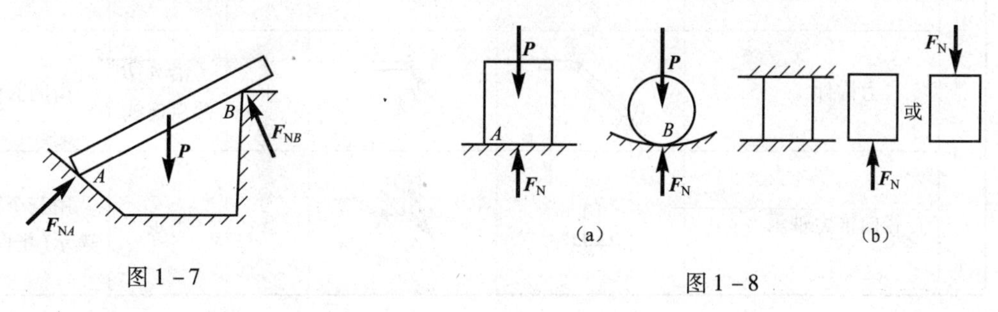

图1-7

图1-8

态下，只能有一面有约束反力，当不能准确判断其方向时，可假设，最后由平衡方程计算出结果的正、负值来确定（正值表示假设方向正确，负值表示与假设方向相反）。

(3) 光滑铰链约束反力的分析是难点。虽然能确定其约束反力通过铰链中心，但不能确定其方向，通常用两个正交分力来表示（空间用三个正交分力表示），其指向假设。

一个两端铰链连接而中间不受外力（包括本身重量）且处于平衡状态的构件，称为**二力构件**，其两端的约束反力均沿两铰链中心连线，指向假设。

活动铰链支座的约束反力通过铰链中心、垂直于支承面。

为便于学习、对比记忆，现将常见约束的约束反力列表总结如下（表 1－1）。

表 1－1

约束类型		图　例	反力表示	反力数	约束反力方向	
					作用线	指　向
柔索		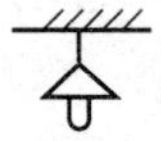	 F_T	1	沿柔索	背离物体，恒为拉力
光滑接触面		单面 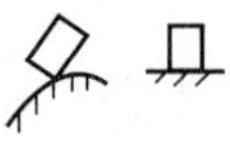	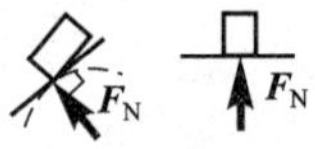 F_N　F_N	1	沿公法线	指向物体，恒为压力
		双面	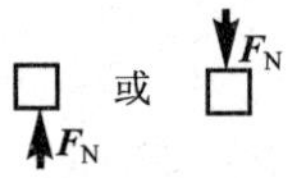 F_N 或 F_N			指向假设
光滑铰链约束	圆柱形销钉连接	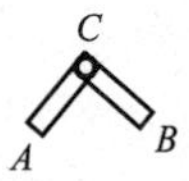 C A B	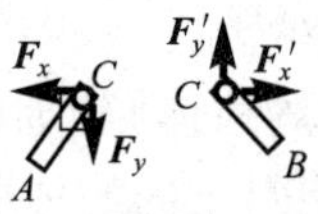 F_x C F_y A　F_y' C F_x' B	2	不定	用二正交分力表示（指向假设）
	固定铰链支座 径向轴承	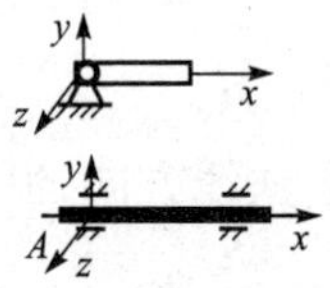 y z x　y A z x	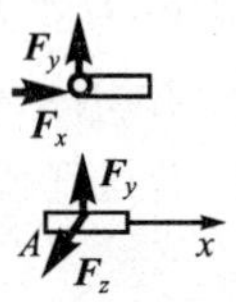 F_y F_x　F_y A F_z x	2	不定	用二正交分力表示（指向假设）
	活动铰链支座	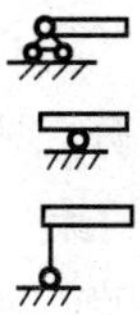	 F_N　F_N　F_N	1	垂直于支承面	指向假设
	二力构件	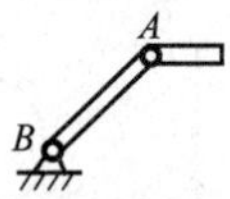 A B	 A F_{AB}	1	沿 A、B 两点连线	指向假设
	径向推力轴承	 A	 F_z A F_y F_x	3	不定	用三个正交分力表示（指向假设）

续表

约束类型	图　例	反力表示	反力数	约束反力方向	
				作用线	指　向
固定端约束			3	不定	用二正交分力和一反力偶矩表示（指向假设）

4. 受力图

取分离体并对其进行正确的受力分析，画出受力图，是解决力学问题的前提。

画受力图的步骤

（1）在分离体上画出它所受的主动力。

（2）正确分析分离体所受的约束性质，画出约束反力。约束反力能确定指向的，要正确画出其指向（如单向光滑面约束、柔索约束等）；不能确定指向的，可以假定指向（如铰链约束的两个正交约束反力及二力杆约束反力等），最后由计算结果校正。

注意事项

（1）要注意并善于判断二力构件。若题目中有二力构件，要根据二力平衡公理，先画出此二力构件的约束反力，这样有助于确定相关的未知力的方位，可以简化计算。

（2）要注意三力平衡汇交定理的应用，以确定某些约束反力的方向。

（3）在分别画两个相互连接构件的受力图时，应遵循作用与反作用公理，即画出一个构件在连接处的约束反力后，另一个构件在该连接处的约束反力必须与之反向，不能随意。

（4）画整个物体系统的受力图时，只画这个系统的外部约束反力。各构件连接处的相互作用力，是系统的内力，成对出现，相互抵消，切勿画出。

（5）画整个物体系统（单个或几个物体组成）的受力图时，为方便起见，可在原结构图上直接画；但画物体系统中某个物体或某一部分的受力图时，必须取分离体，即解除约束，单独画出。为便于记忆，将上述方法、要点概括为几句话：

研究对象要分离，解除约束代以力。

反力勿按直观画，约束类型是依据。

外力勿丢，内力勿画，作用反作用勿忘。

1.3　解题指导

例1-1　如图1-9所示曲杆AB受主动力$\boldsymbol{P}$作用，试画出其受力图。

解　研究对象　曲杆AB（该系统只有一个物体，故可在原图（a）上画其受力图）

分析力、画受力图　先画主动力$\boldsymbol{P}$。由于B处为光滑面约束，反力应过接触点沿接触面公法线方向，此处杆的尖角B无法线，则反力应沿另一物体（支承面斜面）的法线方向为$\boldsymbol{F}_{NB}$。而A铰处按一般铰链分析，画成过铰链中心A的二正交分力$\boldsymbol{F}_{Ax}$、$\boldsymbol{F}_{Ay}$（图1-9（a）），也可根据三力平衡汇交定理确定$\boldsymbol{F}_{RA}$，必过$\boldsymbol{P}$与$\boldsymbol{F}_{NB}$的交点O。正确的受力图如图1-9（a）或1-9（b）所示。

但常有人不根据约束类型，而凭直观想象画其受力图。如根据主动力$\boldsymbol{P}$铅垂向下，即认为A、B处反力皆向上，画成如图1-9（c）所示的受力图，显然是错误的。

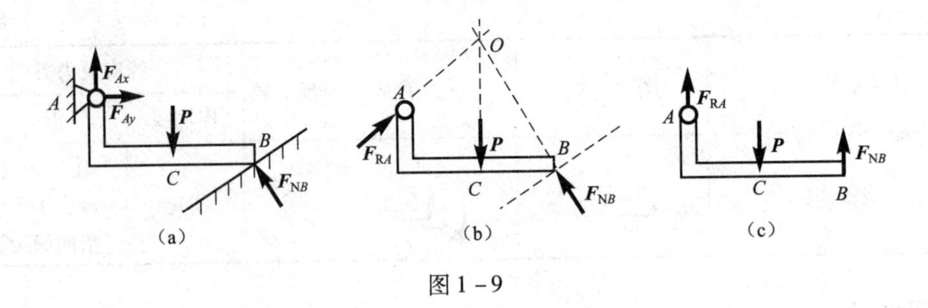

图 1 – 9

例 1 – 2 画出图 1 – 10(a)、(b)所示的物块的受力图。

解 对图 1 – 10(a):

研究对象 物块

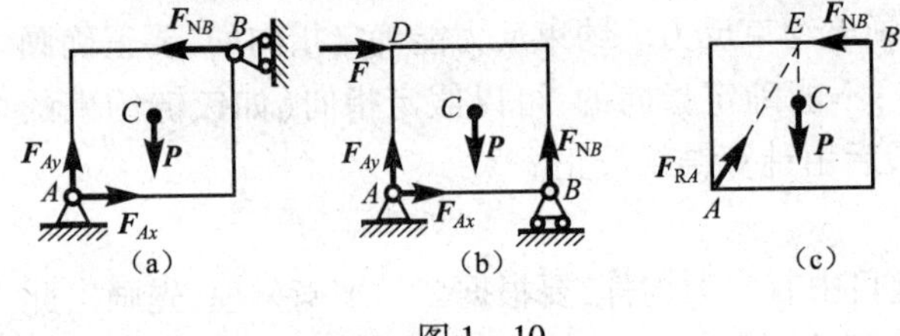

图 1 – 10

分析力、画受力图 先画主动力 $\boldsymbol{P}$。由于支座 B 为活动铰链支座,其约束反力 $\boldsymbol{F}_{NB}$垂直支承面。A 处为固定铰链支座,其约束反力为二正交分力 $\boldsymbol{F}_{Ax}$、$\boldsymbol{F}_{Ay}$,如图 1 – 10(a)所示。也可用三力平衡汇交定理,确定 A 处约束反力 $\boldsymbol{F}_{RA}$ 汇交于 $\boldsymbol{P}$ 和 $\boldsymbol{F}_{NB}$的交点 E,如图 1 – 10(c)所示。

对图 1 – 10(b):这种情况不是三力平衡,则 A 处约束反力只能画成二正交分力。如图 1 – 10(b) 所示。

例 1 – 3 试画出图 1 – 11(a)所示结构中重物 G、滑轮 B、杆 AC 和杆 CD 及整体的受力图。

解 该系统为若干物体组成,画其中任一物体的受力图时,必须取出分离体。

研究对象 重物 G

分析力、画受力图 其上受重力 $\boldsymbol{P}$ 及绳子拉力 $\boldsymbol{F}_{TE}$,画出其受力图如图 1 – 11(b)所示。

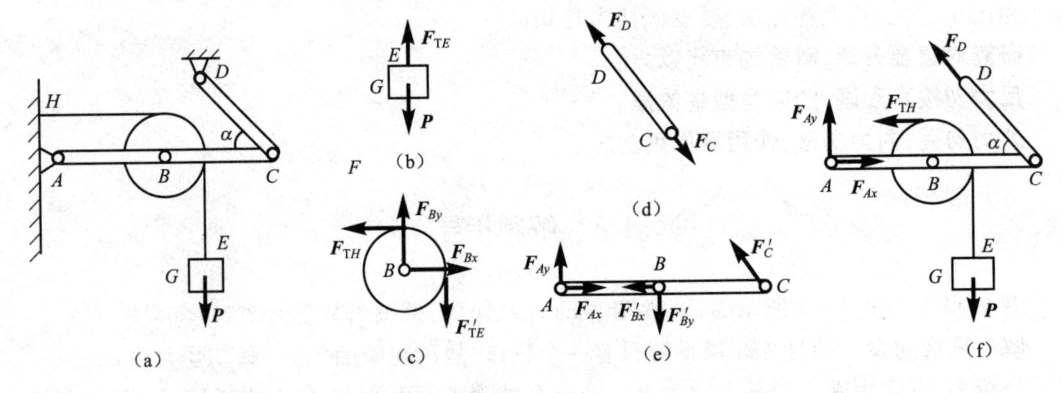

图 1 – 11

研究对象 杆 CD

分析力、画受力图 因不计自重(凡题目没给出自重者均认为不计自重),只在 D、C 二铰链处受力,故为二力杆。其反力沿二铰链中心连线,指向设为拉力,如图 1 – 11(d)所示。在机构问题中,先找出二力杆,有助于确定相关的未知力的方位。

研究对象 轮 B

分析力、画受力图 B 处为铰链约束，画出二正交分力 $\boldsymbol{F}_{Bx}$、$\boldsymbol{F}_{By}$（指向假设）。E 处绳子拉力 $\boldsymbol{F}'_{TE}$与 $\boldsymbol{F}_{TE}$是作用力与反作用力关系，H 处绳子拉力为 $\boldsymbol{F}_{TH}$，画出其受力图如图 1－11(c)所示。

研究对象 杆 AC

分析力、画受力图 C 处依作用与反作用关系画出 $\boldsymbol{F}'_C = -\boldsymbol{F}_C$，$B$ 处画上 $\boldsymbol{F}'_{Bx}$、$\boldsymbol{F}'_{By}$应分别与 $\boldsymbol{F}_{Bx}$、$\boldsymbol{F}_{By}$互为作用力与反作用力。A 处为固定铰链支座，画上二正交分力 $\boldsymbol{F}_{Ax}$、$\boldsymbol{F}_{Ay}$。其受力图如图 1－11(e)所示。

研究对象 机构整体

分析力、画受力图 该机构所受外力有主动力 $\boldsymbol{P}$、约束反力 $\boldsymbol{F}_D$、$\boldsymbol{F}_{TH}$、$\boldsymbol{F}_{Ax}$、$\boldsymbol{F}_{Ay}$。对机构整体而言，B、C、E 处均受内力作用，切勿画出。其受力图如图 1－11(f)所示。

分析与讨论

对二力杆 CD 画约束反力，一定按二力平衡条件来画，其约束反力沿铰链中心连线，不能再按一般铰链画成二正交分力。

在求解平衡问题时，若用解析法求解，像例 1－1、例 1－2 铰 A 处约束反力，一般画成二正交分力；若用几何法求解时，例 1－1、例 1－2 铰 A 处约束反力，宜根据三力平衡汇交定理来确定 $\boldsymbol{F}_{RA}$的方向。

例 1－4 图 1－12(a)所示曲柄连杆机构，曲柄重 P，活塞受推力 $\boldsymbol{F}$，系统平衡，试画出各零件及机构整体的受力图。

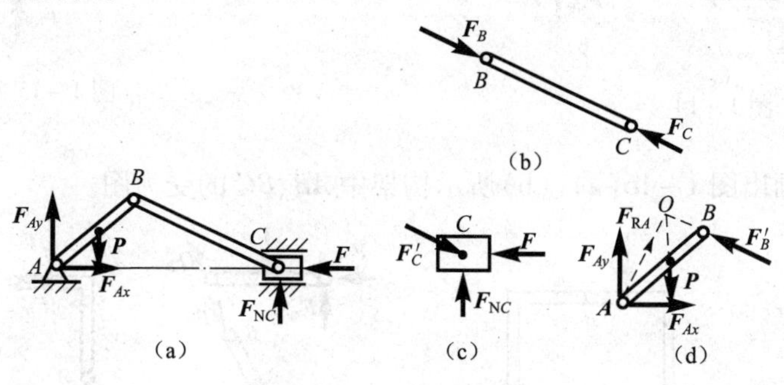

图 1－12

解 研究对象 杆 BC

因不计自重为二力杆，其约束反力应沿两铰链 B、C 中心连线，设为压力，如图 1－12(b)所示。

研究对象 活塞 C

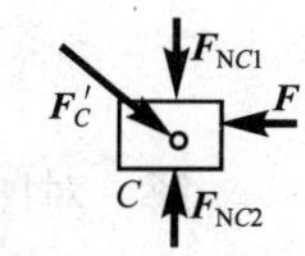

图 1－13

活塞 C 除受主动力 $\boldsymbol{F}$ 外，还受到连杆对活塞的约束，依作用与反作用关系画出 $\boldsymbol{F}'_C = -\boldsymbol{F}_C$。而气缸对活塞的约束，属光滑面，但因活塞位于槽内，槽面能限制活塞两个方向的运动，为双向（双面）约束。设槽的下面对活塞有约束反力 $\boldsymbol{F}_{NC}$，如图 1－12(c)所示。如画成上、下两面均受压力的受力图（图1－13），显然是错误的。

研究对象 曲柄 AB

因计自重 P，不是二力杆，B 处受连杆约束，依作用与反作用关系画出力 $\boldsymbol{F}'_B = -\boldsymbol{F}_B$，铰 A 处画上二正交分力 $\boldsymbol{F}_{Ax}$、$\boldsymbol{F}_{Ay}$。也可利用三力平衡汇交定理确定 $\boldsymbol{F}_{Ax}$与 $\boldsymbol{F}_{Ay}$的合力 $\boldsymbol{F}_{RA}$（虚线

示），必过力 $\boldsymbol{P}$ 与 $\boldsymbol{F}_B'$ 的交点 O，如图 1－12(d)所示。

对机构整体，B、C 二铰链处所受力为内力，不画，只画外力，其受力图如图 1－12(a)所示。

以上按正确的方法、步骤讨论了几例受力图的画法及应注意的问题。为使读者能牢固地掌握知识，熟练正确地画好受力图，下面再针对初学者容易混淆的概念和解题中常见的错误，举出一些错解例题，通过正、误对比，以巩固和深化有关的基本概念和基本理论，从而练好画受力图的基本功。

例 1－5 图 1－14(a)所示梯子 AB 重 P，在 E 处用绳 ED 拉住，A、B 处分别搁在光滑的墙及地面上。试画出梯子的受力图。

解 取梯子 AB 为研究对象，画出其受力图如图 1－14(b)。

错解分析 A 处为光滑面约束，其约束反力应过接触点沿接触面的公法线方向，墙为尖点无法线，$\boldsymbol{F}_{NA}$ 应垂直于杆 AB 才对，此处 $\boldsymbol{F}_{NA}$ 画成水平方向，显然错了。E 处绳只能承受拉力，此处画成压力，方向错了。梯子受力图的正确画法如图 1－15 所示。

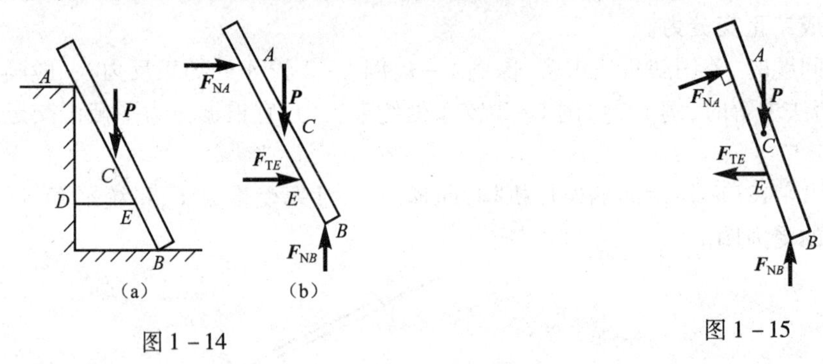

图 1－14　　图 1－15

例 1－6 试画出图 1－16(a)、(b)所示构架中 AB、BC 的受力图。

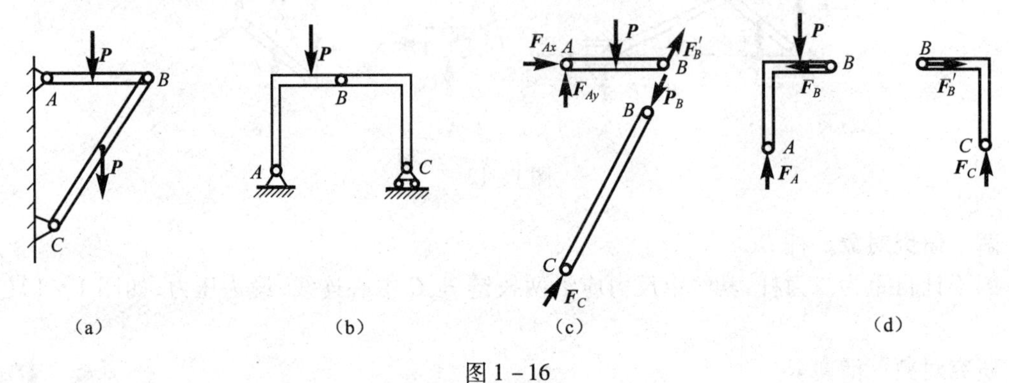

图 1－16

解 对图 1－16 中之(a)、(b)图，分别取构件 AB、BC 为研究对象，画出如图 1－16(c)、(d)所示的受力图。

错解分析 对图 1－16(a)，未把 BC 杆的自重 $\boldsymbol{P}$ 计入，而误认为二力杆，杆端铰链约束反力画成沿杆的中心线，故 B、C 处约束反力画错了，正确的画法应分解成二正交分力，如图 1－17(a)所示。

对图 1－16(b)，A、B、C 三处的约束反力都错了。构件 BC 本是二力构件，其约束反力应沿 B、C 两点连线。此处画成沿该杆件的中心线方向，当然构件 AB 的受力图也随之画错，正确

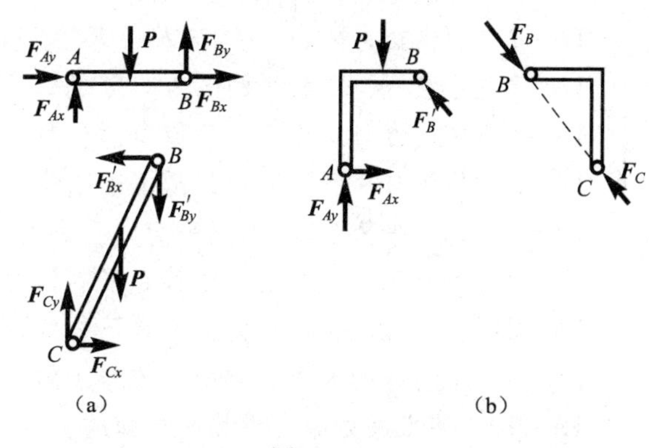

图1-17

的受力图如图1-17(b)所示。

除上述易出的错误外，有时还出现对所取研究对象(分离体)的范围不明确，画出了某些不必画出的内力。如图1-18(b)所示，这个受力图无法辨认是整个系统的受力图，还是哪一部分的受力图。如果是整个系统的受力图，则C铰处的约束反力($\boldsymbol{F}_{Cx}$、$\boldsymbol{F}_{Cy}$与$\boldsymbol{F}'_{Cx}$、$\boldsymbol{F}'_{Cy}$)是内力，不必画出。同理，D处的绳子拉力$\boldsymbol{F}_{\mathrm{T}}$和$E$铰处的约束反力$\boldsymbol{F}_{Ex}$、$\boldsymbol{F}_{Ey}$也不应画出。而且，作为系统的内力本应成对出现，但图中$\boldsymbol{F}_{\mathrm{T}}$及$\boldsymbol{F}_{Ex}$、$\boldsymbol{F}_{Ey}$都只有作用力而无反作用力。如果根据这样的受力图来进行分析计算，必然导致错误的结果。

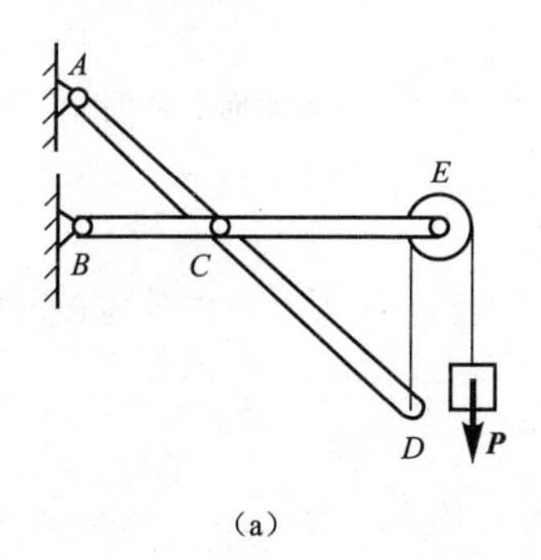

(a)

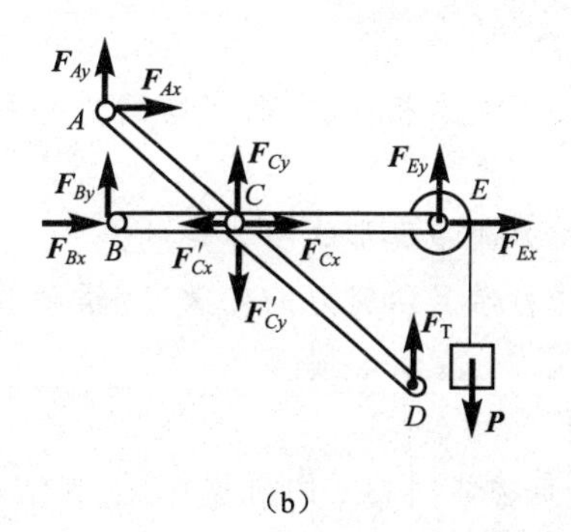

(b)

图1-18

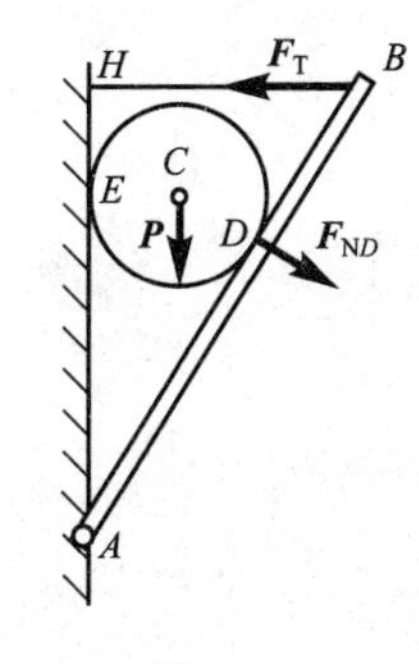

图1-19

有时还出现认为某些力与计算无关(后面将要讲到的列平衡方程不出现的力)，而不把它们在受力图中画出，这样的受力图是不完全的。例如图1-19就是一个不完全的受力图。如果是圆柱的受力图，则缺少E处的约束反力，而且D处的约束反力应与受力图中$\boldsymbol{F}_{\mathrm{N}D}$的方向相反。如果是杆$AB$的受力图，则除$\boldsymbol{F}_{\mathrm{T}}$、$\boldsymbol{F}_{\mathrm{N}D}$外，还应将$A$处的约束反力画出。尽管在以杆$AB$为分离体并对$A$点取矩写平衡方程时，方程中不出现$A$处的约束反力，但作为完整的受力图，$A$处的约束反力是一定要画出的。此外，此图一个最根本的错误还在于没有取分离体，无分离体就谈不上画什么受力图。

除以上列举的一些主要错误外，还有一些常见的错误。例如丢了某些主动力或约束反力；有关受力图中作用力与反作用力的关系不对；未标明力的作用点的名称或力的名称等。有些错误虽小，但却可能给计算造成很大差错。因此，在学习时，一定要养成严格按照规定完整地、正确地画好受力图的习惯。

练习题

A　判断题(下列命题你认为正确的在题后括号内打“√”，错误的打“×”)

1A-1　作用于物体上的力是定位矢量，作用于刚体上的力是滑动矢量。　(　　)

1A－2 两汇交力的合力 $\boldsymbol{F}_R=\boldsymbol{F}_1+\boldsymbol{F}_2$，所以合力 $\boldsymbol{F}_R$ 一定比分力 $\boldsymbol{F}_1$ 和 $\boldsymbol{F}_2$ 都大。（ ）

1A－3 等值、反向、共线的二力一定是二平衡力。（ ）

1A－4 作用力与反作用力等值、反向、共线，它们是一对平衡力。（ ）

1A－5 作用与反作用公理只适用于刚体。（ ）

1A－6 二力平衡公理、加减平衡力系公理只适用于刚体。（ ）

1A－7 对非自由体的某些位移起限制作用的周围物体称为约束。（ ）

1A－8 主动力的大小和方向都是已知的。（ ）

1A－9 主动力的大小和方向不依赖于约束及其反力。（ ）

1A－10 约束反力的大小都是未知的。（ ）

1A－11 约束反力的大小都是由主动力决定的。（ ）

1A－12 约束反力的方向可依约束的性质来决定。（ ）

1A－13 一般平面光滑铰链的约束反力（二力杆除外），可用任意两个正交分力来表示。（ ）

1A－14 两个大小相等、方向相同的力分别作用于同一物体时，它们对物体产生的效应相同。（ ）

1A－15 受力而不变形的物体是刚体。（ ）

1A－16 静力学只研究力的外效应（运动效应），而不研究力的内效应（变形效应）。（ ）

B 填空题

1B－1 力是物体间相互的机械作用，其结果使物体发生________状态改变，或者使物体发生________。

1B－2 任意两点间________保持不变的物体叫刚体。

1B－3 力的可传性原理只适用于________。

1B－4 所谓力系是指作用于物体上的________。

1B－5 与力系等效的一个力叫该力系的________。力系中的每一个力叫该________的分力。

1B－6 二力构件（二力杆）的特点是________________。

1B－7 分析二力杆受力方位的理论依据是________________。

1B－8 力的三要素是________________。

1B－9 作用于刚体上的力，可沿________________移动到刚体上任一点，而不改变该力对刚体的作用效果。

1B－10 确定约束反力的方向要根据________________。

1B－11 在分离体上画上它所受的全部力，包括________________，称为受力图。

C 选择题

1C－1 力对刚体的作用效果取决于力的大小、方向、作用线，所以对刚体来说力是（ ）。

(a) 矢量 (b) 定位矢量 (c) 滑动矢量 (d) 标量

1C－2 力对物体的作用效果取决于力的大小、方向、作用点，所以对物体来说力是（ ）。

(a) 矢量　　(b) 定位矢量　　(c) 滑动矢量　　(d) 标量

1C-3　图1-20所示多铰拱中，(　　)是二力构件。

(a) AB　　(b) BCD

(c) DEF　　(d) FG

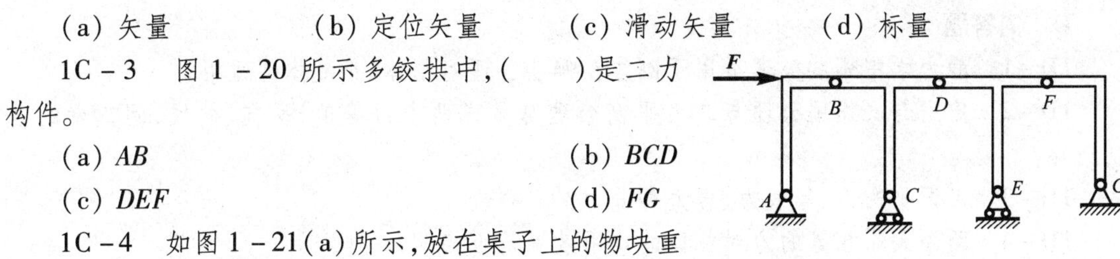

图1-20

1C-4　如图1-21(a)所示，放在桌子上的物块重 $\boldsymbol{P}$，不计桌子自重，其物块与桌子的受力图如图1-21(b)所示。其中 $\boldsymbol{P}$、$\boldsymbol{F}_{\rm N}$、$\boldsymbol{F}'_{\rm N}$ 在数值上的关系是(　　)。

(a) 相等　　(b) 不等

(c) $F'_{\rm N}$ 大于 P，$F_{\rm N}$　　(d) $F'_{\rm N}$ 小于 P，$F_{\rm N}$

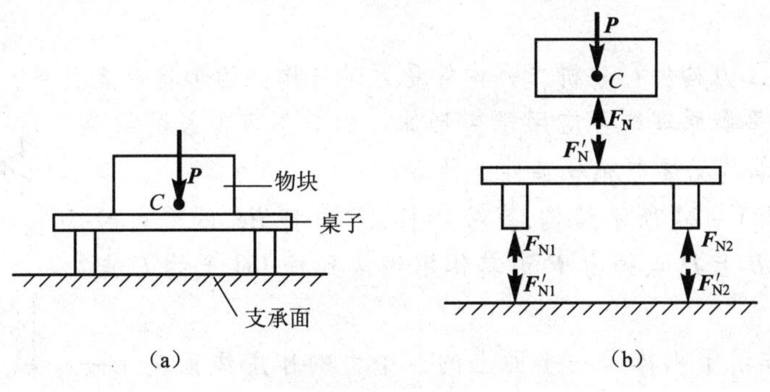

图1-21

1C-5　如图1-22所示四个平行四边形，各力的作用点都在 A 点，图(　　)中的 $\boldsymbol{F}_{\rm R}$ 代表 $\boldsymbol{F}_1$ 与 $\boldsymbol{F}_2$ 的合力。

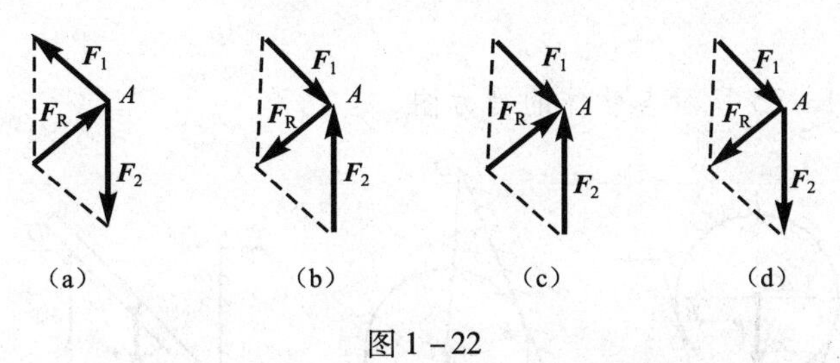

图1-22

1C-6　如图1-23所示四个平行四边形，各力的作用点都在 A 点，图(　　)中的 $\boldsymbol{F}_{\rm R}$ 为 $\boldsymbol{F}_1$ 与 $\boldsymbol{F}_2$ 的平衡力。

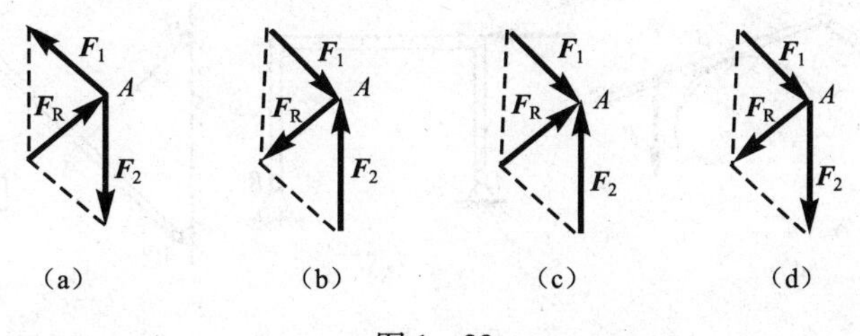

图1-23

D 简答题

1D-1 静力学中哪些公理适用于刚体？哪些公理对刚体、变形体都适用？

1D-2 作用与反作用公理与二力平衡公理都是说两个力等值、反向、共线，问二者的区别何在？

1D-3 何谓平衡力、等效力、合力和分力？

1D-4 两个大小相等的力对物体的作用效果是否相同？

1D-5 为什么说力是矢量？$\boldsymbol{F}_1=\boldsymbol{F}_2$ 和 $F_1=F_2$ 两式所代表的意义相同吗？为什么？若 $\boldsymbol{F}_2$ 的大小为 100 N，写成 $\boldsymbol{F}_2=100$ N 对吗？

1D-6 两力大小相等，两力矢相等，两力相等，这三种说法的区别在哪里？

1D-7 确定约束反力方向的原则是什么？约束有几种基本类型？其约束反力如何表示？

1D-8 何谓二力构件？分析二力构件受力时与构件的形状有无关系？为什么？

1D-9 二力平衡原理能否应用于变形体？如对不可伸长的绳索施二力作用，其平衡的必要与充分条件是什么？

1D-10 如图 1-24 所示结构，当分析杆 *AB* 与杆 *BC* 的受力时，能否将作用于杆 *AB* 上 *D* 点的力 $\boldsymbol{F}$ 沿其作用线传到杆 *BC* 上的 *E* 点？为什么？

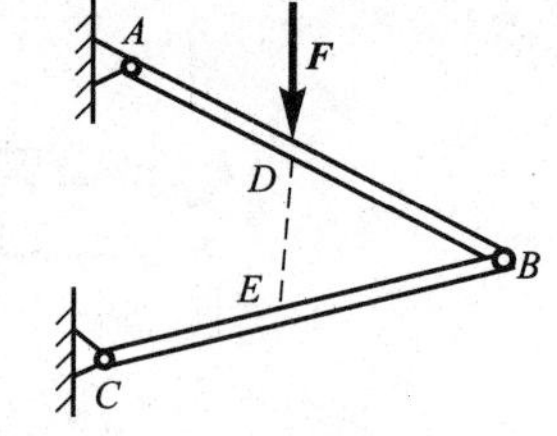

图 1-24

1D-11 如作用于刚体同一平面上的三个力的作用线汇交于一点，此刚体是否一定平衡？

1D-12 变形体在已知力系作用下平衡时，如把变形体刚化为刚体，此刚体是否一定平衡？当刚体在已知力系作用下平衡时，如把刚体软化为变形体，变形体是否一定平衡？

E 应用题

1E-1 画出图 1-25 所示各物体的受力图。

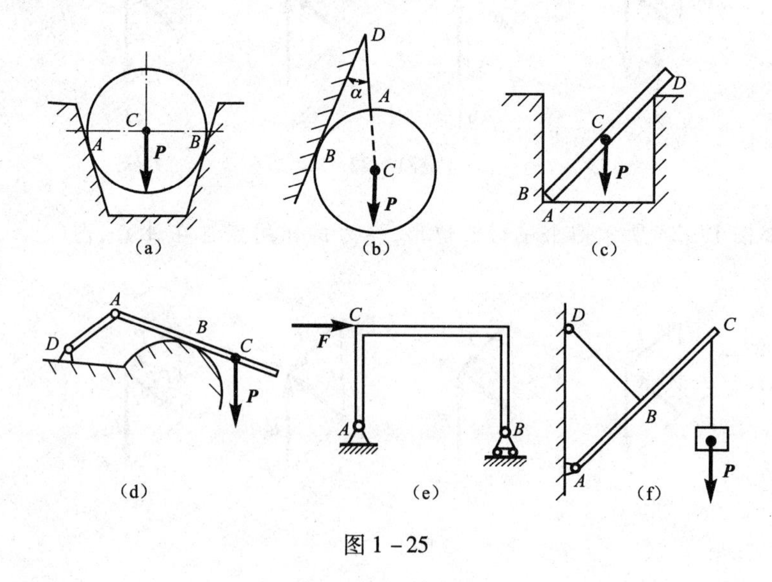

图 1-25

1E－2　画出图1－26所示各物体受力图和整体受力图。

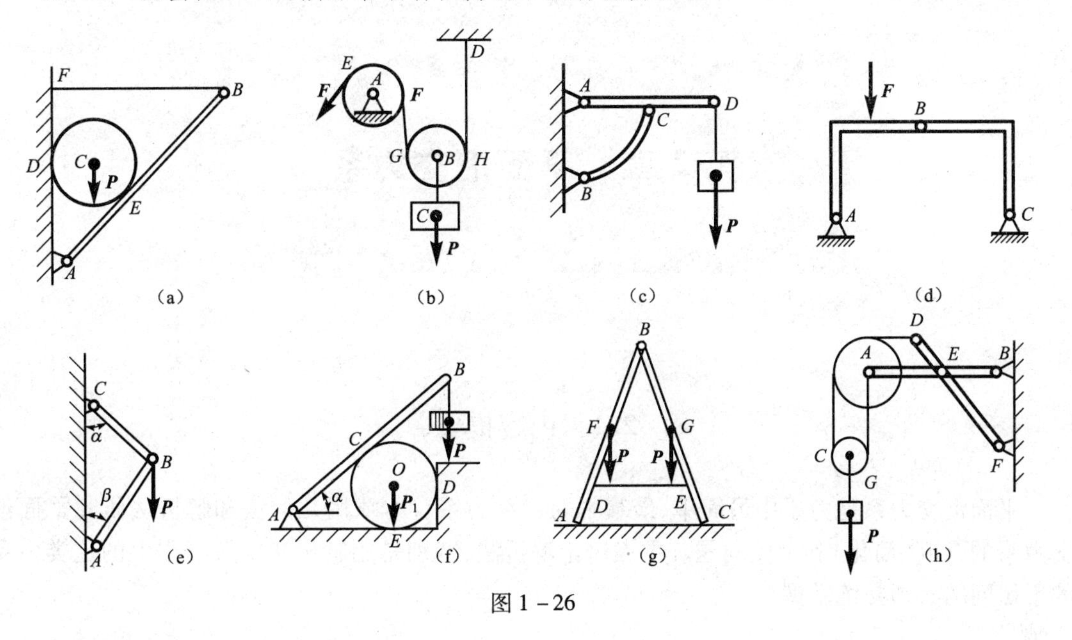

图1－26

第2章 平面汇交力系

2.1 内容提要

平面汇交力系是力系中最简单、最基本的一种力系。本章用几何法和解析法研究平面汇交力系的合成(简化)和平衡问题。重点讨论解析法,特别是用解析法求解工程上的这类力系的平衡问题必须熟练掌握。

2.2 知识要点

平面汇交力系既是工程实际中常见的力系,又是研究复杂力系的基础,应用比较广泛,一定要熟练地掌握它的理论和应用。

1. 平面汇交力系的合成与平衡

$$\text{汇交力系}\xrightarrow{\text{合力}}\begin{cases}\text{合力 } \boldsymbol{F}_{\mathrm{R}} = \sum \boldsymbol{F}_i \\ \text{平衡 } \boldsymbol{F}_{\mathrm{R}} = \sum \boldsymbol{F}_i = \mathbf{0}\end{cases}$$

(1) 力系的合成(表2-1)。

表2-1

几 何 法	解 析 法
理论依据:力的平行四边形公理 应用力多边形法则,合力的大小和方向由力多边形的封闭边决定,其指向由第一个力的始点指向最后一个力的终点	理论依据:合力投影定理 $\begin{cases}F_{\mathrm{R}x} = \sum F_x \\ F_{\mathrm{R}y} = \sum F_y\end{cases}$ 合力的大小 $F_{\mathrm{R}} = \sqrt{F_{\mathrm{R}x}^2 + F_{\mathrm{R}y}^2} = \sqrt{(\sum F_x)^2 + (\sum F_y)^2}$ 方向 $\tan\alpha = \left\|\dfrac{F_{\mathrm{R}y}}{F_{\mathrm{R}x}}\right\|$ α 为合力 F_{R} 与 x 轴所夹锐角 指向由 $F_{\mathrm{R}x}$、$F_{\mathrm{R}y}$ 的正、负号决定

值得指出的是:

① 力系合力的力矢与力多边形中各力矢的先后顺序无关。若用一定比例尺画出力多边形的各力矢,则合力矢可由图中直接量得,这就是作图法,但此法精确度难以保证。为此,对多个力的合成与平衡问题,一般用解析法,对二力的合成与三力平衡问题,可采用几何作图并用

三角公式计算的办法。

② 用解析法求合力时,若选不同的直角坐标轴,所得的合力是相同的,也即合力的大小和方向与坐标轴的选取无关。

(2) 力系的平衡(表2-2)。

表2-2

几 何 法	解 析 法
平衡的几何条件:汇交力系所构成的力多边形自行封闭。应用该条件可求解两个未知量	平衡的解析条件: $\begin{cases}\sum F_x=0\\\sum F_y=0\end{cases}$ 两个代数方程可求解两个未知量

2. 学习本章应当注意和必须搞清几个问题

(1) 几何法与解析法的比较。学习时要注意这两种方法的区别,并能针对具体问题,灵活恰当地选择合适的方法。

几何法必须根据受力图作力多边形,应用力多边形法则求解。要求作图精确,否则误差太大。对二力的合成与三力的平衡问题可绘力三角形草图,应用三角公式计算求解。但对多个力的平衡问题,不宜用几何法。

解析法,即投影计算的方法,不需再画力多边形,只需根据受力图选取合适的投影坐标轴,进行投影计算。应用解析法求解是重点。

(2) 受力图与力多边形。受力图表示物体的受力情况,包括各力的作用点的位置和方向。力多边形必须根据受力图再单独画出。受力图和力多边形是两个不同的力学图。

(3) 代数和与矢量和。代数和是正、负代数值相加,结果可能为正、为负或为零。矢量和是矢量相加,依据矢量的平行四边形法则求和。矢量方程中的每个量都是矢量,书写时必须用矢量符号(书写加箭头,印刷用黑体)。而列写投影方程时,式中均是代数量,不能出现矢量符号。否则,都是错误的方程。

(4) 力沿坐标轴的分解和力在坐标轴上的投影。力 $\boldsymbol{F}$ 沿坐标轴分解得分力,是矢量 $\boldsymbol{F}_x$、$\boldsymbol{F}_y$,即

$$\boldsymbol{F}=\boldsymbol{F}_x+\boldsymbol{F}_y$$

力 $\boldsymbol{F}$ 在坐标轴上的投影是代数量 F_x、F_y,而

$$F\neq F_x+F_y$$

若 x 轴、y 轴相互垂直,则 $|\boldsymbol{F}_x|=|F_x|$,$|\boldsymbol{F}_y|=|F_y|$;若 x 轴、y 轴相互不垂直,则 $|\boldsymbol{F}_x|\neq|F_x|$,$|\boldsymbol{F}_y|\neq|F_y|$。见图2-1(a)、(b)。

(5) 共点力系和汇交力系。共点力系是指各力都作用于同一点的力系,如绳子的结点、销钉及不计尺寸的滑轮等(图2-2(a))。

汇交力系中的各力不作用在同一点,但其作用线汇交于一点(图2-2(b)),一般统称为汇交力系。

这两种情况对刚体而言,在求解问题时没有区别。但是画受力图时,不能因此将汇交力系

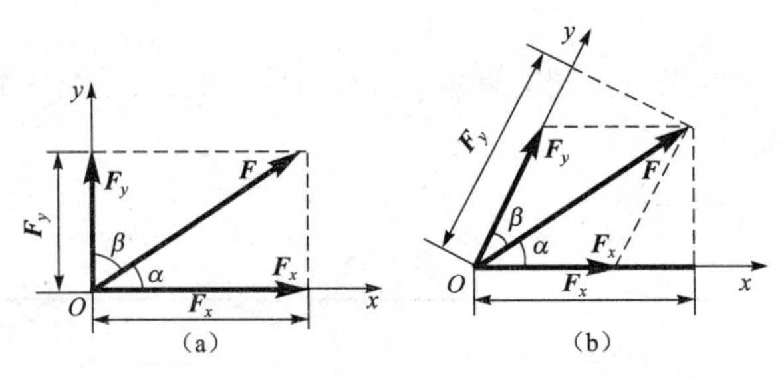

图 2 - 1

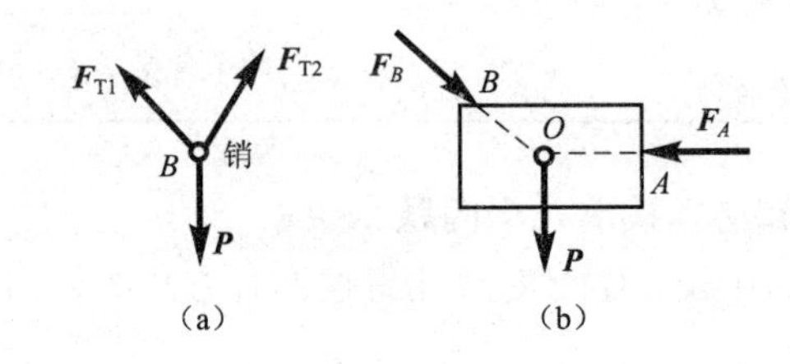

图 2 - 2

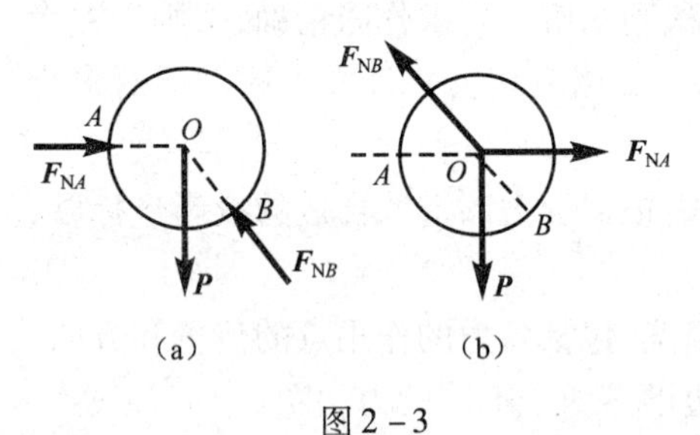

图 2 - 3

的各个力都移到汇交点(图 2 - 3(b)),而必须严格按画受力图的原则,将各力画在各自的作用点上,如图 2 - 3(a)所示。

(6) 平衡方程式中的正负号和解平衡方程所得结果的正、负号。平衡方程是代数方程,每一项的正负号决定于其投影的正负号。而计算结果的正、负号是由于某些约束反力的指向是假设的,在写平衡方程时,是根据假设的指向进行投影并代入方程,因此可通过计算结果的正、负号确定反力的方向。若结果为正,表明假设的指向与实际的指向一致;若结果为负,表明假设的指向与实际的指向相反。

(7) 解题技巧。如何使解题简便,如何用最少的方程数和最简单的方程式求出全部未知量,是个解题技巧问题。

对于平面汇交力系,主要在于选择合适的投影轴,令投影轴尽量与不想求的未知力垂直,使一个方程只含一个未知量,避免解联立方程。

2.3 解题指导

例 2 - 1 挂物架由杆 AB 及杆 CD 组成,如图 2 - 4(a)所示。已知 $AD = DB$,A、C、D 皆为铰接,挂在 B 端的重物 $P = 10$ kN,不计杆重,试求图示铰链 A、C 的约束反力。

解 **研究对象** 杆 AB

分析力 因杆 CD 为二力杆(设其受压),可确定铰 D 处反力 $\boldsymbol{F}_D$ 的方向,再根据三力平衡汇交定理可以画出杆 AB 的受力图,如图 2 - 4(b)所示。

取坐标系 Axy

列平衡方程

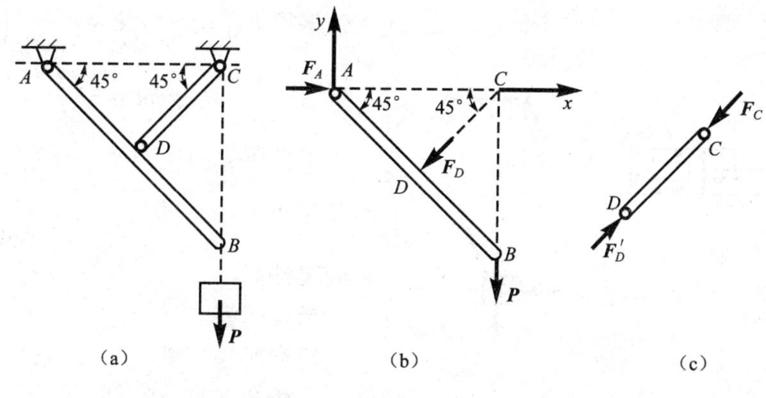

图2-4

由$\sum F_y=0$得 $$-P-F_D\sin 45°=0 \quad (1)$$

由$\sum F_x=0$得 $$F_A-F_D\cos 45°=0 \quad (2)$$

由式(1)解得 $$F_D=-P/\sin 45°=-\frac{10\ \text{kN}\times 2}{\sqrt{2}}=-10\sqrt{2}\ \text{kN}$$

再取杆 CD 为研究对象,依作用力与反作用力关系 $F_D'=F_D$,由二力平衡

$$F_C=F_D'=F_D=-10\sqrt{2}\ \text{kN}$$

将 $\boldsymbol{F}_D=-10\sqrt{2}$ kN 代入式(2),解得 $F_A=-10$ kN,F_C、F_A 均为负值,说明力 $\boldsymbol{F}_C$、$\boldsymbol{F}_A$ 的指向设反,杆 CD 实际受拉。

分析与讨论

此题求得的 F_D 为负值,说明力 F_D 的方向设反,杆 CD 实际受拉,一般不必在受力图中改正其方向,但在方程$\sum F_x=0$中出现的 F_D 必须以负值代入,切不可以其绝对值代入。

例2-2 压紧机构如图2-5(a)所示。连杆 $AB=BC$,不计自重。A、B、C 三处均为铰链连接,油压活塞产生的水平推力为 $\boldsymbol{F}$。求滑块 C 加于工件的压紧力。

解 研究对象 铰链 B

分析力 杆 AB、BC 为二力杆,假设均受拉,画出铰链 B 处的受力图,如图2-5(b)所示。

取坐标系 Bxy

列平衡方程

由$\sum F_y=0$得 $$F_{BA}=F_{BC}$$

由$\sum F_x=0$得 $$-F-F_{BA}\sin\alpha-F_{BC}\sin\alpha=0$$

解得 $$F_{BC}=-\frac{F}{2\sin\alpha}$$

研究对象 滑块 C

分析力 受杆 BC 的反力 $F_{CB}=F_{BC}$,侧壁及工件的反力 $\boldsymbol{F}_{\text{N}}$、$\boldsymbol{F}_{\text{N1}}$,画出其受力图,如图2-5(c)所示。

取坐标系 Cxy

列平衡方程

由$\sum F_y=0$得 $F_{\text{N1}}+F_{CB}\cos\alpha=0$

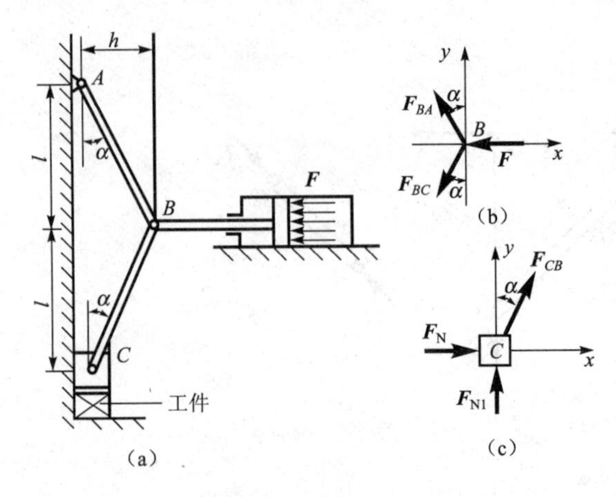

图 2-5

解得 $F_{N1}=-F_{CB}\cos\alpha=-\left(\dfrac{F}{2\sin\alpha}\right)\cos\alpha$

$$=\frac{F}{2}\cot\alpha=\frac{Fl}{2h}$$

工件所受的压力 $\boldsymbol{F}_{工件}$ 与力 $\boldsymbol{F}_{N1}$ 是作用力与反作用力关系，因此 $F_{工件}=\dfrac{Fl}{2h}$，方向是铅垂指向工件。

错误解答

研究对象 滑块 B

分析力 杆 AB、杆 BC 是二力杆，假设均受压力，画出铰链 B 受力图，如图 2-5(b)所示。

取坐标系 Bxy

列平衡方程

由 $\sum F_y=0$ 得 $$F_{BA}\cos\alpha-F_{BC}\cos\alpha=0 \tag{1}$$

由 $\sum F_x=0$ 得 $$-F-F_{BA}\sin\alpha-F_{BC}\sin\alpha=0 \tag{2}$$

由式(1)得 $$F_{BA}=F_{BC}$$

由式(2)得 $$F_{BC}=\frac{F}{2\sin\alpha}$$

所以工件所受的压力为

$$F_{工件}=F_{BC}\cos\alpha=\frac{F\cos\alpha}{2\sin\alpha}=\frac{F}{2}\cot\alpha=\frac{Fl}{2h}$$

错解分析

本题最后的结果虽然是对的，但纯属巧合，因在解题过程中有两个错误。一是由上述方程所解得 F_{BA}、F_{BC} 为正值，应说明假设与图示一致，图示为拉杆，而假设为压杆，这是矛盾的。而且在解方程 $\sum F_x=0$ 时，解出的 F_{BC} 力的值前丢了负号，这样误认为图示力 $\boldsymbol{F}_{BC}$ 的指向是对的，这就造成了一个错觉。二是认为图 2-5(c) 中力 $\boldsymbol{F}_{BC}$ 的一部分分力就是工件所受的压力。所以得出工件受压力为 $F_{工件}=F_{BC}\cos\alpha=\dfrac{Fl}{2h}$。这是个概念性错误，求压力 $F_{工件}$，应根据受力图 2-5(c) 列平衡方程求得。

综上，归纳平面汇交力系平衡问题的解题方法步骤如下：

(1) 选取研究对象，并取出分离体，画出其简图。

(2) 画受力图。在所选取的研究对象上先画已知力，并正确运用二力平衡公理和三力平衡汇交定理来确定某些约束反力的方位。在分别取相互连接的两个物体为研究对象时，要注意该两物体在连接处相互作用的力要符合作用力与反作用力关系。

(3) 建立直角坐标系。根据具体问题灵活选用几何法或解析法求解，一般以解析法为重点(见本章例 2-1、例 2-2)。为简化计算，所选取的坐标轴应尽量与不想求的未知力垂直，力求使一个方程只含一个未知量。

(4) 列平衡方程求解未知量。所解得力的绝对值表示力的大小，其正负号表示所假设的指向是否与实际指向一致。

练习题

A　判断题（下列命题你认为正确的在题后括号内打“√”,错误的打“×”）

2A－1　按力多边形法则求平面汇交力系的合力时,各分力矢按首尾相接的顺序画出,合力矢则由始点指向终点。（　　）

2A－2　平面汇交力系平衡的几何条件是力多边形自行封闭。（　　）

2A－3　两个力 $\boldsymbol{F}_1$、$\boldsymbol{F}_2$ 在同一轴上的投影相等,这两个力一定相等。（　　）

2A－4　两个大小相等的力,在同一轴上的投影相等。（　　）

2A－5　某力 $\boldsymbol{F}$ 在某轴上的投影为零,该力不一定为零。（　　）

2A－6　$\boldsymbol{F}_1$、$\boldsymbol{F}_2$、$\boldsymbol{F}_3$、$\boldsymbol{F}_4$ 为一平面汇交力系,而这四个力有图2－6(b)所示的关系,因此这个力系是平衡力系。（　　）

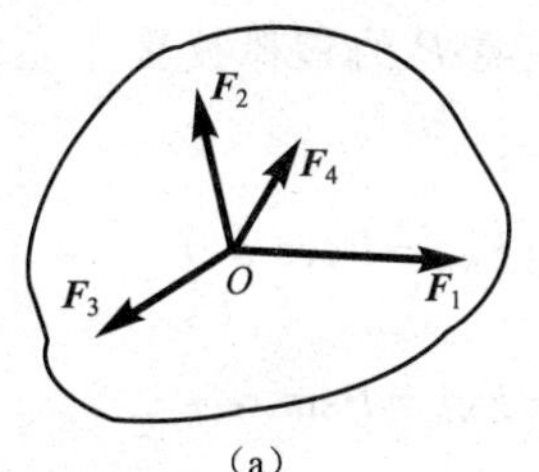

(a)

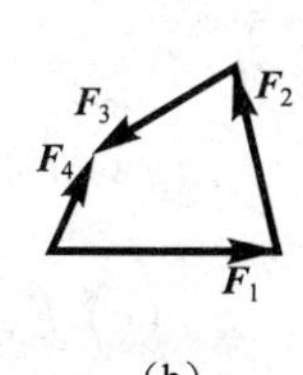

(b)

图2－6

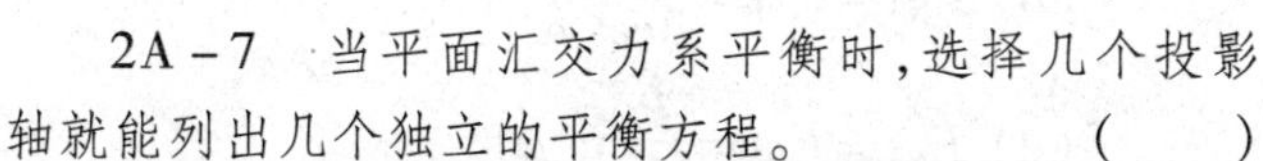

2A－7　当平面汇交力系平衡时,选择几个投影轴就能列出几个独立的平衡方程。（　　）

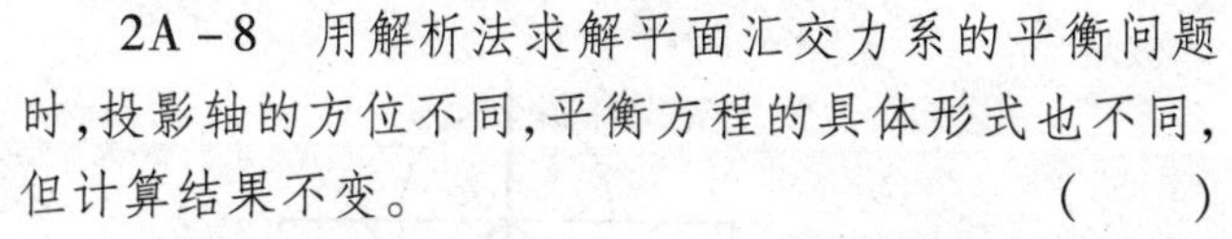

2A－8　用解析法求解平面汇交力系的平衡问题时,投影轴的方位不同,平衡方程的具体形式也不同,但计算结果不变。（　　）

2A－9　图2－7所示 Oxy 直角坐标系,$|F_x|$、$|F_y|$ 表示力 $\boldsymbol{F}$ 在 x、y 轴上的投影的大小;$|\boldsymbol{F}_x|$、$|\boldsymbol{F}_y|$ 表示力 $\boldsymbol{F}$ 沿 x、y 轴方向分解所得分力的大小。

$$|\boldsymbol{F}_x| \neq |F_x|,\ |\boldsymbol{F}_y| \neq |F_y|$$（　　）

2A－10　图2－8所示非正交坐标系 Oxy,$|F_x|$、$|F_y|$ 表示力 $\boldsymbol{F}$ 在 x、y 轴投影的大小;$|\boldsymbol{F}_x|$、$|\boldsymbol{F}_y|$ 表示力 $\boldsymbol{F}$ 沿 x、y 轴方向分解所得分力的大小。

$$|\boldsymbol{F}_x| = |F_y| \quad |\boldsymbol{F}_y| = |F_y|$$（　　）

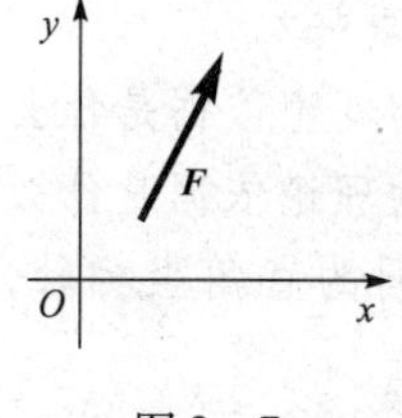

图2－7

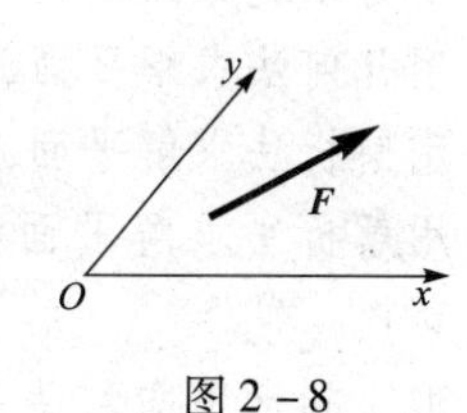

图2－8

B　填空题

2B－1　平面汇交力系可以合成为________个合力,其结果有________种可能情况。

2B－2　平面汇交力系合力的作用线通过________________,其大小和方向可用力多边形的________________边表示。

2B－3　平面汇交力系有________个独立的平衡方程,能求________个未知量。

2B－4　力在正交坐标轴上投影的大小与力沿这两个轴的分力的大小________。力在非正交的两个轴上投影的大小与力沿这两个轴的分力的大小________。

2B－5 合力投影定理的数学表达式是____________________，力学含义是____________________。

C 选择题

2C－1 $\boldsymbol{F}_1$、$\boldsymbol{F}_2$、$\boldsymbol{F}_3$ 为一平面汇交力系，则图 2－9 所示两个力三角形所代表的意义为（ ）。

(a) 图(a)代表合成 $\boldsymbol{F}_3=\boldsymbol{F}_1+\boldsymbol{F}_2$，图(b)代表平衡 $\boldsymbol{F}_1+\boldsymbol{F}_2+\boldsymbol{F}_3=\boldsymbol{0}$

(b) 图(a)代表平衡 $\boldsymbol{F}_1+\boldsymbol{F}_2+\boldsymbol{F}_3=\boldsymbol{0}$，图(b)代表合成 $\boldsymbol{F}_3=\boldsymbol{F}_1+\boldsymbol{F}_2$

(c) 图(a)、(b)的力学含义相同

(d) 图(a)、(b)的力学含义不同

2C－2 用解析法求解平面汇交力系的平衡问题时，两投影轴（ ）。

(a) 必须相互垂直 (b) 不平行即可 (c) 必须平行 (d) 必须铅垂水平

2C－3 一重 P 的钢棒被置于光滑的 V 形槽内如图 2－10 所示，若 $\boldsymbol{F}_{NA}$、$\boldsymbol{F}_{NB}$ 为其约束反力，则（ ）。

(a) $F_{NA}=F_{NB}=P\cos\alpha$ (b) $F_{NA}=F_{NB}=\dfrac{P}{2\cos\alpha}$

(c) $F_{NA}=F_{NB}=P\sin\alpha$ (d) $F_{NA}=F_{NB}=\dfrac{P}{2}\sin\alpha$

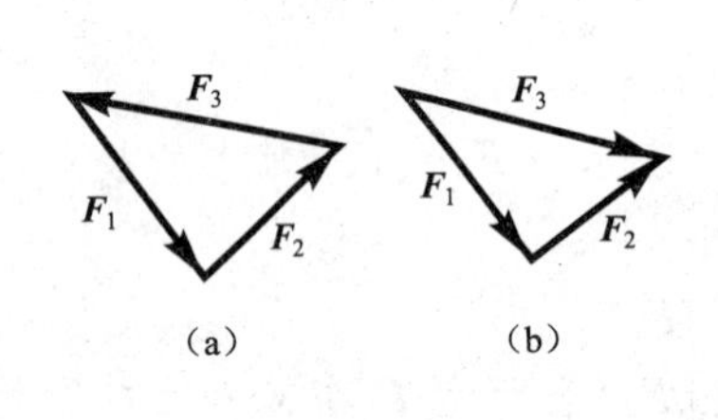

图 2－9

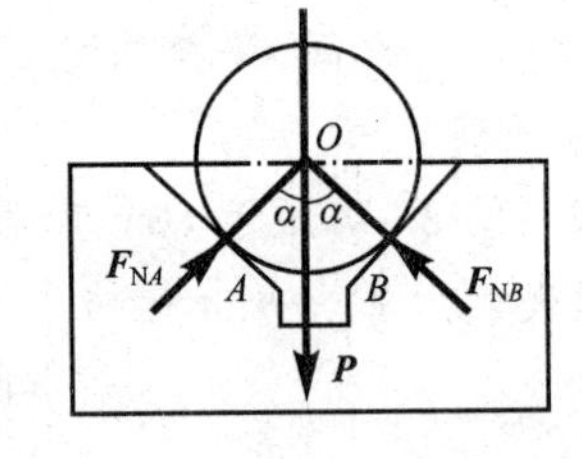

图 2－10

D 简答题

2D－1 用力多边形法则求合力时，各分力的次序可以变更吗？

2D－2 用几何法求解平面汇交力系的合成与平衡问题的理论依据是什么？

2D－3 用解析法求解平面汇交力系的合成与平衡问题的理论依据是什么？

2D－4 用解析法求解平面汇交力系的合力时，选取不同的直角坐标轴，所得合力是否相同？

2D－5 取 x 轴水平向右为正，问在下列各已知情况下，力 $\boldsymbol{F}$ 的方向能否确定？如能确定，其方向应如何？

(1) 已知力 $\boldsymbol{F}$ 在 x 轴上的投影 $F_x=0$；

(2) 已知力 $\boldsymbol{F}$ 在 x 轴上的投影 $F_x=-F$；

(3) 已知力 $\boldsymbol{F}$ 在 x 轴上的投影 $F_x=F$。

2D－6 力 $\boldsymbol{F}$ 沿 x、y 轴的分力与在两轴上的投影有何区别？试以图 2－11(a)、(b)所示的两种情况来说明。

2D－7 试说明图 2－12(a)、(b)两个力多边形图形各代表了什么力学意义。

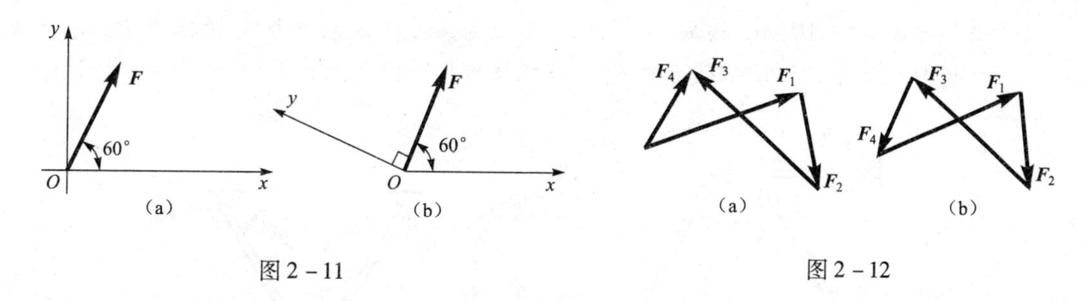

图2-11　　图2-12

2D-8　图2-13所示物体所受的三个力 $\boldsymbol{F}_1$、$\boldsymbol{F}_2$、$\boldsymbol{F}_3$ 的大小都不等于零，其中力 $\boldsymbol{F}_1$ 与 $\boldsymbol{F}_3$ 沿同一条直线。问这三个力能否组成一平衡力系，为什么？

2D-9　写出图2-14所示各力的投影计算式。

$F_{1x}=$　　$F_{1y}=$

$F_{2x}=$　　$F_{2y}=$

$F_{3x}=$　　$F_{3y}=$

$F_{4x}=$　　$F_{4y}=$

2D-10　刚体上 A、B、C 三点作用三个力 $\boldsymbol{F}_1$、$\boldsymbol{F}_2$、$\boldsymbol{F}_3$，其指向如图2-15所示。若三个力构成的力三角形封闭，该刚体是否平衡？

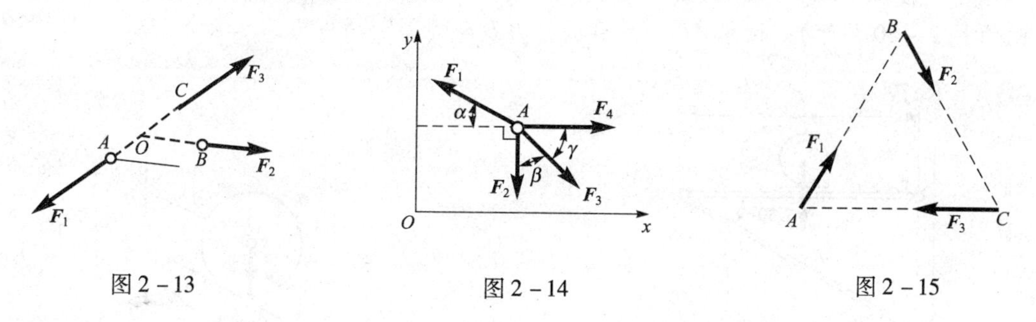

图2-13　　图2-14　　图2-15

E　应用题

2E-1　图2-16所示固定环受三条绳的拉力，已知 $F_1=1$ kN、$F_2=2$ kN、$F_3=1.5$ kN，各力方向如图所示。求该力系的合力。

2E-2　图2-17所示三铰拱由 AC 和 BC 两部分组成，A、B 为固定铰支座，C 为中间铰链，试求铰链 A、B 的反力。

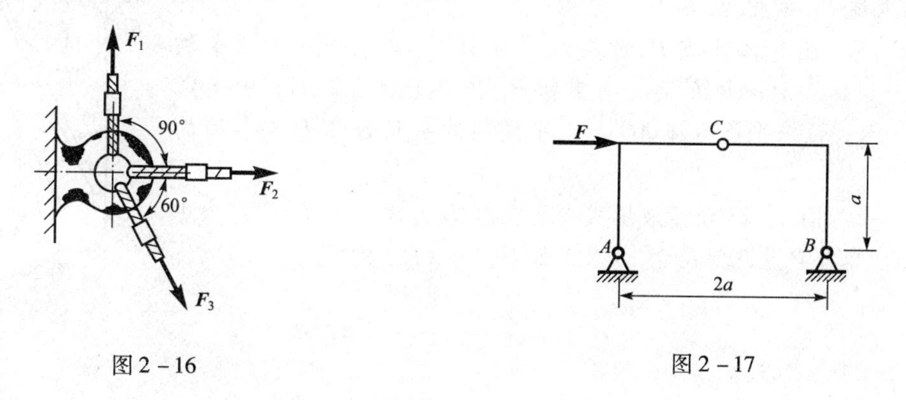

图2-16　　图2-17

2E－3 支架由杆 AB、AC 构成，A、B、C 点都是铰链，在 A 点作用有铅垂力 $\boldsymbol{P}$。求在图 2－18 所示四种情况下，杆 AB、AC 所受的力，并说明杆件受拉还是受压（杆的自重不计）。

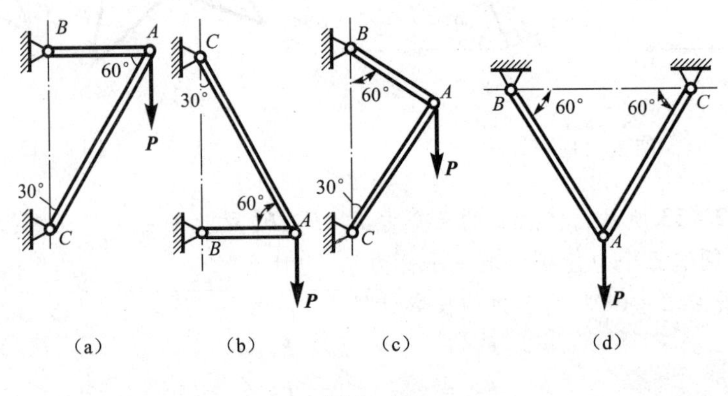

图 2－18

2E－4 电动机重 $P=15$ kN，放在水平梁 AC 的中点，A、B、C 均为铰链连接（如图 2－19 所示）。试求 A 处反力和 BC 杆所受的力（不计各杆自重）。

2E－5 重 $P=100$ N 的球，放在与水平面成 30°的光滑斜面上，并用与斜面平行的绳 AB 系住（如图 2－20 所示）。试求 AB 绳受到的拉力及球对斜面的压力。

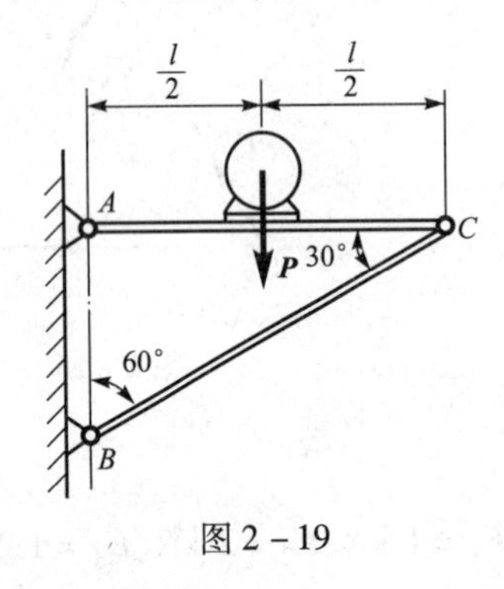

图 2－19

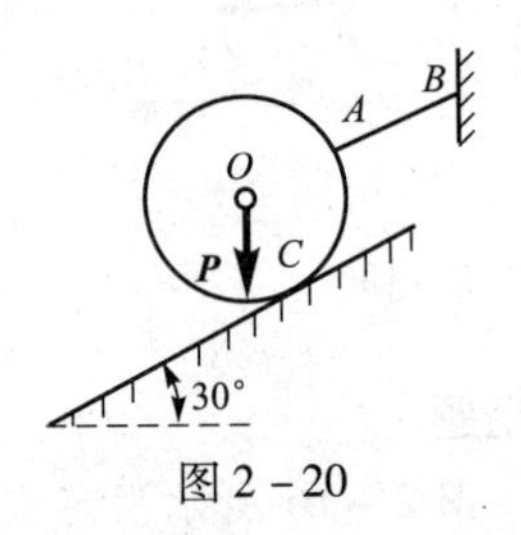

图 2－20

2E－6 重为 P 的均质圆球放在板 AB 与墙壁 AC 之间，D、E 两处均为光滑接触，尺寸如图 2－21 所示。不计板 AB 的重量，求 A 处的约束反力及绳 BC 的拉力。

2E－7 圆柱体 A 重 P，放在水平台面上，其中心系着两条细绳，绳分别跨过滑轮 B、C 而挂有重物 P_1 和 P_2（如图 2－22 所示）。设 $P_1<P_2$。试求平衡时绳 AC 与水平线间的夹角 α 和 D 点台面的反力。

2E－8 图 2－23 所示液压式夹紧机构，D 为固定铰，B、C、E 为中间铰。已知力 P 及几何尺寸，试求工件 H 所受的压紧力。

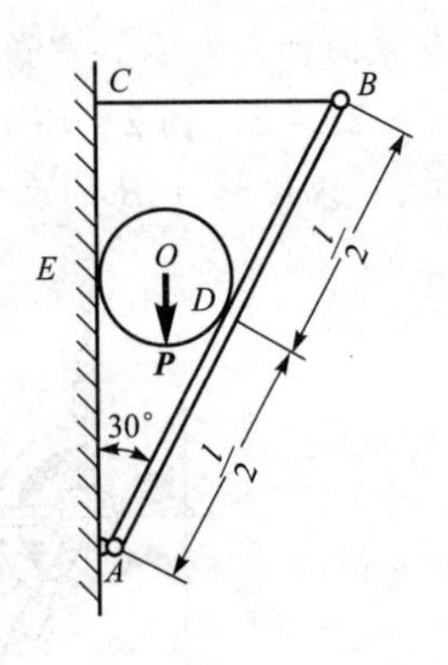

图 2－21

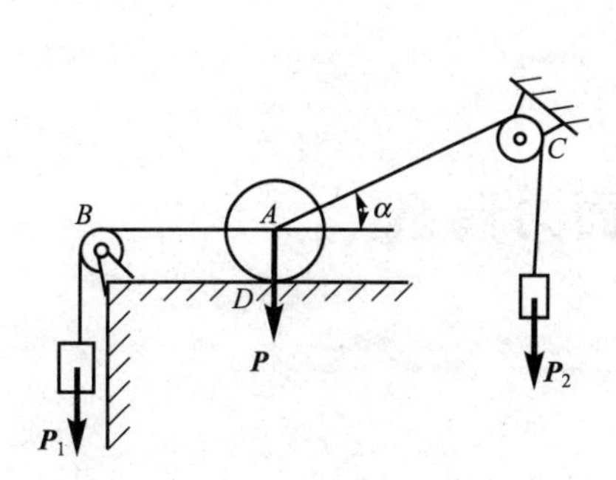

图2-22

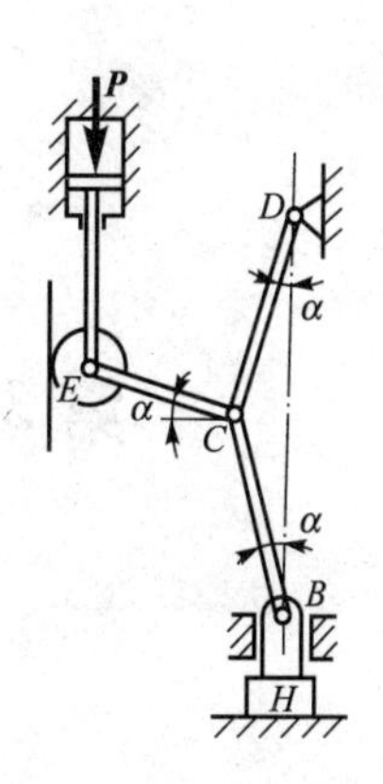

图2-23

应用题答案

2E-1　$F_R = 2.77\ \text{kN}, \alpha = 6°12', \beta = 96°12'$

2E-2　$F_{NA} = F_{NB} = 0.707F$

2E-3　(a) $F_{AB} = 0.577P$(拉力), $F_{AC} = -1.155P$(压力)

(b) $F_{AB} = -0.577P$(压力), $F_{AC} = 1.155P$(拉力)

(c) $F_{AB} = 0.5P$(拉力), $F_{AC} = -0.866P$(压力)

(d) $F_{AB} = F_{AC} = 0.577P$(拉力)

2E-4　$F_{NA} = 15\ \text{kN}, F_{BC} = -15\ \text{kN}$

2E-5　$F_T = 50\ \text{N}, F_N = 86.6\ \text{N}$

2E-6　$F_{NA} = \frac{2P}{\sqrt{3}}, F_T = \frac{2P}{\sqrt{3}}$

2E-7　$\alpha = \arccos(P_1/P_2), F_{ND} = P - \sqrt{P_2^2 - P_1^2}$

2E-8　$F_N = P/(2\sin^2\alpha)$

第3章 力矩 平面力偶系

3.1 内容提要

本章主要研究力矩、力偶、力偶矩的概念及力矩和力偶矩的计算;研究平面力偶的性质及平面力偶系的合成与平衡问题。平面力偶系与平面汇交力系一样,也是一种基本力系(简单力系)。研究平面力偶系,除有它本身独立的应用意义外,还是研究复杂力系的基础。

3.2 知识要点

1. 力矩的概念与计算

(1) 力矩的概念。**力矩**是力使物体绕矩心转动效应的度量。

① 定义:力与力臂的乘积再冠以适当的正负号,其定义式为 $M_O(\boldsymbol{F}) = \pm Fd = \pm 2A_{\triangle OAB}$(图3-1)。在平面问题中,力矩是代数量。通常规定,↶⊕逆时针转向为正,↶⊖顺时针转向为负。

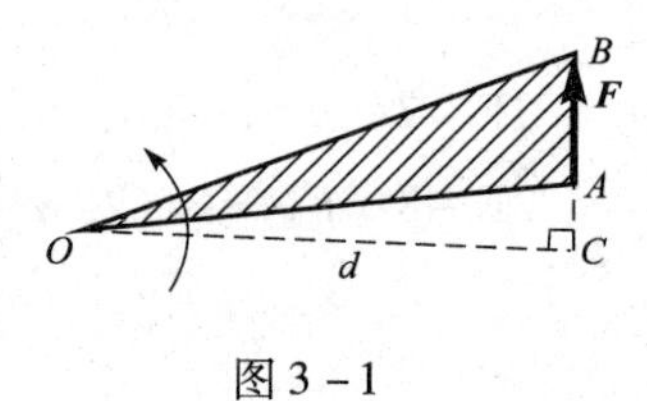

图3-1

② 合力与各分力对一点之矩的关系——**合力矩定理**。其表达式为 $M_O(\boldsymbol{F}_R) = \sum M_O(\boldsymbol{F})$。

(2) 力矩的计算。

若力臂 d 易定,用定义或 $M_O(\boldsymbol{F}) = \pm Fd$

否则用合力矩定理 $M_O(\boldsymbol{F}) = M_O(\boldsymbol{F}_x) + M_O(\boldsymbol{F}_y)$

注意 力臂的概念如图3-1所示,力臂是 $OC(d)$,而不是 OA,也不是 OB。

由力矩的定义可知:

① 力沿其作用线移动时,不改变力对点之矩。

② 当力的作用线通过矩心时,力对点之矩等于零。

合力矩定理为一普遍定理,适用于有合力的各种力系,它从力的转动效应方面表示出合力与分力的关系。它也是计算力矩的又一种方法,在实际计算时,用得很多。

2. 力偶和力偶矩

(1) **力偶**是一对等值、反向而不共线的力。力偶的作用只能使物体产生转动。

(2) **力偶矩**是度量力偶转动效应的物理量。力偶矩的计算:$M = \pm Fd$。

在平面问题中,力偶矩是代数量,正负号规定同力矩,如图3-2所示的 M 应取正值。

力偶的三要素：力偶矩的大小、转向及力偶作用面的方位。三要素都相同的力偶等效。

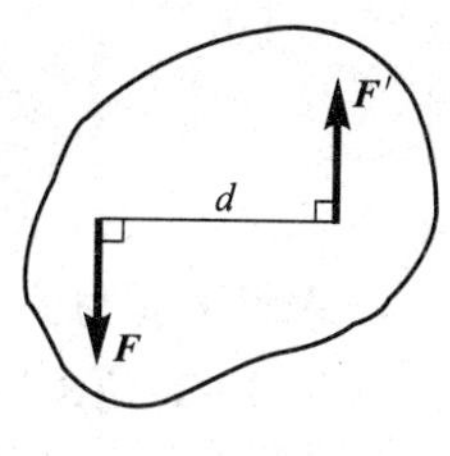

图3-2

3. 力偶的性质

（1）力偶不能简化（合成）为一合力，所以力偶不能与力等效，因而也不能用力来平衡，力偶只能用力偶来平衡。力偶中两力在任一轴上投影的代数和恒为零。

此特性很有用，当列写力系在某一轴上的投影方程时，只需考虑力的投影，而不必考虑力偶。

（2）力偶对其作用面内任一点之矩，恒等于力偶矩。

此特性在解题中经常用到，即列写力系对某一点的力矩方程时，凡遇到力偶矩 M，不管它对哪一个矩心取矩，都为该力偶矩本身。

（3）同一平面内两个力偶的等效条件——力偶矩相等（大小、转向均相同）。

（4）力偶的等效变换性质：

① 力偶可在其作用面内任意移转。

② 保持力偶矩（大小、转向）不变，可任意改变力偶力的大小及力偶臂的长短。

4. 平面力偶系的合成与平衡

（1）平面力偶系合成的结果为一合力偶，合力偶矩 M 等于各分力偶矩的代数和，即 $M=\sum M_i$。

（2）平面力偶系平衡的必要与充分条件是合力偶矩为零，即 $\sum M_i=0$。

5. 应当注意和必须搞清的几个问题

力和力偶是物体间相互机械作用的两种形式，故同为力学中的两个基本元素。

（1）力和力偶对比（表3-1）。

表3-1

元　素	力	力　偶
三要素	大小、方向、作用点（线）	大小、转向、作用面方位
作用效果	可以使物体移动，也可以使物体转动	只能使物体转动

（2）力矩和力偶矩的异同点（表3-2）。

表3-2

元　素	力　矩	力 偶 矩
相同点	度量转动效应的物理量，为代数量，正负号规定为（+、-），单位为N·m、kN·m	
相异点	与矩心位置有关，记作 $M_O(\boldsymbol{F})$ 或 M_O，M 下角有矩心符号	与矩心位置无关，记作 $M(\boldsymbol{F},\boldsymbol{F}')$ 或 M，M 下角无矩心符号

3.3 解题指导

求解平面力偶系的平衡问题，其方法、步骤与平面汇交力系基本相同，现举例如下：

例3-1 图3-3所示支架，A、C、D处均为铰接。其AB杆上作用一大小为$M=1\ \text{kN}\cdot\text{m}$的力偶，求$A$、$C$处的约束反力。不计各杆自重。

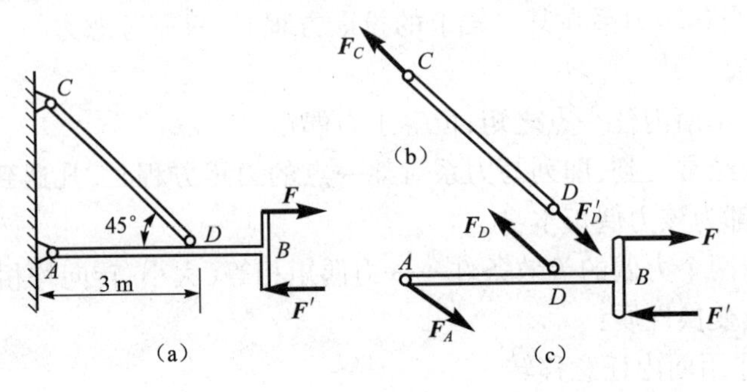

图3-3

解 研究对象 杆AB

分析力 B端受一力偶作用，因为力偶只能用力偶来平衡，可知A、D处反力也必组成一力偶。由于杆CD为二力杆，可知$\boldsymbol{F}'_D$应沿CD连线，设其受拉(图3-3(b))，则$\boldsymbol{F}_D=-\boldsymbol{F}'_D$，于是可确定$\boldsymbol{F}_A$与$\boldsymbol{F}_D$反向平行，画出受力图如图3-3(c)所示。

列平衡方程

由$\sum M_i=0$得 $\qquad F_A 3\times\cos 45°-1=0 \qquad$ 代入数值

$$F_A=F_D=1/(3\times\cos 45°)=0.471(\text{kN})$$

结果为正值，表明$\boldsymbol{F}_A$的指向设对。再由杆CD平衡，得力$\boldsymbol{F}_C$的大小为

$$F_C=F'_D=F_D=0.471\ \text{kN}$$

分析与讨论

此题容易出现的错误是，针对受力图3-3(c)，列出如下平衡方程：

$$\sum M_i=0 \qquad F_D\cdot AD-M=0 \qquad F_D=M/AD=(1/3)\text{kN}=0.333\ \text{kN}$$

于是得结论$F_A=F_D=F_C=0.333\ \text{kN}$，显然与正确答案不同。原因是力偶($\boldsymbol{F}_A$、$\boldsymbol{F}_D$)的力偶矩计算有误(写成$F_D\cdot AD$)，其力偶臂应为力$\boldsymbol{F}_A$与$\boldsymbol{F}_D$之间的垂直距离，而不是$AD$，应为$AD\cdot\cos 45°$。

此题也可以取整体为研究对象，但要注意D处的约束反力勿画，因D处的约束反力属内力。C处的约束反力可根据CD为二力杆画出，根据力偶只能由力偶来平衡，从而确定A处反力方向，然后列方程求解，可得与上相同的正确答案。

例3-2 图3-4所示机构中，圆盘上的固定销子C可在杆AB的槽内滑动。杆AB及圆盘上各作用一力偶，已知圆盘半径$r=0.2\ \text{m}$，$M_1=200\ \text{N}\cdot\text{m}$，当销$C$与圆盘中心$O$的连线处于水平位置时，杆$AB$与铅垂线间夹角$\alpha=30°$，试求图示位置平衡时$M_2$的大小及$O$、$A$处的约束反力。假设所有接触处都是光滑的。

解 研究对象 圆盘

分析力　圆盘上作用有主动力偶矩 M_1，槽 AB 对销子 C 的约束反力为 $\boldsymbol{F}_{NC}$，此力的方向单从圆盘的约束情况不易确定，必须结合杆 AB 的受力分析。杆 AB 上槽对销子的约束，属光滑面约束的双向约束，其约束反力应垂直于槽杆 AB，根据未知力偶矩 M_2 的转向（题目给出了 M_2 的转向），可确定 F_{NC} 的实际指向。这样求得的结果为正值。画出受力图如图 3-4(b)所示。

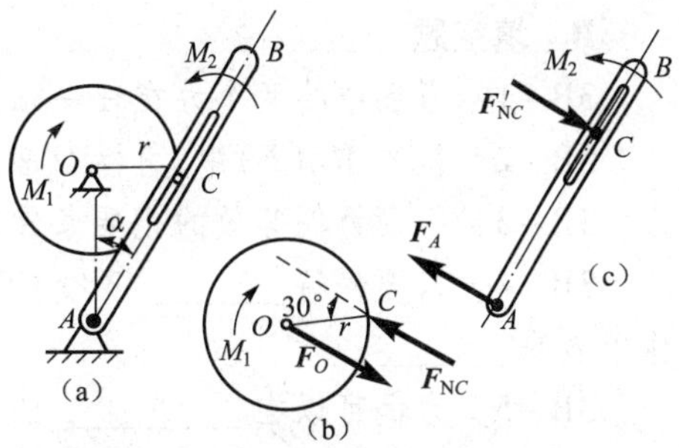

图 3-4

列平衡方程

由 $\sum M_i = 0$ 得　$F_{NC} r \sin 30° - M_1 = 0$

$$F_{NC} = F_O = \frac{M_1}{r\sin 30°} = \frac{200}{0.2\sin 30°}\ \text{N} = 2\ 000\ \text{N} = 2\ \text{kN}$$

研究对象　杆 AB

分析力　杆 AB 上作用有矩为 M_2 的力偶和约束反力 $\boldsymbol{F}'_{NC}$ 及 $\boldsymbol{F}_A$。根据力偶的平衡条件可知，力 $\boldsymbol{F}'_{NC}$ 及 F_A 必组成一力偶，画出其受力图如图 3-4(c)所示。

列平衡方程

由 $\sum M_i = 0$ 得

$$M_2 - F'_{NC}\frac{r}{\sin 30°} = 0$$

$$M_2 = 2rF'_{NC} = 2 \times 0.2\ \text{m} \times 2\ 000\ \text{N} = 800\ \text{N} \cdot \text{m}$$

又

$$\boldsymbol{F}_A = -\boldsymbol{F}'_{NC}$$

故

$$F_A = F'_{NC} = F_{NC} = 2\ \text{kN}（方向如图示）$$

分析与讨论

分析杆 AB 的受力时，也可不管 M_2 的转向如何，而去假设销 C 对槽的约束反力 $\boldsymbol{F}'_{NC}$ 的指向（但方位必须垂直槽杆 AB）。如此例假设的指向与图 3-4(c) $\boldsymbol{F}'_{NC}$ 的指向相反，则 $\boldsymbol{F}_A$、F_{NC}、$\boldsymbol{F}_D$ 力的指向也均与上图相反，最后列方程求解得到负值，但绝对值与上相同，说明方向设反。

练习题

A　判断题（下列命题你认为正确的在题后括号内打"√"，错误的打"×"）

3A-1　平面力偶系可简化为一合力偶。　（　　）

3A-2　力偶对其作用面内任一点之矩都等于其力偶矩。　（　　）

3A-3　合力矩定理的力学含义是：力系的合力对任一点的矩，等于各分力对同一点的矩的代数和。　（　　）

3A-4　平面力偶系的合力偶矩由公式 $M = \sum M_i$ 求得。　（　　）

3A-5　平面力偶系平衡的必要与充分条件是 $\sum M_i = 0$。　（　　）

3A-6　平面汇交力系的合力矩定理只适用于平面汇交力系。　（　　）

3A-7　力偶的作用效果唯一地取决于力偶矩。　（　　）

3A-8　力偶的合力等于零。　（　　）

3A-9　保持力偶矩的大小不变，可以任意改变力偶力的大小和力偶臂的长短以及它的转向，而不改变其对刚体的作用。　（　　）

B 填空题

3B－1 力偶中的两个力在任一轴上投影的代数和等于________。

3B－2 符号 $M_O(\boldsymbol{F})$ 中，角标 O 表示______________________。

3B－3 平面力偶等效的充要条件是________________________。

3B－4 只要保持________不变，可以同时改变力偶中力的大小和力偶臂的长短，力偶的作用效果________。

3B－5 力偶可以在__________任意移转，作用效果不变。

3B－6 如图3－5所示，分别利用力矩定义和合力矩定理求出力 $\boldsymbol{F}$ 对 A 点的矩。

按力矩定义，$M_A(\boldsymbol{F})=$____________

按合力矩定理，$M_A(\boldsymbol{F})=$____________

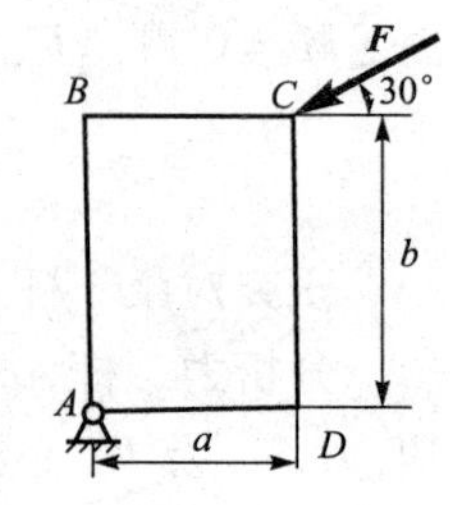

图3－5

3B－7 力偶的两个力对任一点的矩的代数和等于________。

3B－8 ________是力偶作用效果的唯一度量。

3B－9 同一平面内的力偶可以合成为________。

3B－10 力偶的三要素是______________________________。

C 选择题

3C－1 用钉锤拔钉子如图3－6所示，在 A 点加垂直于锤柄的力 $\boldsymbol{F}$，力 $\boldsymbol{F}$ 对 O 点的矩为（ ）。

(a) $M_O(\boldsymbol{F})=-Fa$

(b) $M_O(\boldsymbol{F})=-Fb$

(c) $M_O(\boldsymbol{F})=-Fc$

(d) $M_O(\boldsymbol{F})=-Fd$

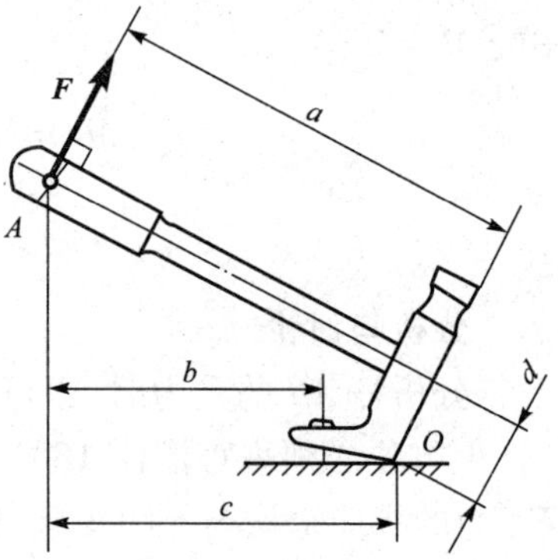

图3－6

3C－2 图3－7(a)、(b)中，梁上各受一力偶作用，力偶矩为 Fa，引起的支座反力（ ）。

(a) 相同

(b) 不同

(c) 图(a)的反力 > 图(b)的反力

(d) 图(a)的反力 < 图(b)的反力

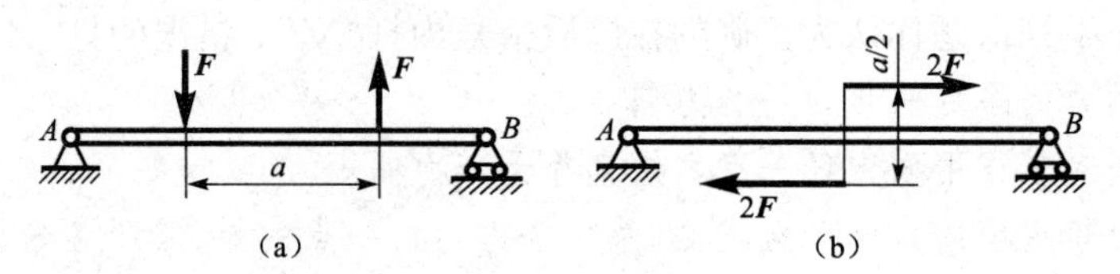

图3－7

3C－3 下列叙述中，（ ）是正确的。

(a) 力和力偶都能使物体产生转动效应，如图3－8所示。$M_O(\boldsymbol{P})=Pr$、$M=Pr$，因此力 $\boldsymbol{P}$ 与力偶 M 等效。

(b) 力矩与矩心的位置有关，而力偶矩与矩心的位置无关

(c) 力矩与矩心的位置无关，而力偶矩与矩心的位置有关

(d) 力矩与力偶矩都与矩心的位置有关

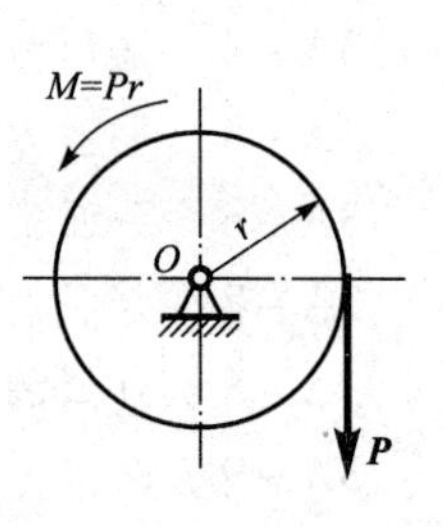

图3－8

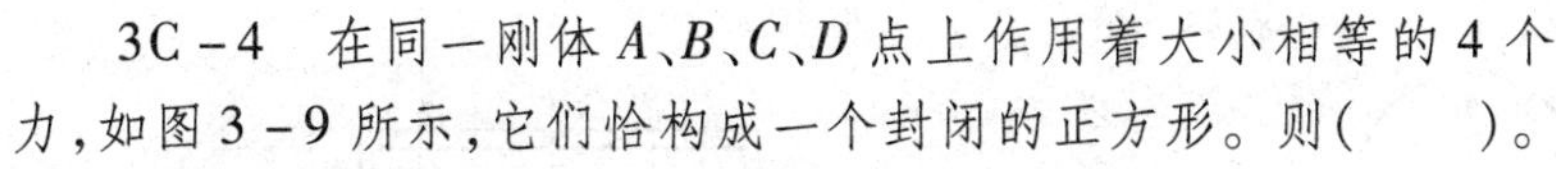

3C－4　在同一刚体 A、B、C、D 点上作用着大小相等的4个力,如图3－9所示,它们恰构成一个封闭的正方形。则(　　)。

(a) 刚体平衡

(b) 刚体不平衡,力系有合力

(c) 刚体不平衡,力系有合力偶

(d) 刚体不平衡,力系有合力及合力偶

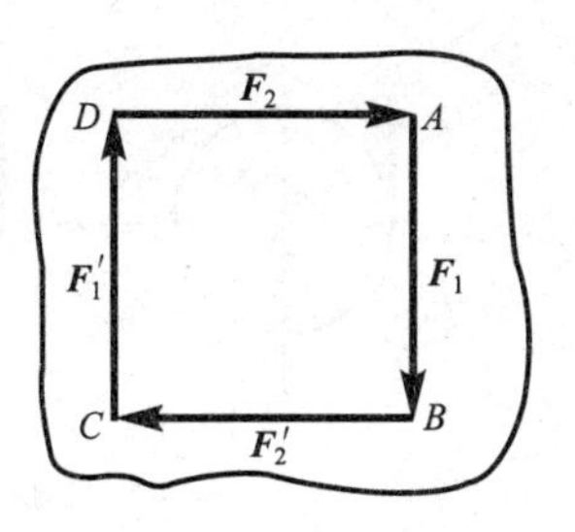

图3－9

D　简答题

3D－1　力和力偶对物体的作用效果有何不同?

3D－2　力对点的矩和力偶矩有何异同?

3D－3　力偶二力是等值、反向的,作用力与反作用力是等值、反向的,而二力平衡条件中的两个力也是等值、反向的,试问这三者有何区别?

3D－4　力偶有哪些基本性质?

3D－5　如图3－10所示,物体受 $\boldsymbol{F}_1$、$\boldsymbol{F}_2$、$\boldsymbol{F}_3$、$\boldsymbol{F}_4$ 四个力作用,其力多边形封闭且为一平行四边形,试问该物体是否平衡,为什么?

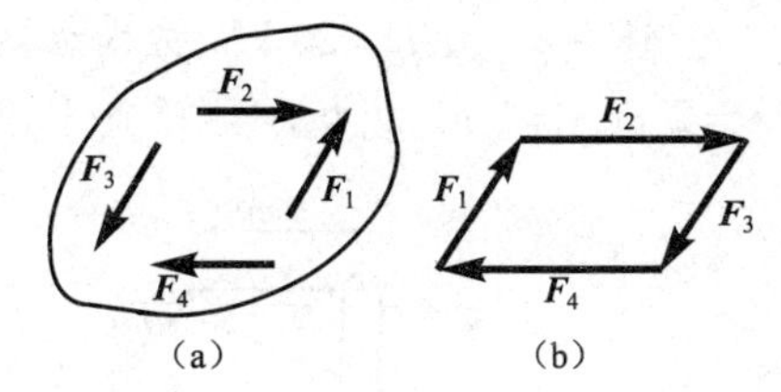

图3－10

3D－6　图3－11中力或力偶对 A 点的矩都相等,它们引起的支座反力是否相同?

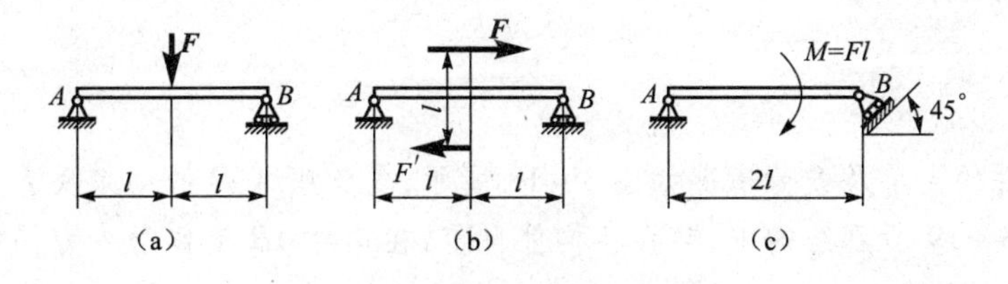

图3－11

3D－7　图3－12中的四个力偶,指出哪些是等效的?

3D－8　既然力偶不能与一力相平衡,为什么图3－13中的圆轮子能平衡呢?

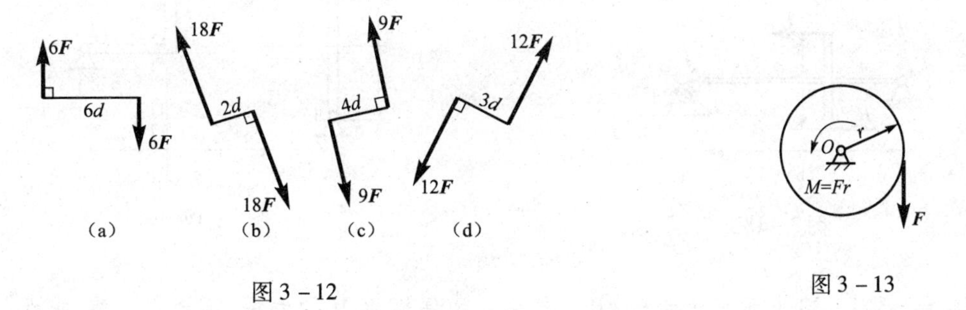

图3－12

图3－13

3D－9　如图3－14所示,力 $\boldsymbol{F}$ 和力偶($\boldsymbol{F}'$,$\boldsymbol{F}''$)对轮的作用有何不同?设轮半径均为 r,且 $F'=\dfrac{F}{2}$。

3D－10　如图3－15所示,三铰拱,在构件 CB 上作用一力偶 M,当求铰链 A、B、C 的约束反力时,能否将力偶 M 移到构件 AC 上?为什么?

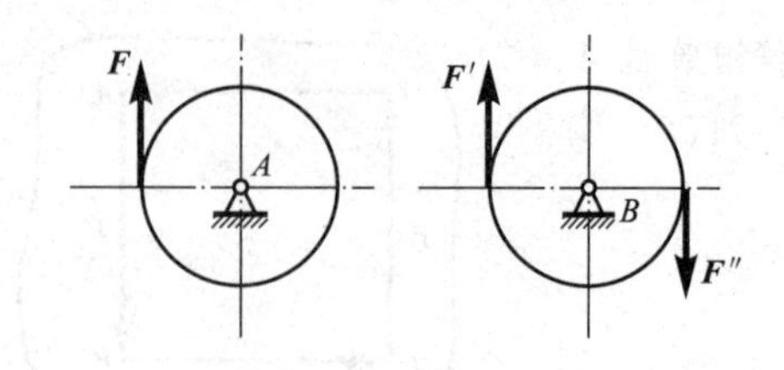

图 3－14

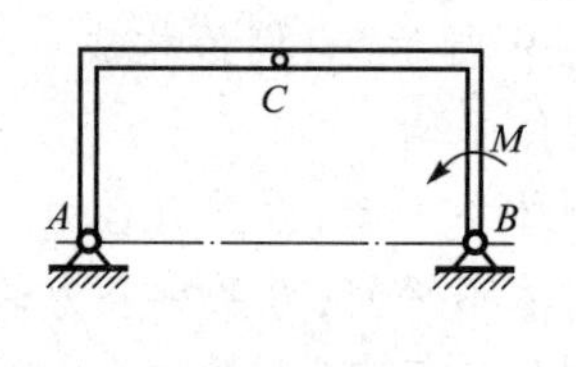

图 3－15

E 应用题

3E－1 如图 3－16 所示求力 $\boldsymbol{F}$ 对 O 点的力矩。

3E－2 力 $F=20$ kN，方向如图 3－17 所示，其作用点 A 的位置用坐标(x,y)表示，已知 $x=2$ m，$y=1$ m，求力 $\boldsymbol{F}$ 对 O 点之矩。

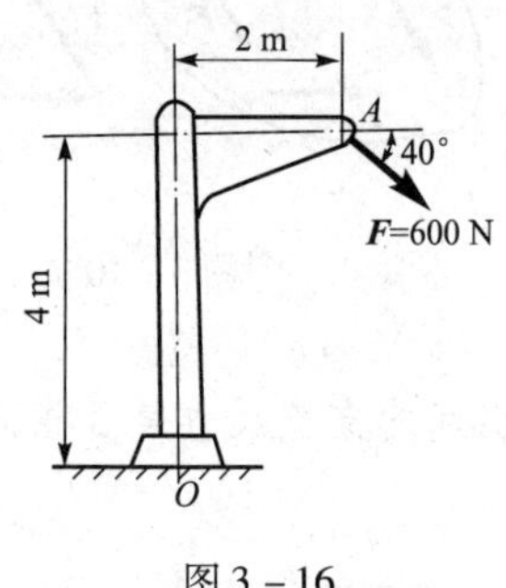

图 3－16

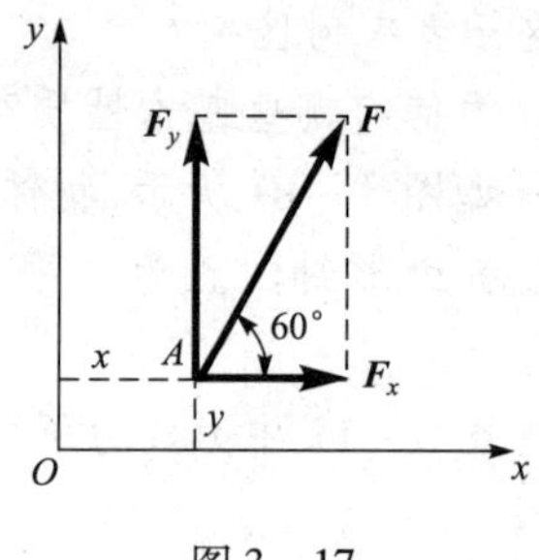

图 3－17

3E－3 构件的支承及载荷情况如图 3－18 所示，求支座 A、B 的约束反力。

3E－4 图 3－19 所示结构中，略去各构件自重，在构件 AB 上作用一力偶矩为 M 的力偶，求支座 A、C 的约束反力。

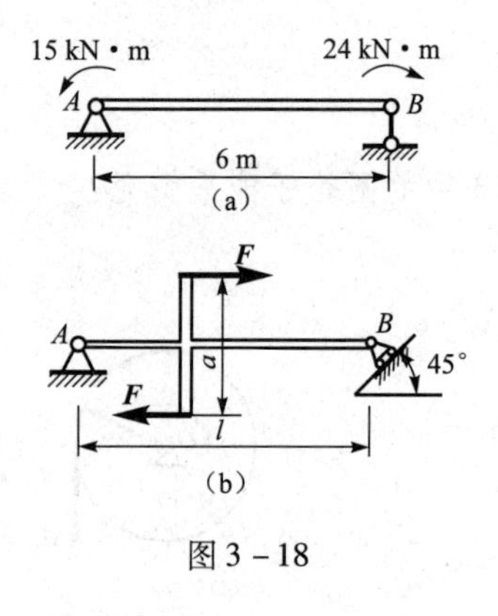

图 3－18

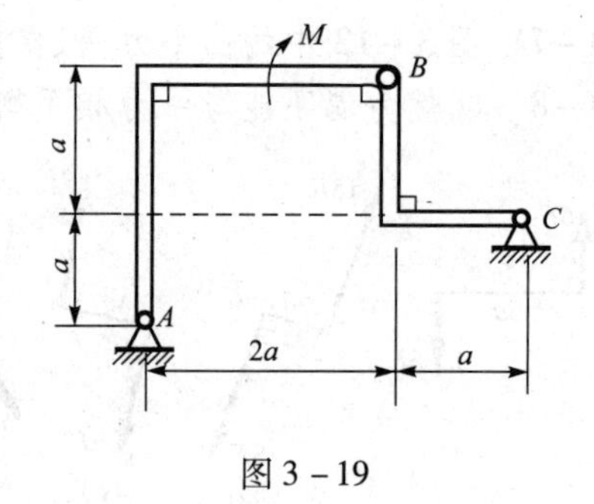

图 3－19

3E－5 图 3－20 所示直角曲杆 AB 上作用一力偶矩为 M 的力偶，不计杆自重，求曲杆在三种不同支承下所受的约束反力。

3E－6 折梁的支承及载荷如图 3－21 所示。不计梁自重，试求支座 A、B 处的约束反力。

3E－7 如图 3－22 所示结构中，$M=1.5$ kN · m，$a=0.3$ m，求支座 A、C 的约束反力。

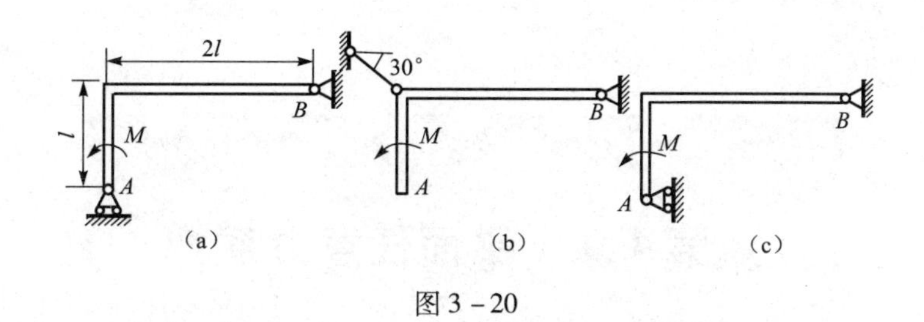

图 3 - 20

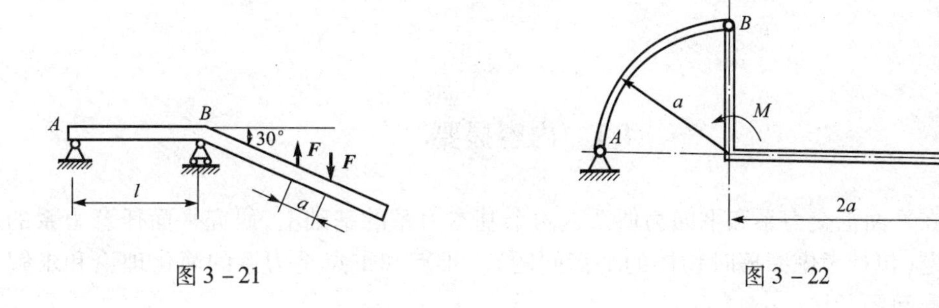

图 3 - 21　　　　图 3 - 22

3E - 8　如图 3 - 23 所示机构中，AB 杆上有一导槽，套在杆 CD 的销子 E 上。在杆 AB 与杆 CD 上各作用一力偶，使机构平衡。已知 $M_A = 20$ N · m，求 M_C（不计杆重及摩擦）。

应用题答案

3E - 1　$M_O(\boldsymbol{F}) = -2.61$ kN · m

3E - 2　$M_O(\boldsymbol{F}) = 24.64$ kN · m

3E - 3　a) $F_A = F_B = 1.5$ kN，b) $F_A = F_B = \sqrt{2}Fa/l$

3E - 4　$F_A = F_C = \dfrac{M}{2\sqrt{2}a}$

3E - 5　a) $F_A = F_B = \dfrac{M}{2l}$，b) $F_C = F_B = \dfrac{M}{l}$，c) $F_A = F_B = \dfrac{M}{l}$

3E - 6　$F_A = F_B = \dfrac{\sqrt{3}}{2l}Fa$

3E - 7　$F_A = F_C = 2.357$ kN

3E - 8　$M_C = 36.8$ N · m

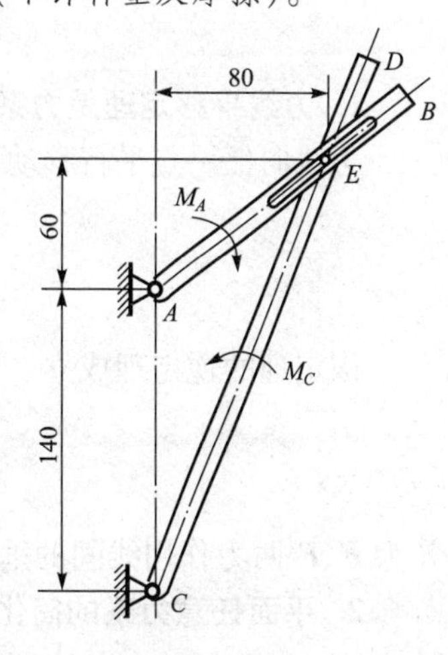

图 3 - 23

第4章 平面任意力系

4.1 内容提要

本章在平面汇交力系和平面力偶系这两个基本力系的基础上,研究平面任意力系的简化和平衡问题(包括考虑摩擦时物体的平衡问题)。难点和重点是力系的简化理论和求解物体系统的平衡问题。

4.2 知识要点

1. 力线平移定理是力系向一点简化的理论依据

力线向任一点平行移动,必须附加一力偶,其力偶矩等于原力对新作用点之矩。即

$$\boldsymbol{F} \xrightarrow[\text{(向 }O\text{ 点平衡)}]{\text{分解}} \boldsymbol{F}' + M_O$$

$$\boldsymbol{F}' = \boldsymbol{F}, M_O = M_O(\boldsymbol{F})$$

该定理的逆定理成立。即

$$\boldsymbol{F} \xleftarrow{\text{合成}} \boldsymbol{F}' + M_O$$

$$\boldsymbol{F} = \boldsymbol{F}', d = |M_O|/F'$$

d 为 $\boldsymbol{F}$、$\boldsymbol{F}'$ 两力作用线间的垂直距离。

2. 平面任意力系的简化

平面任意力系 $\{\boldsymbol{F}_1, \boldsymbol{F}_2 \cdots, \boldsymbol{F}_n\}$ $\xrightarrow[O\text{ 为简化中心}]{\text{向 }O\text{ 点平移}}$

- 平面汇交力系 $\{\boldsymbol{F}_1', \boldsymbol{F}_2', \cdots, \boldsymbol{F}_n'\}$ $\xrightarrow{\text{合成}}$
  - 主矢 $\boldsymbol{F}_R' = \sum \boldsymbol{F}_i' = \sum \boldsymbol{F}_i$
  - 主矢 $\boldsymbol{F}_R'$ 与 O 点位置无关
  - 代表力系对物体的移动作用
- 平面力偶系 $\{M_{O_1}, M_{O_2}, \cdots, M_{O_n}\}$ $\xrightarrow{\text{合成}}$
  - 主矢 $M_O = \sum M_{O_i} = \sum M_O(\boldsymbol{F}_i)$
  - 主矩一般与 O 点位置有关
  - 代表力系对物体绕 O 点的转动作用

3. 平面任意力系向一点简化的结果(表 4-1)

表 4-1

简化情况	首次向一点简化结果		最后结果
	主 矢	主 矩	
平面任意力系	$\boldsymbol{F}'_{\mathrm{R}} \neq \boldsymbol{0}$	$M_O = 0$	合 力
		$M_O \neq 0$	
	$\boldsymbol{F}'_{\mathrm{R}} = \boldsymbol{0}$	$M_O \neq 0$	合力偶
		$M_O = 0$	平 衡

4. 平面任意力系的平衡

（1）平衡的必要与充分条件是

$$\boldsymbol{F}'_{\mathrm{R}} = \boldsymbol{0} \qquad M_O = \sum M_O(\boldsymbol{F}_i) = 0$$

（2）若用解析式表示平衡条件，得平面任意力系的三个独立的平衡方程（三种形式），可解三个未知量（表4-2）。

表 4-2

形 式	基本式	二矩式	三矩式
平衡方程	$\sum F_x = 0$ $\sum F_y = 0$ $\sum M_O(\boldsymbol{F}_i) = 0$	$\sum F_x = 0$ $\sum M_A = 0$ $\sum M_B = 0$	$\sum M_A = 0$ $\sum M_B = 0$ $\sum M_C = 0$
附加条件		投影轴 x 不垂直 A、B 连线	A、B、C 三点不共线

（3）其他平面力系都可视为平面任意力系的特殊情况，它们的平衡方程见表4-3。

表 4-3

力系名称	平 衡 方 程	独立方程数
共线力系	$\sum F_i = 0$	1
平面力偶系	$\sum M_i = 0$	1
平面汇交力系	$\begin{cases}\sum F_x = 0\\ \sum F_y = 0\end{cases}$	2
平面平行力系	$\begin{cases}\sum F_i = 0\\ \sum M_O = 0\end{cases}$ 或二矩式 $\begin{cases}\sum M_A = 0\\ \sum M_B = 0\end{cases}$ A、B 连线不平行于各力作用线	2

5. 静定、超静定问题的概念

对于 n 个物体组成的物体系统，简称系统或物系（平面问题），其独立的平衡方程数一般为 $3n$ 个。若其中有平面汇交力系或平行力系等，则独立的平衡方程数目相应地减少。若未知量的数目不超过独立的平衡方程数，称为**静定问题**，否则就是**超静定问题**。简单地说，能用静力学平衡方程求出全部未知量的问题为静定问题，否则就是超静定问题。在将工程实际问题抽象为力学问题时，应当首先判断是静定还是超静定问题。在静力学中只研究静定问题。

6. 滑动摩擦

(1) **滑动摩擦力**是接触面公切线方向的约束反力,其作用是阻止物体沿切线方向的滑动,它的指向与物体相对滑动的方向或相对滑动的趋势相反。

(2) 三种情况。

① 静滑动摩擦力 $\boldsymbol{F}$:物体处于静止,但有滑动趋势时存在。

方向:与滑动趋势相反。

大小:$0 \leqslant F \leqslant F_{max}$,由平衡条件决定。

② 最大静滑动摩擦力 $\boldsymbol{F}_{max}$:物体处于滑动的临界状态时存在。

方向:与滑动趋势相反。

大小:$F_{max} = \mu F_N$

式中,μ 为静摩擦系数,F_N 为接触处法向反力的大小。

③ 动滑动摩擦力 $\boldsymbol{F}'$:物体有相对滑动后存在。

方向:与两物体间相对滑动的方向相反。

大小:$F' = \mu' F_N$

式中,μ'为动滑动摩擦系数。

(3) 摩擦角与自锁。

① **摩擦角** φ_m:当摩擦力达到最大值时,全反力 $\boldsymbol{F}_R$ 与法线间的夹角。φ_m 与 μ 的关系为

$$\tan \varphi_m = \mu$$

φ_m 与 μ 有相同的物理意义。

② **自锁**:主动力的合力作用线在摩擦角以内时,发生自锁。当自锁发生时,不论主动力的合力多大,物体都处于平衡,所以自锁的条件为

$$\alpha \leqslant \varphi_m$$

式中,α 为主动力的合力作用线与接触面法线之间的夹角,φ_m 为摩擦力达最大值时全反力 $\boldsymbol{F}_R$ 与接触面法线间的夹角。

7. 学习本章应当注意和必须搞清的几个问题

(1) 搞清主矢与合力、主矩与合力偶矩的概念与关系。

主矢为原力系的矢量和,只有大小、方向两个因素,与简化中心的位置无关。合力是与力系等效的一个力,决定于大小、方向、作用点三个要素。只有当主矩等于零时,主矢才是合力。主矩是原力系中各力对简化中心的力矩的代数和。而合力偶矩是与原力系等效的力偶之矩。力系向简化中心简化后,只有当主矢等于零时,主矩才是力系的合力偶矩。这时原力系实质上是一力偶系,它向任一点简化都是一合力偶,其矩恒定。

(2) 注意区别正压力和重力、摩擦力和最大摩擦力。

① 正压力与重力:正压力是未知的法向反力,与物体所受主动力(包括重力)有关,必须由平衡方程求出;重力是已知的主动力,无论物体是在水平面上还是在斜面上,无论斜面的倾角多大,重力的大小恒为定值,并铅垂向下。切不可认为正压力就是重力。只有在如图 4-1 所示特殊情况下正压力才等于重力。如果物体置于倾角为 α 的斜面上处于平衡时,如图 4-2 所示,则有 $F_N = P\cos \alpha$;如物体上再施加一水平力 $\boldsymbol{F}_Q$(图 4-3)才能平衡,则有 $F_N = P\cos \alpha + F_Q \sin \alpha$ 等,不一一列举。总之,根据平衡方程,正压力应等于物体上所有各力的接触面法线方向投影的代数和。

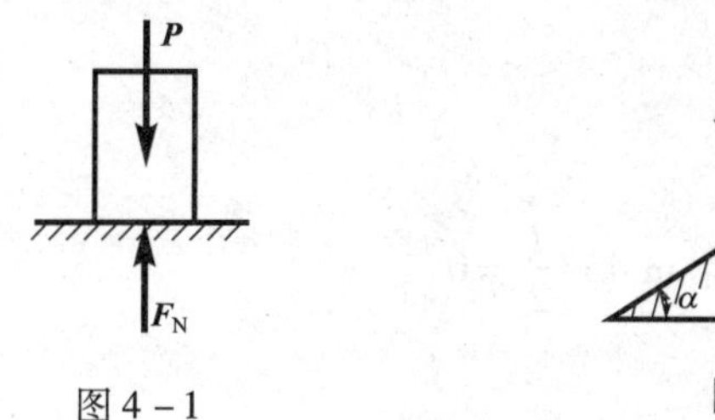

图4－1

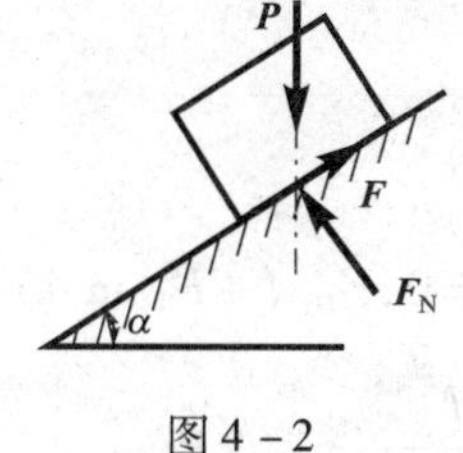

图4－2

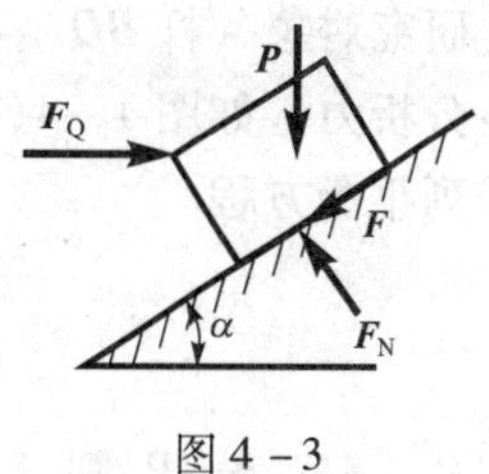

图4－3

② 静摩擦力与最大摩擦力：一般状况下的摩擦力 F 值，只能由平衡方程确定；最大摩擦力 $F_{\max}$，除可由平衡方程确定外，还可由式 $F_{\max}=\mu F_{\mathrm{N}}$ 确定。

（3）摩擦力的指向。摩擦力 $\boldsymbol{F}$ 的指向，如能判断应尽量按正确方向画出，如不易判断物体滑动趋势时，$\boldsymbol{F}$ 的指向可以假设，需根据计算结果的正、负确定 $\boldsymbol{F}$ 的实际指向。

4.3　解题指导

例4－1　用三根等长、同重的直杆铰接成正方形 $ABDC$，其中 A、C 二铰固定于墙上，在 AB、BD 的中点用绳子 EF 相连，如图4－4(a)所示。求绳子拉力。设杆重为 P，杆长为 l。

解　分析　解题的过程正是分析的逆过程，为此，在解题前首先作以下分析。绳子拉力为系统的内力，为求绳子拉力 $\boldsymbol{F}_{\mathrm{T}}$，必须将系统拆开，取与拉力 $\boldsymbol{F}_{\mathrm{T}}$ 有关的杆 BD 或 AB 为研究对象。若取杆 BD，其受力图如图4－4(c)所示。由受力图看出，若能设法求得 $\boldsymbol{F}_{Dx}$，则由 $\sum M_B=0$ 即可求得 $\boldsymbol{F}_{\mathrm{T}}$。为求 $\boldsymbol{F}_{Dx}$，应取杆 CD 为研究对象，其受力图如图4－4(d)所示，由受力图可看出 $F_{Dx}=F'_{Dx}=\boldsymbol{F}_{Cx}$。而为求 F_{Cx}，可取系统为研究对象（图4－4(b)），由 $\sum M_A=0$ 求得。按上述分析的逆过程，首先应选取系统整体为研究对象，相继再选取杆 CD 及杆 BD 为研究对象进行求解。

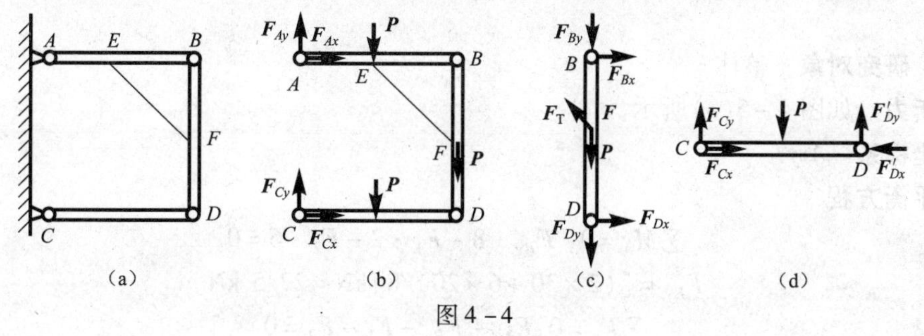

图4－4

研究对象　系统整体

分析力　如图4－4(b)所示。

列平衡方程

$$\sum M_A=0,\ -2P\frac{l}{2}-Pl+F_{Cx}l=0,F_{Cx}=2P$$

研究对象　杆 CD

分析力　如图4－4(d)所示。

列平衡方程

$$\sum F_x=0,F_{Cx}-F'_{Dx}=0,F'_{Dx}=F_{Cx}=2P$$

研究对象 杆 BD

分析力 如图 4－4(c)所示。

列平衡方程

$$\sum M_B = 0, F_{Dx} l - F_T \sin 45° \frac{l}{2} = 0$$

由 $F_{Dx} = F'_{Dx} = 2P$,则 $F_T = \dfrac{F_{Dx} l}{\sin 45° \times \dfrac{l}{2}} = 4\sqrt{2}P$

分析与讨论

此题也可以取整体为研究对象,列 $\sum M_C = 0$,先求出 F_{Ax},再相继以杆 AB、BD 为研究对象求解,请读者自行练习。可见,求解物系平衡问题的方法是灵活多变的,原则是应使计算过程简单,尽可能避免求解联立方程。

例 4－2 图 4－5 所示三铰拱,已知主动力 $F_1 = 30$ kN、$F_2 = 20$ kN,求铰链 A、B、C 处的约束反力。

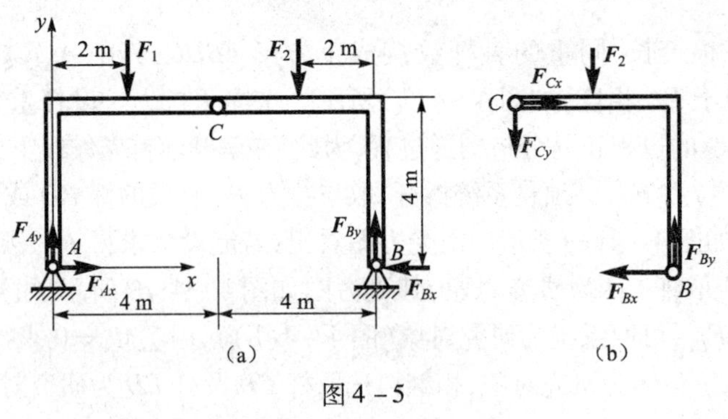

图 4－5

解 研究对象 整体

分析力 如图 4－5(a)所示。

取坐标系 Axy

列平衡方程

$$\sum M_A = 0,\ F_{By} \cdot 8 - F_1 \cdot 2 - F_2 \cdot 6 = 0$$

$$F_{By} = [(2 \times 30 + 6 \times 20)/8]\,\text{kN} = 22.5\ \text{kN}$$

$$\sum F_y = 0, F_{Ay} + F_{By} - F_1 - F_2 = 0$$

$$F_{Ay} = F_1 + F_2 - F_{By} = (30 + 20 - 22.5)\,\text{kN} = 27.5\ \text{kN}$$

$$\sum F_x = 0,\ F_{Ax} - F_{Bx} = 0$$

研究对象 右半拱 BC

分析力 如图 4－5(b)所示。

列平衡方程

$$\sum M_C = 0,\ F_{By} \cdot 4 - F_{Bx} \cdot 4 - F_2 \cdot 2 = 0$$

$$F_{Bx} = (4F_{By} - 2F_2)/4 = [(22.5 \times 4 - 20 \times 2)/4]\,\text{kN} = 12.5\ \text{kN}$$

将 F_{Bx} 值代入式 $F_{Ax} - F_{Bx} = 0$,得

$$F_{Ax} = F_{Bx} = 12.5\ \text{kN}$$

$$\sum F_x = 0,\ F_{Cx} - F_{Bx} = 0$$
$$F_{Cx} = F_{Bx} = 12.5\ \text{kN}$$
$$\sum F_y = 0,\ F_{By} - F_{Cy} - F_2 = 0$$
$$F_{Cy} = F_{By} - F_2 = (22.5 - 20)\ \text{kN} = 2.5\ \text{kN}$$

分析与讨论

对此类问题有时可能出现的错误是：认为三铰拱是在特殊载荷铅垂外力 $\boldsymbol{F}_1$、$\boldsymbol{F}_2$ 作用下处于平衡，则两支座 A、B 处反力也只有铅垂方向的反力 $\boldsymbol{F}_{Ay}$、$\boldsymbol{F}_{By}$，于是画出如图 4－6(a)所示整体受力图（平面平行力系）。由 $\sum F_A = 0$、$\sum F_y = 0$ 解出了二未知力 $\boldsymbol{F}_{Ay}$、$\boldsymbol{F}_{By}$。为求 C 处反力拆开，画出如图 4－6(b)、(c)所示受力图以及求算出的结果也都是错误的。

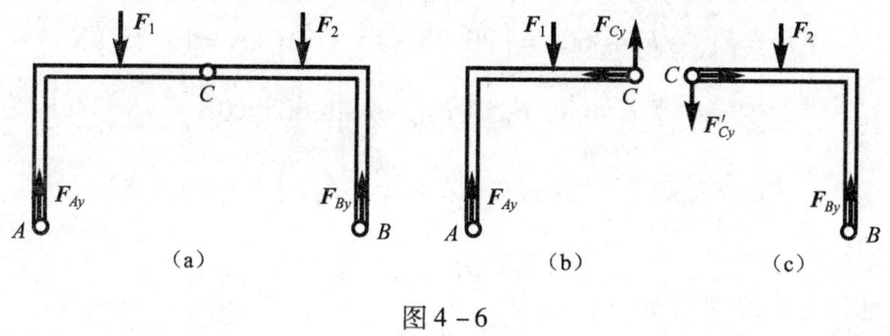

图 4－6

例 4－3 刚架与载荷如图 4－7(a)所示。已知 $F = 15$ kN，$M = 40$ kN·m，求铰 B、D 处的反力。

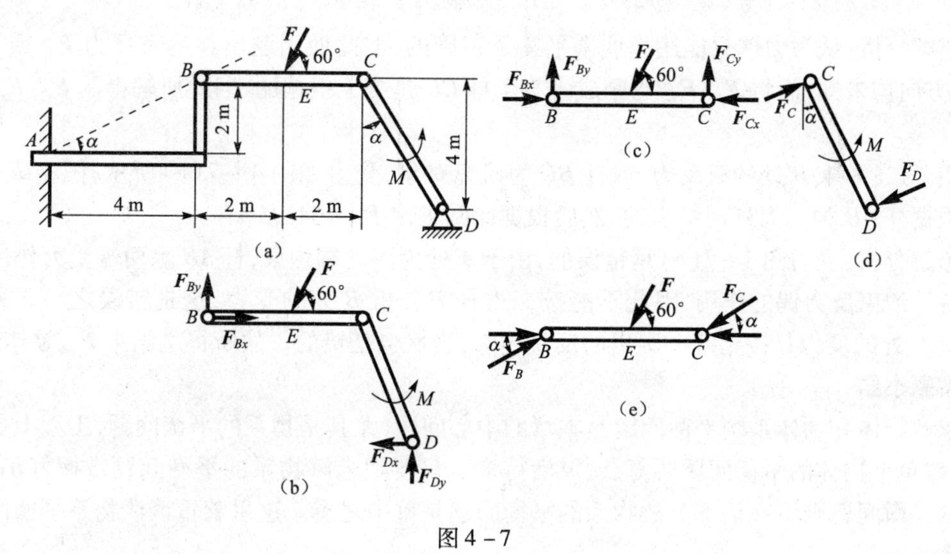

图 4－7

解 研究对象 杆 BC

分析力 如图 4－7(c)所示。

列平衡方程

$$\sum M_C = 0,\ F\sin 60° \times 2 - F_{By} \times 4 = 0$$
$$F_{By} = F\sin 60° \times 2/4 = \left[\left(15 \times \frac{\sqrt{3}}{2} \times 2\right)\Big/4\right]\text{kN} = 6.5\ \text{kN}$$

研究对象 杆系 BCD

分析力 如图 4-7(b)所示。

列平衡方程

$$\sum M_D=0,\ F\sin 60°\times4+F\cos 60°\times4+M-F_{By}\times6-F_{Bx}\times4=0$$

$$F_{Bx}=\frac{F\times4\times(\sin 60°+\cos 60°)+M-F_{By}\times6}{4}\text{kN}$$

$$=\frac{15\times4\times\left(\frac{\sqrt{3}}{2}+\frac{1}{2}\right)+40-6.5\times6}{4}=20.75\ \text{kN}$$

$$\sum F_x=0,\ F_{Bx}-F\cos 60°-F_{Dx}=0$$

$$F_{Dx}=F_{Bx}-F\cos 60°=\left(20.75-15\times\frac{1}{2}\right)\ \text{kN}=13.25\ \text{kN}$$

$$\sum F_y=0,\ F_{By}+F_{Dy}-F\sin 60°=0$$

$$F_{Dy}=F\sin 60°-F_{By}=\left(15\times\frac{\sqrt{3}}{2}-6.5\right)\ \text{kN}=6.5\ \text{kN}$$

分析与讨论

对此类问题谨防出现类似如下的错误。

错解一:取杆 CD 为研究对象,受力如图 4-7(d)所示,认为主动力为一力偶,根据力偶只能用力偶来平衡,画出 $\boldsymbol{F}_C$ 与 $\boldsymbol{F}_D$,然后列方程 $\sum M_c=0$,

$$M-F_D\sqrt{4^2+2^2}=0\qquad 解得\ F_C=F_D=8.95\ \text{kN}$$

错解分析:认为力偶只能用力偶来平衡是正确的,但此处问题出在约束反力 $\boldsymbol{F}_C$ 或 $\boldsymbol{F}_D$ 的大小、方向均未知,而将 $\boldsymbol{F}_C$、$\boldsymbol{F}_D$ 均画成垂直于杆 CD 是毫无根据的,因此所解得的 $\boldsymbol{F}_C$、$\boldsymbol{F}_D$ 是错误的。

错解二:为求 B 处约束反力,取杆 BC 为研究对象,受力如图 4-7(e)所示,图中 $\boldsymbol{F}_B$ 的方向是根据杆 AB 为二力杆而画出的,然后根据此图求出 $F_B=64.95$ kN。

错解分析:受力图 4-7(e)是错误的,由于 A 处为固定端约束,杆 AB 除两端受力作用外,A 处尚有一约束反力偶的作用,因此不能按二力杆来分析 B 处的受力,这是错误之一。另一个错误是 C 处的反力是按错解一画出的反作用力,当然也是错的。故所得之结果 $\boldsymbol{F}_B$ 是错误的。

解题小结

求解物体和物体系统平衡问题是本章的中心问题,尤其是物系的平衡问题,工程上更为多见,它较单个物体的平衡问题要复杂、灵活得多。只要把求解物系的平衡问题掌握好了,单个物体的平衡问题则不在话下。故物系的平衡问题是重中之重。这里着重谈谈物系平衡问题的解法和特点。

1. 根据题意灵活恰当地选取研究对象

这是解题的关键。由于物系的结构形式多种多样,可考虑以下几个原则:

(1) 当整个系统的未知数不超过三个,或虽超过三个但能求出一部分未知量时(本书例 4-1、例 4-2),则可先取整体为研究对象。

(2) 如果取整体为研究对象,经分析可知,一个未知量也求不出,必须将系统拆开求解,此时一般先选取受力简单,特别是未知力少而又有主动力作用的单个物体或部分(本书例 4-3)为研究对象求解,直到求出全部未知量。

(3) 选择每一个研究对象所包含的未知量数,最好不超过该对象所能列出的独立平衡方程数,力求每一个方程解出一个未知量,尽量避免解联立方程,特别是尽量避免解两个对象的联立方程。当然,当不可避免时,也只好通过联立方程求解。

综上,就是注意应以解题过程中所画的受力图最少、所列的平衡方程数最少为原则。那种不假思索地先拆开,画出每个物体和系统的受力图(不管需要不需要),列出所有的平衡方程,联立求解的做法是不可取的。

2. 正确地画出研究对象的受力图

为了正确地画出受力图,应注意以下几点:

(1) 只画研究对象所受的外力,不画其内力。但要特别注意内、外力是相对于研究对象来说的,如对整体是内力,但对局部来说就可能是外力。

(2) 分析研究对象所受外力时,每个约束反力的画出都要有根据,不能凭主观想象去画,要根据约束的性质确定约束反力的某些特征(如作用线方位、指向等)。两个物体间相互作用的力要符合作用力与反作用力等值、反向、共线的规律。

3. 掌握列平衡方程的技巧

列平衡方程时,选取三种平衡方程形式中的哪一种,应视具体问题而定,一般常选取基本式或二矩式,三矩式用得较少。列具体方程时,最好每个方程只含一个未知量。为此,选取的投影轴应与尽可能多的未知力垂直;矩心取在未知力的交点处。

以上例题均未考虑摩擦,下面举例分析考虑摩擦的问题。

例4-4 物块 A 重 $P_1=1\ 000$ N,置于水平面上,用细绳跨过一光滑的滑轮 C 与一铅垂悬挂的重 $P_2=800$ N 的物块 B 相连,如图4-8(a)所示。已知物块 A 与水平面间的摩擦系数 $\mu=0.5$,$\alpha=30°$,问物块 A 是否滑动?

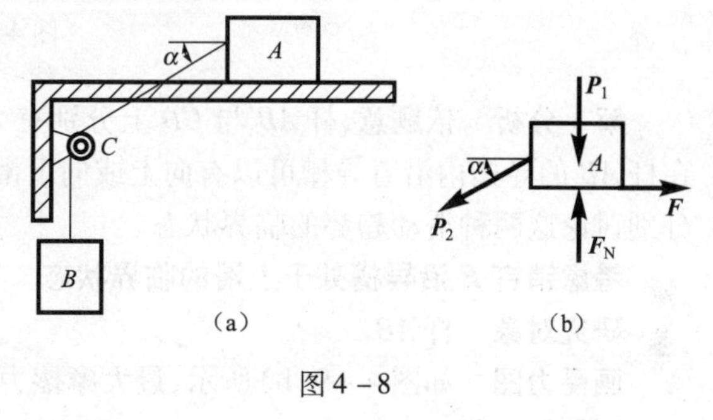

图4-8

解　研究对象　物块 A

分析力　受力图如图4-8(b)所示。因物块 A 在挂重 $\boldsymbol{P}_2$ 力的作用下有水平向左滑动的趋势,所以摩擦力水平向右。

假设物块 A 保持静止所需的摩擦力为 $\boldsymbol{F}$。

列平衡方程

$$\sum F_x=0,\ F-P_2\cos\alpha=0$$

$$F=P_2\cos\alpha=800\cos 30°\ \text{N}=400\sqrt{3}\ \text{N}=692.8\ \text{N}$$

$$\sum F_y=0,\ F_N-P_1-P_2\sin\alpha=0$$

$$F_N=P_1+P_2\sin\alpha=(1\ 000+800\sin 30°)\ \text{N}=1\ 400\ \text{N}$$

又

$$F_{max}=\mu F_N=0.5\times 1\ 400\ \text{N}=700\ \text{N}$$

比较 F 与 F_{max},$F<F_{max}$

故物块 A 是处于静止的。

分析与讨论

此类问题易出现的错误是,当用式 $F_{max}=\mu F_N$ 计算最大静摩擦力 F_{max} 时,法向反力 $\boldsymbol{F}_N$ 的计算有误,认为它只与重力 $\boldsymbol{P}_1$ 有关。于是有

$$F_{max}=\mu F_N=0.5P_1=0.5\times 1\,000\text{ N}=500\text{ N}$$

而由$\sum F_x=0$所算出的$F=692.8$ N与F_{max}进行比较，于是得出$F>F_{max}$、物块滑动的错误结论。实际上法向反力$\boldsymbol{F}_N$的大小不仅与物体的重量有关，同时也随力$\boldsymbol{P}_2$的大小而不同，所以应当由法线方向的平衡方程$\sum F_y=0$求得F_N力的大小，再代入式中求F_{max}值。由上述原因F_{max}求错，导致对物块A静止与否的判断错误。

例4-5 杆CD上有一销子E，套在杆AB的导槽内，如图4-9(a)所示。A、C为光滑铰链。杆AB与CD上分别有力偶作用，其矩为M_1、M_2。已知销子E与导槽间的摩擦角为$\varphi_m=30°$，不计杆重，求平衡时比值$\dfrac{M_1}{M_2}$的范围。

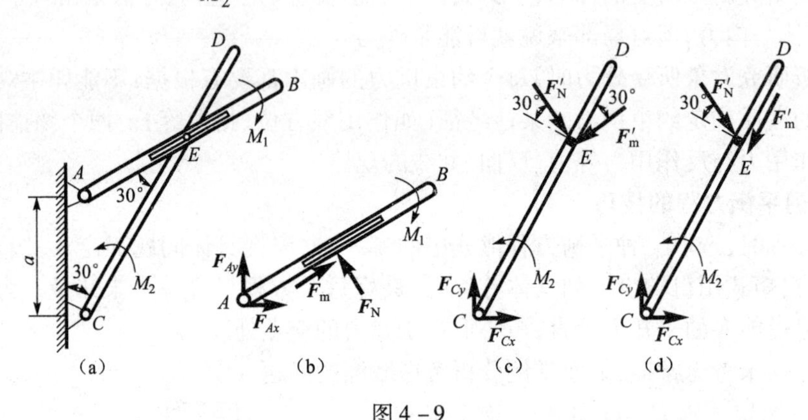

图4-9

解 分析 依题意，杆AB与CD上分别有力偶作用，在力偶的作用下，杆CD上的销子E在杆AB的导槽内沿着导槽可以有向上或向下滑动的趋势，摩擦力方向应与滑动趋势相反，现分别讨论这两种滑动趋势的临界状态。

考虑销钉E沿导槽处于上滑的临界状态

研究对象 杆AB

画受力图 如图4-9(b)所示，最大摩擦力$\boldsymbol{F}_{max}$(图中简写为$\boldsymbol{F}_m$)应沿槽向上。

列平衡方程

$$\sum M_A=0,\ -M_1+F_N\cdot a=0,F_N=M_1/a$$

研究对象 杆CD

画受力图 如图4-9(c)所示。

列平衡方程

$$\sum M_C=0,\ M_2+F'_m\sin 30°\times 2a\cos 30°-F'_N\cos 30°\times 2a\cos 30°=0$$

列补充方程 $F'_m=F_m=\mu F_N=\tan\varphi_m M_1/a=\tan 30°M_1/a$

将F'_m值代入上式

$$M_2+\tan 30°\frac{M_1}{a}\sin 30°\times 2a\cos 30°-F'_N\cos 30°\times 2a\cos 30°=0$$

$$M_2+\frac{\sqrt{3}}{3}\frac{M_1}{a}\frac{1}{2}\times 2a\frac{\sqrt{3}}{2}-\frac{M_1}{a}\frac{\sqrt{3}}{2}\times 2a\frac{\sqrt{3}}{2}=0$$

$$M_2+\frac{M_1}{2}-\frac{3M_1}{2}=0\qquad \text{得 } M_2/M_1=1$$

考虑销钉 E 沿导槽处于上滑的临界状态

只要改变杆 AB、CD 受力图 4－9(b)、(c) 中最大摩擦力的指向，同时改变式子中 F'_m 的符号，就可以解得

$$M_2/M_1=2$$

于是得到平衡时，M_2/M_1 的比值范围为

$$1\leqslant\frac{M_2}{M_1}\leqslant 2$$

分析与讨论

此类问题可能出现的错误解答如下：

取杆 AB 为研究对象，考虑销钉 E 沿导槽处于下滑的临界状态，画出受力图如图 4－9(b) 所示。

列平衡方程

$$\sum M_A=0,\ -M_1+F_N a=0, F_N=M_1/a$$

取杆 CD 为研究对象，画出受力图如图 4－9(d) 所示。

列平衡方程

$$\sum M_C=0,\ M_2-F'_N\cos 30°\times 2a\cos 30°=0$$

解得

$$M_2=F'_N\cos 30°\times 2a\cos 30°=\frac{M_1}{a}\left(\frac{\sqrt{3}}{2}\right)^2\times 2a=\frac{3}{2}M_1$$

即

$$M_2/M_1=3/2$$

考虑销钉沿导槽处上滑的临界状态时，只要分别改变 AB、CD 的受力图 (b)、(d) 中最大摩擦力的指向，同时改变式子中 F_m 的符号，得到的结果与上面一样，即 $M_2/M_1=3/2$。

所以，平衡时

$$M_2/M_1=3/2$$

错解分析　其错因在于杆 CD 的受力分析有误，图 4－9(d) 中 E 处最大摩擦力 $\boldsymbol{F}'_m$ 与 AB 的 E 点处的摩擦力 $\boldsymbol{F}_m$ 应为作用力与反作用力关系，此外 $\boldsymbol{F}'_m$ 的方向画错，导致结果错误。

解题小结

工程上经常遇到的摩擦平衡问题有三类，对于由几个物体组成的有摩擦存在的物系平衡问题，首先应依题意判断出它是属于三类摩擦问题中哪一类，然后按物系平衡问题的解题思路求解。

第一类　判断物体所处的状态是静止还是滑动（本书例 4－4）：

求解这类问题，常先假定物体处于静止，由平衡方程计算出 F，F_N 值，并由式 $F_{max}=\mu F_N$ 算出 F_{max}，然后将静摩擦力 F 与最大摩擦力 F_{max} 比较，若 $F\leqslant F_{max}$ 时，则所假设的平衡是正确的。而且，其静摩擦力即为所求出的 F；若 $F>F_{max}$ 时，则假设是错的，物体处于运动状态，且这时的摩擦力 F' 应由公式 $F'=\mu' F_N$ 求得，若摩擦力 F 为负值，但其绝对值 $|F|<F_{max}$，则物体处于平衡状态的假设仍是正确的，只是静摩擦力 $\boldsymbol{F}$ 的方向设反了。

第二类　求解物体处于临界平衡状态下的平衡问题：

如果题目中要求的量都为极端值，则属于临界平衡问题。求解这类问题时，静摩擦力已达到其最大值，因为它们仍属于平衡问题，故 F_{max} 除了要满足平衡方程外，还要满足静摩擦定律 $F_{max}=\mu F_N$。也即求解这类问题时，除了平衡方程外，还要利用补充方程 $F_{max}=\mu F_N$ 联合求解。

第三类　求解物体处于一般平衡状态下的平衡问题（平衡范围）：

平衡范围问题，是指物体具有两种滑动趋势且又处于平衡状态的问题。此时，不论是哪种滑动趋势，摩擦力 F 都是一个不定值。可按两种情况求解，从而确定平衡范围。为此，除列平

衡方程外，还均需列出不等式的补充方程 $F \leqslant \mu F_N$。这样求解不方便，所以一般抓一滑动趋势的临界状态，列写补充方程 $F = F_{max} = \mu F_N$ 联立求解，最后再确定其平衡范围。

练习题

A 判断题（下列命题你认为正确的在题后括号内打“√”，错误的打“×”）

4A－1 平面任意力系平衡的必要与充分条件是力系的合力等于零。（ ）

4A－2 作用在刚体上的平面任意力系的主矢量，与该力系的合力矢大小相等、方向相反。（ ）

4A－3 若某一平面任意力系对其作用面内某一点之矩的代数和等于零，如 $\sum M_A(\boldsymbol{F}) = 0$，则该力系就不可能简化为力偶。（ ）

4A－4 一个力可以无条件地任意平移，只要加一个附加力偶就可以了。（ ）

4A－5 平面任意力系有三个独立的平衡方程，可以求解三个未知量。（ ）

4A－6 对于由 n 个物体组成的物体系统，便可列出 $3n$ 个独立的平衡方程。（ ）

4A－7 静滑动摩擦力 $\boldsymbol{F}$ 的大小，必须由平衡方程求得。只有临界平衡状态时才能用 $F \leqslant \mu F_N$ 计算。（ ）

4A－8 只要接触表面粗糙，摩擦力总是存在的。（ ）

4A－9 摩擦定律中的正压力等于接触物体的重力。（ ）

4A－10 正压力与物体所受的主动力有关，应由平衡方程求出。（ ）

4A－11 同一平面内大小相等的三个力 $\boldsymbol{F}_1$、$\boldsymbol{F}_2$、$\boldsymbol{F}_3$ 分别作用在一个刚体的 A、B、C 三点上，且组成如图 4－10 所示的三角形，则该力系合成的结果为零。（ ）

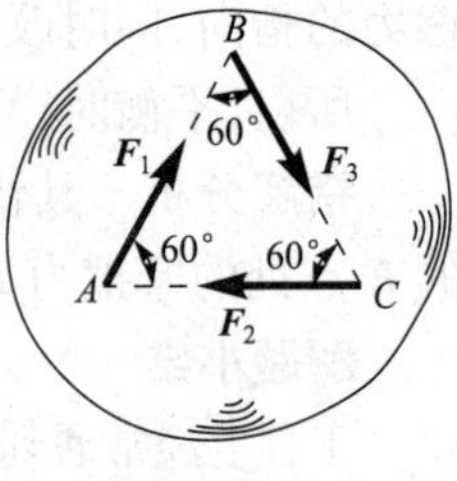

图 4－10

B 填空题

4B－1 将图 4－11(a) 中作用于点 B 的力 $\boldsymbol{F}$ 平移到点 A 时，需附加的力偶矩等于________，其大小和方向与点 A 的位置________关。

4B－2 将图 4－11(b) 中作用于点 A 的力 $\boldsymbol{F}$ 和力偶矩为 M_B 的力偶合成为一个力，则其合力 F_R ________，与力 $\boldsymbol{F}$ 作用线的距离 $d =$ ________。

4B－3 如图 4－12 所示，在边长为 l 的等边三角形 ABC 三个顶点上分别沿边长作用着三个大小相等的力 $F_1 = F_2 = F_3 = F$。将该力系向三角形中心 O 简化，得 $\boldsymbol{F}'_R =$ ________，$M_O =$ ________。

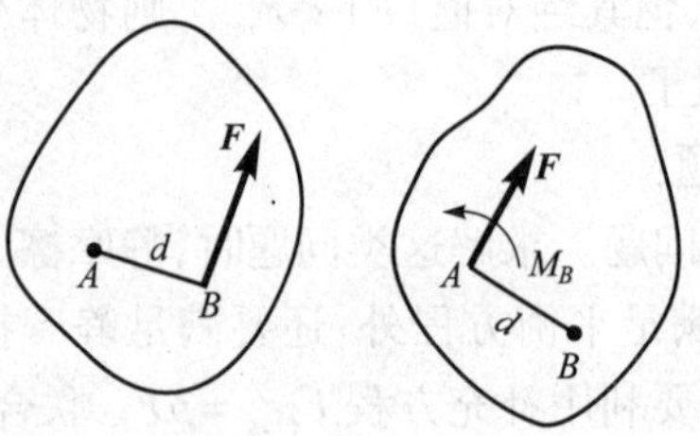

(a) (b)

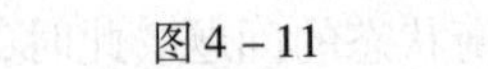

图 4－11

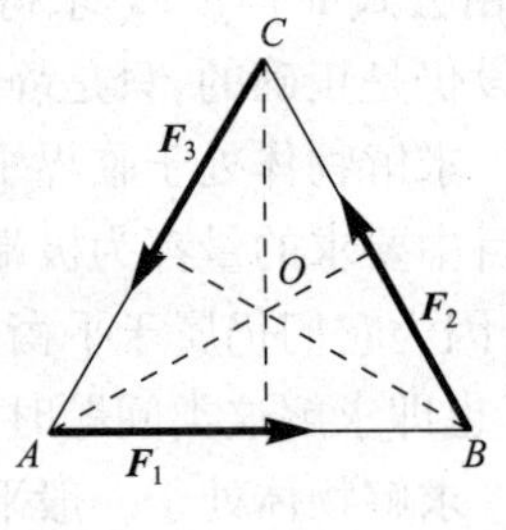

图 4－12

4B－4 一个平面构架由4个构件组成，每一构件均在平面任意力系作用下处于平衡状态，则整个系统最多可列________个独立的平衡方程。当未知量多于独立平衡方程数时，则属于________问题。

4B－5 试指出下列图4－13示机构的静定、静不定性(各杆不计自重)。

(a) ____________________；

(b) ____________________。

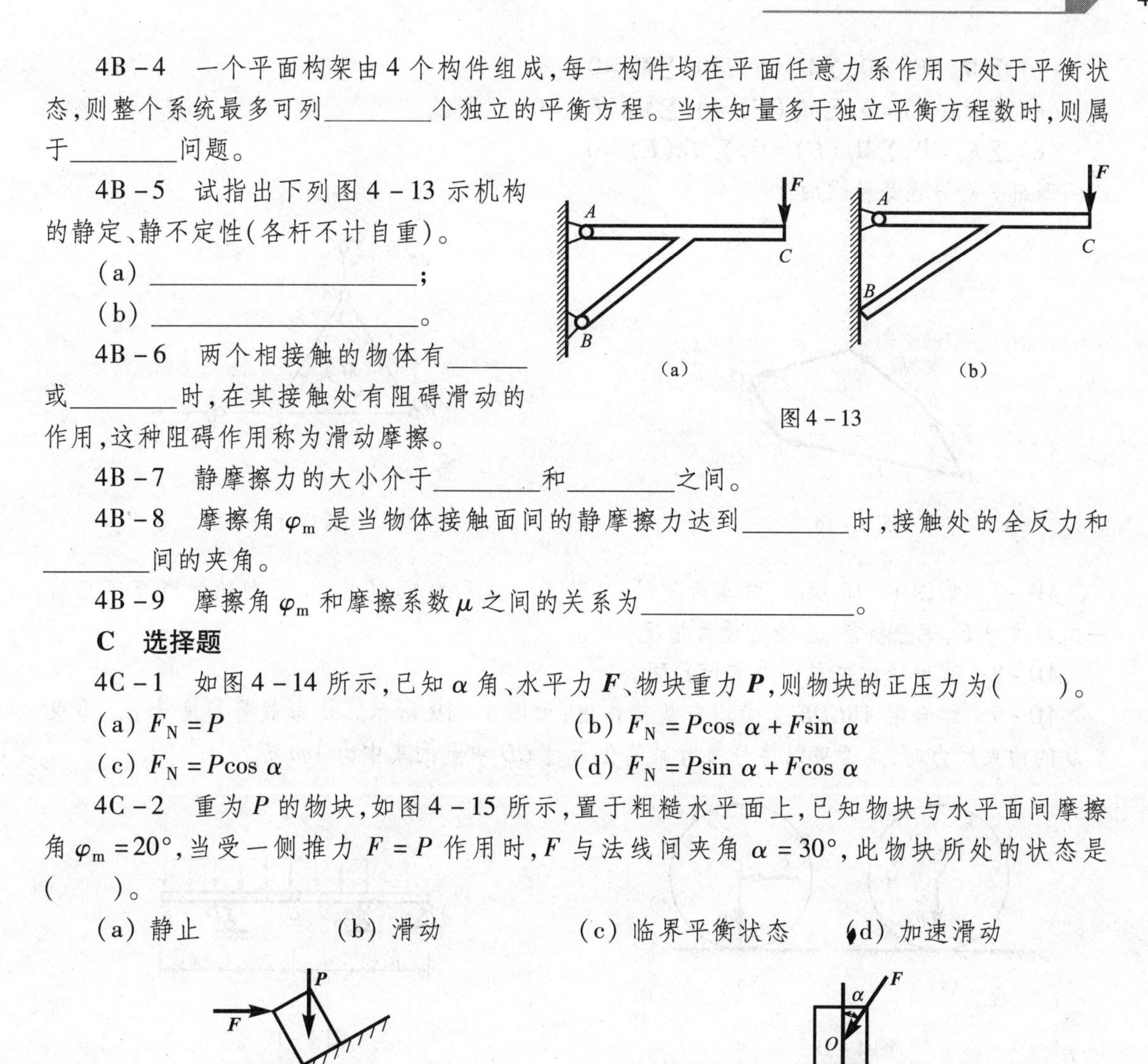

图4－13

4B－6 两个相接触的物体有________或________时，在其接触处有阻碍滑动的作用，这种阻碍作用称为滑动摩擦。

4B－7 静摩擦力的大小介于________和________之间。

4B－8 摩擦角 φ_m 是当物体接触面间的静摩擦力达到________时，接触处的全反力和________间的夹角。

4B－9 摩擦角 φ_m 和摩擦系数 μ 之间的关系为________________。

C 选择题

4C－1 如图4－14所示，已知 α 角、水平力 $\boldsymbol{F}$、物块重力 $\boldsymbol{P}$，则物块的正压力为( )。

(a) $F_N=P$　　(b) $F_N=P\cos\alpha+F\sin\alpha$

(c) $F_N=P\cos\alpha$　　(d) $F_N=P\sin\alpha+F\cos\alpha$

4C－2 重为 P 的物块，如图4－15所示，置于粗糙水平面上，已知物块与水平面间摩擦角 $\varphi_m=20°$，当受一侧推力 $F=P$ 作用时，F 与法线间夹角 $\alpha=30°$，此物块所处的状态是( )。

(a) 静止　　(b) 滑动　　(c) 临界平衡状态　　(d) 加速滑动

图4－14

图4－15

D 简答题

4D－1 一平面任意力系向 O 点简化得到一个合力，试问该力系向另一点 O' 简化能否得到一合力偶？为什么？

4D－2 在什么情况下，平面任意力系的主矩才与矩心的位置无关？为什么？

4D－3 一平面平行力系向一点简化的最后结果可能有几种情况？

4D－4 同一平面内大小不等的四个力 $\boldsymbol{F}_1$、$\boldsymbol{F}_2$、$\boldsymbol{F}_3$ 和 $\boldsymbol{F}_4$ 分别作用在一个刚体的 A、B、C 和 D 点上，且组成图4－16所示的力多边形。试问矢量是否为此力系的合力 $\boldsymbol{F}_R$？为什么？

4D－5 一不平衡的平面力系向 A、B 两点简化，能否得到相同的简化结果？为什么？

4D－6 如图4－17所示，一等边三角形平板 ABC 由三根连杆支承，其上作用一矩为 M 的力偶，各杆及板重不计。若以平板为研究对象，写出了下列各组平衡方程，即

(a) $\sum F_x=0,\sum F_y=0,\sum M_A(\boldsymbol{F})=0$

(b) $\sum M_B(\boldsymbol{F})=0, \sum M_C(\boldsymbol{F})=0, \sum F_y=0$

(c) $\sum M_B(\boldsymbol{F})=0, \sum M_C(\boldsymbol{F})=0, \sum M_D(\boldsymbol{F})=0$

(d) $\sum F_y=0, \sum M_C(\boldsymbol{F})=0, \sum M_D(\boldsymbol{F})=0$

试问哪组平衡方程是独立的？

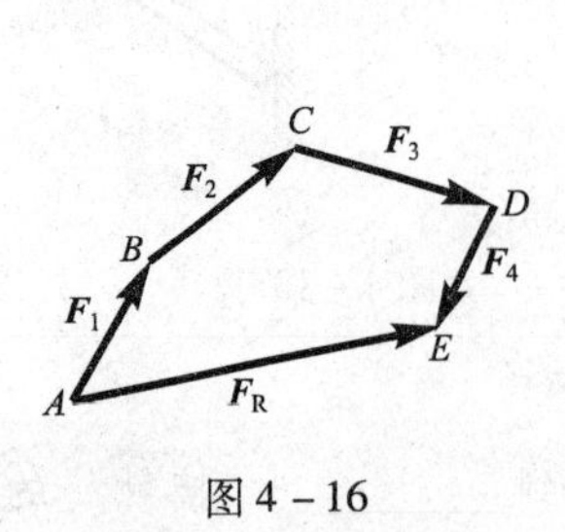

图 4-16

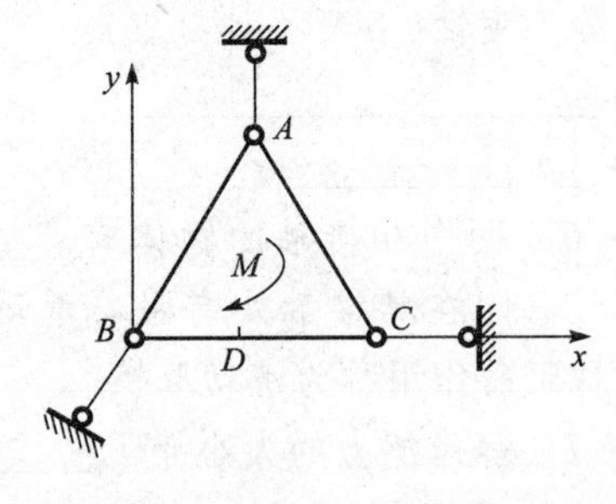

图 4-17

4D-7　如图 4-18 所示，汽车行驶时，后轮受一主动力矩 M 作用，而前轮受汽车车身给一向前推力 $\boldsymbol{F}$，试分析前、后轮的受力情况。

4D-8　试说明主矢与合力有何异同。

4D-9　组合梁 $ABCDE$ 上受均布载荷作用，如图 4-19 所示。均布载荷集度为 q。当求 A、D 的约束反力时，是否可以将分布力系简化为过 CD 中点的集中力 $3qa$ 呢？

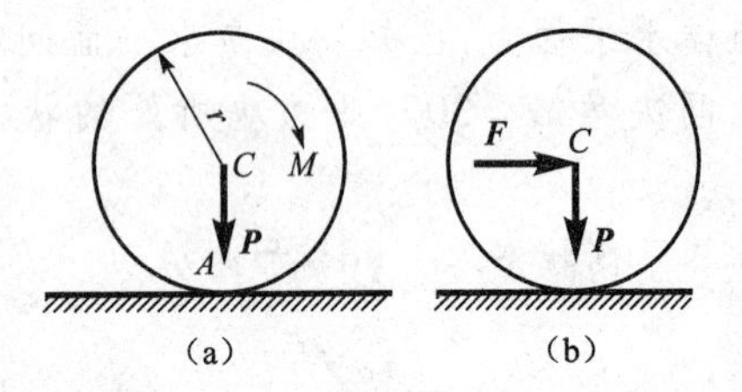

图 4-18

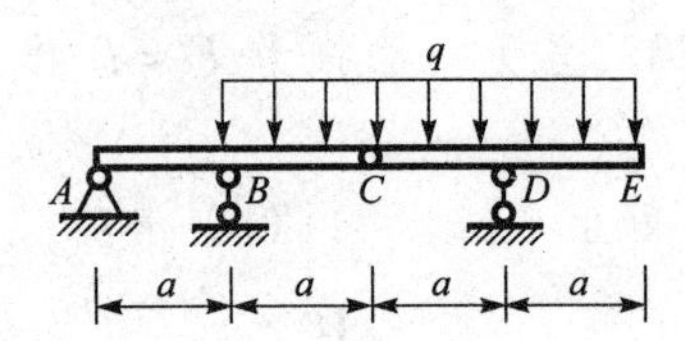

图 4-19

E　应用题

4E-1　如图 4-20 所示，均质杆 AB 重 100 kN，用铰链 A 连接在墙上，另端 B 用跨过滑轮 C 连有重物 P 的绳子提起，使杆与铅垂线成 60°。绳子的 BC 部分与铅垂线成 30°。在杆上 D 点挂重物 $P_1=200$ kN。若 $BD=AB/4$，且不计滑轮摩擦，求 P 的大小和铰链 A 的反力。

4E-2　如图 4-21 所示，在带传动机构轮 O_1 中，用绳索吊有重力 $P=300$ N 的物体，在轮 O_2 上作用着力偶而使机构处于平衡。已知 $r=20$ cm，$R=30$ cm，求力偶矩 M 的大小。

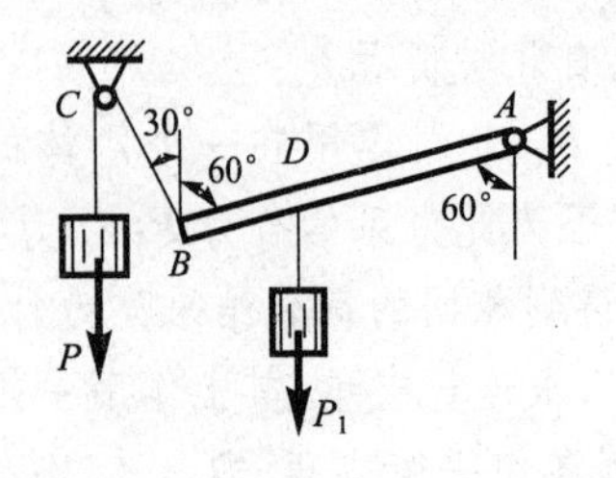

图 4-20

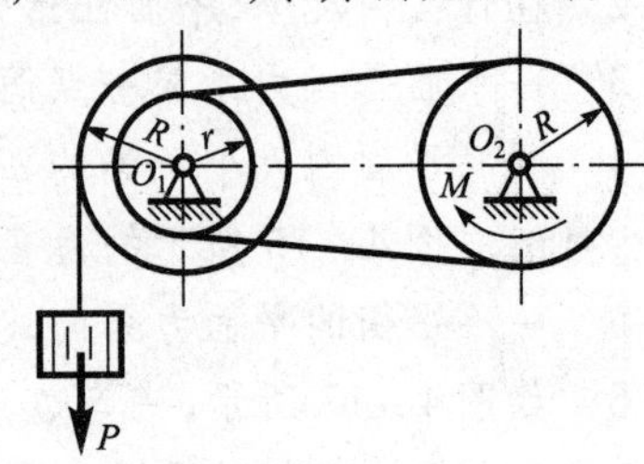

图 4-21

4E－3 如图4－22所示，水平梁AB由铰链A和杆BC所支持。D处安放半径为$r=10$ cm的滑轮，跨过滑轮的绳子一端水平地系于墙上，另一端悬挂有重物，其重力$P=1.8\times10^3$ N。如$AD=20$ cm、$BD=40$ cm、$\alpha=45°$，且不计梁、杆、滑轮的重力，求铰链A和杆BC所受的力。

4E－4 一气动夹具如图4－23所示，压缩空气推动活塞向上运动，通过铰链A使杆AB和AC逐渐向水平线BC接近，因而推动杠杆BOD绕点O转动，从而压紧工件。已知气体作用在活塞上的总压力$F=3.5\times10^3$ N、$\alpha=20°$，A、B、C、O处均为铰链，尺寸如图4－23所示。不计各杆件自重，求杠杆压紧工件的压力。

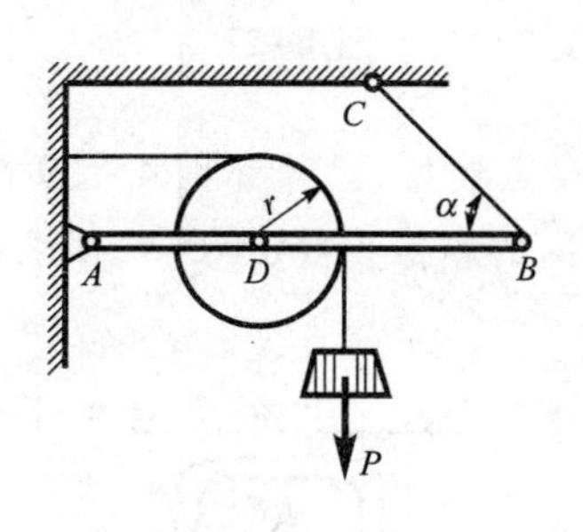

图4－22

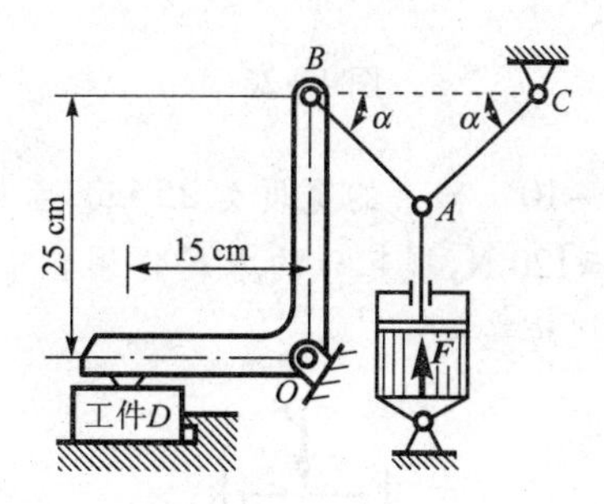

图4－23

4E－5 水平组合梁由AC及BC两部分组成，A端插入墙内，B端放在滑动支座上，C点用铰链连接而成。梁上有一起重机，所吊重力$P=10$ kN，起重机自重$P_1=50$ kN，其重心位于铅垂线CK上。不计梁自重，求在图4－24所示位置时，A、B支座反力。

4E－6 图4－25所示多跨静定梁由AE、EF、FD三部分用铰链E和F连接。已知$P_1=50$ kN、$P_2=60$ kN、$q=20$ kN/m。求支座A、B、C、D的约束反力。

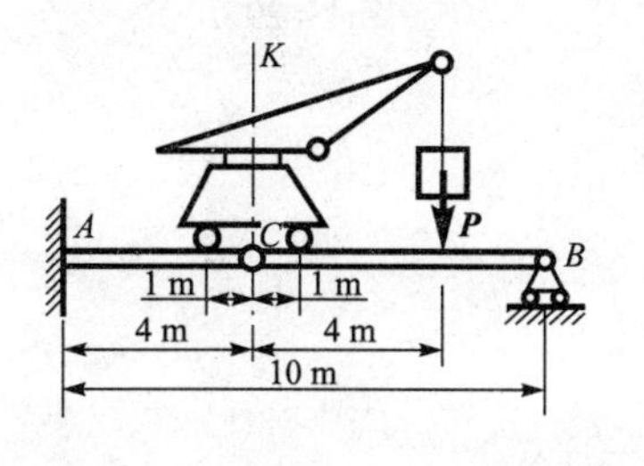

图4－24

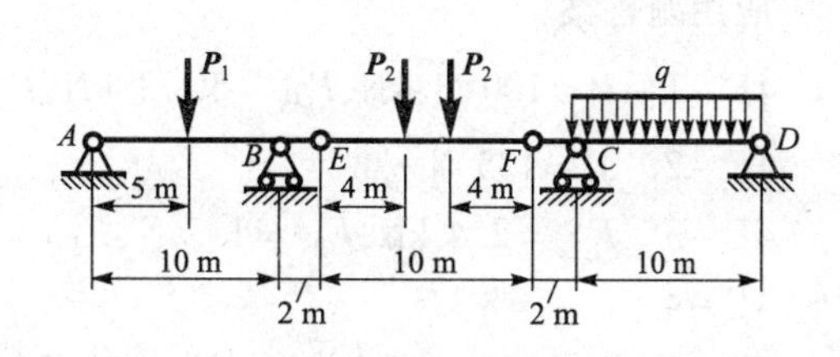

图4－25

4E－7 两物块A和B相叠地放在水平面上。已知A块重量为$P_1=490.5$ N，B块重量为$P_2=196.2$ N，A块和B块间的摩擦系数$\mu_1=0.25$，B块与水平面间的摩擦系数为$\mu_2=0.20$。在图4－26(a)的情况下，求拉动B块的最小水平拉力F_1；若A块被绳拉在墙上，如图4－26(b)所示，再求此时拉动B块的最小拉力F_2。

4E－8 如图4－27所示，物块重力$P=1\ 000$ N，放在倾角$\alpha=30°$的斜面上，物块与斜面间的静摩擦系数$\mu=0.15$，如受水平力$F=500$ N作用，此物体是否发生滑动？如滑动，其滑动方向朝上还是朝下？如静止，静摩擦力的大小和方向如何？

4E－9 尖劈机构如图4－28所示，A、B块重量不计。在A块上端作用有$F=300$ N的力。A块与B间光滑接触，B块与斜面间摩擦系数为$\mu=0.35$。要保持机构处于平衡，求作用在B块上的水平力F_1的范围。

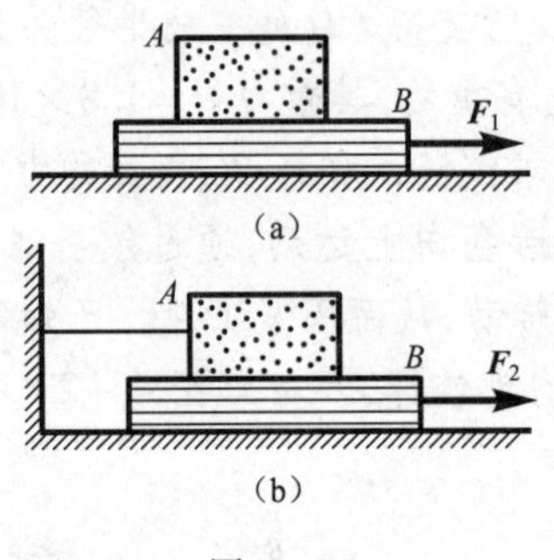

图 4 – 26

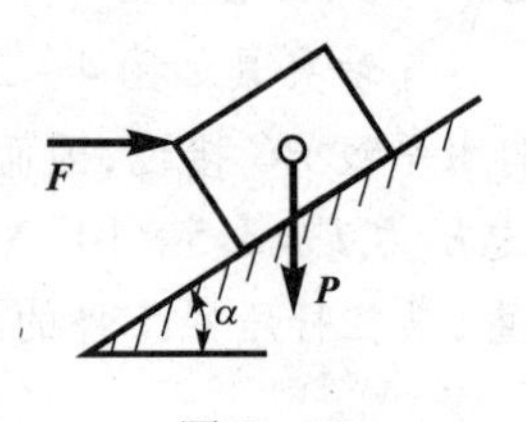

图 4 – 27

4E – 10 砖夹的宽度为 25 cm，曲杆 AGB 与 GCD 在 G 点铰接，尺寸如图 4 – 29 所示。设砖重 $P = 120$ N，提起砖的力 $\boldsymbol{F}$ 作用在中心线上，砖与砖夹间的摩擦系数 $\mu = 0.5$，试求 b 为多大时才能把砖夹起？

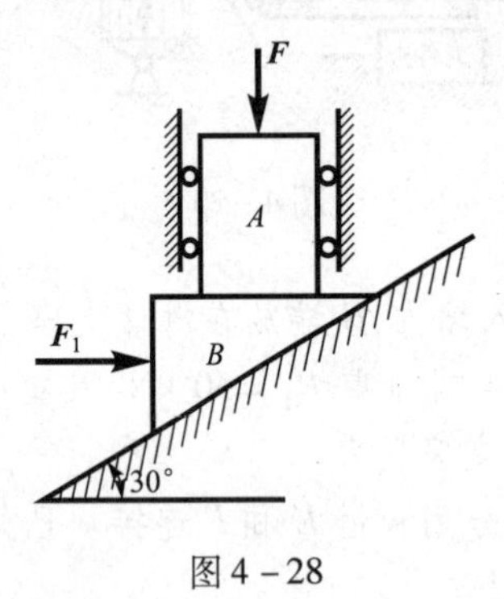

图 4 – 28

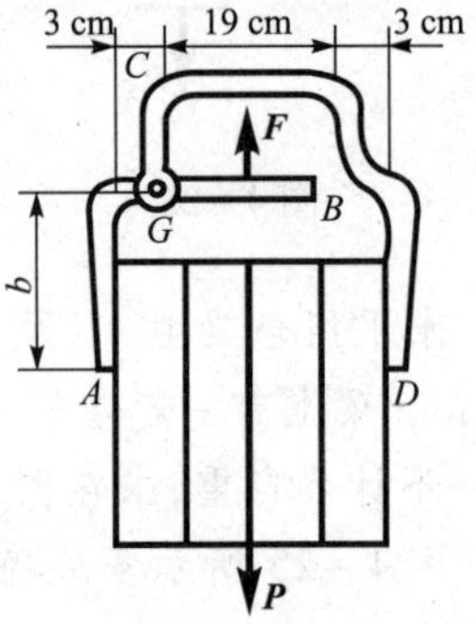

图 4 – 29

应用题答案

4E – 1 $P = 100\sqrt{3}$ kN，$F_{Ax} = 50\sqrt{3}$ kN，$F_{Ay} = 150$ kN

4E – 2 $M = 135$ N · m

4E – 3 $F_{Ax} = 2.4$ kN，$F_{Ay} = 1.2$ N，$F_{BC} = 850$ N

4E – 4 $F_{ND} = 8$ kN

4E – 5 $M_A = 196.7$ kN · m，$F_{RA} = 51.7$ kN，$F_{NB} = 8.3$ kN

4E – 6 $F_{Ax} = F_{Dx} = 0$，$F_{Ay} = 13$ kN，$F_{By} = 97$ kN，$F_{Cy} = 172$ kN，$F_{Dy} = 6.25$ kN

4E – 7 $F_1 = 137.4$ N，$F_2 = 259.96$ N

4E – 8 不会发生滑动，静摩擦力方向沿斜面向上，大小为 67 N

4E – 9 56.6 N $\leqslant F_1 \leqslant$ 348.7 N

4E – 10 $b \leqslant 11$ cm

第5章 空间力系 重心

5.1 内容提要

本章主要研究空间力在直角坐标轴上的投影及空间力对轴之矩的概念与计算。依据平面任意力系简化理论推广到空间力系,给出空间力系平衡的必要与充分条件是主矢 $\boldsymbol{F}'_R=\boldsymbol{0}$,主矩矢 $\boldsymbol{M}_O=\boldsymbol{0}$,由此得到空间任意力系以及各种特殊力系（空间汇交力系、空间力偶系、空间平行力系）的平衡方程,并应用平衡方程求解简单的空间力系平衡问题。此外,本章还讲述了物体重心的概念及确定物体重心位置的计算方法与实验方法。其重点是空间力的投影及对轴之矩的计算,应用平衡方程求解空间力系简单的平衡问题,以及求算物体的重心。

5.2 知识要点

1. 空间力系的两个基本运算

(1) 力在空间直角坐标轴上的投影计算。

① **一次（直接）投影法**。已知力 $\boldsymbol{F}$ 及 $\boldsymbol{F}$ 与空间直角坐标轴 x、y、z 间的正向夹角 α、β、γ（图5-1(a)),则力在三个轴上的投影为

$$\begin{cases} F_x = F\cos\alpha \\ F_y = F\cos\beta \\ F_z = F\cos\gamma \end{cases}$$

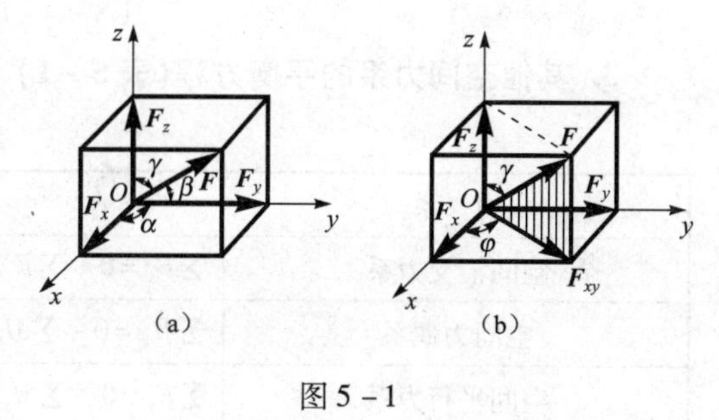

图5-1

② **二次投影法**。已知力 $\boldsymbol{F}$ 与 z 轴正向间夹角 γ 及力 $\boldsymbol{F}$ 在垂直于 z 轴的平面（xy 面）上的投影 $\boldsymbol{F}_{xy}$ 与 x 轴的夹角 φ(图5-1(b)),则

$$\begin{cases} F_z = F\cos\gamma \\ F_{xy} = F\sin\gamma \begin{cases} F_x = F\sin\gamma\cos\varphi \\ F_y = F\sin\gamma\sin\varphi \end{cases} \end{cases}$$

注意 力在坐标轴上的投影只有正、负两个方向,是代数量;而力在平面上的投影有方向性,是矢量。

(2) 力对轴之矩的计算。

① 按定义式计算。先将力投影到垂直于轴的平面上,然后按平面上力对点之矩计算（图

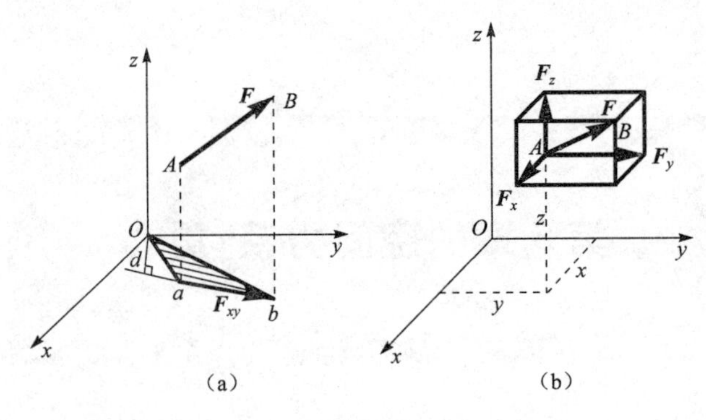

图 5-2

5-2(a))。即

$$M_z(F)=M_O(F_{xy})=\pm F_{xy}d$$

O 为 z 轴与 xy 面的交点。

② 应用合力矩定理计算。先将力 $\boldsymbol{F}$ 沿 x、y、z 轴分解,然后根据合力矩定理计算(图 5-2(b)),即

$$\begin{cases}M_x(F)=M_x(F_z)+M_x(F_y)\\M_y(F)=M_y(F_x)+M_y(F_z)\\M_z(F)=M_z(F_y)+M_z(F_x)\end{cases}\xrightarrow{\text{解析式}}\begin{cases}M_x(F)=yF_z-zF_y\\M_y(F)=zF_x-xF_z\\M_z(F)=xF_y-yF_x\end{cases}$$

2. 空间任意力系的平衡条件及平衡方程

平衡条件 $\boldsymbol{F}'_{\mathrm{R}}=0,\boldsymbol{M}_O=\boldsymbol{0}$

平衡方程

$$\begin{cases}\sum F_x=0\\\sum F_y=0\\\sum F_z=0\end{cases}\quad\begin{cases}\sum M_x=0\\\sum M_y=0\\\sum M_z=0\end{cases}$$

3. 其他空间力系的平衡方程(表 5-1)

表 5-1

力 系	平 衡 方 程
空间汇交力系	$\sum F_x=0 \quad \sum F_y=0 \quad \sum F_z=0$
空间力偶系	$\sum M_x=0 \quad \sum M_y=0 \quad \sum M_z=0$
空间平行力系	$\sum F_z=0 \quad \sum M_x=0 \quad \sum M_y=0 \quad (F_i /\!/ z)$

4. 求解空间力系平衡问题的方法与步骤

方法、步骤与平面力系基本相同。初学者可能感到困难的是缺乏空间立体概念,因此在求力在轴上的投影及力对轴之矩时,可用铅笔、直尺等做一些简化模型,以弄清空间几何关系,并努力锻炼看图和抽象思维的能力。

5. 重心、形心和静矩

重心坐标的一般公式为

$$x_C=\frac{\sum x_iP_i}{P}\quad y_C=\frac{\sum y_iP_i}{P}\quad z_C=\frac{\sum z_iP_i}{P}$$

对均质体（重心即为形心），

$$\begin{cases} x_C = \dfrac{\sum x_i \Delta V_i}{V} \\ y_C = \dfrac{\sum y_i \Delta V_i}{V} \\ z_C = \dfrac{\sum z_i \Delta V_i}{V} \end{cases} \xrightarrow{\text{其积分形式}} \begin{cases} x_C = \dfrac{\int_V x \mathrm{d}V}{V} \\ y_C = \dfrac{\int_V y \mathrm{d}V}{V} \\ z_C = \dfrac{\int_V z \mathrm{d}V}{V} \end{cases}$$

对均质面（图 5-3），

$$\begin{cases} x_C = \dfrac{\sum x_i \Delta A_i}{A} \\ y_C = \dfrac{\sum y_i \Delta A_i}{A} \end{cases} \xrightarrow{\text{其积分形式}} \begin{cases} x_C = \dfrac{\int_A x \mathrm{d}A}{A} \\ y_C = \dfrac{\int_A y \mathrm{d}A}{A} \end{cases}$$

静矩（参看图 5-3）

$$\begin{cases} S_y = \sum x_i \Delta A_i \\ S_x = \sum y_i \Delta A_i \end{cases} \xrightarrow{\text{其积分形式}} \begin{cases} S_y = \int_A x \mathrm{d}A \\ S_x = \int_A y \mathrm{d}A \end{cases}$$

静矩与形心的关系

$$\begin{cases} S_y = A x_C \\ S_x = A y_C \end{cases}$$

$$\begin{cases} x_C = \dfrac{S_y}{A} \\ y_C = \dfrac{S_x}{A} \end{cases}$$

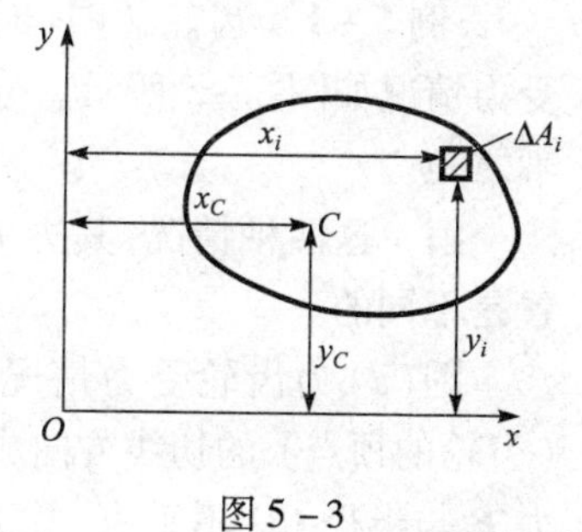

图 5-3

在工程上确定由简单形体组成的组合形体重心位置常用组合法，对不规则形体则用实验法。

6. 学习本章应当注意和必须搞清的几个问题

（1）计算力在坐标轴上的投影有两种方法，何时用一次投影法，何时用二次投影法，取决于已知条件。与平面问题一样，力在坐标轴上的投影只有正、负两个方向，是代数量；但力在平面上的投影可以有无穷多个方向，必须用矢量表示。

（2）力对轴之矩的计算有两种方法，但实际应用时，常用合力矩定理将力沿三个坐标轴分解，分别求出每个分力对某坐标轴之矩，然后取其代数和，即得力对所求坐标轴之矩。

（3）对空间力系问题中约束反力的分析，要注意与平面问题的区别。如对一般平面铰链其约束反力是两个正交分力，而空间铰链则为三个正交分力。平面固定端约束反力是两个正交分力和一个反力偶，而空间固定端约束反力则为三个正交分力和三个反力偶等。

（4）重心和形心的关系。作用于物体各微小部分的重力，可视为一平行力系，其合力的大

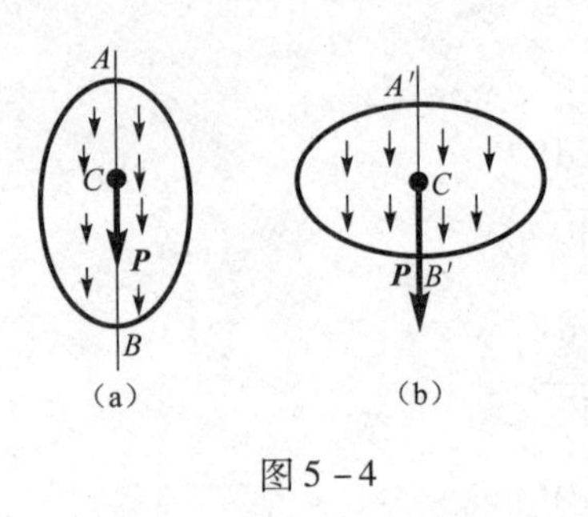

图 5－4

小为该物体的重量。合力的作用线所通过的物体上的一个确定的点，就是物体的重心。所谓“确定的点”，是指无论物体如何放置，其重力的合力作用线都通过该点，如图 5－4 所示。该点应为 AB 与 $A'B'$ 两直线的交点。

每一个物体都有一定的几何形状和体积，所谓形心就是指物体的几何中心，它只取决于物体的几何形状和体积。均质物体的重心与形心重合。

（5）求解物体重心坐标时应注意的问题：

① 对简单均质物体重心，一般可以应用积分法进行计算或直接从有关工程手册中查得。

② 对于由几个简单形状所组成的均质物体的重心，可应用分割法求得，即将物体分割成几个形状简单、易求重心的部分，然后应用合力矩定理确定重心位置（注意被去掉的部分要取作负值）。

③ 在求物体重心的坐标时，所选取的坐标系不同，求出的相应的重心坐标 x_C、y_C、z_C 的数值也不同。但注意重心相对于物体本身有一确定位置，不因选取不同的坐标系而改变。为简化计算，应充分利用物体的对称性来确定其重心。

5.3 解题指导

例 5－1 齿轮（图(a)）、带轮（图(b)）受力情况如图 5－5 所示。分别求力 $\boldsymbol{F}$ 对 x、y、z 轴之矩。

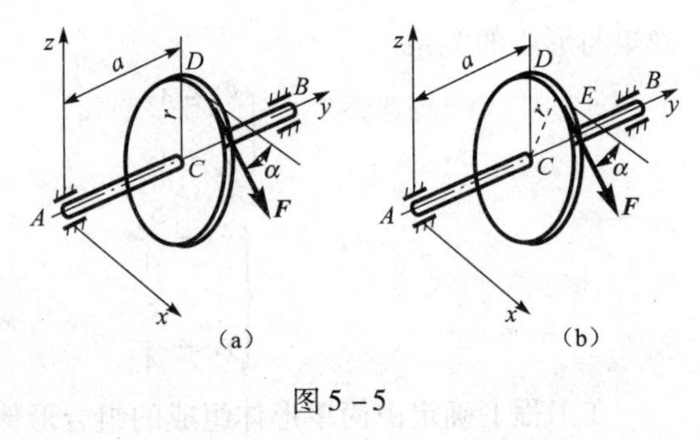

图 5－5

解 这两种情况，其力 $\boldsymbol{F}$ 对物体的作用位置是不同的。

图(a)为齿轮受力情况，力 $\boldsymbol{F}$ 与作用点 D（齿轮的顶点）的切线方向成 α 角（压力角），则力 $\boldsymbol{F}$ 与半径 CD 不垂直，故力 $\boldsymbol{F}$ 对图示各轴之矩为

$$M_x(\boldsymbol{F}) = -F\sin\alpha \cdot a$$
$$M_y(\boldsymbol{F}) = F\cos\alpha \cdot r$$
$$M_z(\boldsymbol{F}) = -F\cos\alpha \cdot a$$

图(b)为带轮受力情况，力 $\boldsymbol{F}$ 不作用于 D 而作用于 E 点，它和半径 CE 垂直，即沿圆周的切线，而与过 E 点的水平线成 α 角，则力 $\boldsymbol{F}$ 对各轴之矩为

$$M_x(\boldsymbol{F}) = -F\sin\alpha \cdot a$$
$$M_y(\boldsymbol{F}) = -F \cdot r$$
$$M_z(\boldsymbol{F}) = -F\cos\alpha \cdot a$$

显然，两种情况 $M_y(\boldsymbol{F})$ 不同，常有人粗心地认为，既然力 $\boldsymbol{F}$ 在两种情况下都与水平线成 α 角，其力矩的计算相同，这种看法是错误的。

例5-2 水平传动轴上装有两个带轮 C 和 D，如图5-6所示。已知 $r_1=20\text{ cm}, r_2=25\text{ cm}, a=b=50\text{ cm}, c=100\text{ cm}$，带轮 C 上的带是水平的，上、下带的拉力 $\boldsymbol{F}_{T1}$、$\boldsymbol{F}_{T2}$，且 $F_{T2}=2F_{T1}=5\text{ kN}$，带轮 D 上的带和铅垂线成角 $\alpha=30°$，两侧带的拉力为 $\boldsymbol{F}_{T3}$、$\boldsymbol{F}_{T4}$，且 $F_{T3}=2F_{T4}$。当传动轴平衡时，求带轮的拉力 $\boldsymbol{F}_{T3}$、$\boldsymbol{F}_{T4}$ 及 A、B 轴承的约束反力。

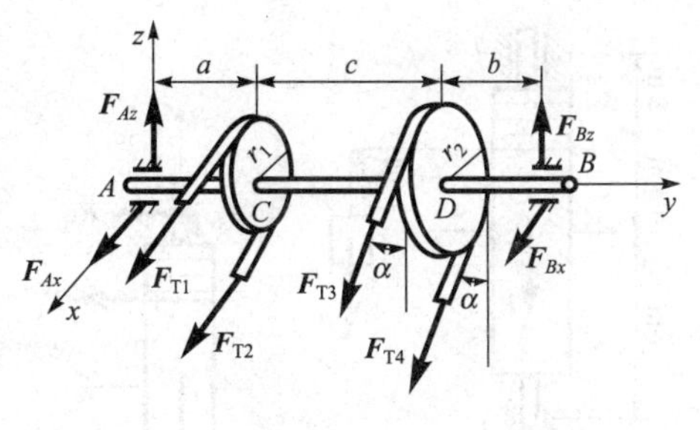

图5-6

解 研究对象 整体

分析力、画受力图 如图5-6所示。A、B 为径向轴承，不限制沿 y 轴方向的移动，其约束反力分别为 $\boldsymbol{F}_{Ax}$、$\boldsymbol{F}_{Az}$、$\boldsymbol{F}_{Bx}$、$\boldsymbol{F}_{Bz}$。

取坐标系 $Axyz$

列平衡方程

由 $\sum M_y=0, F_{T1}r_1-F_{T2}r_1+F_{T3}r_2-F_{T4}r_2=0$

$$F_{T4}=\frac{F_{T1}r_1}{r_2}=\frac{\frac{5}{2}\times 20}{25}\text{kN}=2\text{ kN}$$

$$F_{T3}=2F_{T4}=2\times 2\text{ kN}=4\text{ kN}$$

由 $\sum M_z=0, -F_{Bx}(a+b+c)-(F_{T3}+F_{T4})\sin\alpha(a+c)-(F_{T1}+F_{T2})a=0$

$$F_{Bx}=-\frac{3F_{T4}\sin\alpha(a+c)+3F_{T1}a}{a+b+c}=-\frac{3\times 2\times\frac{1}{2}\times 150+3\times 2.5\times 50}{200}\text{ kN}=-4.13\text{ kN}$$

负号说明图示 $\boldsymbol{F}_{Bx}$ 方向设反。

由 $\sum M_x=0, F_{Bz}(a+b+c)-(F_{T3}+F_{T4})\cos\alpha(a+c)=0$

$$F_{Bz}=\frac{3F_{T4}\cos\alpha(a+c)}{a+b+c}=\frac{3\times 2\times\frac{\sqrt{3}}{2}\times 150}{200}\text{kN}=3.9\text{ kN}$$

由 $\sum F_x=0, F_{Ax}+F_{Bx}+F_{T1}+F_{T2}+(F_{T3}+F_{T4})\sin a=0$

$$F_{Ax}=-(F_{Bx}+3F_{T1}+3F_{T4}\sin\alpha)$$

$$=-\left(-4.13+3\times\frac{5}{2}+3\times 2\times 0.5\right)\text{ kN}=-6.375\text{ kN}$$

负号说明图示 $\boldsymbol{F}_{Ax}$ 方向设反。

由 $\sum F_z=0, F_{Az}+F_{Bz}-(F_{T3}+F_{T4})\cos a=0$

$$F_{Az}=-F_{Bz}+(F_{T3}+F_{T4})\cos\alpha=\left(-3.9+3\times 2\times\frac{\sqrt{3}}{2}\right)\text{ kN}=1.3\text{ kN}$$

分析与讨论

包在轮上的带总是与轮半径垂直的，注意在列由 $\sum M_y=0$ 方程时，切勿写成

$$F_{T1}r_1-F_{T2}r_2+F_{T3}\sin\alpha\cdot r_2-F_{T4}\sin a\cdot r_2=0$$

而得出错误的解答 $F_{T4}=4\text{ kN}$、$F_{T3}=8\text{ kN}$，按此错解再列其他平衡方程解出的 A、B 轴承反力也必然是错误的。

例5-3 铅垂转动鼓轮 AB 上装有四根杠杆，均垂直于鼓轮轴，如图5-7(a)所示。鼓轮

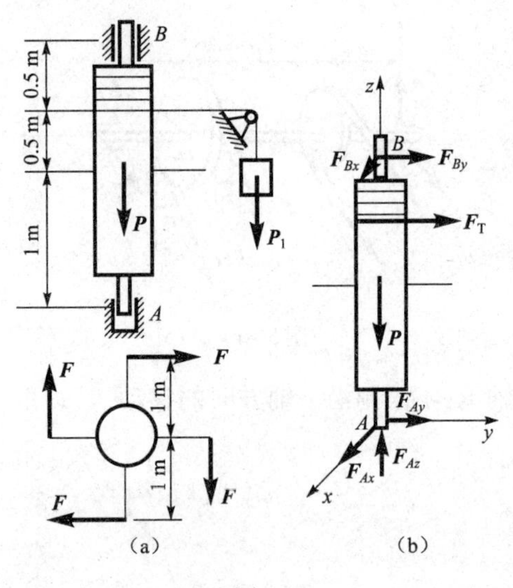

图5－7

上绕有软绳，绳的一端跨过一滑轮后挂一重物。已知作用于每根杠杆上的力 $F=150$ N，杠杆臂长 $l=1$ m，鼓轮重$P=1$ kN，直径 $d=24$ cm，平衡时重物的重量 $P_1=5$ kN。不计摩擦，求轴承 A、B 处的约束反力。

解　研究对象　鼓轮及其轴 AB

分析力、画受力图　如图 5－7(b)所示，杠杆受力图如图(a)所示。

取坐标系　$Axyz$

列平衡方程

由 $\sum M_x=0,\ -F_T\times1.5-F_{By}\times2=0$　　(1)

由 $\sum M_y=0,F_{Bx}\times2=0$　　(2)

由 $\sum F_x=0,F_{Ax}+F_{Bx}+F-F=0$　　(3)

由 $\sum F_y=0,F_{Ay}+F_{By}+F_T+F-F=0$　　(4)

由 $\sum F_z=0,F_{Az}-P=0$　　(5)

因 $F_T=P_1=5$ kN，则由式(1)解得 $F_{By}=-3.75$ kN

由式(2)、式(3)得　　$F_{Bx}=0,F_{Ax}=0$

由式(5)得　　$F_{Ax}=P=1$ kN

由式(4)得　　$F_{Ay}=-1.25$ kN

整理　　$\begin{cases}F_{Ax}=0\\F_{Ay}=-1.25\ \text{kN}\\F_{Az}=1\ \text{kN}\end{cases}$　$\begin{cases}F_{Bx}=0\\F_{By}=-3.75\ \text{kN}\end{cases}$

负值说明图中力的方向设反。

分析与讨论

应注意 A、B 二轴承是不同的。A 为推力轴承，反力有三个（图(b)）；B 处为径向轴承，它不能限制物体沿轴向运动，切勿画上轴向反力 $\boldsymbol{F}_{Bz}$。

解题小结

通过上述例题分析讨论，可知求解空间力系平衡问题的方法、步骤与平面力系相同，仍然是选取研究对象，分析力、画受力图，取坐标系，列平衡方程。但要注意：

(1) 对于研究对象、受力情况及坐标系等都要有清晰的空间形象，尤其要弄清力与坐标轴之间的空间几何关系。

(2) 正确计算力在坐标轴上的投影（一次投影或二次投影）和力对轴之矩。

(3) 当力与轴相交或平行时，力对该轴之矩等于零。在列力矩方程时，应使矩轴与尽可能多的未知力平行或相交，以减少方程中的未知数，简化计算。

(4) 注意空间约束的类型及其反力的分析与平面约束反力分析的不同之处。现将常见的几种平面约束和空间约束及其约束反力一并归纳于表 5－2，供读者参阅。

表5-2

平面约束				空间约束			
约束类型	图例	反力表示	反力数	约束类型	图例	反力表示	反力数
平面铰链			2	球形铰链			3
径向轴承			2	推力轴承			3
平面固定端			3	空间固定端			6

练习题

A 判断题（下列命题你认为正确的在题后括号内打"√",错误的打"×"）

5A-1 力在坐标轴上的投影是代数量,力在平面上的投影是矢量。 ( )

5A-2 物体的重心一定在物体上。 ( )

5A-3 均质物体的重心与形心重合。 ( )

5A-4 计算一物体的重心位置,选取不同的两个坐标系,则由这两个坐标系计算出来的结果不同,说明重心的位置是随坐标系选择不同而改变的。 ( )

5A-5 物体的重心必在其对称面、对称轴或对称中心上。 ( )

B 填空题

5B-1 计算力在空间直角坐标轴上的投影有________法和________法。

5B-2 空间任意力系的平衡条件为________________________。

5B-3 空间任意力系的平衡方程为________________________。

5B-4 均质物体的重心只决定于________________________。

C 选择题

5C-1 设有一力 $\boldsymbol{F}$,在( )情况下力 $\boldsymbol{F}$ 垂直 x 轴,但不与 x 轴相交。

(a) $F_x=0$ $M_x(\boldsymbol{F})=0$ (b) $F_x=0$ $M_z(\boldsymbol{F})\neq 0$

(c) $F_x\neq 0$ $M_x(\boldsymbol{F})\neq 0$ (d) $F_x\neq 0$ $M_z(\boldsymbol{F})=0$

5C-2 设空间力系的各力 $\boldsymbol{F}_i$ 均平行于 z 轴,则其独立的平衡方程为( )。

(a) $\sum F_x=0$ $\sum M_y=0$ $\sum M_z=0$ (b) $\sum F_y=0$ $\sum M_x=0$ $\sum M_z=0$

(c) $\sum F_z=0$ $\sum M_x=0$ $\sum M_y=0$ (d) $\sum F_x=0$ $\sum F_y=0$ $\sum F_z=0$

5C-3 空间汇交力系的平衡方程为( )。

(a) $\sum F_x=0$ $\sum F_y=0$ $\sum F_z=0$ (b) $\sum F_x=0$ $\sum M_y=0$ $\sum M_z=0$

(c) $\sum M_x=0$ $\sum M_y=0$ $\sum M_z=0$ (d) $\sum F_y=0$ $\sum M_x=0$ $\sum M_z=0$

D 简答题

5D－1 求物体重心的位置有哪些方法？

5D－2 悬臂梁受空间力系作用，其固定端的约束反力应如何画？未知量的数目是多少？

5D－3 计算物体重心位置时，如果选取的坐标轴不同，重心的坐标是否改变？重心的位置是否改变？

5D－4 均质等截面直杆的重心在哪里？若把它弯成半圆形，重心的位置是否改变？如将直杆三等分，然后折成“⺄”形或“⼕”形，问两者重心的位置是否相同，为什么？

E 应用题

5E－1 长方体的顶角 A 和 B 处分别作用有力 $\boldsymbol{F}_1$ 和 $\boldsymbol{F}_2$。已知 $F_1=500$ N，$F_2=700$ N。求此二力在图 5－8 所示 $Oxyz$ 坐标系上的三个轴上的投影。

5E－2 已知 $F_1=50$ N、$F_2=100$ N、$F_3=70$ N，作用在长方体上，如图 5－9 所示。求各力对 x、y、z 轴之矩。

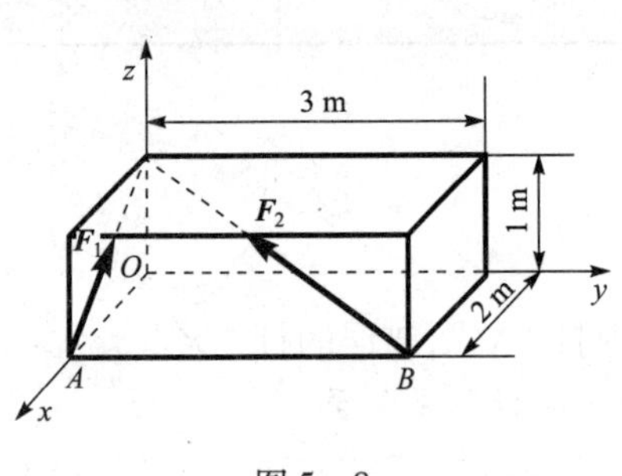

图 5－8

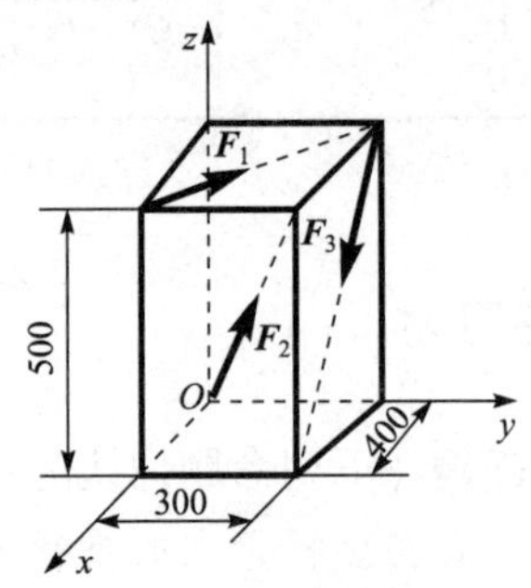

图 5－9

5E－3 均质矩形平板重 $P=200$ kN，用过其重心铅垂线上 D 点的三根绳索悬挂在水平位置。已知 $DO=60$ cm、$AB=60$ cm、$BE=80$ cm，C 点为 EF 的中点，如图 5－10 所示。求各绳所受拉力。

5E－4 一重 P 边长为 a 的正方形板，在 A、B、C 三点用三根铅垂绳吊起来，使板保持水平。B、C 为两边的中点，如图 5－11 所示。求绳子拉力。

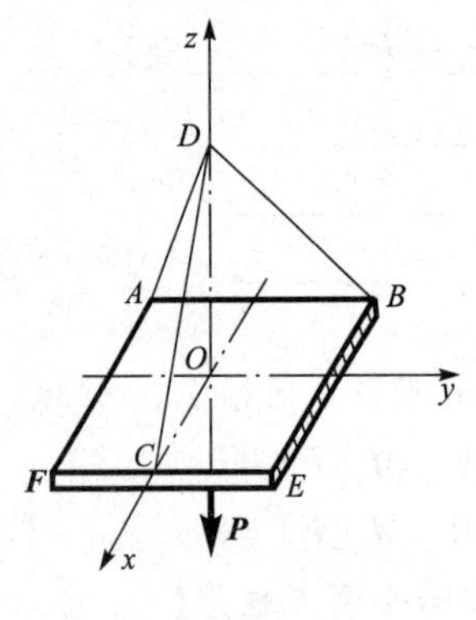

图 5－10

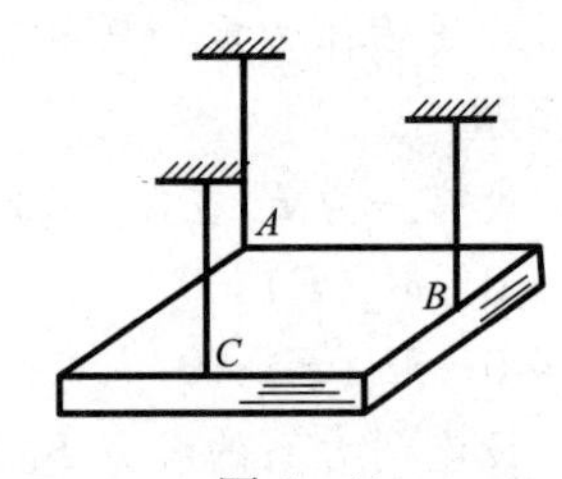

图 5－11

5E－5 图 5－12 所示电动机 E 通过链传动将重物 P 等速提起，链条与水平线成 $\alpha=30°$（轴线 $O_1x_1 /\!/ Ax$），已知 $r=10$ cm、$R=20$ cm、$P=10$ kN，链条主动边（上边）拉力为从动边拉力的 2 倍。求支座 A、B 处的反力及链条拉力。

5E－6 绞边的鼓轮上绕有绳子，绳上挂有重物 P，轮 C 装在轴上，其半径为鼓轮半径的 6

倍，其他尺寸如图5-13所示。绕在轮 C 上的绳子与水平线成30°引出，跨过轮 D 后挂以重物 $P_1=60$ N。求平衡时重物 P 的重量及轴承 A、B 的反力。不计轮与轴的重量及轴承处摩擦。

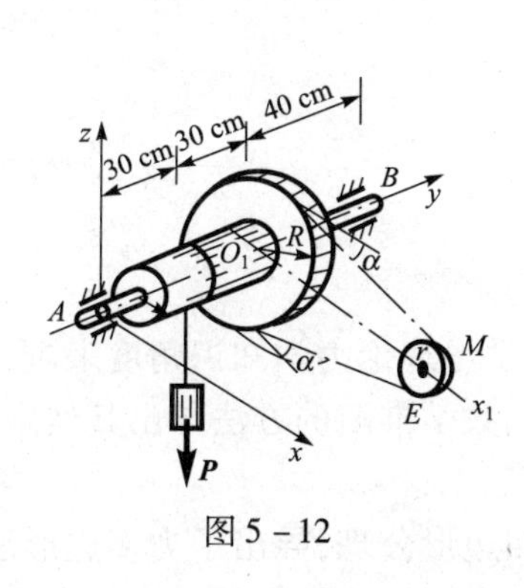

图5-12

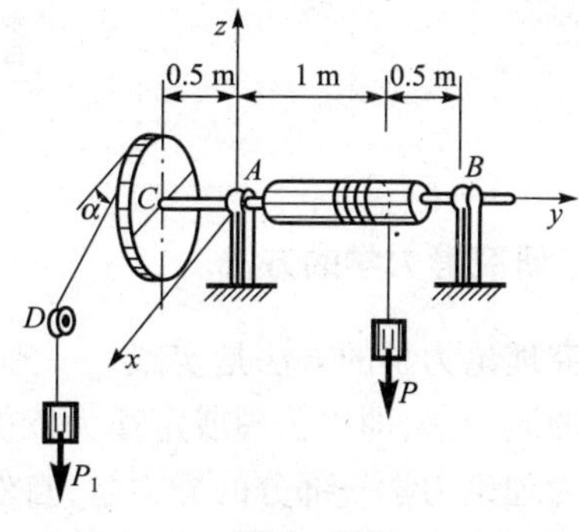

图5-13

5E-7 求均质半圆环平面图形的重心坐标(图5-14)。设 $r=\frac{1}{2}R$。

5E-8 求图5-15所示均质物体的重心坐标。

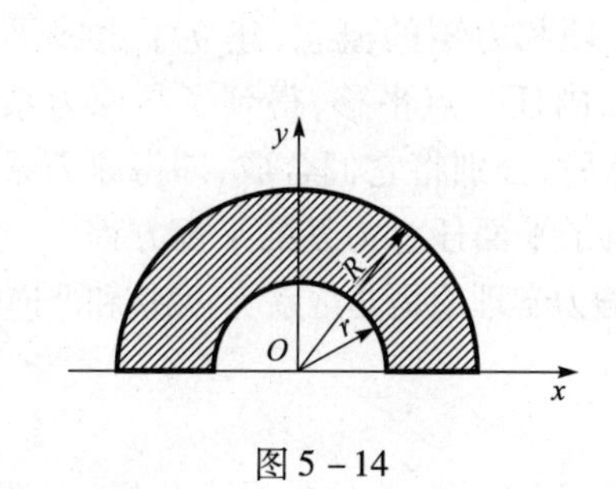

图5-14

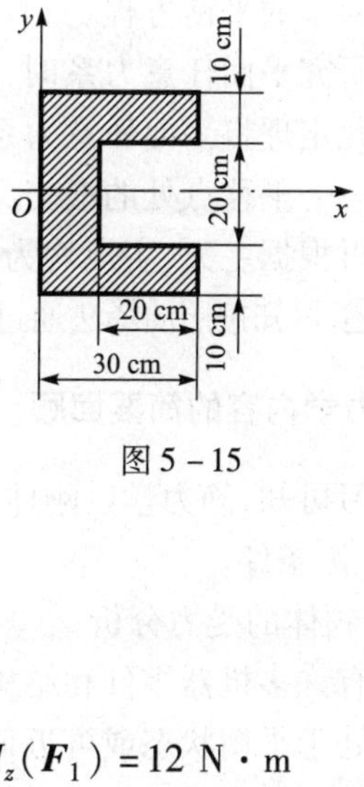

图5-15

应用题答案

5E-1 $F_{1x}=-447$ N, $F_{1y}=0$, $F_{1z}=224$ N

$F_{2x}=-347$ N, $F_{2y}=-561$ N, $F_{2z}=187$ N

5E-2 $M_x(\boldsymbol{F}_1)=-15$ N·m, $M_y(\boldsymbol{F}_1)=-20$ N·m, $M_z(\boldsymbol{F}_1)=12$ N·m

$M_x(\boldsymbol{F}_2)=M_y(\boldsymbol{F}_2)=M_z(\boldsymbol{F}_2)=0$

$M_x(\boldsymbol{F}_3)=-16.4$ N·m, $M_y(\boldsymbol{F}_3)=21.9$ N·m, $M_z(\boldsymbol{F}_3)=-13.12$ N·m

5E-3 $F_{TA}=F_{TB}=65.14$ kN, $F_{TC}=120.52$ N

5E-4 $F_{TA}=F_{TB}=F_{TC}=\frac{P}{3}$

5E-5 $F_{T1}=10$ kN, $F_{T2}=5$ kN, $F_{Ax}=-5.2$ kN

$F_{Az}=8$ kN, $F_{Bx}=-7.79$, $F_{Bz}=4.5$ kN

5E-6 $P=360$ N, $F_{Ax}=-69.28$ N, $F_{Az}=160$ N

$F_{Bx}=17.32$ kN, $F_{Bz}=230$ N

5E-7 $x_C=0$, $y_C=\frac{14}{9\pi}R$

5E-8 $x_C=12.5$ cm, $y_C=0$

静力学小结

一、研究静力学的方法

研究理论力学的方法是实践——理论——实践。从学习理论力学知识角度来讲,可归结为数学的演绎法,即以公理或定律为依据,应用逻辑推理、数学推演的方法导出其他定理和公式。作为理论力学一部分的静力学,自然也不例外。

回顾在研究平面汇交力系时,依据矢量合成的平行四边形公理,导出了力多边形法则,从而得到了求汇交力系合力几何法及力系平衡的几何条件。然后,依据力的投影和合力投影定理,由力多边形法则导出了求汇交力系合力的解析公式及平衡方程。

又如在研究平面力偶系时,根据力偶的性质和力偶的等效变换条件,得到了合力偶矩的公式和平面力偶系的平衡方程。

再如在研究平面任意力系时,应用加减平衡力系公理和力矩的概念,建立了力线平移定理。再应用此定理将平面任意力系和平面力偶系向平面内任一点平移,得到了与原力系等效的两个力系——平移点处的汇交力系和平面力偶系。然后,分别将它们合成,即得原力系的主矢与主矩。再根据主矢、主矩均为零的平衡条件,就导出了平面任意力系的平衡方程。

综上所述,可知按照演绎法通过逻辑推理建立起来的静力学理论是非常系统、完整和严谨的。

二、静力学内容的简要回顾

通过学习可知,静力学以刚体为研究对象,主要研究三个问题:物体的受力分析;力系的简化;力系的平衡条件。

1. 关于物体的受力分析

工程上有许多机器零件和结构件,如房屋的大梁,机床的主轴、丝杠,起重机的起重臂等,它们工作时处于平衡状态或可近似地看作处于平衡状态。对这些构件进行设计,首先必须弄清楚作用在其上的有哪些力,以及它们的大小和方向。概括说来,就是对所研究的对象进行受力分析和计算。

作用在构件上的力,一般有两种。一种是主动力,或称载荷,它们通常是已知的;另一种是约束反力,它们是与构件相连接的周围物体限制其在某些方向发生位移的约束力,一般是未知的。为了确定这些未知力,必须把所研究的构件单独地取出来,并画上所受的主动力和约束反力,这就是所谓的“取分离体,画受力图”。不言而喻,正确地分析周围物体对构件的约束作用,关键是画出其相应的约束反力,将原来构件与周围物体的复杂连接,都代之以相应的约束反力,从而画出该构件(分离体)的受力图,为对其进行静力计算提供了依据。

2. 力系的简化

力系的简化是力学中的一个基本问题。

在力系的作用下,构件可能发生运动或处于平衡状态。为分析和研究力系对物体的运动效应,就必须将复杂的力系变换为简单的等效力系,这就是所谓的“力系的简化”。在对力系进行简化时,应用了力线平移定理及平行四边形公理等基本理论。其结果是汇交力系简化为一个合力,平面力偶系简化为一个合力偶矩,而平面任意力系则简化为主矢与主矩。有了这种简化方法和简化结果,就为刚体动力学的研究提供了依据。根据力系的简化结果,即可得到各种力系的平衡条件与平衡方程。应用平衡方程,可以求出作用在平衡刚体上的未知力。

综上所述,力系的简化理论,可以说是静力学的精髓,也是工程力学的基础。

3. 力系的分类及各种力系的平衡条件

(1) 力系的分类和各种力系间的相互关系。空间任意力系是最一般的情况(最复杂),其他各种力系都可视为它的特殊情况。学习时本着循序渐进的原则,即由特殊(简单)到一般(复杂),学完总结时可由一般到特殊。

空间任意力系
- —特殊→ 平面任意力系 —特殊→ { 平面汇交力系、平面力偶系、平面平行力系 } 基本力系
- —特殊→ { 空间汇交力系、空间力偶系、空间平行力系 }

(2) 平面任意力系的简化结果与平衡方程。

平面汇交力系 —简化(合成)→
- → 合力 $\boldsymbol{F}_R = \sum \boldsymbol{F}_i$
  - 大小 $F_R = \sqrt{F_{Rx}^2 + F_{Ry}^2} = \sqrt{(\sum F_x)^2 + (\sum F_y)^2}$
  - 方向:$\tan\alpha = \left|\dfrac{\sum F_y}{\sum F_x}\right|$,$\alpha$ 为 $\boldsymbol{F}_R$ 与 x 轴所夹锐角
  - 作用在汇交点
- → 平衡 $\boldsymbol{F}_R = \boldsymbol{0}$ —平衡方程→ $\begin{cases}\sum F_x = 0 \\ \sum F_y = 0\end{cases}$

平面力偶系 —简化(合成)→
- → 合力偶矩,其矩为 $M = \sum M_i$
- → 平衡 $\sum M_i = 0$

平面任意力 —简化(合成)→
- →
  - 平面汇交力系 —合成→ 主矢 $\boldsymbol{F}_R = \sum \boldsymbol{F}_i$,与 O 点选择无关
  - 附加平面力偶系 —合成→ 主矩 $M_O = \sum M_O(\boldsymbol{F}_i)$ 一般与 O 点选择有关
- → 平衡 $\begin{cases}\text{主矢 } \boldsymbol{F}'_R = \sum \boldsymbol{F}_i = \boldsymbol{0} \\ \text{主矩 } M_O = \sum M_O(\boldsymbol{F}) = 0\end{cases}$ —平衡方程→
  - 基本式 $\begin{cases}\sum F_x = 0 \\ \sum F_y = 0 \\ \sum M_O(\boldsymbol{F}_i) = 0\end{cases}$
  - 二矩式 $\begin{cases}\sum M_A = 0 \\ \sum M_B = 0 \\ \sum F_x = 0\end{cases}$ 附加条件 x 不垂直 A、B 连线
  - 三矩式 $\begin{cases}\sum M_A = 0 \\ \sum M_B = 0 \\ \sum M_C = 0\end{cases}$ 附加条件 A、B、C 三点不共线

应用上述平衡方程求解工程上的平衡问题是本篇的重点。

考虑摩擦时物体平衡问题的解法，只是在分析力时增加了摩擦力 **F**，**F** 的方向与研究对象的滑动趋势相反。

$$\text{摩擦力的求法}\begin{cases}\text{一般情况利用平衡方程}\\ \text{临界情况}\begin{cases}\text{用平衡方程}\\ \text{应用公式 } F_{\max}=\mu F_{\mathrm{N}}\end{cases}\end{cases}$$

具体求解带摩擦的平衡问题时有三种情况，详见本书第四章。

(3) 空间力系的平衡方程。

$$\text{空间任意力系}\begin{cases}\sum F_x=0\\ \sum F_y=0\\ \sum F_z=0\\ \sum M_x=0\\ \sum M_y=0\\ \sum M_z=0\end{cases}\xrightarrow{\text{特殊}}\begin{cases}\text{空间汇交力系}\begin{cases}\sum F_x=0\\ \sum F_x=0\\ \sum F_x=0\end{cases}\\ \text{空间力偶系}\begin{cases}\sum M_x=0\\ \sum M_y=0\\ \sum M_z=0\end{cases}\\ \text{空间平行力系}\begin{cases}\sum F_z=0\\ \sum M_x=0\quad (F_i/\!/z)\\ \sum M_y=0\end{cases}\end{cases}$$

重力问题是空间平行力系的特例。

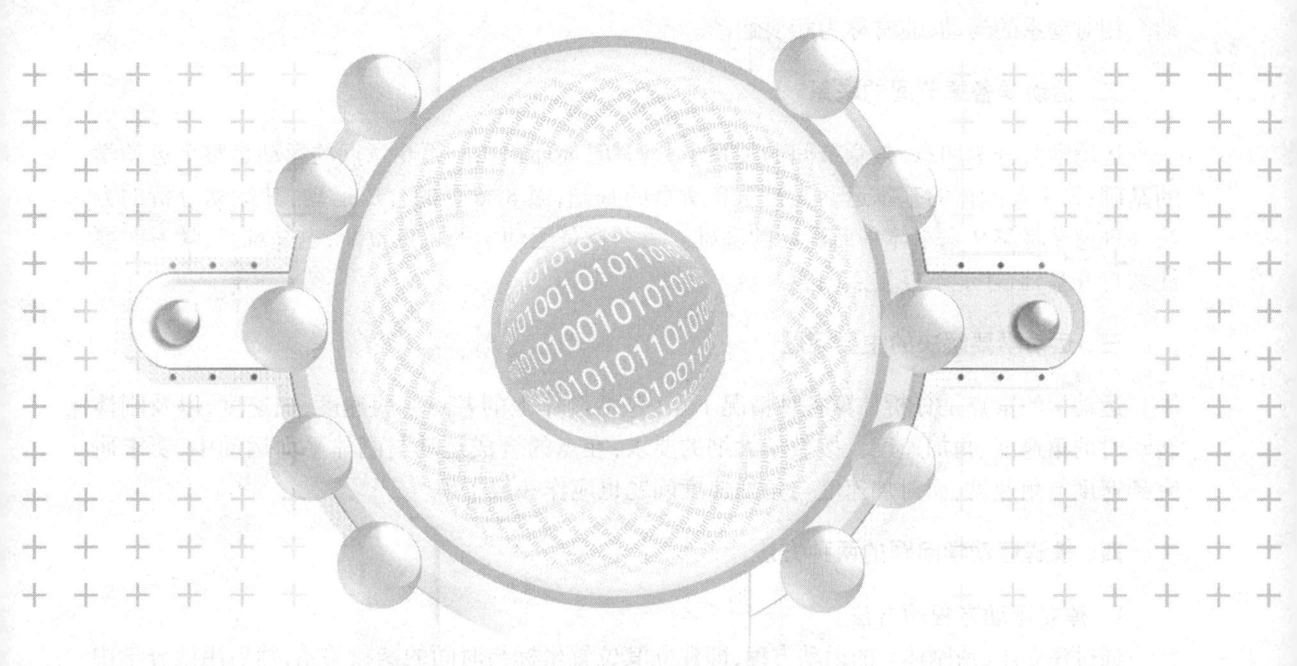

第二篇 运 动 学

运动学学习指导

运动学是从几何角度研究物体运动的科学。在运动学中将实际的物体抽象为点和刚体这两个力学模型,并研究它们的运动。学习时要注意以下几点:

一、运动的相对性

无论是研究点的运动还是研究刚体的运动,都要首先确定参考系,其运动是指相对该参考系的运动,否则就毫无意义。参考系可以是与地球固连的静参考系(简称静系),也可以是相对于地球有运动的动参考系(简称动系)。第6、7章是研究点和刚体相对一个参考系——静系的运动,通常称为绝对运动;第8、9章是研究点和刚体相对两个参考系——静系和动系的运动。相对动系的运动,通常称为相对运动。

二、运动学各章节间的联系

运动学共分为四章,各章节间的关系十分密切,环环相扣。第 6 章点的运动是整个运动学的基础;第 7 章刚体的基本运动又是第 8、9 章的基础;第 8 章点的合成运动,其运动分析的方法和理论又是第 9 章刚体平面运动的基础。后两章是运动学的重点章节,也是难点,学习时要注意打好基础,才能学好重点内容。

三、运动学要解决的主要问题

运动学的重点是分析计算各种情况下点(包括刚体上的各点)的速度、加速度,以及刚体转动时的角速度、角加速度。按教学大纲的要求,在点的合成运动与刚体平面运动中,要求研究到速度与角速度,而对加速度与角加速度问题也应作一般了解。

四、求解运动学问题的两种方法

1. 建立运动方程的方法

通过建立点(或刚体)的运动方程,即建立其位置坐标与时间的函数关系,然后用微分学中求导的计算方法,即将位置坐标对时间分别取一阶导数和二阶导数得到速度(或角速度)和加速度(或角加速度)。研究第 6 章点的运动和第 7 章刚体的基本运动时,都贯穿了这一方法。

2. 运动合成与分解的方法

研究第八章点的合成运动与第 9 章刚体的平面运动的运动学问题时,都采用了该方法。无论对点的合成运动或对刚体的平面运动进行运动分析时,都分别引入了静系和动系两个参考系,然后应用运动合成与分解的方法。对点的合成运动问题建立了点的速度合成定理$\boldsymbol{v}_a=\boldsymbol{v}_e+\boldsymbol{v}_r$;对刚体的平面运动问题建立了两点速度公式$\boldsymbol{v}_B=\boldsymbol{v}_A+\boldsymbol{v}_{BA}$。这两个公式是解决点的合成运动和刚体平面运动有关速度问题的理论依据。

学习这两章时要注意

(1) 虽然这两章中都引入了动参考系,但二者是有区别的,点的合成运动中的动系,可以是平动、转动等各种形式的运动;而刚体的平面运动中的动系只限于研究平动的情况。

(2) 要搞清点的速度合成定理$\boldsymbol{v}_a=\boldsymbol{v}_e+\boldsymbol{v}_r$与两点速度公式$\boldsymbol{v}_B=\boldsymbol{v}_A+\boldsymbol{v}_{BA}$之间的联系,同时还要搞清式中各对应项的关系和各项的物理意义。

第6章　点的运动

6.1　内容提要

本章除介绍运动学的任务和基本概念外，讨论的主要问题是应用直角坐标法和自然法研究点的运动，包括研究点的空间的位置随时间的变化规律（运动方程）、轨迹方程和点在某瞬时的速度、加速度，即点运动的四要素。

6.2　知识要点

点的运动是整个运动学的基础，必须掌握好如下知识要点。

1. 参考系与静参考系

参考坐标系是固连在参考体上的坐标系，简称**参考系**。本章研究点的运动所确定的参考体是视为静止的地球，因此在所研究问题中，选取的与地球固连的一切坐标系都是**静参考系**，简称**静系**。直角坐标法中的参考系是根据具体问题的需要，选适当的位置建立直角坐标系 Oxy；自然法的参考系是在已知的轨迹上所建立的自然轴系（弧坐标系）。

2. 研究点运动的两种方法与点运动的四要素

应用直角坐标法和自然法两种方法研究点的运动的思路基本相同。但是，只有当轨迹已知时，才能应用自然法，而且应用该方法时，点的运动与轨迹的几何性质密切结合，用其描述点的运动运算过程及所得到的结果既简明，物理意义又清晰。直角坐标法不具备上述特点，一般计算比较烦琐。但是轨迹未知时，只能用直角坐标法。

（1）运动方程和轨迹方程。点的**运动方程**是以数学式的形式表示点的几何位置随时间的变化规律——点的运动规律。有了坐标系才能建立相应的运动方程。由运动方程可以确定每一瞬时点的位置、速度与加速度。点作平面曲线运动时，用直角坐标法表示的点的运动方程为 $x=x(t)$、$y=y(t)$，实际上也是点的轨迹的参数方程，消去参数 t 后所得的几何方程 $F(x,y)=0$ 或 $y=y(x)$ 就是直角坐标法中点的**轨迹方程**。点作直线运动时，只有一个运动方程 $x=x(t)$ 或 $y=y(t)$。如果当点的运动轨迹已知采用自然法时，无论点作曲线运动还是作直线运动，都只有一个用弧坐标表示的运动轨迹方程 $s=s(t)$，由于轨迹已知，无需再列轨迹方程。点作直线运动时，这两种方法是没有什么区别的。

（2）速度和加速度。**速度**是描述点的运动方向和运动快慢的物理量。**加速度**则是描述速度的大小和方向变化快慢的物理量。应用两种方法求速度和加速度都是对相应的运动方程进行求导运算。

下面列表对比总结两种方法求点的运动的四要素（见表6－1）。

3. 求解点的运动的两类问题

（1）建立点的运动方程（或已知点的运动方程），求点的轨迹方程、速度、加速度等。解这类问题，是用微分运算的求导方法，解题思路按表6－1。

表6－1

运动要素	运动方程	速　度	加速度	轨迹方程	备　注
直角坐标法	$\begin{cases} x = x(t) \\ y = y(t) \end{cases}$ 特殊情况： 直线运动 $x = x(t)$ 或 $y = y(t)$	$\begin{cases} v_x = \dfrac{dx}{dt} = \dot{x} \\ v_y = \dfrac{dy}{dt} = \dot{y} \end{cases}$（代数值） 合成 $\begin{cases} v = \sqrt{v_x^2 + v_y^2} \\ \tan\alpha = \left\lvert \dfrac{v_y}{v_x} \right\rvert \end{cases}$ 指向由 v_x、v_y 的正、负号确定	$\begin{cases} a_x = \dot{v}_x = \ddot{x} \\ a_y = \dot{v}_y = \ddot{y} \end{cases}$（代数值） 合成 $\begin{cases} a = \sqrt{a_x^2 + a_y^2} \\ \tan\beta = \left\lvert \dfrac{a_y}{a_x} \right\rvert \end{cases}$ 指向由 a_x、a_y 的正、负号确定	$\begin{cases} x = x(t) \\ y = y(t) \end{cases}$ 消去 t $F(x,y)=0$ 或 $y = y(x)$	轨迹已知与否均可用
自然法	沿已知的轨迹： $s = s(t)$	$v = \dfrac{ds}{dt} = \dot{s}$（代数值） 沿轨迹的切线，指向运动的方向	$\begin{cases} a_\tau = \dot{v} = \ddot{s} \text{（代数值）} \\ \text{沿轨迹切线，指向} \\ \text{由 } a_\tau \text{ 的正、负号确定} \\ a_n = \dfrac{v^2}{\rho} \text{（恒为正值）} \end{cases}$ 沿轨迹法线，指向曲率中心 合成 $\begin{cases} a = \sqrt{a_\tau^2 + a_n^2} \\ \tan\beta = \dfrac{\lvert a_\tau \rvert}{a_n} \end{cases}$ 指向由 a_τ 的正、负号确定	已知	轨迹已知才可用 物理意义清晰：a_τ 反应速度大小改变的程度；a_n 反应速度方向改变的程度。a_τ 与 v 同号加速运动；a_τ 与 v 异号减速运动。

（2）已知点的加速度方程，求速度、运动方程等。解这类问题，正是求解上类问题的逆过程，是用积分运算求原函数的方法。这类问题的求解，可参考其他理论力学教材，教学大纲只要求做到领会。但对匀速、匀变速直线及曲线运动的情况，要求掌握其公式（见表6－2），并能应用这些公式求解有关的运动学问题。

表6－2

匀速曲线运动	匀变速曲线运动	备　注
$v=$常量 公式： $\begin{cases}a_\tau=0\\a_n=\dfrac{v^2}{\rho}\\s=vt\end{cases}$ 直线运动：($\rho=\infty$) 公式： $\begin{cases}a_\tau=0\\a_n=0\\s=vt\end{cases}$	$a_\tau=$常量 公式： $\begin{cases}a_n=\dfrac{v^2}{\rho}\\v=v_0+a_\tau t\\s=v_0t+\dfrac{1}{2}a_\tau t^2\\v^2=v_0^2+2a_\tau s\end{cases}$ 直线运动： 公式： $\begin{cases}a_n=0\\v=v_0+at\\s=v_0t+\dfrac{1}{2}at^2\\v^2=v_0^2+2as\end{cases}$	1. 公式中所应用的运动初始条件为： $t=0,s=0,v=v_0$ 2. 公式中除t以外的所有物理量(s_0、v_0、v、a_τ、a)均为代数量，应用公式时要正确处理正、负号

4. 运动的分析与判别

学习运动学，很重要的一个方面就是学会运动分析。对于点的运动分析主要是对运动轨迹（是直线还是曲线）、运动状态（速度、加速度的方向，以及是加速还是减速）等的判别。

例如，判定$a_n=0$时，点作直线运动或点作曲线运动经过曲线变凹点时；$a_n\neq0$时，则点作曲线运动。反过来，若点作曲线运动，肯定$a_n\neq0$。若$a_\tau\neq0$、$a_n\neq0$，点作变速曲线运动，若$a_\tau=$常数，$a_n\neq0$，点作匀变速曲线运动；当曲率半径为常数（$\rho=R$），则点作匀变速圆周运动；若$a_\tau=0$、$a_n\neq0$，则点作匀速曲线运动等。又如当a_τ与v同号时，即$\boldsymbol{a}_\tau$与$\boldsymbol{v}$同向，点作加速运动；a_τ与v异号时，即$\boldsymbol{a}_\tau$与$\boldsymbol{v}$反向，点作减速运动等。

6.3　解题指导

1. 建立点的运动方程求点的轨迹方程、速度与加速度

例6－1　图6－1(a)所示提升机构，物块A以$v_A=3$ m/s的速度匀速下落，并通过绳索提升重物B，不计滑轮尺寸，求物块B提升到距顶面为$h=0.4$ m时的速度（图6－1(c)）。已知尺寸$a=0.6$ m。

解　**研究对象**　物块B

分析运动、建立运动方程　点B沿铅垂直线向上运动。建立坐标系Oxy。设在任一瞬时，动点的位置坐标为y_B(图6－1(b))。显然在绳索总长为L的条件下，y_B与物块A的下落距离l有关，因此只要找出y_B与l的函数关系，再通过l可建立运动方程。

由图6－1(b)所示的几何关系有

$$y_B=\sqrt{EC^2-CO^2}$$

而式中

$$EC=\frac{L-AC}{2}=\frac{L-l}{2}$$

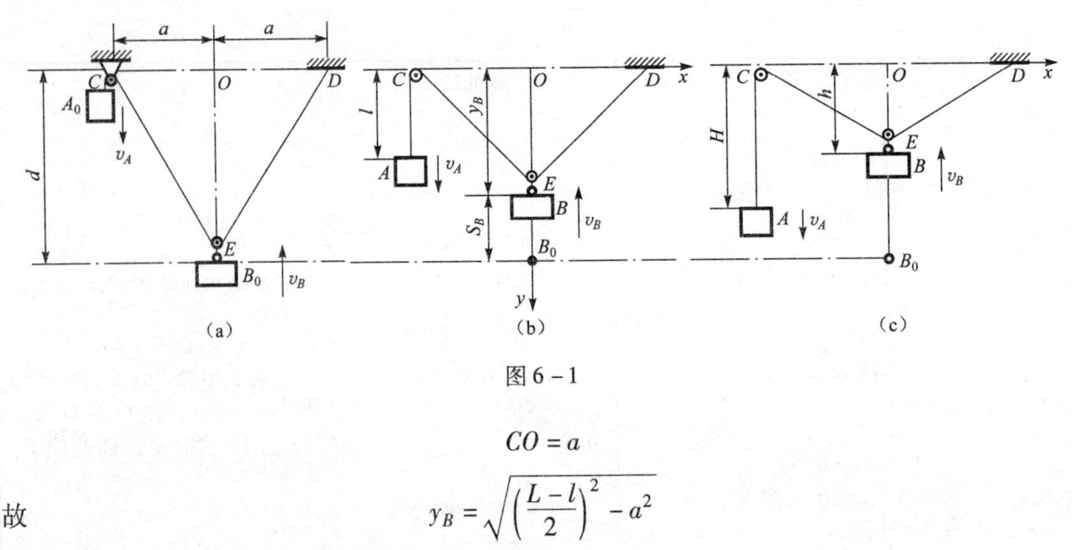

图 6－1

$$CO = a$$

故
$$y_B = \sqrt{\left(\frac{L-l}{2}\right)^2 - a^2}$$

式中，l 是中间变量。由题给的运动条件可知

$$l = v_A t$$

将它代入上式，即得点 B 的运动方程

$$y_B = \sqrt{\left(\frac{L-v_A t}{2}\right)^2 - a^2} \tag{a}$$

点 B 的速度　将式(a)对 t 求导则有

$$v_B = \dot{y}_B = \frac{1}{2}\frac{1}{\sqrt{\left(\frac{L-v_A t}{2}\right)^2 - a^2}}(L-v_A t)\left(-\frac{v_A}{2}\right) = \frac{-(L-v_A t)v_A}{4\sqrt{\left(\frac{L-v_A t}{2}\right)^2 - a^2}} \tag{b}$$

式(b)为点 B 在任意瞬时的速度表达式，是随时间变化而变化的速度方程。现在要求特定瞬时，即物块 B 距顶面为 h ($y_B = h = 0.4$ m) 时的速度值，则需将该瞬时的有关参数代入速度方程(b)中。即

当 $y_B = h = 0.4$ m 时，如图 6－1(c)所示，物块 A 下落 H ($v_A t = H$)，此时 $L - v_A t = L - H = 2EC = 2\sqrt{h^2 + a^2}$，将此关系式代入式 (b) 则有

$$v_B = -\frac{2\sqrt{h^2+a^2}\,v_A}{4\sqrt{(\sqrt{h^2+a^2})^2 - a^2}} = -\frac{\sqrt{0.4^2+0.6^2}}{2\times 0.4}\times 3 \text{ m/s} = -2.7 \text{ m/s}$$

v_B 为负值，说明 v_B 的方向与 y 轴方向相反，即物块 B 向上运动。

分析与讨论

(1) 如用自然法求解，选点 B 运动的初始位置，B_0 为弧坐标原点，如图(b)；沿运动的方向取为弧坐标的正向，任意瞬时点 B 的弧坐标为 S_B，列出 $S_B = S_B(t)$，从而 $v_B = S_B$，所得结果与上面相同。这说明点作直线运动时，用直角坐标法与自然法求解并无区别。

(2) 如果要求点 B 的加速度，可对式(b) 继续求导计算。

例 6－2　滑道连杆机构，其套筒与曲柄铰接于 A 点，摇杆 BC 穿过套筒，杆 BC 绕 B 轴按 $\varphi = 10\,t$ 的规律转动 (图 6－2)。已知 $BO = AO = R = 10$ cm。试求套筒 A 的运动方程、速度和加速度。

解　研究对象　套筒 A

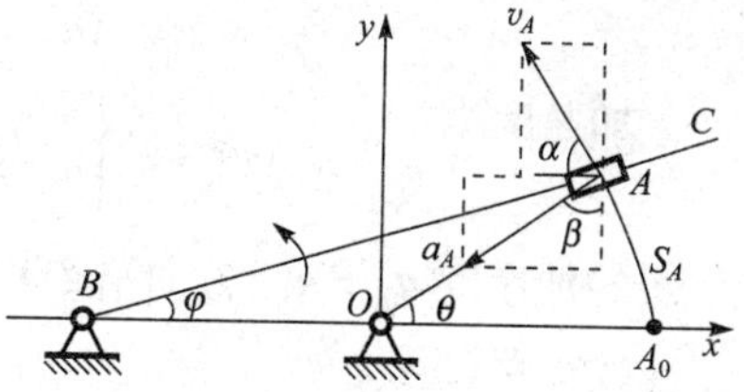

分析运动　由题意可见，点 A（套筒）的轨迹已知，是以 O 为心、R 为半径的圆。故此可用两种方法求解。

图 6－2

解一　应用直角坐标法　取坐标系 Oxy 如图。

建立运动方程　设任一瞬时点 A 位于图示位置（图 6－2），点 A 的位置随曲柄 OA 的转动而变化。取 θ 为中间变量（$\theta=2\varphi$），建立点 A 的坐标与 θ 的关系，即

$$\begin{cases}x_A=R\cos\theta=R\cos 2\varphi\\ y_A=R\sin\theta=R\sin 2\varphi\end{cases}$$

由题给的运动条件 $\varphi=10\,t$，代入上式，即得点 A 的运动方程

$$\begin{cases}x_A=R\cos 20t\\ y_A=R\sin 20t\end{cases}$$

速度

$$\begin{cases}v_x=\dot{x}_A=-20R\sin 20t\\ v_y=\dot{y}_A=20R\cos 20t\end{cases}$$

则点 A 的速度大小为

$$v_A=\sqrt{v_x^2+v_y^2}=\sqrt{(-20R\sin 20t)^2+(20R\cos 20t)^2}=200\ \text{cm/s}$$

速度的方向为

$$\tan\alpha=\frac{|v_y|}{|v_x|}=\frac{20R\cos 20t}{20R\sin 20t}=\cos 2\varphi=\cot\theta=\tan\left(\frac{\pi}{2}-\theta\right)$$

所以 $\alpha=-\theta$，速度 v_A 与 x 轴夹角为 $-\theta$，且由 v_x 为负、v_y 为正知 v_A 的方向垂直于 OA，如图示。

加速度

$$\begin{cases}a_x=\dot{v}_x=-400R\cos 20t\\ a_y=\dot{v}_y=-400R\sin 20t\end{cases}$$

则点 A 的加速度的大小为

$$a_A=\sqrt{a_x^2+a_y^2}=\sqrt{(-400R\cos 20t)^2+(-400R\sin 20t)^2}=4\ 000\ \text{cm/s}^2$$

加速度的方向为

$$\tan\beta=\frac{|a_y|}{|a_x|}=\frac{400R\sin 20t}{400R\cos 20t}=\tan 20t=\tan 2\varphi=\tan\theta$$

所以 $\beta=\theta$，因此加速度 $\boldsymbol{a}_A$ 的方向为沿 OA 指向 O 点，如图示。

解二　应用自然法　选动点开始运动时的 A_0 点为弧坐标的原点，沿运动的方向为弧坐标的正向，在已知的圆周轨迹上建立自然坐标轴。设任一瞬时点 A 的弧坐标为 S_A，如图 6－2 所示。

运动方程

$$S_A=R\theta=2R\varphi$$

将 $\varphi=10t$ 代入上式，则得运动方程

$$S_A=20Rt$$

速度

$$v_A=\dot{S}_A=20R=200\ \text{cm/s}$$

其方向垂直于 OA，指向运动方向，如图示。

加速度 $\begin{cases} a_\tau = \dot{v}_A = 0 \\ a_n = \dfrac{v_A^2}{R} = \dfrac{200^2}{10}\ \text{cm/s}^2 = 4\,000\ \text{cm/s}^2 \end{cases}$

点 A 的加速度 $\boldsymbol{a}_A = \boldsymbol{a}_n$,方向沿 OA 指向 O 点,如图示。

分析与讨论

(1) 比较上面两种解法,显然轨迹已知时用自然法求解比直角坐标法简便。

(2) 用直角坐标法求得轨迹方程为 $x_A^2 + y_A^2 = R^2$。

(3) 错误解答:当用直角坐标法或自然法求出点 A 的速度 $v_A = 200$ cm/s 后,求加速度时做出如下的错误解答:

由于 $v_A = 200$ cm/s = 常数,所以点 A 的加速度 $a_A = \dfrac{\mathrm{d}v_A}{\mathrm{d}t} = 0$

错解分析 出现上面错误解答的原因是对加速度的概念理解有误。由直角坐标法来看,虽然速度 v_A 的大小是一个常数,但 v_x、v_y 都随时间在变化,实际上也就是速度的方向 $\tan\alpha = \dfrac{|v_y|}{|v_x|}$时刻在发生变化;由自然法来看,速度的大小是常数,只说明切向加速度 $a_\tau = \dfrac{\mathrm{d}v_A}{\mathrm{d}t} = 0$,而因其作圆周运动,速度的方向时刻在变化,法向加速度并不等于零 $\left(a_n = \dfrac{v_A^2}{R}。\right)$

例 6-3 教材例 7-2 所述机构的运动,如图 6-3 所示。已知大环半径为 R,杆 OA 按 $\varphi = \omega t$ 的规律转动,求小环 M 相对杆 OA 的速度和加速度。

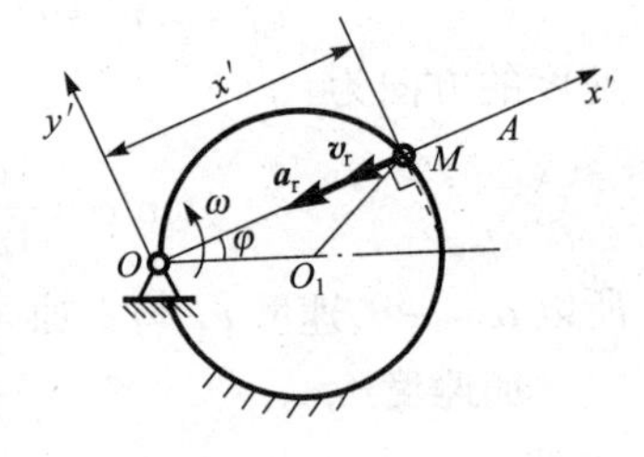

图 6-3

解 研究对象 小环 M

分析运动 建立运动方程

小环 M 沿转动的杆 OA 作直线运动。为研究这一运动,需建立与杆 AO 固连的动坐标系 $Ox'y'$ 为参考系,并以此参考系为标准观测小环 M 的运动。将小环 M 置于运动的任意位置,其坐标为 $x'_M = OM$,如图所示。由图示几何关系有 $x'_M = 2O_1M\cos\varphi$,将已知条件 $\varphi = \omega t$ 代入前式,得小环 M 相对杆 OA 的运动方程

$$x'_M = 2R\cos\omega t$$

小环 M 相对杆 OA 的速度 $v_r = \dfrac{\mathrm{d}x'_M}{\mathrm{d}t} = -2R\omega\sin\omega t$,其负号说明小环 M 相对杆 OA 的速度沿杆 OA 与 x' 轴的方向相反,如图所示。

小环 M 相对杆 OA 的加速度 $a_r = \dfrac{\mathrm{d}v_r}{\mathrm{d}t} = -2R\omega^2\cos\omega t$,其负号说明 $\boldsymbol{a}_r$ 沿杆 OA 与 x' 轴的方向相反。v_r 与 a_r 的符号相同,说明小环 M 沿 OA 杆向里作加速直线运动。

分析与讨论

(1) 教材例 7-3 是研究小环相对大环,也即相对静系的运动;本例是研究小环相对于运动的杆(动系)的相对运动。可见,站在不同的参考系上观察同一个动点的运动,其运动方程、速度和加速度是截然不同的。

(2) 介绍运动学的基本概念时曾指出,在运动学中,各参考系都是平等的,在静参考系中所得到的运动要素间的关系,如 $v_x = \dfrac{\mathrm{d}x}{\mathrm{d}t}$, $a_x = \dfrac{\mathrm{d}v_x}{\mathrm{d}t}$等,对动参考系都完全适用。在本例中求动点

相对动系的速度$\boldsymbol{v}_r$和加速度$\boldsymbol{a}_r$时均应用了上述关系，体现了运动学中的这一基本概念。

2. 已知点的加速度，求点的速度、运动方程

例6-4　一人从离地面1.5 m处将物体A斜抛到高为30 m的平台上，设初速度$v_0=40$ m/s，且与水平线成60°倾角，如图6-4所示，试求物体能达到的最大高度h。

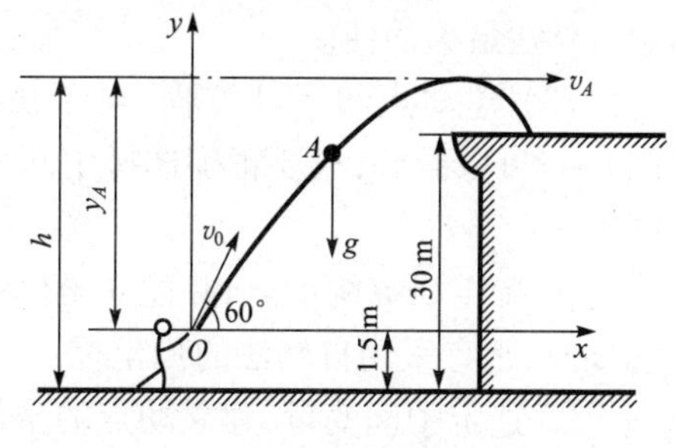

图6-4

解　研究对象　重物A

分析运动　点A作抛物线运动，轨迹未知，所以用直角坐标法分析。取坐标系Oxy如图。点A沿x方向无加速度，作匀速运动；沿y方向加速度为重力加速度$g=9.8\ \text{m/s}^2$，作匀减速运动。

求最大高度h　由上分析可知，点A在沿垂直方向作匀减速运动。该问题是已知加速度求路程的问题。点A由抛点O到达最大高度h时，沿铅垂方向所走过的路程为$y_A=h-1.5$ m。应用匀变速直线运动公式，得

$$v_{Ay}^2-v_{0y}^2=2a_{Ay}y_A$$

式中，v_{0y}为点A在运动开始时沿铅垂方向的分速度，$v_{0y}=v_0\sin 60°=\frac{40\times\sqrt{3}}{2}\ \text{m/s}=20\sqrt{3}\ \text{m/s}$；$v_{Ay}$为点$A$到达最大高度时速度$v_A$在铅垂方向的分量，$v_{Ay}=0$；$a_{Ay}=-g$。将各数值代入式(a)，得

$$0-(20\sqrt{3})^2=-2g(h-1.5)$$

所以

$$h=1.5\ \text{m}+\frac{(20\sqrt{3})^2}{2\times 9.8}\ \text{m}=62.73\ \text{m}$$

分析与讨论

(1) 错误解答

$$v_{Ay}^2-v_{0y}^2=2gy_A$$

$$h=1.5\ \text{m}-\frac{(20\sqrt{3})^2}{2\times 9.8}\text{m}=-59.7\ \text{m}$$

错解分析　上解结果$h<0$，显然不符合实际，其错因在于将加速度g以正值代入了公式。因为物块A在铅垂方向的分运动中，是作匀减速运动，加速度$\boldsymbol{a}$在y轴上的投影为代数量，在所选定的坐标系中$a_{Ay}=-g=-9.8\ \text{m/s}^2$。如果运用公式计算时能按题意，并结合所选定坐标系正确处理公式中有关运动量（如本题中的v_{0y}、v_{Ay}、y_A和a_{Ay}等）的正负号，则可避免与上述类似的错误。

(2) 请读者思考，本例中如果y轴的指向向下，应如何处理v_{0y}、v_{Ay}、y_A和a_{Ay}等各代数值的正、负号。

解题小结

(1) 点运动的四要素中，运动方程是最重要的，它给出了点的运动规律，是求另外三要素的前提。建立了点的运动方程以后，就可以采用求一阶导数和二阶导数的方法，确定点的速度方程和加速度方程，并据以计算某一特定瞬时的速度和加速度值。如果点的运动方程是用直角坐标表达的，当联立$x=x(t)$、$y=y(t)$消去参数t后，即可得到点的轨迹方程$F(x,y)=0$或$y=y(x)$。

(2) 建立点的运动方程有两种方法,即直角坐标法和自然法。当点的运动轨迹已知时,采用自然法最为简便。

(3) 建立点的运动方程,对于初学者来说,常常是难点,但从本书的例6-1、例6-2、例6-3可以看到,只要正确选择中间变量,就能化解难点。现将建立运动方程的步骤要点归纳如下:

① 确定研究的动点,并建立坐标系,当动点的轨迹未知时应采用直角坐标,若动点的轨迹已知时,则宜采用自然法的弧坐标。

② 选定中间变量,建立动点的坐标(直角坐标或弧坐标)与中间变量的函数关系。选取中间变量必须注意两点,一是在所选坐标系中它是动点坐标与时间关系的中间桥梁,二是它与时间 t 的函数关系已知,如本书例6-1中的 $l=v_A t$,例6-2中的 $\theta=2\varphi=20t$,例6-3中的 $\varphi=\omega t$ 等,其中 l、θ、φ 均为中间变量。

③ 将中间变量与时间 t 的关系代入动点坐标与中间变量的关系式,即得动点的运动方程。

(4) 本书例6-3是研究小环 M 相对杆 OA(动系)的运动,而教材例7-3则是研究小环相对大环(静系)的运动。两者比较可见,同一动点的运动,相对不同的参考系,其运动的四要素是不同的,这说明运动的相对性。描述物体的运动,必须明确参考系,否则毫无意义。

练习题

A 判断题(下列命题你认为正确的在题后括号内打"√",错误的打"×")

6A-1 点作曲线运动时,若 $v=\dfrac{\mathrm{d}s}{\mathrm{d}t}=$ 常量,则点的加速度等于零。 ( )

6A-2 点作曲线运动时,加速度一定不等于零。 ( )

6A-3 如图6-5所示,点沿螺线自外向内运动,运动方程为 $s=kt$(k 为常数),则点越跑越快。 ( )

6A-4 如图6-5所示,点沿螺线自外向内运动,运动方程为 $s=kt$(k 为常数),则点的加速度越来越大。 ( )

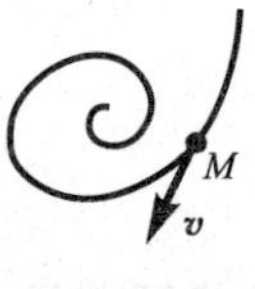

图6-5

B 填空题

6B-1 点的速度、加速度在 x、y 轴上的投影表达式为 $v_x=$________、$v_y=$________、$a_x=$________、$a_y=$________。

6B-2 自然法中,速度的大小 $v=$________,方向________。

6B-3 切向加速度的大小 $a_\tau=$________,方向________。

6B-4 法向加速度的大小 $a_n=$________,方向________。

C 选择题

6C-1 点作平面曲线运动,若( ),则点作加速运动。

(a) $a_\tau>0,v<0$ (b) $a_\tau<0,v<0$ (c) $a_\tau<0,v>0$ (d) $a_\tau=0,v>0$

6C-2 物理量( )不是代数值。

(a) 弧坐标 s (b) 速度 v (c) 切向加速度 a_τ (d) 法向加速度 a_n

D　简答题

6D－1　写出匀变速曲线运动的三个公式，并指出公式中哪些是代数量，应用时需注意什么问题？

6D－2　三个导数$\frac{d\boldsymbol{v}}{dt}$，$\frac{dv}{dt}$，$\left|\frac{d\boldsymbol{v}}{dt}\right|$各表示什么量，其物理含义是什么？

6D－3　点作平面曲线运动，如图6－6所示，试问哪些是加速运动、哪些是减速运动、哪些是匀速运动、哪些是不可能的？

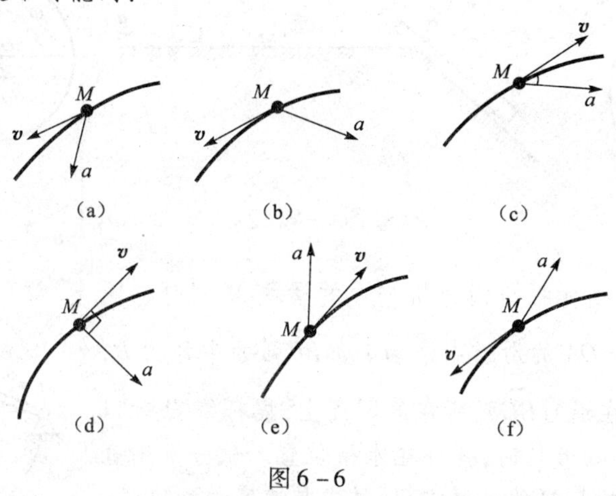

图6－6

6D－4　点在曲线运动过程中，试问下列各种情况作何运动。

(a) a_τ＝常数，$a_n=0$　　(b) a_τ＝常数，$a_n\neq0$

(c) $a_\tau=0$，$a_n=0$　　(d) $a_\tau=0$，$a_n\neq0$

E　应用题

6E－1　点作直线运动，运动方程$x=12t-t^3$，x的单位是cm，t的单位是s。求当$t=3$s时，点所经过的路程及点的速度和加速度。

6E－2　已知点的运动方程如下，x的单位是cm，t的单位是s。求其轨迹方程，并计算点在开始运动时（$t=0$）的速度和加速度。

(1) $\begin{cases}x=2t^2+4\\y=3t^2-3\end{cases}$　　(2) $\begin{cases}x=3+5\sin t\\y=5\cos t\end{cases}$

6E－3　点M按$S=R\sin\omega t$之规律沿半径为R的圆周运动，设A点为弧坐标原点，其正向如图6－7所示。试求下列各瞬时点M的位置、速度和加速度。

(1) $t=0$，(2) $t=\frac{\pi}{3\omega}$，(3) $t=\frac{\pi}{2\omega}$

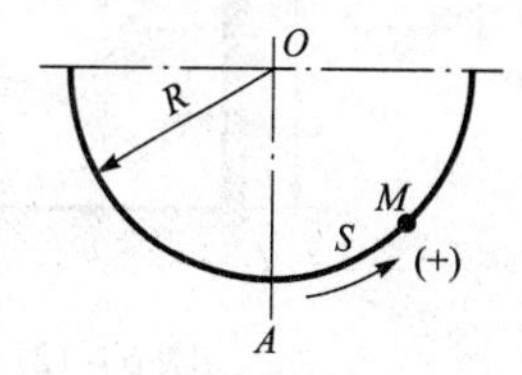

图6－7

6E－4　图6－8所示直杆AB的A端与半径为r、偏心距$OC=e$的偏心轮接触，偏心轮按$\varphi=\omega t$（ω为常数）的规律绕O轴转动。求端点A的运动方程。

6E－5　如图6－9所示，已知点A自O_1开始沿水平方向向右作匀速直线运动，速度为$\boldsymbol{u}$。由绕过滑轮O的缆绳吊起重物M。点O_1与滑轮轴O位于同一铅垂线上，$OO_1=h$。若缆绳总长为L，求重物M的运动方程，以及当$t=1$ s时重物M的速度。

6E－6　曲柄滑杆机构如图6－10所示。曲柄 $OA=r$，$\varphi=\omega t$（ω 为常量），固定在曲柄上的销钉 A 插在T形杆的滑槽内。曲柄转动时，通过销钉带动滑杆作往复直线运动。试求滑杆上 B 点的速度和加速度。

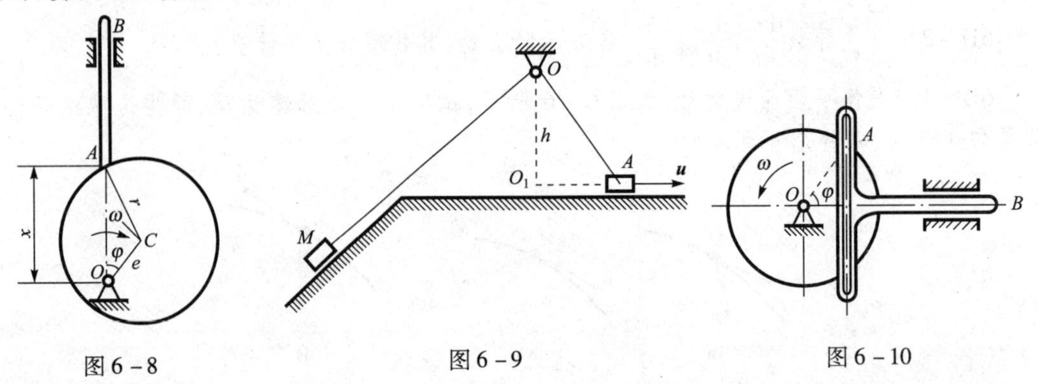

图6－8　　图6－9　　图6－10

6E－7　图6－11所示摇杆滑道机构中的滑块 M 同时在固定的圆槽 BC 中和摇杆 OA 的滑道中滑动。如 $\overset{\frown}{BC}$ 弧的半径为 R，摇杆 OA 的转动轴 O 在通过 $\overset{\frown}{BC}$ 弧所在的圆周上，摇杆绕 O 轴以匀角速度 ω 转动，当运动开始时，摇杆在水平位置。试分别用直角坐标法和自然法建立点 M 的运动方程，并求其速度和加速度。

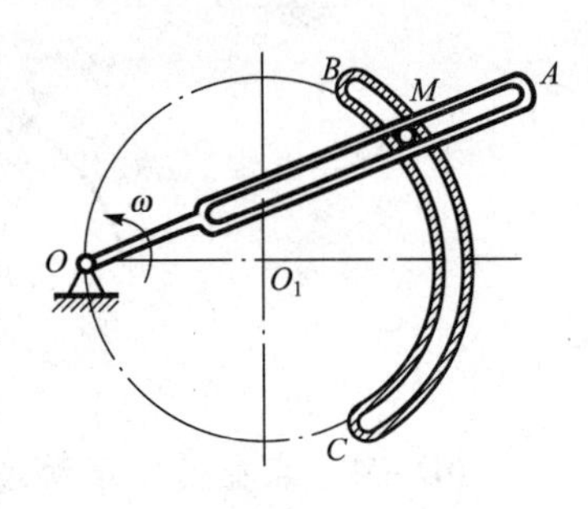

图6－11

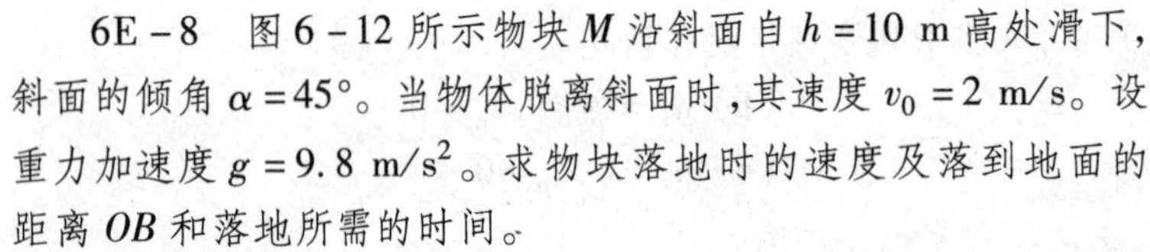

6E－8　图6－12所示物块 M 沿斜面自 $h=10$ m 高处滑下，斜面的倾角 $\alpha=45°$。当物体脱离斜面时，其速度 $v_0=2$ m/s。设重力加速度 $g=9.8$ m/s^2。求物块落地时的速度及落到地面的距离 OB 和落地所需的时间。

6E－9　如图6－13所示，列车沿曲线轨道作匀减速运动。已知在 M_1 位置时，速度 $v_1=54$ km/h$=15$ m/s，曲率半径 $C_1M_1=800$ m；在 M_2 位置时，速度 $v_2=18$ km/h$=5$ m/s，曲率半径 $C_2M_2=600$ m。$\overset{\frown}{M_1M_2}$ 的弧长 $S=1\ 000$ m。试求列车从 M_1 到 M_2 所经过的时间及其在 M_1 和 M_2 两点时的加速度。

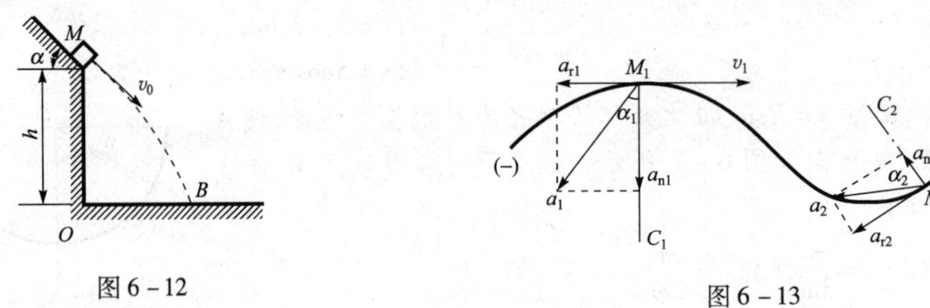

图6－12　　图6－13

应用题答案

6E－1　$x=9$ cm，$v_x=-15$ cm/s，$a_x=-18$ cm/s^2

6E－2　（1）半直线 $3x-2y=18$（$x\geqslant 4$、$y\geqslant -3$），$v=0$，$a=7.2$ cm/s^2

（2）圆 $(x-3)^2+y^2=25$，$v=5$ cm/s，$a=5$ cm/s^2

6E－3　（1）$s=0, v=R\omega, a_\tau=0, a_n=R\omega^2$

（2）$s=\frac{\sqrt{3}}{2}R, v=R\omega/2, a_\tau=-\frac{\sqrt{3}}{2}R\omega^2, a_n=R\omega^2/4$

（3）$s=2, v=0, a_\tau=-R\omega^2, a_n=0$

6E－4　$x=e\cos\omega t+\sqrt{r^2-e^2\sin\omega t}$

6E－5　$x=L-\sqrt{h^2+(ut)^2}, \dot{x}=\frac{-u^2}{\sqrt{h^2+u^2}}$

6E－6　$v_B=-r\omega\sin\omega t, a_B=-r\omega^2\cos\omega t$

6E－7　（1）直角坐标法：$x=R+R\cos^2\omega t, y=R\sin 2\omega t$

$v_x=-2R\omega\sin 2\omega t, v_y=2R\omega\cos 2\omega t$

$a_x=-4R\omega^2\cos 2\omega t, a_y=-4R\omega^2\sin 2\omega t$

（2）自然法：$s=2R\omega t, v=2R\omega, a_\tau=0, a_n=4R\omega^2$

6E－8　$s=1.825$ m, $v_x=1.414$ m/s, $v_y=14.07$ m/s, $t=1.289$ s

6E－9　$t=100$ s, $a_1=0.298$ m/s^2, $\alpha_1=19.6°$, $a_2=0.108$ m/s^2, $\alpha_2=67.2°$

第7章 刚体的基本运动

7.1 内容提要

刚体的基本运动包括刚体的平行移动和定轴转动。本章主要研究:① 刚体平行移动的特征,并着重阐明刚体的平行移动问题可归结为点的运动问题来研究。② 刚体定轴转动的特征及运动要素(转动方程、角速度和角加速度),刚体的定轴转动与其上各点运动(运动方程、速度和加速度)的关系。

7.2 知识要点

平行移动和定轴转动虽然是刚体运动的最简单形式,但是它们在工程中的应用却十分广泛,并且又是研究点的合成运动、刚体平面运动与刚体动力学的重要基础,因此必须熟练掌握。通过学习要深刻地理解到:研究刚体的运动,首先要确定刚体整体的运动形式及运动要素,然后再研究刚体上各点的运动及其运动要素。

1. 刚体的平行移动

刚体平行移动的定义　刚体上任一直线在运动过程中,始终保持原方位不变,具有这种特征的运动形式称为**刚体的平行移动**(简称**平动**)。

刚体平动的特性　**刚体平动时,其上各点的轨迹形状相同;同一瞬时各点的速度、加速度的大小和方向也都相同。**因此,可用刚体上任一点的运动代表整个刚体的运动,故刚体平动运动学问题可以归结为点的运动学问题,这是平动刚体所具有的特殊性质。

2. 刚体的定轴转动

刚体定轴转动的定义　刚体在运动过程中,体内或其延伸部分有一直线始终保持不动,其余各点都绕此直线作圆周运动,具有这种特征的运动形式,称为**刚体的定轴转动**(简称**转动**)。

刚体作转动时,描述刚体整体运动的要素是转动方程、角速度和角加速度,统称为角量;描述刚体上各点运动的要素是运动方程、速度和加速度,统称为线量。刚体整体及刚体上任一点的运动学公式列于表7-1。请读者注意表中相应的角量与线量间的关系。

表 7－1

运动状态	定轴转动刚体	转动刚体上的一点（转动半径 R）	备注
变速运动	变速转动： 转动方程 $\varphi=\varphi(t)$ 角速度 $\omega=\frac{d\varphi}{dt}=(=\dot{\varphi})$ 角加速度 $\alpha=\frac{d\omega}{dt}=\frac{d^2\varphi}{dt^2}(=\dot{\omega}=\ddot{\varphi})$	变速圆周运动： 转动方程 $S=R\varphi(t)$ 速度 $v=\frac{ds}{dt}=R\dot{\varphi}=R\omega$ 切向加速度 $a_\tau=\frac{dv}{dt}=R\ddot{\varphi}=R\alpha$ 法向加速度 $a_n=\frac{v^2}{R}=R\omega^2$	1. 设运动的初瞬时 $t=0\begin{cases}\varphi=0\\ \omega=\omega_0\end{cases}$ 2. 式中除 t、R、a_n 以外的各物理量均为代数量
匀变速运动	匀变速运动（α = 常量）： $\varphi=\omega_0 t+\frac{1}{2}\alpha t^2$ $\omega=\omega_0+\alpha t$ $\omega^2=\omega_0^2+2\alpha\varphi$ ω 与 α 同号，加速转动 ω 与 α 异号，加速转动	匀变速圆周运动（$\alpha_\tau=R\alpha$ = 常量）： $s=v_0 t+\frac{1}{2}\alpha_\tau t^2$ $v=v_0+\alpha_\tau t$ $v^2=v_0^2+2\alpha_\tau s$ ω 与 α_τ 同号，加速转动 ω 与 α_τ 异号，加速转动	
匀速运动	匀速转动（$\alpha=0$、ω = 常量）： $\varphi=\omega t$	匀速圆周运动（$a_\tau=0$、$v=R\omega$ = 常量） $a_n=R\omega^2, s=vt$	

为便于比较、记忆，不妨将刚体转动与点直线运动的基本公式的类比关系列于表 7－2。

表 7－2

运动状态	点的直线运动	刚体定轴转动	备注
变速运动	运动方程　$x=x(t)$ 速度　$v=\frac{dx}{dt}$ 加速度 $a=\frac{dv}{dt}=\frac{d^2x}{dt^2}$	转动方程　$\varphi=\varphi(t)$ 速度　$\omega=\frac{d\varphi}{dt}$ 加速度 $\alpha=\frac{d\omega}{dt}=\frac{d^2\varphi}{dt^2}$	1. 设运动的初瞬时 $t=0\begin{cases}x=0\\ v=v_0\end{cases}$ $t=0\begin{cases}\varphi=0\\ \omega=\omega_0\end{cases}$ 2. 式中除 t、R、a_n 以外的各物理量均为代数量
匀变速运动	a = 常量 $x=v_0 t+\frac{1}{2}at^2$ $v=v_0+at$ $x^2=v_0^2+2ax$ v 与 a 同号，加速转动 v 与 a 异号，加速转动	α = 常量 $\varphi=\omega_0 t+\frac{1}{2}\alpha t^2$ $\omega=\omega_0+\alpha t$ $\omega^2=\omega_0^2+2\alpha\varphi$ ω 与 α 同号，加速转动 ω 与 α 异号，加速转动	
匀速运动	$a=0, v$ = 常量 $x=vt$	$\alpha=0, \omega$ = 常量 $\varphi=\omega t$	

3. 定轴轮系的传动比

轮系包括带轮系、齿轮系、摩擦轮系等，它们的传动比列于表 7－3。

表 7-3

	一对	多对	备注
传动比 i_{1K}	$i_{12}=\frac{\omega_1}{\omega_2}=\frac{n_1}{n_2}=\frac{r_2}{r_1}$ $\left(=\frac{Z_2}{Z_1}\right)$	$i_{1K}=\frac{\omega_1}{\omega_K}=\frac{n_1}{n_K}=\frac{各从动轮半径的乘积}{各主动轮半径的乘积}$ $=\left(\frac{各从动轮齿数的乘积}{各主动轮齿数的乘积}\right)$	K:轮子的对数 Z:齿轮的齿数

4. 必须注意的问题

(1) 要学会用定义判别机构中平动和转动的构件,因为运动形式不同,研究的方法也不同。平动刚体可归结为点的运动来研究。对转动刚体的整体而言,用角量 (φ、ω、α) 表示其运动要素。

(2) 对刚体平动,要有正确的理解。如果刚体内各点的轨迹是直线,则为直线平动;如果刚体各点的轨迹是曲线,则为曲线平动。如教材例 7-1 中,凸形板上各点的轨迹都是圆,因此该凸形板作圆周平动,切勿错误地认为凸形板随同曲柄 O_1A 和 O_2B 一起作转动,因为刚体作平动时,没有转角、角速度和角加速度等这些转动要素。

(3) 刚体作转动时,可能有不同的转动状态,如变速转动、匀变速转动和匀速转动等,因此转动刚体上各点的运动,相应地也会有变速圆周运动、匀变速圆周运动和匀速圆周运动等。对于不同的运动状态,有不同的计算公式 (见表 7-1),千万不能混淆、乱用。

7.3 解题指导

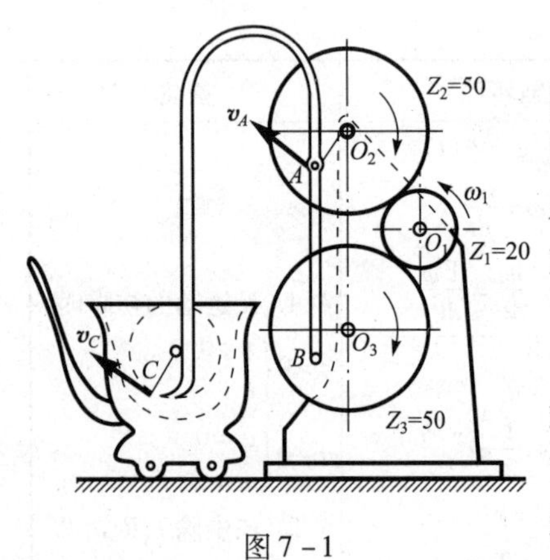

图 7-1

例 7-1 图 7-1 所示齿轮搅拌机,安装在主轴 O_1 上的齿轮以 $n_1=950$ r/min 的转速带动安装在 O_2、O_3 两轴上的齿轮沿图示方向转动。搅棍 BAC 用销钉 A、B 固定在两从动轮上,且 $AB=O_2O_3$、$O_2A=O_3B=25$ cm。各轮的齿数如图 7-1 所示。求搅棍端点 C 的轨迹和速度。

解　研究对象　搅棍 ABC 上的端点 C

分析运动　由 $O_2A=O_3B$、$AB=O_2O_3$,表明在运动过程中,O_2ABO_3 为平行四边形,AB 与 O_2O_3 始终相平行,故可判定搅棍 ABC 作平行移动。根据刚体平动的特性,搅棍端点 C 的轨迹和速度均可由点 A 来决定。因点 A 是搅棍与齿轮的铰接点,它的运动 (轨迹、速度) 完全决定于齿轮 O_2 的运动。

齿轮 O_1 带动齿轮 O_2 转动,由传动比公式可得齿轮 O_2 的角速度

$$\omega_2=\frac{Z_1}{Z_2}\omega_1=\frac{Z_1}{Z_2}=\frac{n_1\pi}{30}=\frac{20}{50}\frac{950\pi}{30}\ \text{rad/s}=39.77\ \text{rad/s}$$

齿轮 O_2 上的点 A 以 $O_2A=25$ cm 为半径作圆周运动,其速度的大小 $v_A=O_2A\omega_2=(25\times 39.77)$ cm/s $=994.3$ cm/s, 方向垂直于 O_2A,如图 7-1 所示。

搅棍作平动,故端点 C 的轨迹也是一半径为 25 cm 的圆,速度的大小和方向均与$\boldsymbol{v}_A$相同,

即 $v_C = v_A = 994.3\ \text{cm/s}$，方向如图 7－1 所示。

分析与讨论

分析机构的运动问题，首先要正确地判定各构件的运动形式和构件间运动传递的状况。在运动传递中，要抓住运动传递点的运动分析。运动的传递点，即构件间的接触点（或连接点）。如果两构件在该点处无相对滑动，则该点具有相同的速度。这样，便可从主动件的已知运动通过运动传递点的运动传递来求得从动件的运动。如本例运动机构由4个构件组成。主动轮（齿轮 O_1）作转动，运动已知，带动从动轮（齿轮 O_2、O_3）转动，其运动的传递点均为齿轮的啮合点。由于啮合点速度相同，所以通过传动比实现主动轮与从动轮间的运动传递，从而求得从动轮的转动角速度 $\omega_2(\omega_3)$。齿轮 O_2、O_3 又带动搅棍作平动，此时齿轮 O_2、O_3 成为主动件，搅棍则为从动件，它们之间的运动传递是通过铰接点 A、B 来实现的。点 $A(B)$ 既是齿轮上的点又是搅棍上的点，二构件在该点处具有相同的速度。这样就将齿轮 $O_2(O_3)$ 的运动，通过传递点 $A(B)$ 传给了搅棍，即由齿轮的角速度 $\omega_2(\omega_3)$，求得搅棍上点 $A(B)$ 的速度。最后根据搅棍作平动来确定点 C 的速度。上述的分析思路，读者要通过解题认真领会、熟练掌握，否则容易出现错误解答。

例 7－2 图 7－2(a) 所示机构，由杆 O_1A、O_2B 和矩形板 $ABCD$ 组成。已知 $O_1A = O_2B = r = 50\ \text{cm}$，$O_1O_2 = AB = DC = 2r$，$AD = BC = d = 30\ \text{cm}$。杆 O_1A 按转动规律 $\varphi = \frac{1}{3}t^3$（单位 rad）绕 O_1 轴转动，求当 $\varphi = \frac{\pi}{2}$ 时杆 O_1A 的角速度、角加速度及矩形板顶点 D 和上边缘中点 E 的速度、加速度

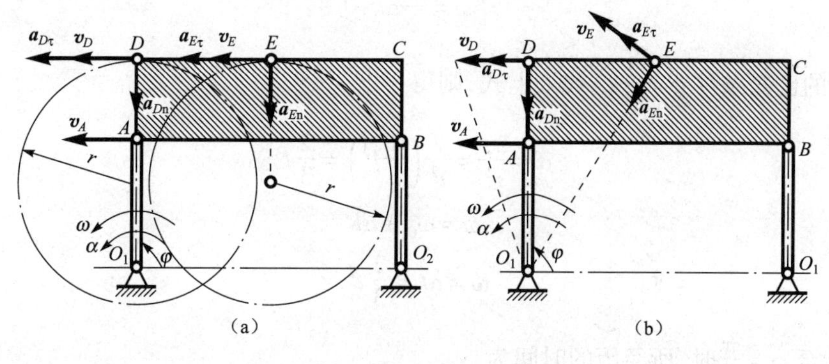

图 7－2

解 研究对象 杆 O_1A

分析运动求解 已知杆 O_1A 的转动方程为 $\varphi = \frac{1}{3}t^3$，则杆 O_1A 的角速度 ω (rad/s)、角加速度 α (rad/s²) 分别为

$$\omega = \frac{d\varphi}{dt} = \frac{d}{dt}\left(\frac{1}{3}t^3\right) = t^2 \tag{a}$$

$$\alpha = \frac{d\omega}{dt} = \frac{d}{dt}(t^2) = 2t \tag{b}$$

当杆 O_1A 转至 $\varphi = \frac{\pi}{2}$ 时，所经历的时间为

$$t=\sqrt[3]{3\varphi}=\sqrt[3]{\frac{3}{2}\pi}\ \text{s}=1.676\ \text{s} \tag{c}$$

将式(c)代入式(a)、式(b)则得到$\varphi=\frac{\pi}{2}$时杆 O_1A 的瞬时角速度和角加速度,分别为

$$\omega=t^2=1.676^2\ \text{rad/s}=2.809\ \text{rad/s}$$

$$\alpha=2t=2\times1.676\ \text{rad/s}=3.352\ \text{rad/s}^2$$

研究对象 矩形板上的点 D 和点 E

分析运动求解 矩形板作圆周平动,故板上的点 D 和点 E 的运动轨迹均与铰接点 A 相同,均是半径为 r 的圆,如图 7-2(a)所示。点 D 和 E 的速度、加速度也与点 A 的速度 、加速度相同,即

$$v_D=v_E=v_A=r\omega=(50\times2.809)\ \text{cm/s}=140.5\ \text{cm/s}$$

$$\begin{cases}a_{D\tau}=a_{E\tau}=a_{A\tau}=r\alpha=(50\times3.352)\ \text{cm/s}^2=167.6\ \text{cm/s}^2\\ a_{Dn}=a_{En}=a_{An}=r\omega^2=(50\times2.809^2)\ \text{cm/s}^2=394.5\ \text{cm/s}^2\end{cases}$$

其方向如图 7-2(a)所示。

分析与讨论

错误解答 取杆 O_1A 为研究对象,并应用公式

$$\varphi=\varphi_0+\omega_0t+\frac{1}{2}\alpha t^2$$

运动的初瞬时 $\varphi_0=0,\omega_0=0$

则
$$\varphi=\frac{1}{2}\alpha t^2$$

将题给的已知条件$\varphi=\frac{1}{3}t^3$ 代入上式,则得

$$\alpha=\frac{2\varphi}{t^2}=\frac{2}{t^2}\left(\frac{1}{3}t^3\right)=\frac{2}{3}t \tag{d}$$

应用公式
$$\omega=\omega_0+\alpha t$$

则
$$\omega=\alpha t=\frac{2}{3}t^2 \tag{e}$$

当杆 O_1A 转至$\varphi=\frac{\pi}{2}$时,所经历的时间为

$$t=\sqrt[3]{3\varphi}=\sqrt[3]{1.5\pi}\ \text{s}=1.676\ \text{s} \tag{f}$$

将式(f)代入式(e)、式(d),则得到$\varphi=\frac{\pi}{2}$时杆 O_1A 的角速度和角加速度分别为

$$\omega=\frac{2}{3}t^2=\left(\frac{2}{3}\times1.676^2\right)\ \text{rad/s}=1.873\ \text{rad/s}$$

$$\alpha=\frac{2}{3}t=\left(\frac{2}{3}\times1.676\right)\ \text{rad/s}^2=1.117\ \text{rad/s}^2$$

点 D 和点 E 在该瞬时的速度分别为

$$v_D=(r+d)\omega=[(50+30)\times1.873]\ \text{cm/s}=149.84\ \text{cm/s}$$

$$v_E=\sqrt{r^2+(r+d)^2}\ \omega=[\sqrt{50^2+(50+30)^2}]\times1.873\ \text{cm/s}=176.7\ \text{cm/s}$$

方向如图 7-2(b)所示。

加速度分别为

$$\begin{cases} a_{D\tau} = (r+d)\alpha = [(50+30)\times 1.117]\ \text{cm/s}^2 = 89.36\ \text{cm/s}^2 \\ a_{Dn} = (r+d)\omega^2 = [(50+30)\times 1.873^2]\ \text{cm/s}^2 = 280.7\ \text{cm/s}^2 \end{cases}$$

$$\begin{cases} a_{E\tau} = \sqrt{r^2+(r+d)^2}\cdot\alpha = [\sqrt{50^2+(50+30)^2}\times 1.117]\ \text{cm/s}^2 = 105.4\ \text{cm/s}^2 \\ a_{En} = \sqrt{r^2+(r+d)^2}\cdot\omega^2 = [\sqrt{50^2+(50+30)^2}\times 1.873^2]\ \text{cm/s}^2 = 331\ \text{cm/s}^2 \end{cases}$$

方向如图 7-2(b)所示。

错解分析 此解中有两处错误：

(1) 应用匀变速转动公式求杆 O_1A 的角速度和角加速度有概念性错误，因杆 O_1A 是作变速度转动，并非作匀变速转动，所以不能乱用公式，需用对转动方程求导的方法求得 ω、α（见正确解）。

(2) 求点 D 和点 E 的速度、加速度存在概念性错误，因为矩形板并非与杆 O_1A 一起转动，而是作圆周平动，应按平动特性求解（见正确解）。

例 7-3 如图 7-3 所示，杆 OA、O_1B 和十字形套筒 D 套结在一起。已知 $OO_1=d=40$ cm，杆 OA 以 $\omega=2$ rad/s 作匀速转动，转向如图。求杆 O_1B 的角速度及套筒 D 的速度。

解 **研究对象** 杆 O_1B

分析运动，建立转动方程 杆 O_1B 作转动，在转动过程中始终与杆 OA 相垂直，即恒有 $\angle ODO_1=\dfrac{\pi}{2}$。现以机构运动的初始位置为基准，量取各杆件的转角，即 φ 角以 Ox 轴为基准；θ 角以 Oy 轴为基准，均以逆时针转向为正。当机构运动在任意位置时，杆 OA 的转角为 φ；杆 O_1B 的转角为 θ，如图 7-3(a)所示。由图示的几何关系可知

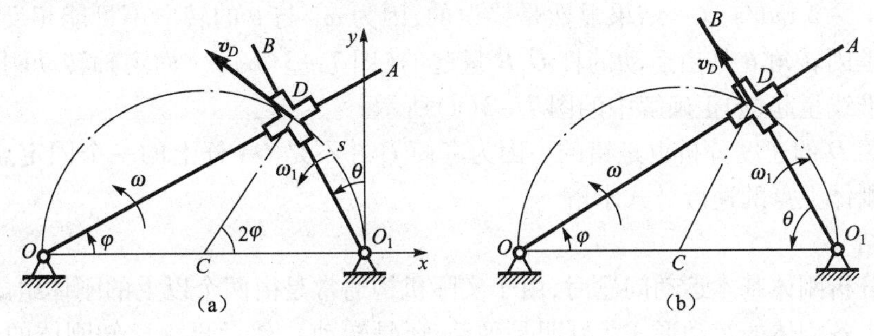

图 7-3

$$\theta=\varphi$$

将中间变量 $\varphi=\omega t$ 代入上式，则得到杆 O_1B 的转动方程

$$\theta=\omega t=2t$$

杆 O_1B 的角速度应用定轴转动公式，则有

$$\omega_1=\frac{\mathrm{d}\theta}{\mathrm{d}t}=\frac{\mathrm{d}}{\mathrm{d}t}(\omega t)=2\ \text{rad/s}$$

ω_1 为正值，说明 ω_1 的转向沿逆时针，与 θ 的转向一致，如图 7-3(a)所示。

研究对象 套筒 D

分析运动,建立转动方程 按题义,机构在运动过程中恒有$\angle ODO_1 = \frac{\pi}{2}$,由几何学知识得知,$\angle ODO_1$ 是以直径 $d = OO_1$ 为圆的弓形角,故点 D 的轨迹是以 C 为圆心、$CD = r = \frac{d}{2}$为半径的圆。现以点 D 运动的初始位置 O_1 为弧坐标原点,以逆时针方向为弧坐标的正向,点 D 运动在任意位置时的弧坐标为 s(rad),如图 7-3(a)所示,s 为正值。点 D 的运动方程为

$$s = r \cdot 2\varphi = 2r\omega t$$

点 D 的速度

$$v_D = \frac{ds}{dt} = 2r\omega = (2 \times 20 \times 2)\ \text{cm/s} = 80\ \text{cm/s}$$

其方向垂直于半径 CD,指向如图 7-3(a)所示。

分析与讨论

错误解答

杆 OA 与杆 O_1B 在任意位置时转角分别为 φ 和 θ,如图 7-3(b)所示,则杆 O_1B 的转动方程为

$$\theta = 90° - \varphi = \frac{\pi}{2} - \omega t = \frac{\pi}{2} - 2t$$

其角速度

$$\omega_1 = \frac{d\theta}{dt} = -\omega = -2\ \text{rad/s}$$

负号说明 ω_1 与 θ 的转向相反,ω_1 的转向如图 7-3(b)所示。

点 D 的速度$\boldsymbol{v}_D$垂直于杆 OA,与 ω 的转向一致,如图 7-3(b)所示。$\boldsymbol{v}_D$的大小(cm/s)为

$$v_D = OD \cdot \omega = 2\ r\cos\varphi \cdot \omega = 2r\omega\cos\omega t = 80\cos 2t$$

错解分析 此解中有两处错误:

(1) $\omega_1 = -2$ rad/s 这一结果显然是错误的,因为 ω_1 与 θ 的转向不可能相反。发生这种错误的原因是因转角 θ 是由运动的杆 O_1B 量起的(图 7-3(b))。而定轴转动刚体的转角应从固定的基准线量起,如正确解中的图 7-3(a)所示。

(2) 套筒 D 的速度分析也是错的。因为套筒 D 并不是 OA 杆上的一个固定点,因此不能用定轴转动刚体上点的速度公式求解。

解题小结

(1) 在分析刚体基本运动问题时,由于实际机构通常是由两个以上的刚体组成,因此首先要搞清机构中各刚体的运动形式(判明是平动,还是转动),然后再由已知刚体的运动求与它连接的另一刚体的运动。刚体间的连接形式有两类,一类是两刚体的连接点无相对滑动(如本书例 7-1、例 7-2),此时需根据两刚体连接点(运动的传递点)速度相等的原则,依次按照刚体(主动件)──→传递点──→刚体(从动件)的程序来逐步求解。另一类是两刚体的连接点有相对滑动(如本书例 7-3),此时两刚体在连接点处不再具备速度相等的条件,因此要根据具体的连接形式进行运动分析,建立主动件与从动件的运动关系进行求解。

(2) 要严格区别曲线平动与转动这两种截然不同的运动形式,并能正确地判定作曲线平动的刚体,充分利用平动的特性来求解。

(3) 对于转动的刚体,要搞清它的运动状态,除特殊运动(匀速、匀变速转动)可运用其相应的运动公式求解外,对一般运动状态,要依据刚体转动规律(包括自行建立的转动方程),用

数学求导的方法求其角速度和角加速度（见表7-1）。

练习题

A 判断题（下列命题你认为正确的在题后括号内打"√"，错误的打"×"）

7A-1 各点作圆周运动的刚体一定是作定轴转动。 （ ）

7A-2 定轴转动刚体上的各点一定作圆周运动。 （ ）

7A-3 刚体作平动时，各点的轨迹可以是直线，也可以是平面曲线，还可以是空间曲线。 （ ）

7A-4 两个半径不等齿轮的传动，在任一瞬时，两轮啮合点处的速度相等，加速度也相等。 （ ）

B 填空题

7B-1 刚体以匀角速度 ω 作转动时，在距转轴为 R 的点 A 处，其速度 $v_A=$________，加速度 $a_A=$________。

7B-2 刚体以匀角加速度 α 作转动时，其瞬时角速度为 ω，在该瞬时距转轴为 R 的点 M 处，其速度 $v_M=$________，$a_M=$________。

7B-3 钟表秒针的角速度 $\omega_1=$________，分针的角速度 $\omega_2=$________。

C 选择题

7C-1 若（ ）时，刚体作加速转动。

(a) $\omega<0,\alpha>0$ (b) $\omega<0,\alpha<0$ (c) $\omega>0,\alpha<0$ (d) $\omega>0,\alpha=0$

7C-2 若飞轮转速增大一倍，则边缘上的点的（ ）。

(a) 速度增大一倍 (b) 加速度增大一倍

(c) 速度减小一倍 (d) 加速度减小一倍

D 简答题

7D-1 试述刚体平动的定义。

7D-2 试述刚体平动的特征。

7D-3 试问两半径不等的齿轮啮合传动时，为什么啮合点处的速度相等，而加速度不相等？

7D-4 试写出定轴轮系传动比的公式。

7D-5 试写出转动刚体匀变速转动的基本公式。

E 应用题

7E-1 如图7-4所示，曲线规尺的杆长 $OA=AB=20$ cm，而 $CD=DE=AC=AE=5$ cm，如杆 OA 以匀角速 $\omega=0.2\pi$ rad/s 绕 O 轴转动，并且当运动开始时杆 OA 水平向右，$\varphi=\omega t$，求尺上点 D 的运动方程和轨迹方程。

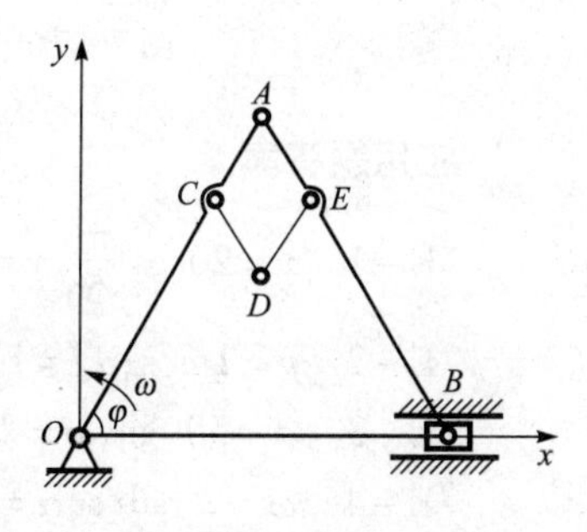

图7-4

7E-2 图7-5所示两平行摆杆 $O_1B=O_2C=0.5$ m，且 $BC=O_1O_2$。若在某瞬时摆杆的角速度 $\omega=2$ rad/s、角加速度 $\alpha=3$ rad/s^2，试求吊钩尖端 A 点的速度、切向加速度和法向加速度，并在图上画出它们的方向。

7E－3　如图7－6所示，带轮边缘上一点 A 以50 cm/s的速度运动，在轮缘内另一点 B 以10 cm/s的速度运动，两点到轮轴的距离相差20 cm，求带轮的角速度和直径。

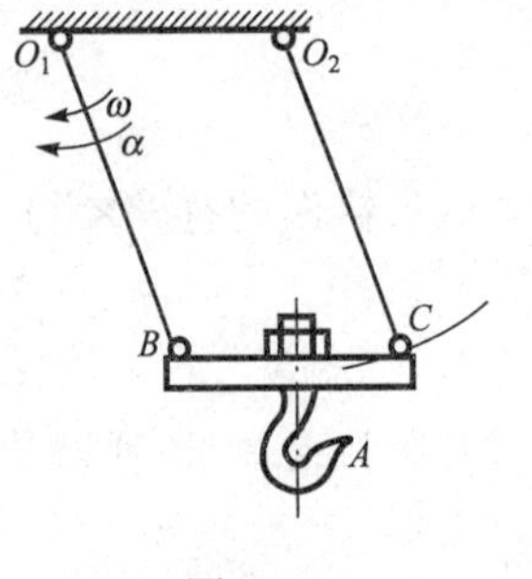

图7－5

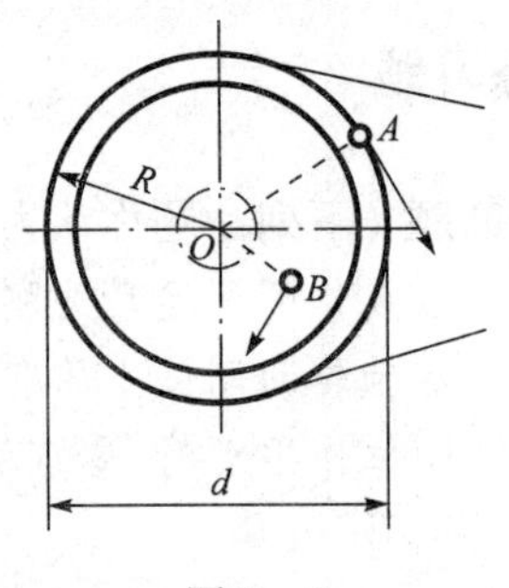

图7－6

7E－4　如图7－6所示，绕 O 轴转动的带轮，某瞬时轮缘上点 A 的速度 $v_A=50$ cm/s、全加速度 $a_A=150$ cm/s^2，轮内另一点 B 的速度 $v_B=10$ cm/s。已知 A、B 两点的距离相差20 cm。试求此瞬时带轮的角速度、角加速度及点 B 的全加速度。

7E－5　一定轴转动刚体，在初瞬时（$t=0$ 时）的角速度 $\omega_0=20$ rad/s，刚体上一点的运动规律为 $S=t+t^3$（单位为m·s）。试求 $t=1$s时刚体的角速度、角加速度及该点到转轴的距离。

7E－6　两轮Ⅰ、Ⅱ，半径分别为 $r_1=100$ mm、$r_2=150$ mm，平板 AB 放置在两轮上（图7－7）。已知轮Ⅰ在某瞬时的角速度 $\omega=2$ rad/s，角加速度 $\alpha=0.5$ rad/s^2，求此时平板移动的速度和加速度，以及轮Ⅱ边缘上一点 C 的速度和加速度（设轮与板接触处无相对滑动）。

7E－7　固结在一起的两滑轮，半径分别为 $r_1=5$ cm、$r_2=10$ cm，A、B 两物体与滑轮以绳索联系（图7－8）。已知 A 物按 $x=80t^2$ 规律向下运动，x 以cm计、t 以s计。求滑轮的转动方程及 $t=2$ s时大轮轮缘上一点的速度、加速度和物体 B 的速度、加速度。

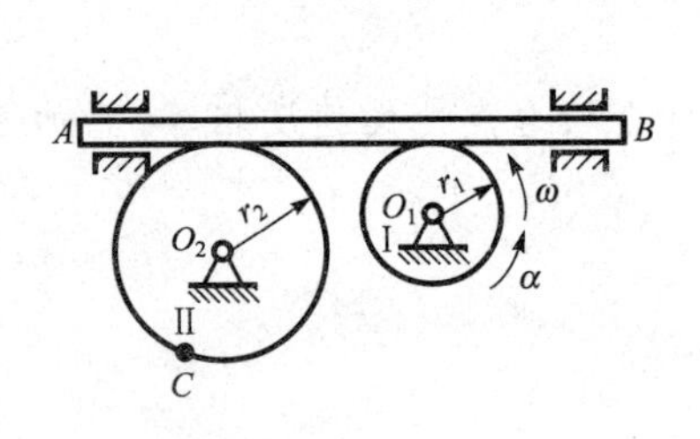

图7－7

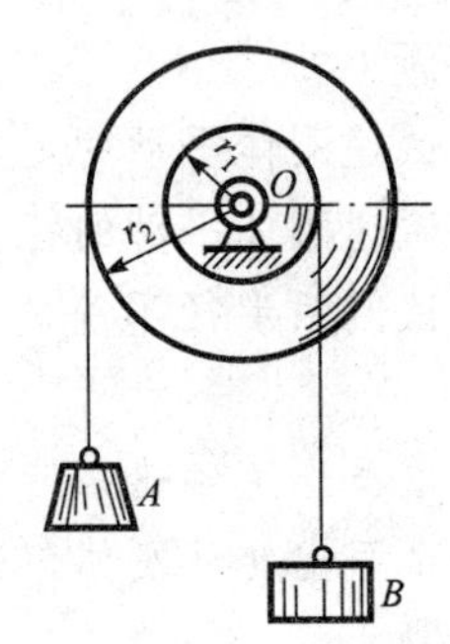

图7－8

应用题答案

7E－1　$x=20\cos\dfrac{\pi t}{5}, y=10\sin\dfrac{\pi t}{5}; \dfrac{x^2}{400}+\dfrac{y^2}{100}=1$

7E－2　$v=1$m/s；$a_\tau=1.5$ m/s^2；$a_n=2$ m/s^2

7E－3　$d=50$ cm，$\omega=2$ rad/s

7E－4　$\omega=2$ rad/s，$\alpha=4.47$ rad/s^2，$a_B=30$ cm/s^2

7E－5 $\omega = 80\ \text{rad/s}, \alpha = 120\ \text{rad/s}^2, R = 0.05\ \text{m}$

7E－6 $v = 200\ \text{mm/s}, a = 50\ \text{mm/s}^2; v_C = 200\ \text{mm/s}, a_{c\tau} = 50\ \text{mm/s}^2, a_{cn} = 266.7\ \text{mm/s}^2$

7E－7 $\varphi = 8t^2\ \text{rad}, v = 3.2\ \text{m/s}, a_\tau = 1.6\ \text{m/s}^2, a_n = 102.4\ \text{m/s}^2; v_B = 160\ \text{m/s}, a_B = 80\ \text{m/s}^2$

第8章 点的合成运动

8.1 内容提要

第六章研究了点相对一个参考系的运动问题。本章是用运动合成与分解的概念、方法研究同一点相对两个参考系的运动。建立三种运动（绝对、相对、牵连运动）及相应的三种速度（绝对、相对、牵连速度）的概念，并建立三种速度之间的定量关系——点的速度合成定理，以及该定理在解决工程实际问题中的应用。

8.2 知识要点

本章所述的运动合成与分解的方法是研究点和刚体复杂运动的简捷而实用的方法，必须认真领会、熟练掌握。

1. 基本概念

点的合成运动的基本概念，可归结为一个动点、两个参考系、三种运动。

(1) 动点是“合成运动”的研究对象，必须对动参考系有相对运动，否则不能选作动点。

(2) 静系与动系

静参考系： 静止于地面上的物体或固连于地面上的静止坐标系（简称**静系**）。

动参考系： 对静系有相对运动的物体或固连在该物体上的动坐标系（简称**动系**）。

绝对运动： 动点相对静系的运动（运动轨迹称为绝对轨迹 $\boldsymbol{L}_a$）；绝对速度为动点相对静系的速度$\boldsymbol{v}_a$（$\boldsymbol{v}_a$沿 $\boldsymbol{L}_a$ 的切线方向）。

相对运动： 动点相对动系的运动（运动轨迹称为相对轨迹 $\boldsymbol{L}_r$）；相对速度为动点相对动系的速度$\boldsymbol{v}_r$（$\boldsymbol{v}_r$沿 $\boldsymbol{L}_r$ 的切线方向）。

牵连运动： 动系相对静系的运动。

牵连点： 某瞬时动系上与动点重合之点；该点相对静系的运动轨迹（即牵连点的绝对轨迹）定义为动点在该瞬时的牵连轨迹 $\boldsymbol{L}_e$（其含义是假想动点相对动系静止而被牵连点牵带运动的轨迹）。

牵连速度： 牵连点相对静系的速度（即牵连点的绝对速度）称为动点的牵连速度$\boldsymbol{v}_e$（$\boldsymbol{v}_e$ 沿 $\boldsymbol{L}_e$的切线方向）。

上述三种运动的关系如图 8－1 所示：

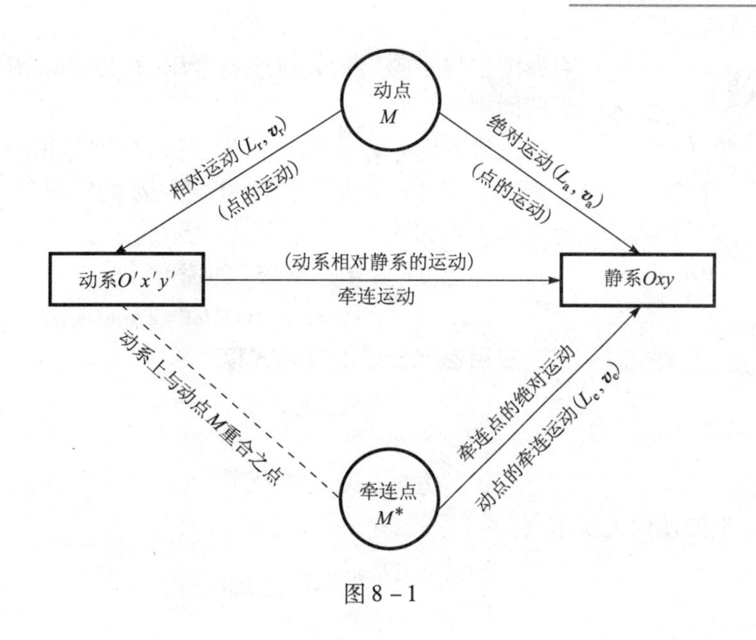

图 8-1

$$相对运动 + 牵连运动 \underset{分解}{\overset{合成}{\rightleftarrows}} 绝对运动$$

动点的绝对运动和相对运动,以及牵连点的绝对运动都是一个点的运动,可根据其轨迹分为直线运动、圆周运动或一般曲线运动。牵连运动则是动系(刚体)的运动,可根据刚体的运动形式分为平动、转动或更复杂的运动。

2. 速度合成定理

$$\boldsymbol{v}_a = \boldsymbol{v}_e + \boldsymbol{v}_r$$

该定理建立了三种速度矢量间的定量关系,即动点的绝对速度$\boldsymbol{v}_a$等于牵连速度$\boldsymbol{v}_e$和相对速度$\boldsymbol{v}_r$的矢量和。绝对速度$\boldsymbol{v}_a$为速度平行四边形的对角线。该方程是一个矢量方程,书写时千万不能丢掉各项速度的矢量符号,而误写为代数方程。应用时按矢量间的关系,绘出速度四边形。然后采用几何法或选择投影轴将矢量方程投影为两个代数方程的解析法求解。

8.3　解题指导

例 8-1　图 8-2 所示固定圆环半径为 R,中心在 O_1,小环 M 套在固定圆环和摇杆 OA 上,摇杆 OA 以匀角速度 ω 绕 O 轴转动,运动开始时在水平位置。试求摇杆转过 φ 角时小环 M 的绝对速度以及小环 M 相对于摇杆的速度。

解　研究对象　动点 M(小环)

参考系 $\begin{cases}静系:固定的大圆环(或 Oxy)\\ 动系:摇杆 OA(或 O'x'y'),作定轴转动\end{cases}$

分析三种运动、三种速度

绝对运动:沿固定圆环的圆周运动,轨迹 L_a。

相对运动:沿 OA 杆的直线运动,轨迹 L_r。

牵连运动:杆 OA 绕 O 轴的匀速转动。牵连点为杆 OA 上与动点 M 重合之点 M^*(凡 M^*

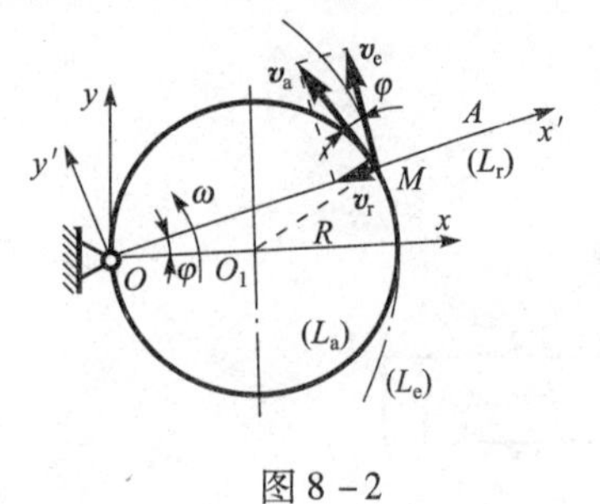

图 8－2

点在图中均不画出），其轨迹 L_e 为以 O 为中心、OM^*（OM）为半径的圆周。

三种速度$\boldsymbol{v}_a$、$\boldsymbol{v}_r$、$\boldsymbol{v}_e$的方位均已知，分别与相应的轨迹 L_a、L_r、L_e 相切。其中$\boldsymbol{v}_e$的大小已知，指向与 ω 的转向一致，据此可绘出速度四边形如图 8－2 所示。

牵连速度$\boldsymbol{v}_e$为牵连点 M^* 的速度，则

$$v_e = v_{M^*} = OM\omega = 2R\omega\cos\varphi$$

应用速度合成定理列方程

$$\boldsymbol{v}_a = \boldsymbol{v}_e + \boldsymbol{v}_r$$

大小 ? √ ?

方向 √ √ √

由速度四边形的几何关系求得

$$v_a = \frac{v_e}{\cos\varphi} = \frac{2R\omega\cos\varphi}{\cos\varphi} = 2R\omega$$

$$v_r = v_a\sin\varphi = 2R\omega\sin\omega t$$

可见，小环 M 的绝对速度为一常量，$v_a = 2R\omega$；而相对速度 $v_r = 2R\omega\sin\omega t$，是随时间而变化的变量。

分析与讨论

（1）也可用解析法求解，即将矢量式向选定的投影轴投影，使矢量方程转化为代数方程。

将矢量式 $\boldsymbol{v}_a = \boldsymbol{v}_e + \boldsymbol{v}_r$

分别向图示的 x'轴、y'轴投影则有

$$-v_a\sin\varphi = 0 - v_r \tag{1}$$

$$v_a\cos\varphi = v_e + 0 \tag{2}$$

由上述两个代数方程解得 $v_a = 2R\omega$，$v_r = 2R\omega\sin\omega t$。

（2）此题上面是应用点的合成运动方法（点的速度合成定理）求出小环 M 相对固定的大环（静系）的绝对速度$\boldsymbol{v}_a$及小环 M 相对摇杆（动系）的相对速度$\boldsymbol{v}_r$。请读者回顾教材例 6－2 及本书例 6－3 均用建立运动方程的方法分别建立了小环 M 相对大环（静系）与相对摇杆（动系）的运动方程，然后再通过运动方程对 t 求导计算的方法，求得的小环 M 相对大环的速度（即小环的绝对速度）与相对摇杆的相对速度，同本例所得的结果是完全相同的。

（3）与本例类似的机构传动问题，一般均可用上述两种方法求解。如果不是题目要求用指定的方法，则可视具体问题灵活选用简捷的解法。

（4）需注意上述两种方法求速度的区别。建立运动方程的方法，就是通过建立运动方程并对其求导的计算方法，所求得的速度除为常量的特殊情况外，一般是时间函数，即速度方程。如果需求某特殊瞬时的速度时，再将该瞬时的状态参数（时间或位置）代入速度方程求得该瞬时的速度值；点的合成运动法是应用速度合成定理的矢量方程求解。该方程是一个任何瞬时都成立的瞬时方程。为此，要特别注意解题时出现的两种情况：

① 如果该瞬时指的是机构所处的任一瞬时状态，那么针对该瞬时状态所求出的速度也必然是对任一瞬时都成立的速度方程。如本例中，所求的是摇杆 OA 在任一瞬时状态 $\varphi = \omega t$ 时，小环的绝对速度与相对速度，所以应用速度合成定理求得 $v_a = 2R\omega$，是一常量；而 $v_r =$

$2R\omega\sin\omega t$。这一求解结果对任一瞬时都是成立的。如果再需要求某一特殊瞬时的速度值时，需将该瞬时的状态参数代入其速度方程而求得。如本例，求 $\varphi=\omega t=\dfrac{\pi}{6}$ 时的相对速度，则将 $\varphi=\dfrac{\pi}{6}$ 代入 $v_r=2R\omega\sin\omega t$，则 $v_r=2R\omega\sin\dfrac{\pi}{6}=R\omega$。

② 如果该瞬时指的是机构所处的某一特殊瞬时状态，则应针对这一特殊状态画速度四边形，求出该特定瞬时的速度值。如本例，求 $\varphi=\dfrac{\pi}{6}$ 时的 $\boldsymbol{v}_a$，$\boldsymbol{v}_r$，则求得的结果仅仅是该瞬时的速度值。

例 8－2　曲柄 OM 长为 r，以匀角速度 ω 绕轴 O 逆向转动，从而通过曲柄的 M 端推动滑杆 BC 沿铅直方向上升，如图 8－3(a)所示。求当 $\theta=60°$ 时，滑杆 BC 的速度。

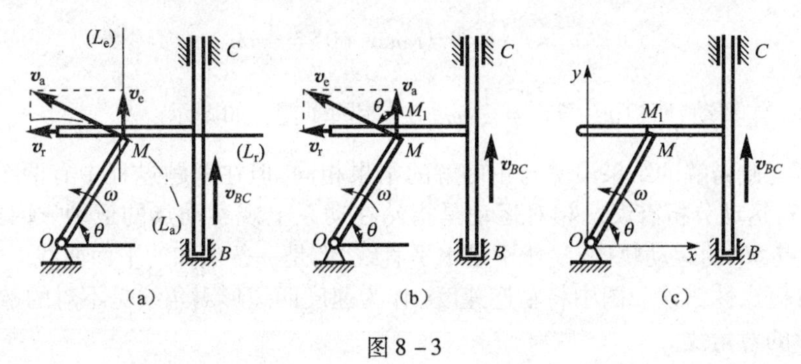

图 8－3

解　**研究对象**　动点 M（杆 OM 的端点）

参考系 $\begin{cases}\text{静系：基座}\\ \text{动系：滑杆 } BC\text{，作直线平动}\end{cases}$

分析三种运动、三种速度

绝对运动　以 O 为中心，OM 为半径的圆周运动，轨迹 L_a。

$\boldsymbol{v}_a\begin{cases}\text{大小：}v_a=r\omega\\ \text{方向：垂直于 } OM\text{，与 } \omega \text{ 的转向一致}\end{cases}$

相对运动　沿滑杆的水平底线运动，轨迹 L_r。

$\boldsymbol{v}_r\begin{cases}\text{大小：未知}\\ \text{方向：方位沿 } L_r\text{，指向待定}\end{cases}$

牵连运动　牵连轨迹 L_e 为过点 M 点的铅垂直线。

$\boldsymbol{v}_e\begin{cases}\text{大小：未知}\\ \text{方向：方位沿 } L_e\text{，指向待定}\end{cases}$

绘出速度四边形，确定 $\boldsymbol{v}_e$、$\boldsymbol{v}_r$ 的指向。

应用速度合成定理列方程

$$\boldsymbol{v}_a=\boldsymbol{v}_e+\boldsymbol{v}_r$$

大小　√　?　?

方向　√　√　√

由速度四边形的几何关系求得

$$v_e = v_a \cos\theta = r\omega\cos 60° = \frac{1}{2}r\omega$$

动点 M 的牵连速度,即牵连点 M^* 的速度。牵连点 M^* 为平动滑杆上的一点,故滑杆 BC 的速度 $v_{BC} = \frac{1}{2}r\omega$,方向铅垂向上,如图 8-3(a)所示。

分析与讨论

(1) 错误解答。应用点的合成运动方法,取滑杆 BC 上与杆 OM 的端点 M 相接触的点 M_1 为动点,杆 OM 为动系,则动点 M_1 的相对运动为沿滑杆底线的水平直线运动。牵连点 M 是以 O 为心,OM 为半径的圆周运动。牵连速度的大小 $v_e = r\omega$,方向垂直于 OM,与 ω 的转向一致。绝对运动为铅垂方向的直线运动。按上述分析,画出速度四边形,如图 8-3(b)所示。应用速度合成定理求得 M_1 点的绝对速度为

$$v_a = v_e \cos\theta = r\omega\cos 60° = \frac{1}{2}r\omega$$

由于杆 BC 作平动,所以 $v_{BC} = v_a = \frac{1}{2}r\omega$,方向铅垂向上,如图示。

错解分析 此错解的结果虽然与正确解的结果相同,但在解题过程中有两个错误:第一,动点 M_1 的相对运动分析有误。相对运动是指站在动系上观察动点的运动。因此,在动系杆 OM 上观察动点 M_1 的运动轨迹,显然不是水平直线,而是一条未知的平面曲线。第二,图示的速度四边形有概念性错误。图中将牵连速度$\boldsymbol{v}_e$作为速度四边形对角线是不对的,绝对速度$\boldsymbol{v}_a$才是速度四边形的对角线。

(2) 对本例这种类型的机构传动问题,即两个构件间的运动传递是直接通过两构件的接触点,而两个接触点间又有相对运动的情况,那么就应选取某一构件上的接触点为动点,而另一构件为动系。但选法有两种:如本例,一是选杆 OM 的端点 M 为动点,滑杆 BC 为动系;另一选法是选滑杆 BC 上的 M_1 点为动点,杆 OM 为动系。那么,选哪种方法恰当呢?应根据动点与动系选择的原则,即动点相对动系的轨迹明显、已知。据此,本题宜选第一种方法,第二种选法不可取。望读者通过下例再加深领会。

(3) 用建立运动方程的方法求滑杆 BC 的速度。以滑道 BC 上的点 M_1 为动点,建立坐标系 Oxy(静系)。将机构置于运动的任意位置 $\theta = \omega t$,建立点 M_1 的运动方程

$$y_{M_1} = OM\sin\theta = r\sin\omega t$$

则 M_1 点的速度为

$$v_{M_1} = \frac{\mathrm{d}yM_1}{\mathrm{d}t} = r\omega\cos\omega t$$

将 $\theta = \omega t = 60°$代入上式,则

$$v_{M_1} = r\omega\cos 60° = \frac{1}{2}r\omega$$

由于导杆 BC 作平动,所以 $v_{BC} = v_{M_1} = \frac{1}{2}r\omega$,方向铅垂向上,如图 8-3(c)所示。此解结果与点的合成运动法所得结果完全相同。

例 8-3 如图 8-4 所示,偏心凸轮的偏心距 $OC = e$,半径为 $R = \sqrt{3}e$,凸轮以匀角速度 ω_0 绕 O 轴转动,求在 OC 与 CA 垂直瞬时从动杆 AB 的速度。

解 由题知,$\triangle OCA$ 为直角三角形,$\angle OCA = \frac{\pi}{2}$,则 $\tan\theta = \frac{AC}{OC} = \frac{R}{e} = \frac{\sqrt{3}e}{e} = \sqrt{3}$,所以$\theta = \frac{\pi}{3}$。

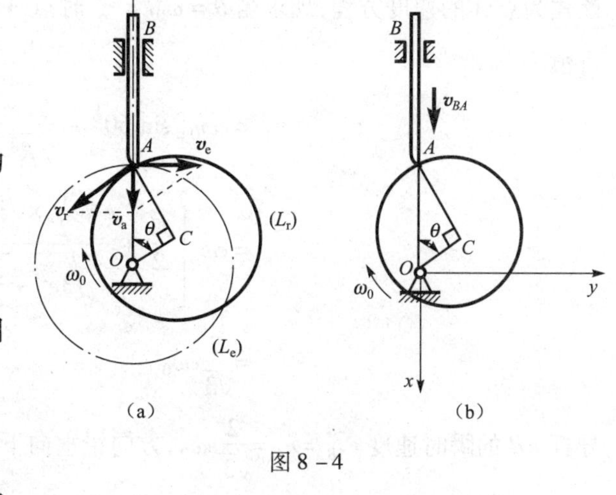

图 8-4

研究对象　动点 A（杆 BA 的端点）

参考系 $\begin{cases}\text{静系:基座}\\\text{动系:凸轮}\end{cases}$

分析三种运动、三种速度

绝对运动　绝对轨迹 L_a 为沿 OAB 的铅垂线。

$v_a\begin{cases}\text{大小:未知}\\\text{方向:方位沿铅垂线,指向待定}\end{cases}$

相对运动　相对轨迹 L_r 为以 C 为圆心，R 为半径的圆（轮缘曲线）。

$v_r\begin{cases}\text{大小:未知}\\\text{方向:方位沿 } L_r \text{ 的切线,指向待定}\end{cases}$

牵连运动　牵连轨迹 L_e 为以 O 点为圆心，OA 为半径的圆。

$v_e\begin{cases}\text{大小:} v_e = OA\omega_0 = 2e\omega_0\\\text{方向:沿 } L_e \text{ 的切线,(垂直于 } OA\text{)与 } \omega_0 \text{ 的转向一致}\end{cases}$

以$\boldsymbol{v}_a$为对角线绘出速度四边形，确定$\boldsymbol{v}_a$、$\boldsymbol{v}_r$的指向。

应用速度合成定理列方程

$$\boldsymbol{v}_a = \boldsymbol{v}_e + \boldsymbol{v}_r$$

	$\boldsymbol{v}_a$	$\boldsymbol{v}_e$	$\boldsymbol{v}_r$
大小	?	√	?
方向	√	√	√

用几何法，由速度四边形的几何关系得

$$v_a = v_e \cot\theta = 2e\omega_0 \cot 60° = \frac{2}{\sqrt{3}} e\omega_0$$

所以从动杆 AB 的速度，$v_{AB} = v_a = \dfrac{2}{\sqrt{3}} e\omega_0$，方向铅垂向下，如图 8-4(a)所示。

分析与讨论

(1) 此机构的连接形式与上例相同，也是通过两机构的接触点传递运动，如果选偏心轮上的接触点为动点，杆 AB 为动系，则动点的相对轨迹未知，给解题带来困难，故此选法不可取。

(2) 用建立运动方程的方法求解　以杆 AB 的端点 A 为动点，建立坐标系 Oxy（静系）。将机构置于任意位置 $\theta = \omega_0 t$，如图 8-4(b)所示。建立动点 A 的运动方程为

$$x_A = -OA = -\left[OC\cos\theta + \sqrt{AC^2 - (OC\sin\theta)^2}\right] - \left[e\cos\omega_0 t + \sqrt{R^2 - (e\sin\omega_0 t)^2}\right]$$

将上式对 t 求导则得点 A 的速度

$$v_A = \frac{\mathrm{d}x_A}{\mathrm{d}t} = e\omega_0 \sin\omega_0 t - \frac{-2e^2\omega_0 \cos\omega_0 t \sin\omega_0 t}{2\sqrt{R^2 - (e\sin\omega_0 t)^2}}$$

$$= e\omega_0\left[\sin\omega_0 t + \frac{e\sin\omega_0 t\cos\omega_0 t}{\sqrt{R^2 - (e\sin\omega_0 t)^2}}\right]$$

该式为点 A 的速度方程，现求当 $\theta=\omega_0 t=\frac{\pi}{3}$ 时点 A 的速度，则需将 $\theta=\omega_0 t=\frac{\pi}{3}$ 代入上式，即可得

$$v_A=e\omega_0\left[\sin 60°+\frac{e\sin 60°\cos 60°}{\sqrt{R^2-(e\sin 60°)^2}}\right]$$

$$=e\omega_0\left[\frac{\sqrt{3}}{2}+\frac{e\times\frac{1}{2}\times\sqrt{3}\times\frac{1}{2}}{\sqrt{3e^2-\frac{3}{4}e^2}}\right]$$

$$=\frac{2}{\sqrt{3}}e\omega_0$$

导杆 AB 的瞬时速度 $v_{AB}=v_A=\frac{2}{\sqrt{3}}e\omega_0$，方向铅垂向下。

由上可见，此题若用建立运动方程的方法求解非常烦琐，而用合成运动法就非常简捷。

例 8-4 图 8-5(a) 所示曲柄滑道机构中，滑杆上固连有圆弧形滑道，其半径 $R=10$ cm，圆心在杆 BC 上的 O_1 点。曲柄长 $OA=10$ cm，以角速度 $\omega=4t$ rad/s 绕 O 轴转动。当 $t=1$s 时，机构在图(a)位置，曲柄与水平线的夹角 $\varphi=30°$，求此时滑杆 BC 的速度。

解 研究对象 滑块 A

参考系 静系：基座；动系：滑杆 BC，作直线平动

分析三种运动、三种速度

绝对运动 绝对轨迹 L_a 为以 O 为圆心，OA 为半径的圆。

v_a 大小：$v_a=R\omega$；方向：与 L_a 相切（垂直于 OA），与 ω 转向一致

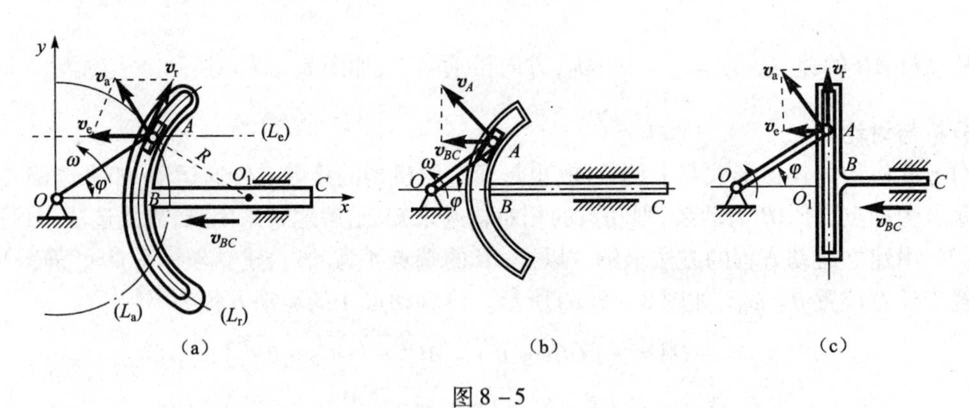

图 8-5

相对运动 相对轨迹 L_r 为以 O_1 为心，O_1A 为半径的圆。

v_r 大小：未知；方向：与 L_r 相切（垂直于 O_1A），指向待定

牵连运动 牵连轨迹 L_e 为过 A 点的水平直线。

$$\boldsymbol{v}_{\mathrm{e}}\begin{cases}\text{大小:未知}\\ \text{方向:沿 } L_{\mathrm{e}} \text{ 的水平直线,指向待定}\end{cases}$$

应用速度合成定理列方程

$$\begin{array}{cccc} & \boldsymbol{v}_{\mathrm{a}} = & \boldsymbol{v}_{\mathrm{e}} + & \boldsymbol{v}_{\mathrm{r}} \\ \text{大小} & \checkmark & ? & ? \\ \text{方向} & \checkmark & \checkmark & \checkmark \end{array}$$

由题知,当 $t=1$ s 时,$\omega=4$ rad/s,$\varphi=30°$,则由速度四边形的几何关系可知

$$v_{\mathrm{e}}=v_{\mathrm{a}}=R\omega=(10\times4)\mathrm{cm/s}=40\ \mathrm{cm/s}$$

所以平动滑杆的速度 $v_{BC}=v_{\mathrm{e}}=40$ cm/s,方向水平向左,如图 8-5(a)所示。

分析与讨论

(1) 错误解答。滑块 A 的速度$\boldsymbol{v}_A$的水平分量,即为滑杆 BC 的速度,如图 8-5(b)所示。

$$v_{BC}=v_A\cos 60°=\frac{1}{2}R\omega=\left(\frac{1}{2}\times10\times4\right)\mathrm{cm/s}=20\ \mathrm{cm/s}$$

错解分析　认为$\boldsymbol{v}_A$的水平分量是滑杆 BC 的速度,是没有根据的,这是犯了凭主观想象的错误。

(2) 如果本例中的其他条件不变,只将弧形滑道改为直线滑道,如图 8-5(c)所示,求滑杆 BC 的速度。

动点 A 的速度四边形如图 8-5(c)所示

$$v_{\mathrm{e}}=v_A\cos 60°=\frac{1}{2}R\omega=\left(\frac{1}{2}\times10\times4\right)\mathrm{cm/s}=20\ \mathrm{cm/s}$$

则滑杆 BC 的速度 $v_{BC}=v_{\mathrm{e}}=20$ cm/s,方向水平向左,如图 8-5(c)所示。

由上分析可见,丁字形滑杆的速度$\boldsymbol{v}_{BC}=\boldsymbol{v}_{\mathrm{e}}$,正是$\boldsymbol{v}_A$的水平分量。这是由于该机构的特殊性,从而所构成的速度四边形的特殊形状而决定的,不能把它错误地推广到一般状况。对比图 8-5(a)与图 8-5(c)的求解,应充分认识到用合成法求速度,必须正确地画出速度四边形,才能得到正确解答。

(3) 用建立运动方程的方法求滑杆 BC 的速度　取图 8-5(a)滑杆 BC 上的点 O_1 为动点,建立 Oxy 坐标系(静系),将机构置于一般位置 $\varphi=\omega t$,则点 O_1 的运动方程为

$$x_{O_1}=2R\cos\varphi=2R\cos\omega t$$

点 O_1 的速度为

$$v_{O_1}=\frac{\mathrm{d}x_{O_1}}{\mathrm{d}t}=-2R\omega\sin\omega t$$

当 $\varphi=\omega t=30°$时,点 O_1 的速度为

$$v_{O_1}=-2R\omega\sin 30°=-R\omega=(-10\times4)\mathrm{cm/s}=-40\ \mathrm{cm/s}$$

其负号说明$\boldsymbol{v}_{O_1}$的方向与 x 轴反向,即水平向左。所求结果与合成运动法的结果完全相同。

解题小结

(1) 应用点的合成运动法解题的步骤及注意事项见教材,请读者重温。

(2)"合成运动"问题常见的题型。将动点的绝对运动分解为相对运动和牵连运动的关键是正确地选择动点与动系。所以可按动点与动系的关系来划分、归纳题型,以利于分析、解题。合成运动问题的题型大体可分为三类。

① 机构传动问题。构件间有多种连接形式，在合成运动问题中常见的有两种。一种是两构件间直接相互接触，在接触点处有相对运动，那么可取其中一构件的接触点为动点，另一构件为动系（选择动点、动系的原则是动点对动系要有明显的已知轨迹），如本书例8-2、例8-3。第二种是两构件通过另一物体（滑块、套筒等）相联系，且两构件间有相对运动，那么这时应取连接点（滑块、套筒等）为动点，再取对连接点有相对运动的构件为动系，如本书例8-4。凡是机构传动，均是通过上述接触点或连接点作为运动的传递点，进行运动传递的。上述的这类题型应作为学习的重点。

② 一个点（或一个平动的小物体）在另一个运动的大物体上运动（作直线、圆周或某曲线运动等）。这时取该点（或小物体）为动点，运动的大物体为动系，如本书例8-1。

③ 有两个相互独立的动点，或一个动点与另一刚体作相互独立的运动。对前者可根据题意选其一为动点，而把另一动点想象成一个无限扩展的平动刚体作为动系（或取过该点并与之固连的平动坐标系作为动系）；对后者，自然取独立的点为动点，运动的刚体作为动系，并也将该动系想象成是一个可无限扩展的刚体（或过该刚体作一与其固连的、并随之一起运动的坐标系作为动系，该动系也是一个可无限延伸的动平面），如教材例8-5、例8-7。综上所述，凡这种类型的动系，无论对动点还是对运动的刚体，都要将其看成是一个可无限扩展的动空间。

（3）动点的绝对运动和相对运动都是指动点本身而言的，属于点的运动学问题，因此第六章的理论、方法及各种运动量的表达式，既适用于绝对运动，也适用于相对运动；牵连运动是动系相对于静系的运动，是刚体运动学问题，动点的牵连速度不再是指动点本身，而是指牵连点而言的，在研究动点的牵连速度时，需要用到刚体运动学的知识，因此第七章刚体基本运动的理论和计算方法是牵连运动和牵连速度分析的基础。牵连运动是刚体的运动，要根据刚体的运动来分析其上一点（牵连点）的轨迹和速度（牵连轨迹 L_e 和牵连速度 $\boldsymbol{v}_e$）。

（4）通过本章例题分析可知。在机构传动问题中，往往是已知主动件的运动，来求从动件的运动。而求解这样的问题，通常是将问题转化为求解动点（主动件与从动件的接触点或连接点）的运动问题。

求解动点的运动问题，可采用两种方法，即第六章建立运动方程的方法和本章点的合成运动方法（见本书例8-1～例8-4）等。如果题目不指定求解方法时，可灵活选用某种方法求解。

练习题

A 判断题（下列命题你认为正确的在题后括号内打“√”，错误的打“×”）

8A-1 牵连运动是动系相对静系的运动，牵连速度是动系相对静系的速度。（ ）

8A-2 牵连点是动系上的点，是随着运动不断变化的点，可能有无穷多个。（ ）

8A-3 速度四边形是以三个速度矢量中的任意两个为边，第三个为对角线所构成的四边形。（ ）

8A-4 绝对运动和相对运动指的都是点的运动；牵连运动指的是刚体的运动。（ ）

B 填空题

8B-1 点的合成运动中，三种运动是________________。

8B-2 在机构传动问题中，选择动点与动系的原则是__________。

8B－3　牵连点是某瞬时________上与________相重合的那一点。

8B－4　牵连速度是________相对________参考系的速度。

C　选择题

8C－1　矢量式$\boldsymbol{v}_a=\boldsymbol{v}_e+\boldsymbol{v}_r$中共有(　　)量。

(a)3个　　(b) 4个　　(c) 5个　　(d) 6个

8C－2　由矢量式$\boldsymbol{v}_a=\boldsymbol{v}_e+\boldsymbol{v}_r$，可求(　　)未知量。

(a) 1个　　(b) 2个　　(c) 3个　　(d) 4个

D　简答题

8D－1　试述速度合成定理，并写出矢量表达式。

8D－2　为什么速度合成定理只能求解两个未知量？

8D－3　何谓绝对速度、相对速度？

8D－4　何谓牵连点、牵连轨迹和牵连速度？

E　应用题

8E－1　图8－6所示各机构中，选取适当的动点和动系，并分析三种运动，画出轨迹L_a、L_e、L_r及速度$\boldsymbol{v}_a$、$\boldsymbol{v}_e$、$\boldsymbol{v}_r$。

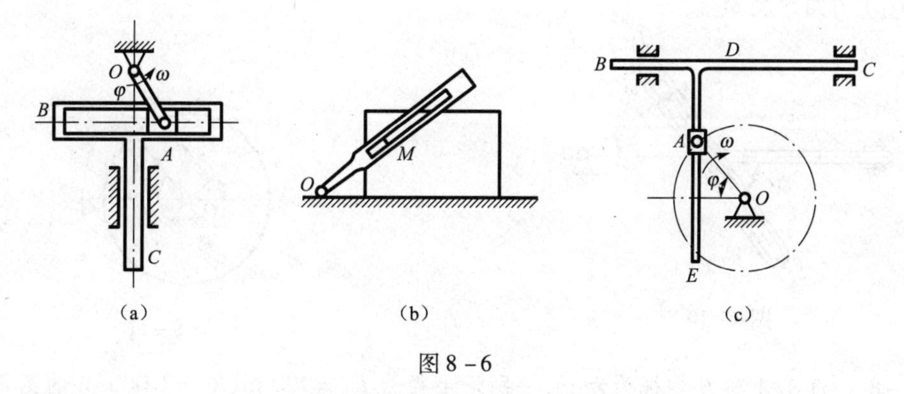

图8－6

8E－2　根据图8－7给定的条件作速度四边形。

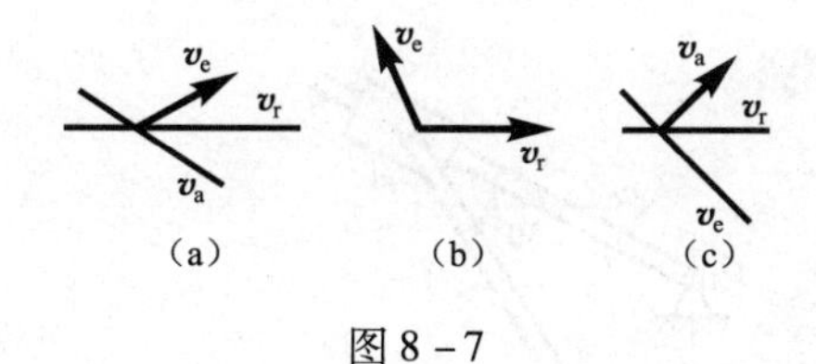

图8－7

8E－3　图8－8所示机构，已知$\omega=$常量，$OA=r$，求摇杆运动到图示位置时，导杆AB的速度。试判断如下计算是否正确，如果有错，指出错在哪里并改正。

取套筒A为动点，杆OC为动系，则

$$v_{AB}=v_a=v_e\cos\varphi=OA\omega\cos\varphi=OA\omega\cos\omega t$$

8E－4　L形杆BCD以匀速$\boldsymbol{v}$沿导槽向左平动，推动杆OA绕O轴转动，已知$BC=a$，$OA=l$，试求图8－9所示位置$OC=x$时杆OA端A点的速度。

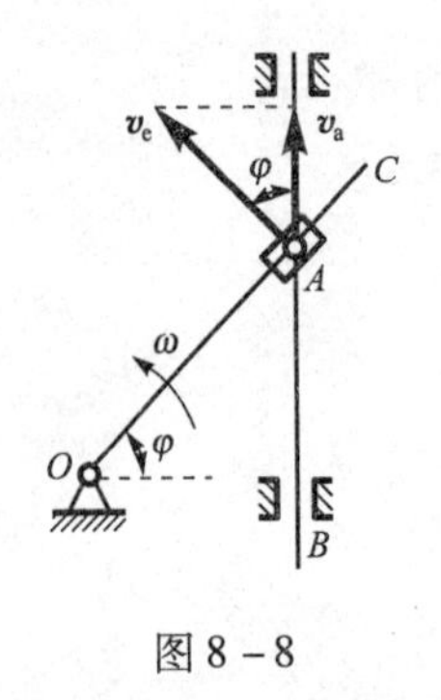

图 8 - 8

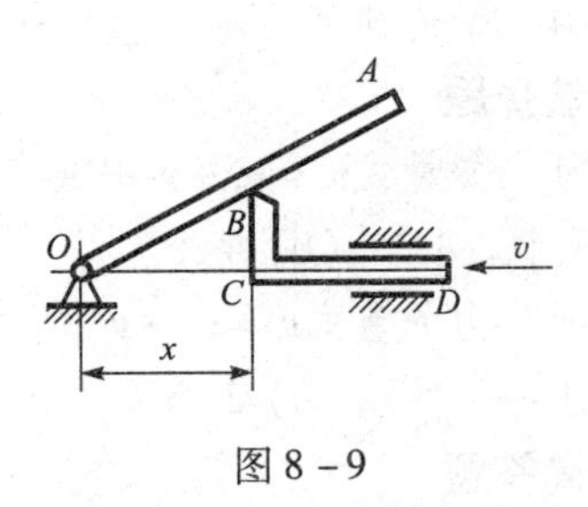

图 8 - 9

8E - 5　图 8 - 10 所示曲柄滑道机构，曲柄长 $OA=r$，以匀角速度 ω 绕 OA 轴转动，装在水平杆 BC 上的滑槽 DE 与水平线成 60°角，求当曲柄与水平线夹角分别为 $\varphi=0°$、30°、60°时杆 BC 的速度。

8E - 6　如图 8 - 11 所示，圆盘按 $\varphi=(1.5t^2)$ rad 绕 O 轴转动，其上一点 M 沿圆盘半径按 $s=OM=(1+t^2)$(cm) 运动。求当 $t=1$ s 时，点 M 的绝对速度。

8E - 7　图 8 - 12 所示两种摆杆机构，已知 $O_1O_2=250$ mm，$\omega_1=0.3$ rad/s，试求在图示位置时杆 O_2A 的角速度 ω_2。

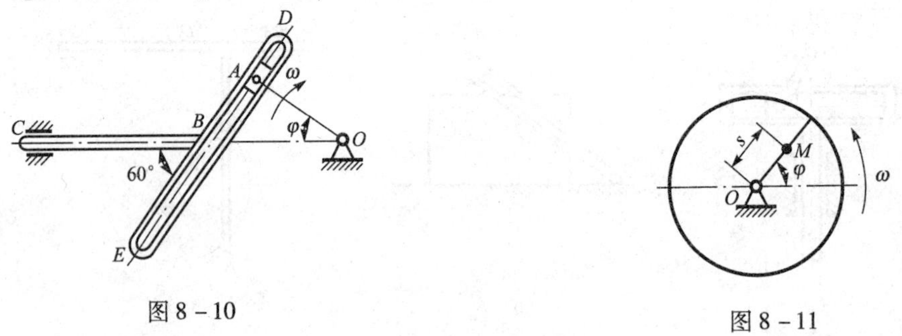

图 8 - 10　　图 8 - 11

8E - 8　汽车 A 和 B 均视为动点，分别沿半径为 $R_1=900$ m、$R_2=1\ 000$ m 的圆形轨道运动，其速度 $v_A=v_B=72$ km/h，如图 8 - 13 所示，求当 $\theta=0°$ 和 $\theta=20°$ 时，汽车 B 相对汽车 A 的速度。

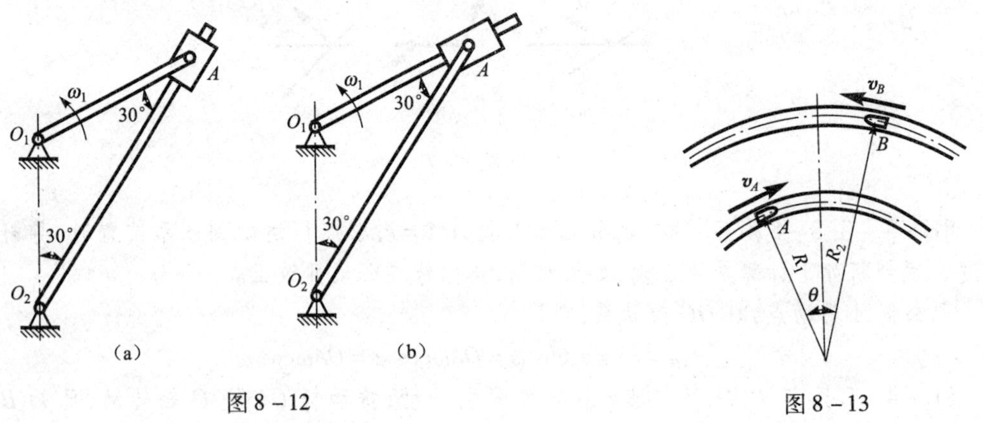

图 8 - 12　　图 8 - 13

应用题答案

8E－4 $v_A = \frac{lav}{x^2 + a^2}$

8E－5 $v = \frac{\sqrt{3}}{3} r\omega$ 向左；$v = 0$；$v = \frac{\sqrt{3}}{3} r\omega$ 向右

8E－6 $v_M = 6.32$ cm/s

8E－7 (a) $\omega_2 = 0.15$ rad/s；(b) $\omega_2 = 0.2$ rad/s

8E－8 $v_r = 40$ m/s；$v_r = 39.39$ m/s

第9章 刚体的平面运动

9.1 内容提要

本章研究刚体平面运动的特征,并将刚体的平面运动简化为平面图形的平面运动。应用运动合成的概念与方法,引进与图形上基点固连的平动参考系,将刚体的平面运动分解为平动和转动,求解图形的角速度和图形上各点的速度。

9.2 知识要点

1. 刚体平面运动的定义

刚体运动时,其上任一点至某一固定平面的距离保持不变,或者说其上各点都在平行于某固定平面的平面内运动。

2. 刚体平面运动的简化

根据刚体平面运动的特点,可将其简化为平面图形 S 在自身平面内的运动。即用平行于固定平面的平面在刚体上截取的平面图形在自身平面内的运动,都可代表刚体平行于该固定平面的平面运动。如果在运动的某瞬时,平面图形存在瞬心,则图形的平面运动又可进一步简化为绕瞬心的瞬时转动;如果平面图形在某瞬时不存在瞬心(即瞬心在无穷远处),则图形的平面运动便简化为瞬时平动。

3. 刚体平面运动的合成与分解

其理论依据是点的运动合成与分解的理论,分解的关键是选图形上运动已知的点为基点,并引进一与基点固连的平动坐标系(通常并不画出,而将其简称为基点,以基点代表平动参考系),将图形的平面运动分解为两个分运动,即随同基点的平动和绕基点的转动。其运动关系为

$$\underset{(\text{绝对运动})}{\text{平面图形(刚体)的平面运动}} \underset{\text{合成}}{\overset{\text{分解}}{\rightleftharpoons}} \underset{(\text{牵连运动})}{\text{随基点的平动}} + \underset{(\text{相对运动})}{\text{绕基点的转动}}$$

4. 基点在平面运动分解中的意义和作用

"基点"的概念是一个抽象化的概念。虽然基点是平面图形上的某一固定点,但所谓选定某基点 A,这就意味着选定一个过 A 点的平动参考系 $Ax'y'$,该坐标系仅与基点固连(可把基点想象为图形上的一个自由转轴,图形可绕它自由转动)。根据平动刚体的特点,刚体的平动可

归结为其上一点的运动，所以动系 $Ax'y'$ 的平动则简化为以"基点"为代表的平动。因此，"基点"的概念应是"平动动系"的一个抽象化概念。所以将随同动系的平动都简称为随同基点的平动；相对平动动系的转动都简称为绕基点的转动。

基点的作用在于将平面图形的平面运动分解为平动和转动。基点的运动(轨迹、速度)已知，就表明平动动系的运动已知，牵连速度已知。图形上任一点的牵连速度都等于基点的速度($\boldsymbol{v}_e=\boldsymbol{v}_A$)。由于基点的位置已确定，所以当图形的角速度 ω 已知时，则图形上任何已知位置的点相对基点的转动速度就很容易确定($v_{BA}=BA\cdot\omega$，方向垂直 BA，与 ω 的转向一致)。

基点是图形上运动已知的点。若运动已知的点不止一个，就可选择其中任意的一点为基点。由于一般情况下，平面运动图形上各点的运动不相同，所以选择图形上不同的点作基点，则其所代表的平动运动部分就不相同，这就是平动部分与基点选取有关的原因。基点不同，但绕基点的转动运动部分却是相同的，因为图形相对不同基点的转动，都是相对平动动系的转动，而在每一瞬时相对平动动系只能有一个唯一的角速度，这也就是转动部分与基点选取无关的原因。

5. 求平面图形上点的速度的三种方法(见表 9-1)

表 9-1

方法	图例及公式	要点及使用条件	相互关系
基点法	基点:A；任一点:B $\boldsymbol{v}_B=\boldsymbol{v}_A+\boldsymbol{v}_{BA}$ $\boldsymbol{v}_{BA}\begin{cases}大小:v_{BA}=BA\cdot\omega\\方向:垂直\ BA\ 与\ \omega\ 转向一致\end{cases}$	1. 必须明确基点，基点的速度应是已知的 2. 在待求的动点上画出速度四边形 3. 列写矢量方程，用几何法或解析法最多求解两个未知量。一般有两种情况：已知基点速度的大小和方向及另一点速度的方向，求另一点速度的大小和图形的角速度；已知基点速度的大小和方向及图形的角速度，求另一点速度的大小和方向	依据点的速度合成定理 $\boldsymbol{v}_a=\boldsymbol{v}_e+\boldsymbol{v}_r$ 求解平面图形速度问题的最基本方法。物理概念清楚，是后两种方法的基础和依据
速度投影法	$[\boldsymbol{v}_A]_{AB}=[\boldsymbol{v}_B]_{AB}$ $v_A\cos a=v_B\cos\beta$	1. 应用速度投影定理列写投影方程(代数方程)，只能求解一个未知量。所针对的情况是已知一点速度的大小和方向及另一点速度的方向，求另一点速度的大小 2. 投影轴必须是两点连线 3. 不能求图形的角速度	将基点法的矢量方程 $\boldsymbol{v}_B=\boldsymbol{v}_A+\boldsymbol{v}_{BA}$ 向 A、B 两点连线上投影。用于求速度非常简便

续表

方法	图例及公式	要点及使用条件	相互关系
瞬心法	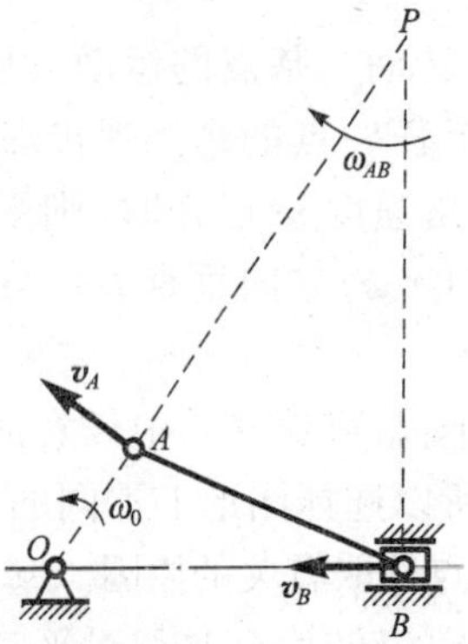 基点：瞬心 $P, v_P=0$ 任一点：B $v_B=v_P+v_{BP}$ $v_B=v_{BP}$	1. 首先确定瞬心的位置，并画在图上。除瞬时平动的特殊情况外，每个平面运动的刚体都存在一个速度瞬心 2. 将刚体的平面运动简化为绕瞬心的瞬时转动 3. 已知图形上一点速度的大小和方向，应用定轴转动公式求图形的角速度及图形上其他各点的速度 4. 瞬心在无穷远处，图形作瞬时平动，图形上各点的速度相同，角速度等于零	瞬心是某瞬时图形上速度为零的点。取瞬心作为基点的基点法，即为瞬心法。此法解题一般比基点法简便，关键在于确定瞬心的位置

6. 确定瞬心位置 P 的方法(见表 9－2)

表 9－2

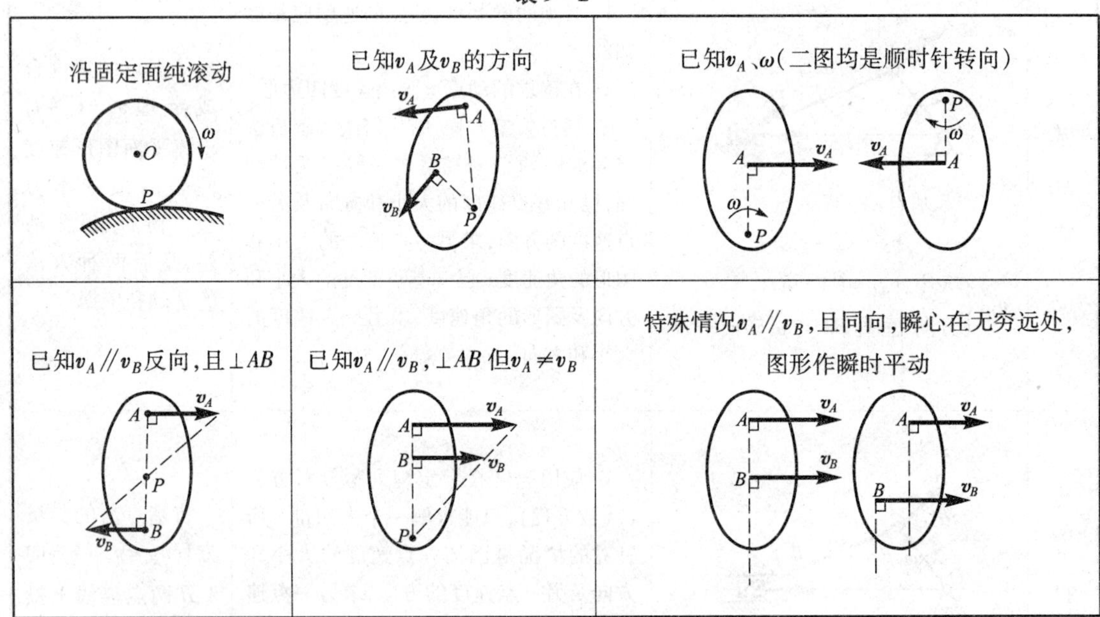

7. 注意几个问题

(1) 只有基点法必须作速度平行四边形，同点的合成运动一样，其对角线必须是等式左方的合速度矢量(绝对速度)。应用速度四边形计算时，若用几何法即可根据四边形的几何关系，直接用三角函数公式进行求算；亦可用解析法，选投影轴，将矢量式$v_B=v_A+v_{BA}$进行投影计算。

(2) 速度投影定理中的投影轴与上述解析法所述的投影轴是有严格区别的。前者的投影轴只能是沿两点连线；而后者是根据投影计算的需要，任意选取的。速度投影定理中所说的投影相等应包括投影值的大小相等，符号相同，也即两点速度在其连线上的速度矢量分量相等（大小相等，方向相同）。常用此结论判断图形上两点速度方向的分布是否合理。

（3）当选瞬心为基点求解速度问题时，图形的平面运动就简化为绕瞬心的瞬时转动。但由于速度瞬心不是平面图形上的固定点，其位置随时间而变化，在不同瞬时有不同位置，图形也随之绕不同瞬心作不同的瞬时转动，它与定轴转动有着根本的区别。若某瞬时图形的瞬心在无穷远处，图形的角速度 $\omega=0$，则该瞬时图形作瞬时平动，在该瞬时图形上各点的速度大小相等、方向相同。但在下一瞬时，图形又会有瞬心存在，图形的角速度就不再等于零，图形上各点的速度也就不会再相等，所以瞬时平动与平动也有着根本的区别。

（4）速度瞬心是对一个平面图形（即对一个作平面运动的刚体）而言的。在机构传动问题中，每个作平面运动的图形，如果不是处于瞬时平动的特殊情况，都会有各自的瞬心。而且，同一个平面运动的图形，在不同瞬时，瞬心位置不同。

9.3 解题指导

例9-1 图9-1(a)所示曲柄连杆机构，曲柄长 $OA=20$ cm，绕 O 轴以等角速 $\omega_0=10$ rad/s 转动。此曲柄带动连杆 AB，使连杆端点滑块 B 沿水平方向运动。如连杆长 $AB=100$ cm，当曲柄与连杆相互垂直并与水平线间各成 $\alpha=40°$ 和 $\beta=45°$ 时，求滑块 B 的速度及连杆 AB 的角速度。

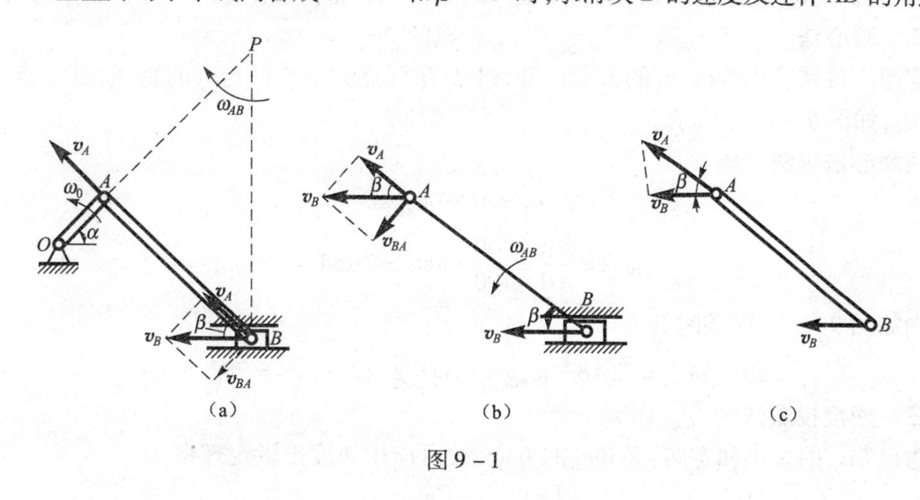

图9-1

解 机构中杆 OA 作定轴转动，杆 AB 作平面运动，滑块 B 作平动。由杆 OA 可求得 $v_A=OA\cdot\omega_0$，方向如图。下面分别采用三种方法求解。

解一 基点法

研究对象 连杆 AB

分析运动、分析速度 杆 AB 作平面运动。其上点 A 的速度已知，故选点 A 为基点。应用基点法分析动点 B 的运动：

绝对运动 沿水平的直线运动。

$v_B\begin{cases}\text{大小：未知}\\\text{方向：水平向左，如图 9-1(a)所示}\end{cases}$

相对运动　以 A 为圆心,AB 为半径的圆周运动。

$$\boldsymbol{v}_B\begin{cases}\text{大小}:v_{BA}=AB\cdot\omega\text{(未知)}\\ \text{方向}:\text{方位垂直}AB,\text{指向由速度四边形确定}\end{cases}$$

牵连运动　随基点 A 的圆周平动。

$$\boldsymbol{v}_A\begin{cases}\text{大小}:v_A=OA\cdot\omega_0=(20\times10)\text{ cm/s}=200\text{ cm/s}\\ \text{方向}:\text{垂直}OA,\text{与}\omega_0\text{的转向一致,如图 9-1(a)所示}\end{cases}$$

在点 B 上以 $\boldsymbol{v}_B$ 为对角线作速度四边形。

应用基点法求解

$$\boldsymbol{v}_B=\boldsymbol{v}_A+\boldsymbol{v}_{BA}$$

$$\begin{matrix}\text{大小} & ? & \surd & ?\\ \text{方向} & \surd & \surd & \surd\end{matrix}$$

由图示几何关系得

$$v_B=\frac{v_A}{\cos\beta}=\frac{OA\cdot\omega_0}{\cos 45^\circ}=\frac{2\times200}{\sqrt{2}}=282.8\text{ cm/s}$$

$$v_{BA}=v_A=200\text{ cm/s}$$

$$\omega_{AB}=\frac{v_{BA}}{AB}=\frac{200}{100}\text{ rad/s}=2\text{ rad/s}$$

ω_{AB} 的转向与 $\boldsymbol{v}_{BA}$ 的指向一致,绕点 A 沿顺时针方向(图中未示出)。

解二　瞬心法

确定瞬心位置　因为 $\boldsymbol{v}_A$、$\boldsymbol{v}_B$ 的方向已知,过 A、B 两点分别作 $\boldsymbol{v}_A$ 与 $\boldsymbol{v}_B$ 的垂线,其交点 P 即杆 AB 的瞬心,如图 9-1(a)所示。

应用瞬心法求解

$$v_A=AP\cdot\omega_{AB}$$

$$\omega_{AB}=\frac{v_A}{AP}=\frac{200}{100}\text{ rad/s}=2\text{ rad/s}$$

转向如图 9-1(a)(顺时针方向)。

$$v_B=BP\cdot\omega_{AB}=\sqrt{2}AB\cdot\omega_{AB}=(100\sqrt{2}\times2)\text{ cm/s}=282.8\text{ cm/s}$$

解三　速度投影法

因为已知 $\boldsymbol{v}_A$ 的大小和方向,又知 $\boldsymbol{v}_B$ 的方向,故可应用速度投影定理得

$$[\boldsymbol{v}_B]_{AB}=[\boldsymbol{v}_A]_{AB}$$

$$v_B\cos\beta=v_A$$

$$v_B=\frac{v_A}{\cos\beta}=282.8\text{ cm/s}$$

分析与讨论

(1) 由速度投影法不能求得连杆 AB 的角速度。如果不要求杆 AB 的角速度,只要求滑块 B 的速度时,速度投影法最为简便;若需求 ω_{AB} 时,瞬心法较简便。基点法尚需画速度四边形,比较麻烦。

(2) 错误解答一　对连杆 AB 应用基点法:

选点 A 为基点,分析动点 B,如图 9-1(b)。

以$\boldsymbol{v}_B$为对角线作速度四边形,如图9-1(b)所示。

$$v_B=\frac{v_A}{\cos\beta}=\frac{OA\cdot\omega_0}{\cos 45^\circ}=282.8\ \text{cm/s}$$

$$\omega_{AB}=\frac{v_{BA}}{AB}=\frac{v_A}{AB}=2\ \text{rad/s}$$

ω_{AB}的转向与$\boldsymbol{v}_{BA}$的指向一致,如图示(沿逆钟向)。

错解分析　其解虽然v_B和ω_{AB}的数值均与正确答案相同,但ω_{AB}的转向恰与正确答案相反,其错因在于将速度四边形画在了基点A上,而未画在所示的动点B上。

(3) 错误解答二　按图9-1(c)所示,对连杆AB应用速度投影法求得点B的速度为

$$v_B=v_A\cos\beta=OA\cdot\omega_0\cos 45^\circ=141.2\ \text{cm/s}$$

错解分析　速度投影法只能将速度$\boldsymbol{v}_A$、$\boldsymbol{v}_B$向A、B两点连线投影,向任何投影轴投影都不成立。显然,该错解是将两点速度向水平轴投影的结果。或者凭主观想象,认为$\boldsymbol{v}_A$沿滑块B运动方向的分量就是滑块B的速度$\boldsymbol{v}_B$,同样也会出现上述的错误解答。

例9-2　半径为R的车轮沿直线轨道作纯滚动,轮心O以匀速$\boldsymbol{v}_O$水平向右运动,试求轮缘上A、B、C各点的速度(图9-2)。

解　研究对象　车轮

解一　基点法

因轮心O的速度$\boldsymbol{v}_O$已知,故取O为基点,分析轮上的动点A、B、C。

当轮作纯滚动时,轮心速度与轮的角速度的关系有$v_O=R\omega$,ω的转向如图9-2(a)所示。点A、B、C绕基点的转动速度的大小分别为

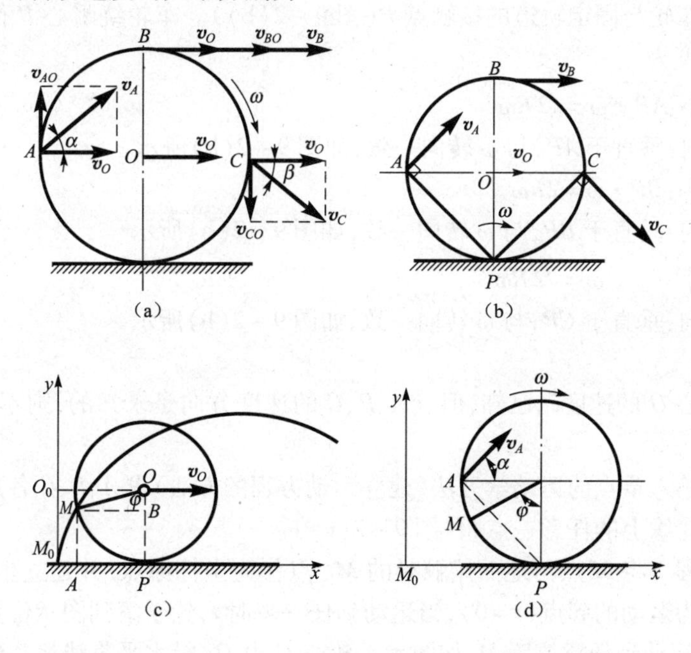

图9-2

$$v_{AO}=AO\cdot\omega=R\omega$$

$$v_{BO}=OB\cdot\omega=R\omega$$

$$v_{CO} = CO \cdot \omega = R\omega$$

方向均垂直于各自的转动半径 OA、OB、OC,与 ω 的转向一致,如图 9－2(a)所示。

应用基点法求解,对点 A 有

$$\boldsymbol{v}_A = \boldsymbol{v}_O + \boldsymbol{v}_{AO}$$

由图示速度四边形可得$\boldsymbol{v}_A$的大小

$$\begin{aligned} v_A &= \sqrt{v_O^2 + v_{AO}^2} \\ &= \sqrt{(R\omega)^2 + (R\omega)^2} = \sqrt{2}R\omega \end{aligned}$$

方向 $\tan\alpha = \dfrac{v_{AO}}{v_O} = \dfrac{R\omega}{R\omega} = 1, \alpha = 45°$,如图 9－2(b)所示。

对点 B 有 $$\boldsymbol{v}_B = \boldsymbol{v}_O + \boldsymbol{v}_{BO}$$

由于$\boldsymbol{v}_O$与$\boldsymbol{v}_{BO}$同向,所以可得$\boldsymbol{v}_B$的大小

$$v_B = v_O + v_{BO} = R\omega + R\omega = 2R\omega$$

方向与$\boldsymbol{v}_O$同向,如图 9－2(c)所示。

对点 C 有 $$\boldsymbol{v}_C = \boldsymbol{v}_O + \boldsymbol{v}_{CO}$$

由速度四边形,可得$\boldsymbol{v}_C$的大小

$$v_C = \sqrt{v_O^2 + v_{CO}^2} = \sqrt{(R\omega)^2 + (R\omega)^2} = \sqrt{2}R\omega$$

方向 $\tan\beta = \dfrac{v_{CO}}{v_O} = 1$, $\beta = 45°$,如图 9－2(d)所示。

解二　瞬心法

速度瞬心为车轮与固定轨道的接触点 P(图 9－2(b))。车轮绕瞬心 P 作瞬时转动,所以 A、B、C 各点的速度为

$$\boldsymbol{v}_A = \boldsymbol{v}_{AP}\begin{cases}\text{大小}:AP \cdot \omega = \sqrt{2}R\omega \\ \text{方向}:\text{垂直于 } AP,\text{与 } \omega \text{ 转向一致,如图 9－2(b)所示}\end{cases}$$

$$\boldsymbol{v}_B = \boldsymbol{v}_{BP}\begin{cases}\text{大小}:BP \cdot \omega = 2R\omega \\ \text{方向}:\text{垂直于 } BP,\text{与 } \omega \text{ 转向一致,如图 9－2(b)所示}\end{cases}$$

$$\boldsymbol{v}_C = \boldsymbol{v}_{CP}\begin{cases}\text{大小}:CP \cdot \omega = \sqrt{2}R\omega \\ \text{方向}:\text{垂直于 } CP,\text{与 } \omega \text{ 转向一致,如图 9－2(b)所示}\end{cases}$$

分析与讨论

(1) 虽然轮心 O 的速度$\boldsymbol{v}_O$已知,但点 A、B、C 的速度方向是未知的,则不能用速度投影法求算各点的速度。

(2) 试应用第六章点的运动学方法(建立运动方程的方法)求 A、B、C 各点的速度。

研究对象　轮缘上的任意一点 M(图 9－2(c))

建立运动方程　将 M 点与地面接触时的 $\boldsymbol{M}_0$ 点作为坐标原点,并建立坐标系 M_0xy,以动点 M 在 M_0 时作为运动的起点($t=0$),当运动到任一瞬时 t,轮子滚到图示位置,轮缘上的点 M 沿轨迹(旋轮线)运动到任意位置 M,如图示。轮心 O 由 O_0 沿水平直线运动到图示位置 O,前进的距离 $O_0O = M_0P = v_Ot$,又因轮子作纯滚动,故直线段 M_0P 与圆弧$\widehat{MP}$等长,则有

$$\widehat{MP} = M_0P = v_Ot$$

由图可见,动点 M 的坐标为

$$\begin{cases} x = M_0A = M_0P - AP = M_0P - R\sin\varphi \\ y = MA = OP - OB = R - R\cos\varphi \end{cases}$$

再将 $M_0P = v_O t$ 及 $\widehat{MP} = R\varphi = v_O t$ 的关系代入上式，则得

$$\begin{cases} x = v_O t - R\sin\dfrac{v_O t}{R} \\ y = R\left(1 - \cos\dfrac{v_O t}{R}\right) \end{cases}$$

上式即为轮缘上点 M 的运动方程，将上式对时间 t 求导得

$$\begin{cases} v_x = v_O\left(1 - \cos\dfrac{v_O t}{R}\right) = 2v_O\sin^2\dfrac{v_O t}{2R} \\ v_y = v_O\sin\dfrac{v_O t}{R} = 2v_O\sin\dfrac{v_O t}{2R}\cos\dfrac{v_O t}{2R} \end{cases}$$

所以，点 M 在任意位置时的速度 $\boldsymbol{v}_M$ 为

$$\begin{cases} v_M = \sqrt{v_x^2 + v_y^2} = 2v_O\sin\dfrac{v_O t}{2R} = 2v_O\sin\dfrac{\varphi}{2} \qquad \left(\varphi = \dfrac{v_O t}{R}\right) \\ \tan\alpha = \dfrac{|v_y|}{|v_x|} = \cot\dfrac{v_O t}{2R} = \cot\dfrac{\varphi}{2} = \tan\left(\dfrac{\pi}{2} - \dfrac{\varphi}{2}\right), \alpha = \dfrac{\pi}{2} - \dfrac{\varphi}{2} \end{cases}$$

α 角为 v_M 与 x 轴的夹角。

现要求点 M 运动到 A、B、C 三个位置时的速度，分别将三个位置的瞬时值，即 $\varphi = \dfrac{\pi}{2}$、$\varphi = \pi$、$\varphi = \dfrac{3\pi}{2}$ 代入上式则可求得结果。下面只求一个在 A 点时的速度，即

$$\boldsymbol{v}_A \begin{cases} v_A = 2v_O\sin\dfrac{\varphi}{2} = 2R\omega\sin\dfrac{\pi}{4} = \sqrt{2}R\omega \\ \text{与 } x \text{ 轴的夹角 } \alpha = \dfrac{\pi}{2} - \dfrac{\varphi}{2} = \dfrac{\pi}{2} - \dfrac{\pi}{4} = \dfrac{\pi}{4} \end{cases}$$

如图 9－2(d)所示。

可见，用建立运动方程的方法也可以求得平面运动圆轮上各点的速度，但就本题而言，它与平面运动的合成法(基点法、瞬心法)相比，就太麻烦了。由以上讨论可知，求平面运动刚体上点的速度方法很多，但应根据具体情况进行分析，力求选用最简便的方法。

例 9－3　杆 AB 的 A 端沿水平线以等速 $\boldsymbol{v}$ 向右运动，在运动时杆恒与图示的固定半圆周面相切(图 9－3(a))，半圆周的半径为 R，如杆与水平线的夹角 $\alpha = 30°$ 时，试求该瞬时杆 AB 的角速度和接触点 C 的速度。

解　研究对象　杆 AB

解一　基点法

以点 A 的基点，分析杆 AB 上的点 C。

$\boldsymbol{v}_C$ {大小：未知；方向：点 C 与固定面接触，其滑动速度只能沿接触点处的公切线，如图 9－3(a)所示}

$\boldsymbol{v}_{CA}$ {大小：未知；方向：方位垂直 CA，指向由速度四边形确定}

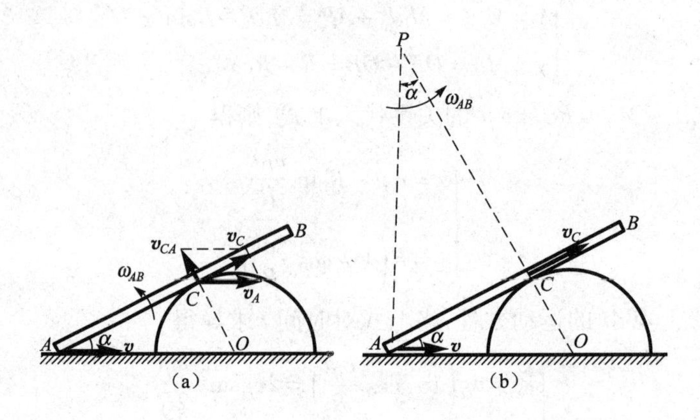

图 9－3

$$v_A\begin{cases}\text{大小}:v_A=v\\ \text{方向}:\text{沿水平向右}\end{cases}$$

在点 C 画出速度四边形。

应用基点法求解

$$\boldsymbol{v}_C=\boldsymbol{v}_A+\boldsymbol{v}_{CA}$$

大小　？　√　？

方向　√　√　√

由图示几何关系可得

$$v_C=v_A\cos\alpha=v_A\cos 30^\circ=\frac{\sqrt{3}}{2}v$$

$$v_{CA}=v_A\sin\alpha=v_A\sin 30^\circ$$

$$\omega_{AB}=\frac{v_{CA}}{CA}=\frac{v_A\sin 30^\circ}{R/\tan 30^\circ}=\frac{\sqrt{3}v}{6R}$$

转向与$\boldsymbol{v}_{CA}$的指向一致，如图 9－3(a)所示。

解二　瞬心法

确定瞬心位置：分别作$\boldsymbol{v}_A$、$\boldsymbol{v}_C$的垂线，相交于点 P，如图 9－3(b)所示，杆 AB 绕点 P 作瞬时转动。

应用瞬心法求解

由
$$\boldsymbol{v}_A=\boldsymbol{v}_{AP}$$

所以
$$v_A=AP\cdot\omega_{AB}$$

$$\omega_{AB}=\frac{v_A}{AP}=\frac{v\sin^2\alpha}{R\cos\alpha}$$

$$=\frac{v\sin^2 30^\circ}{R\cos 30^\circ}=\frac{\sqrt{3}v}{6R}$$

转向与$\boldsymbol{v}_A$的指向一致，如图 9－3(b)所示。

由
$$v_C=v_{CP}$$

所以
$$v_C=v_{CP}=CP\cdot\omega_{AB}$$

$$=3R\cdot\frac{\sqrt{3}v}{6R}=\frac{\sqrt{3}}{2}v$$

解三　速度投影法

将$\boldsymbol{v}_A$、$\boldsymbol{v}_C$向A、C两点连线投影得

$$v_C=v_A\cos\alpha=v_A\cos 30^\circ=\frac{\sqrt{3}}{2}v$$

分析与讨论

(1) 点C的速度必须沿半圆的切线方向，否则点C或者脱离接触面，或者嵌入接触面里，这是不允许的，所以相接触的两构件，其一固定，另一运动，则运动构件上接触点的速度必沿接触点处的切线方向。

(2) 点C的速度$\boldsymbol{v}_C$在水平方向的投影并不等于v_A，即$v_C\cos\alpha\neq v_A$。因为这种计算是毫无根据的。

例9－4　小车车轮A和滚轮B的半径均为R，车轮A与车板用轴A连接，滚轮压在车板下。设轮A、B与地面之间及轮B与车板之间均无相对滑动，如图9－4所示，试求小车以速度$\boldsymbol{v}_O$前进时，车轮A、B的角速度及轮心B的速度。

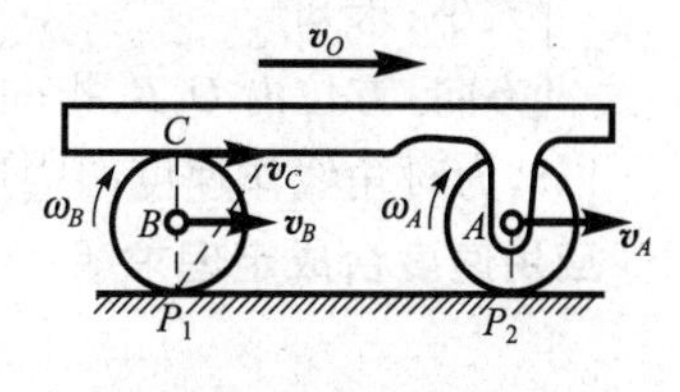

图9－4

解　研究对象　滚轮B

滚轮B作平面运动，其瞬心为P_1，如图示。轮缘顶端点C与车板接触，由于二者无相对滑动，故接触点处具有相同速度，即$\boldsymbol{v}_C=\boldsymbol{v}_O$。因滚轮绕瞬心$P_1$作瞬时转动，故滚轮的角速度$\omega_B=\dfrac{v_C}{2R}=\dfrac{v_O}{2R}$，转向与$\boldsymbol{v}_C$的指向一致，如图示。轮心$B$的速度$v_B=R\omega_B=\dfrac{v_O}{2}$。

研究对象　车轮A

车轮A作平面运动，其瞬心为P_2，如图9－4所示。轮心与车板铰接于A点，轮心A的速度与车板相同，即$\boldsymbol{v}_A=\boldsymbol{v}_O$，故车轮的角速度$\omega_A=\dfrac{v_A}{R}=\dfrac{v_O}{R}$，转向与$\boldsymbol{v}_A$的指向一致，如图示。由此可见，轮$A$的角速度是轮$B$角速度的两倍，即$\omega_A=2\omega_B$。

分析与讨论

若两构件的一对接触点没有相对滑动，且其一静止，则运动构件上的接触点速度为零，即为速度瞬心，如本例中两轮与地面的接触点P_1、P_2。若两构件的一对接触点无相对滑动，但两构件都在运动，则这两接触点具有相同的速度，如本例中车板与轮B的接触点C。

例9－5　图9－5所示刨床机构，已知曲柄O_1A长为a，以匀角速度ω绕O_1轴转动，从而带动摆杆O_2B绕O_2轴摆动，再通过连杆BC，带动滑枕C往复运动。设滑枕C至O_2轴的距离为$4a$，试求图示位置滑枕C的速度。

解　本题是平面运动与点的合成运动的综合性问题，这种综合性问题也是工程实际中常见的问题。机构中套筒A与摆杆O_2B有相对滑动，杆BC作平面运动，故需分别应用点的合成运动与刚体平面运动的理论求解。

研究对象　动点A(套筒)

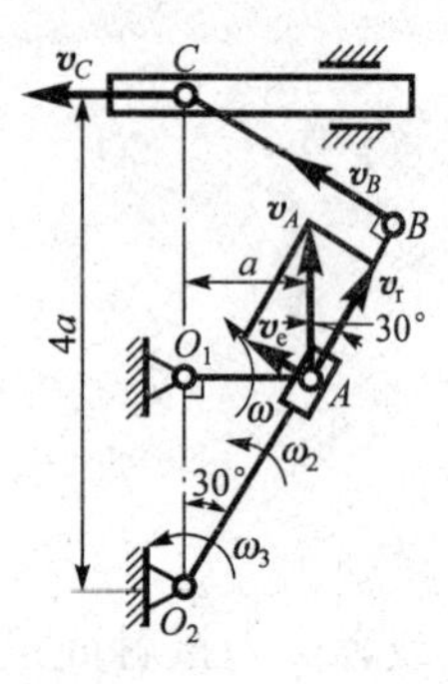

图 9-5

参考系$\begin{cases}\text{静系:基座}\\ \text{动系:摆杆 } O_2B\end{cases}$

分析三种运动、三种速度

绝对运动　以 O_1 为圆心、O_1A 为半径的圆周运动。

$$\boldsymbol{v}_{\mathrm{a}}=\boldsymbol{v}_A\begin{cases}\text{大小}:v_A=O_1A\cdot\omega=a\omega\\ \text{方向:垂直 } O_1A\text{,与 }\omega\text{ 的转向一致,如图示}\end{cases}$$

牵连运动　动系杆 O_2B 作定轴转动,牵连点 A^* 作以 O_2 为圆心、O_2A 为半径的圆周运动。

$$\boldsymbol{v}_{\mathrm{e}}\begin{cases}\text{大小}:v_{\mathrm{e}}=O_2A\cdot\omega_2=\text{(未知)}\\ \text{方向:方位垂直 } O_2B\text{,指向由速度四边形确定}\end{cases}$$

相对运动　沿杆 O_2B 的直线运动。

$$\boldsymbol{v}_r\begin{cases}\text{大小:未知}\\ \text{方向:方位沿 } O_2B\text{,指向由速度四边形确定}\end{cases}$$

以$\boldsymbol{v}_A$为对角线作速度四边形,确定$\boldsymbol{v}_{\mathrm{e}}$与$\boldsymbol{v}_{\mathrm{r}}$的指向。

应用速度合成定理求解

$$\boldsymbol{v}_A=\boldsymbol{v}_{\mathrm{e}}+\boldsymbol{v}_{\mathrm{r}}$$

大小	√	?	?
方向	√	√	√

由速度四边形的几何关系可得

$$v_{\mathrm{e}}=v_A\sin 30^\circ=a\omega\sin 30^\circ=\frac{1}{2}a\omega$$

进而求得杆 O_2B 的角速度 ω_2 的大小为

$$\omega_2=\frac{v_{\mathrm{e}}}{O_2A}=\frac{a\omega/2}{a/\sin 30^\circ}=\frac{1}{4}\omega$$

转向与$\boldsymbol{v}_{\mathrm{e}}$的指向一致,如图 9-5 所示。

杆 O_2B 端点 B 的速度$\boldsymbol{v}_B$的大小为

$$v_B=O_2B\cdot\omega_2=4a\cos 30^\circ\cdot\frac{\omega}{4}=\frac{\sqrt{3}}{2}a\omega$$

指向与 ω_2 的转向一致,如图 9-5 所示。

研究对象　连杆 BC

分析运动、分析速度　杆 BC 作平面运动,其上点 B 的速度$\boldsymbol{v}_B$已知,点 C 的速度方向已知。为求点 C 速度的大小,可应用速度投影法求解。

由速度投影定理　$[\boldsymbol{v}_C]_{CB}=[\boldsymbol{v}_B]_{CB}$

$$v_C\cos 30^\circ=v_B$$

$$v_C=\frac{v_B}{\cos 30^\circ}=\frac{a\omega\sqrt{3}/2}{\sqrt{3}/2}=a\omega$$

故滑枕 C 的平动速度为 $v_C=a\omega$,方向水平向左。

分析与讨论

(1) 按本题要求,只求滑枕 C 的速度,则应用速度投影法最简便。

(2) 若还需求连杆 BC 的角速度 ω_3，则用基点法或瞬心法为宜，一般瞬心法较基点法简便。下面仅用瞬心法求解。

确定瞬心位置：在图9-5上分别作$\boldsymbol{v}_B$与$\boldsymbol{v}_C$的垂线，交于点 O_2，O_2 为杆 BC 的瞬心。则杆 BC 的角速度 ω_3 的大小为

$$\omega_3 = \frac{v_B}{O_2B} = \frac{a\omega \times \sqrt{3}/2}{4a \times \sqrt{3}/2} = \frac{\omega}{4}$$

转向为绕 O_2 轴沿逆时针方向，如图所示。可见，在该瞬时连杆 BC 与摆杆 O_2B 都绕 O_2 轴以相同的角速度作转动。但前者是瞬时转动，而后者是定轴转动。

解题小结 通过本章各例的分析可知，在实际机构中，平面运动刚体通常与平动刚体、转动刚体等组成平面运动机构，因而平面运动刚体的运动分析问题常常包含在平面运动机构的运动分析之中。这就是说，本章所涉及的运动学问题，通常是综合性问题，需要灵活应用前面的运动学知识加以分析。现对平面运动机构运动分析有关问题总结如下：

研究平面运动机构的运动问题，首先要弄清各构件的运动类型，其次是搞清各构件连接点的运动联系，这是解题的关键。

(1) 根据机构的约束条件，判断机构中各刚体的运动类型，即各刚体是作平动、转动，还是平面运动。只有确定了每个刚体的运动形式，才能采用相应的分析方法和计算公式。

(2) 弄清相邻两刚体的连接情况，相邻两刚体是通过什么样的连接形式进行运动传递的。常见的连接形式有以下两大类：

① 铰链连接：当两运动构件以铰链连接时，其铰接点是两构件的公共点，因此两构件在铰接点处具有共同的速度，这就成为两构件在运动方面的联系条件。

② 接触点连接：当两运动构件的一对接触点没有相对滑动时，则这两点具有共同的速度（如本书例9-4中车板与滚轮的接触点，以及两齿轮的一对啮合点等）；当两运动构件的一对接触点有相对滑动，此时两接触点不具有共同的速度，需应用点的速度合成定理建立两点的速度关系（如本书例9-5中的套筒与导杆的连接，以及滑块与滑槽的连接、凸轮与顶杆的连接等）；当相接触的两构件，其一固定，另一运动，此时两构件的接触点有相对滑动，则运动构件上接触点的速度，必沿接触点处两构件的公切线（如本书例9-3中杆 AB 与半圆周面的接触）；当相接触的两构件，其一固定，另一运动，两构件的接触点无相对滑动时，则运动构件上的接触点速度为零，即该点为运动构件的速度瞬心。这时，该运动构件在固定的轨道上作无滑动的纯滚动（如本书例9-2，车轮作纯滚动）。

练习题

A 判断题（下列命题你认为正确的在题后括号内打“√”，错误的打“×”）

9A-1 平面图形的角速度与图形绕基点（或绕瞬心）的转动角速度始终相等。 （ ）

9A-2 刚体作平面运动时，只能相对某一固定面作平行于该平面的运动。 （ ）

9A-3 刚体作任意的平动都是平面运动的特殊情况。 （ ）

9A-4 刚体的定轴转动是刚体平面运动的特殊情况。 （ ）

9A-5 若某瞬时平面图形的角速度等于零，则该瞬时平面图形的运动称为瞬时平动。平面图形作瞬时平动时，其上各点的速度相同。 （ ）

9A－6 图9－6所示圆轮，在水平面上沿直线轨道作纯滚动，某瞬时的角速度为ω，则轮心A的速度$v_A = R\omega$（轮的半径为R）。 （ ）

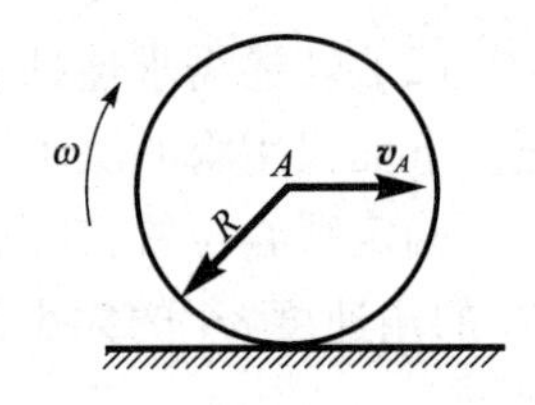

图9－6

B 填空题

9B－1 刚体运动过程中，其上任意一点至________的距离始终保持不变，这种运动称为刚体的平面运动。

9B－2 过基点引进一________________参考系，可将平面图形的平面运动分解为________________两个分运动。

9B－3 平面图形的平面运动可以分解为随基点的平动和绕基点的转动，其________部分与基点的选取有关，而________部分与基点的选取无关。

9B－4 用基点法分析平面图形上各点的速度，其公式为________________。

9B－5 用速度投影法分析平面图形上各点的速度，其公式为________________。

C 选择题

9C－1 图9－7所示图形上，A、B两点速度图（ ）是正确的。

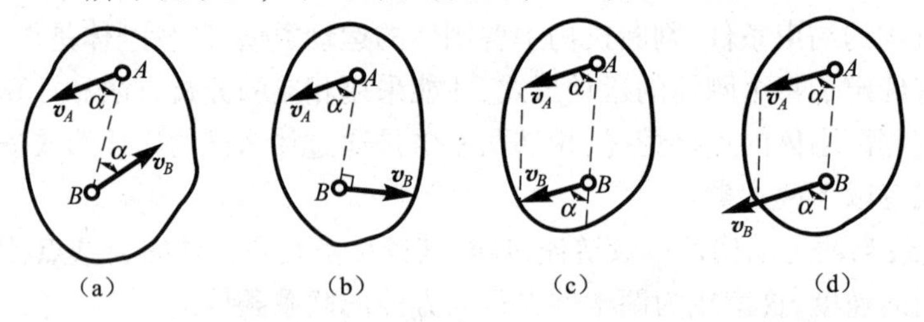

图9－7

9C－2 图9－8所示图形上，A、B两点速度图（ ）是不正确的。

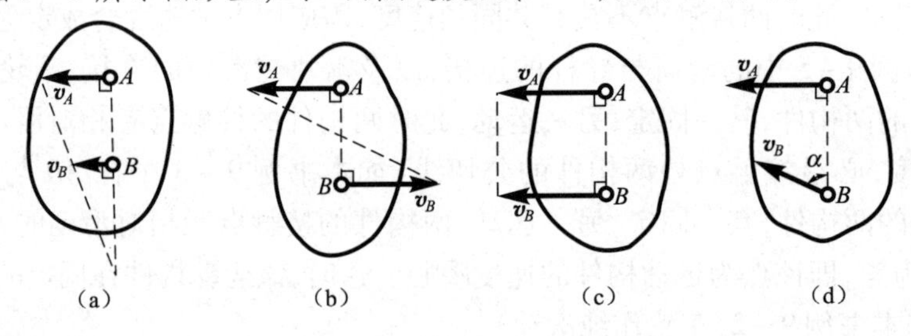

图9－8

D 简答题

9D－1 基点法的两点速度公式与点的速度合成定理的表达式之间存在什么关系？并用三个速度的等同关系表示。

9D－2 试写出两点速度公式$\boldsymbol{v}_B = \boldsymbol{v}_A + \boldsymbol{v}_{BA}$中$\boldsymbol{v}_{BA}$的大小及其方位（设图形的角速度为$\omega$）。

9D－3 何谓速度瞬心？瞬心法与基点法的关系是什么？

9D－4 平面图形在什么情况下作瞬时平动？瞬时平动有何特征？它与刚体平动有无区别？

9D－5 平面图形绕速度瞬心的瞬时转动与刚体的定轴转动有何区别？作瞬时转动时，

图形上各点的速度分布规律如何？

E　应用题

9E－1　如图9－9所示，两机构中连杆 AB 的运动有何异同？若图中曲柄 OA 的长度均为 r，角速度均为 ω，试求图示位置两机构中 B 点的速度。

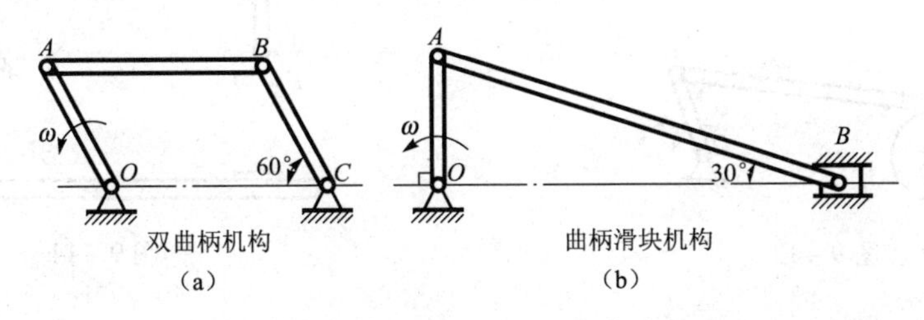

图9－9

9E－2　画出图9－10中作平面运动杆件的瞬时速度中心。

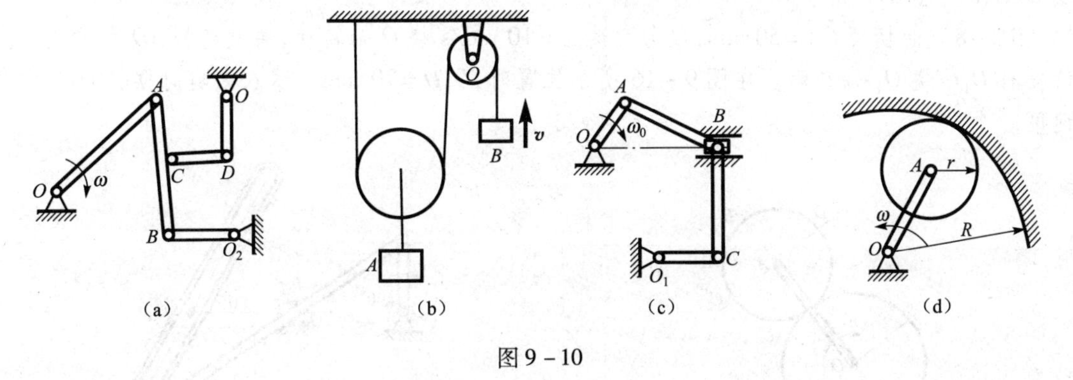

图9－10

9E－3　图9－11所示两个不同情况的绕线轮用相同的速度 $\boldsymbol{v}$ 牵动，且使轮子作纯滚动，试问哪个轮子运动得快？各轮的角速度是多大？各向哪一边运动？

9E－4　如图9－12所示四连杆机构 $OABO_1$ 中，$OA=O_1B=\dfrac{1}{2}AB$，曲柄 OA 的角速度 $\omega=3\ \mathrm{rad/s}$。当杆 OA 转到与 OO_1 垂直时，杆 O_1B 恰好在水平位置，求该瞬时杆 AB 和杆 O_1B 的角速度 ω_{AB} 与 ω_{O_1B}。

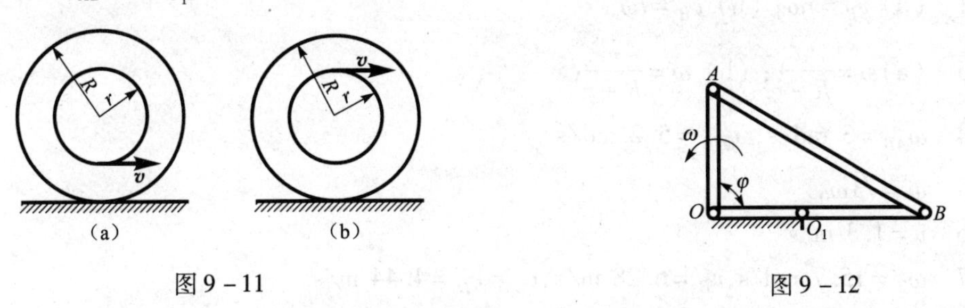

图9－11　　　　图9－12

9E－5　图9－13所示机构中，曲柄 OA 以角速度 ω_0 绕 O 轴转动，通过齿条 AB 带动齿轮 O_1 转动。已知齿轮半径 $r=OA/2$，齿条与曲柄交角 $\alpha=60°$，求齿轮的角速度。

9E－6　小型精压机构如图9－14所示。$OA=O_1B=r=100\ \mathrm{mm}$，$EB=BD=AD=l=400\ \mathrm{mm}$。在图示位置 $OA\perp AD$、$O_1B\perp ED$，若曲柄 OA 的转速 $n=120\ \mathrm{r/min}$，试求此瞬时压头 F

的速度。

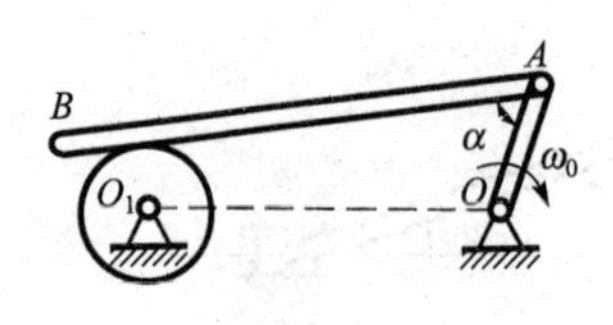

图 9 - 13

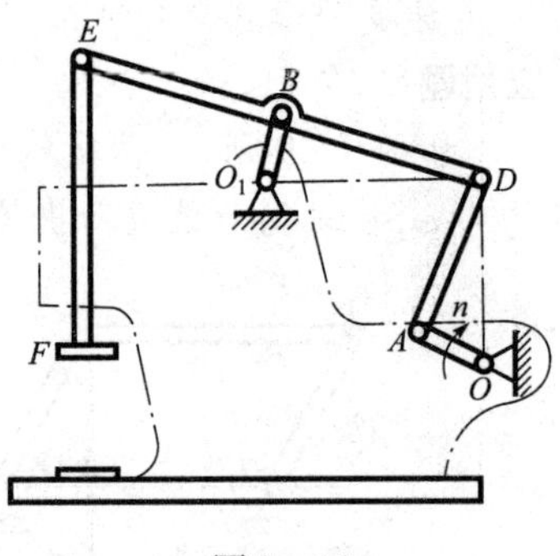

图 9 - 14

9E - 7　固定齿轮Ⅰ的半径为 $R=300$ mm，行星齿轮Ⅱ的半径为 $r=200$ mm。曲柄 OA 以转速 $n=60$ r/min 绕 O 轴转动，从动轮Ⅱ沿轮Ⅰ滚动。求在图 9 - 15 所示位置，轮Ⅱ的角速度及 B、C、D 三点的速度。

9E - 8　曲柄长 $OA=50$ mm，以匀角速 $\omega=10$ rad/s 绕 O 轴转动，通过连杆 AD 和滑块 B、D 使摆杆 O_1C 绕 O_1 轴转动。在图 9 - 16 所示位置时，$O_1D=70$ mm。试求该瞬时摆杆 O_1C 的角速度。

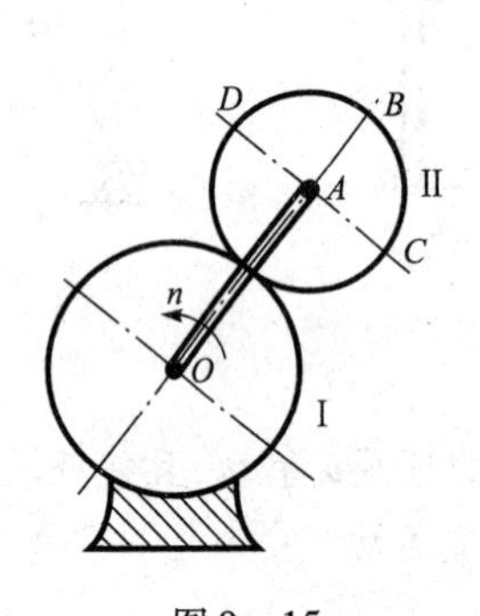

图 9 - 15

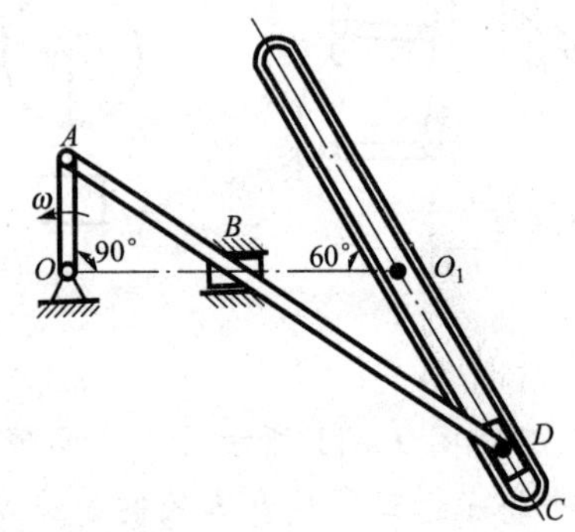

图 9 - 16

应用题答案

9E - 1　(a) $v_B=r\omega$；(b) $v_B=r\omega$

9E - 3　(a) $\omega=\dfrac{v}{R-r}$；(b) $\omega=\dfrac{v}{R+r}$；

9E - 4　$\omega_{AB}=3$ rad/s，$\omega_{O_1B}=5.2$ rad/s

9E - 5　$\omega=\sqrt{3}\omega_0$

9E - 6　$v=1.3$ m/s

9E - 7　$\omega_2=15.7$ rad/s，$v_B=6.28$ m/s，$v_C=v_D=4.44$ m/s

9E - 8　$\omega_1=6.19$ rad/s

运动学小结

一、运动学的任务

运动学只研究物体运动的几何性质，即仅从几何角度选用合适的方法，研究物体运动的有关特征，以及物体运动的要素。运动学中研究的物体，是指由实际物体中抽象出来的理想化的力学模型——几何点和不变形的几何物体(刚体)。

二、教学大纲要求的运动学研究范围

点的运动问题，只限于在平面内的运动；点的合成运动及刚体平面运动问题，只限于研究到速度级，而不研究加速度问题。

三、研究运动学的两种方法及所求的运动学要素

1. 建立运动方程的方法及所求的运动学要素

点的运动　描述点运动的要素，包括点的运动方程、轨迹方程、速度和加速度。

研究的对象是一个动点。该点可能是一个独立的动点，也可能是运动刚体上的一点。如果是刚体上的一点，除直接建立该点的运动方程求有关的运动要素外，常常是根据该点所在刚体的运动类型，通过该点与刚体间的运动学关系来求其有关的运动要素，如定轴转动刚体的角速度为 ω，则其上一点的速度 $v = R\omega$。

应选取适当的参考系(坐标)来观察、描述动点的运动，其参考系可以是与地面固连的静参考系，也可以是与地面有相对运动的动参考系。对所选定的参考系，建立动点的运动方程，然后根据运动方程求点运动的诸要素。具体的方法总结于表1。

表1

求算方法	运动方程、速度、加速度
直角坐标法(轨迹已知与否均可应用)	建立 $\begin{cases} x = x(t) \\ y = y(t) \end{cases}$ $\underset{\text{积分}}{\overset{\text{对}t\text{求导}}{\rightleftarrows}}$ $\begin{cases} v_x(t) = \dot{x}(t) \\ v_y(t) = \dot{y}(t) \end{cases}$ $\underset{\text{积分}}{\overset{\text{对}t\text{求导}}{\rightleftarrows}}$ $\begin{cases} a_x(t) = \ddot{x}(t) \\ a_y(t) = \ddot{y}(t) \end{cases}$ (运动方程)　(速度方程)　(加速度方程) $\xrightarrow{\text{消去}t}$ $F(x、y) = 0$(轨迹方程)
自然法(用于轨迹已知的情况)	建立 $s = s(t)$ $\underset{\text{积分}}{\overset{\text{对}t\text{求导}}{\rightleftarrows}}$ $v(t) = \dot{s}(t)$ $\underset{\text{积分}}{\overset{\text{对}t\text{求导}}{\rightleftarrows}}$ $a_\tau(t) = \dot{v} = \ddot{s}(t)$ (运动方程)　(速度方程) $\longrightarrow a_n(t) = \dfrac{v^2(t)}{\rho}$ (加速度方程)

所谓运动方程、速度方程、加速度方程，分别是指动点的坐标、速度、加速度都是时间 t 的函数，一般情况下都随时间的变化而变化，若给定某一瞬时，将该瞬时值代入方程，则得到动点在该瞬时的位置（坐标）、速度和加速度。只有在特殊情况下，动点的速度或加速度才是常数，即动点作匀速、匀变速直线或曲线运动的情况。对这些特殊运动，可直接应用匀速、匀变速运动公式求得有关的运动要素。对一般运动情况，必须按上表求导运算的方法求算。当然，若已知加速度方程或速度方程，也可用积分的方法进行反运算，即由加速度求速度，由速度求运动方程等。

刚体的运动 描述刚体运动的要素，要按刚体运动的形式来区分。对平动刚体是指其上一代表点（如重心）的运动方程、轨迹、速度和加速度等，因为平动刚体的运动可归结为一个点运动；定轴转动刚体是指转动方程、角速度和角加速度等；平面运动刚体是指其上基点的运动方程、轨迹、速度等及刚体绕基点的转动方程、转动角速度等。

刚体运动学的研究对象是一个运动的刚体以及刚体上的各点。所选取的参考系是与地面固连的静参考系。具体的分析、求解方法总结于表 2。

表 2

运动形式	运动方程、速度、加速度
刚体平动	根据平动刚体的特性，应用其上一点的运动代表整个刚体，以及刚体上各点的运动，所以归结为点的运动问题，可用表 1 所述的点的运动学方法处理
刚体转动 固定轴 O	建立 $\varphi=\varphi(t)\underset{\text{积分}}{\overset{\text{对}t\text{求导}}{\rightleftharpoons}}\omega(t)=\dot{\varphi}(t)\underset{\text{积分}}{\overset{\text{对}t\text{求导}}{\rightleftharpoons}}\alpha(t)=\dot{\omega}(t)=\ddot{\varphi}(t)$ （转动方程） （角速度方程） （角加速度方程） 同一点的运动一样，一般情况下，刚体的转角、角速度和角加速度都是时间 t 的函数，随时间的变化而变化。匀速、匀变速转动属特殊情况，可按匀速，匀变速转动公式求算。或用积分的方法进行反运算，由角加速度求角速度，由角加速度求转动方程
转动刚体上的任一点 M（转动半径 $OM=R$）	点 M 作以轴 O 为心，R 为半径的圆周运动 $s(t)=R\varphi(t)\underset{\text{积分}}{\overset{\text{求导}}{\rightleftharpoons}}v(t)=\dot{s}(t)=R\dot{\varphi}(t)=R\omega(t)\underset{\text{积分}}{\overset{\text{求导}}{\rightleftharpoons}}a_\tau(t)=\ddot{s}(t)=R\dot{\omega}(t)=R\alpha(t)$ （运动方程） $\rightarrow a_n(t)=\dfrac{v^2}{R}=R\omega^2(t)$ 当刚体作匀速、匀变速转动时，该点作匀速、匀变速圆周运动
刚体平面运动	建立 $\begin{cases}x_A=x_A(t)\\y_A=y_A(t)\\\varphi=\varphi(t)\end{cases}$ （基点 A 的运动方程）（绕基点 A 的运动方程） $\underset{\text{积分}}{\overset{\text{求导}}{\rightleftharpoons}}\begin{cases}v_{Ax}=\dot{x}_A(t)\\v_{Ay}=\dot{y}_A(t)\\\omega=\dot{\varphi}(t)\end{cases}\underset{\text{积分}}{\overset{\text{求导}}{\rightleftharpoons}}$加速度

续表

运动形式	运动方程、速度、加速度
平面运动刚体上的任一点 B	建立$\begin{cases} x_B = x_B(t) + AB\cos\varphi(t) \\ y_B = y_B(t) + AB\sin\varphi(t) \end{cases}$ $\underset{\text{积分}}{\overset{\text{求导}}{\rightleftarrows}}$ $\begin{cases} v_{Bx} = \dot{x}_B(t) \\ v_{By} = \dot{y}_B(t) \end{cases}$ $\underset{\text{积分}}{\overset{\text{求导}}{\rightleftarrows}}$ 加速度 在实际中,很少应用这种方法求解平面运动问题,主要应用合成运动的方法

2. 合成运动的方法及所示的运动学要素

点的合成运动 指运用合成运动的方法求动点的相关速度。

研究的对象是一个动点,该点可能是一个独立的点,也可能是刚体上的一点(如机构传动问题)。由两个参考系——静系与动系同时观察、描述同一点的运动。动系可以作任意运动(平动、转动等)。其运动关系详见图 8-1。

速度合成定理

$$\boldsymbol{v}_a = \boldsymbol{v}_e + \boldsymbol{v}_r$$

(绝对速度)(牵连速度)(相对速度)

当动系作平动时,牵连速度 $\boldsymbol{v}_e$ 就是动系的速度。当动系作转动时,便可通过牵连速度 $\boldsymbol{v}_e$ 求动系的转动角速度。

刚体的合成运动 运用合成运动的方法求解刚体平面运动问题,只限于求刚体的转动角速度和其上各点的速度。

研究的对象为一个平面运动的刚体及刚体上的任意一点。由两个参考系——静系与动系同时观察、描述刚体及其上一点的运动。此动系一定是过基点所建立的平动动系。其运动关系分别由下面的图(a)和图(b)表示。

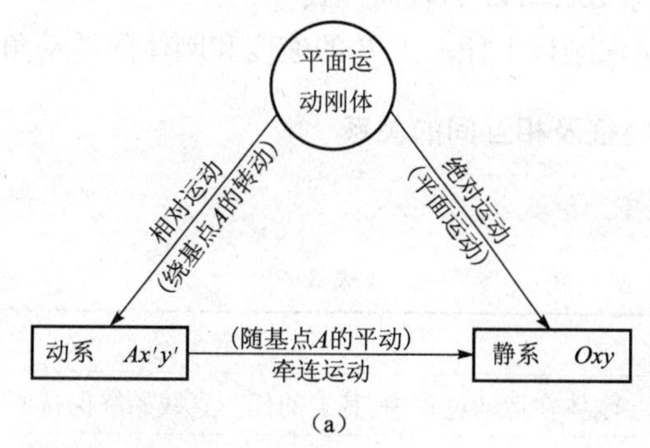

(a)

$$\text{平面运动} \underset{\text{合成}}{\overset{\text{分解}}{\rightleftarrows}} \text{随基点的平动} + \text{绕基点的转动}$$

(绝对运动)　(牵连运动)　(相对运动)

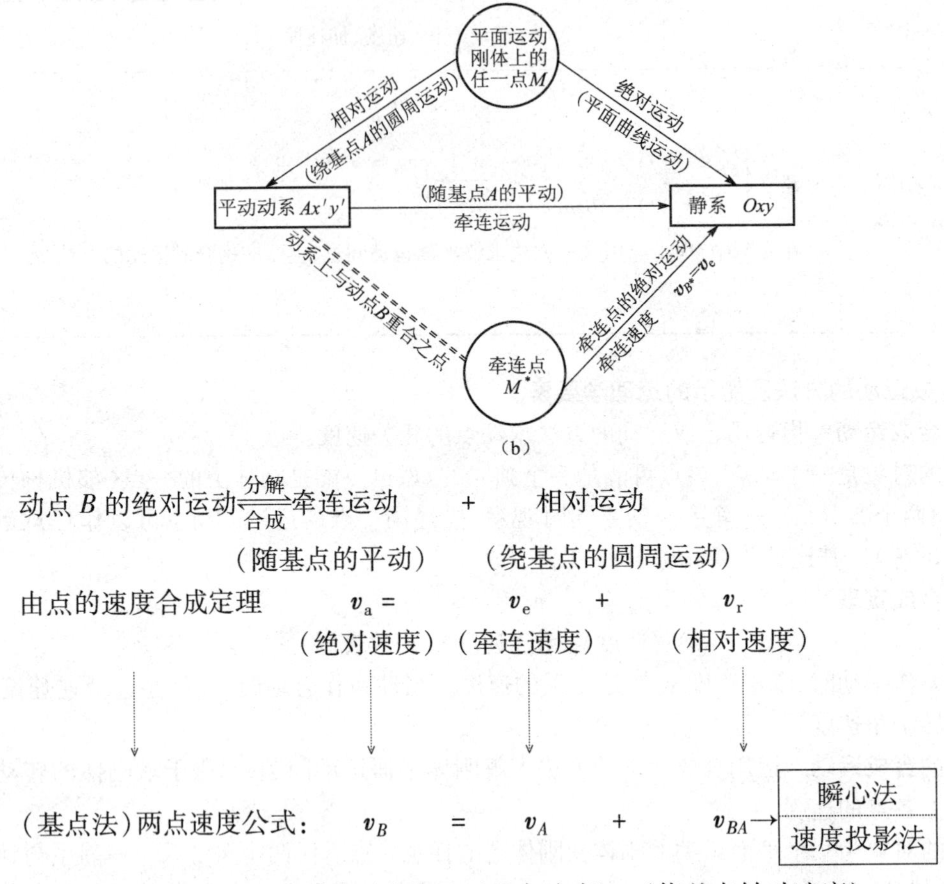

(b)

动点 B 的绝对运动 $\underset{\text{合成}}{\overset{\text{分解}}{\rightleftharpoons}}$ 牵连运动 + 相对运动

（随基点的平动） （绕基点的圆周运动）

由点的速度合成定理 $\boldsymbol{v}_a = \boldsymbol{v}_e + \boldsymbol{v}_r$

（绝对速度）（牵连速度） （相对速度）

（基点法）两点速度公式： $\boldsymbol{v}_B = \boldsymbol{v}_A + \boldsymbol{v}_{BA}$ → 瞬心法 / 速度投影法

（绝对速度）（基点速度）（绕基点转动速度）

式中 $\boldsymbol{v}_{BA}\begin{cases} v_{BA}=BA\omega\text{（}\omega\text{ 为刚体的转动角速度）} \\ \text{方向恒垂直于 } BA\text{，与 }\omega\text{ 的转向一致} \end{cases}$

通过两点速度公式，可求刚体上任一点 B 的速度和刚体的转动角速度。

四、关于刚体运动的特征及相互间的关系

刚体运动的特征见表 3。

表 3

运 动 形 式	定 义
平动	刚体在运动过程中，其上的任一直线始终保持原方位不变
定轴转动	刚体的运动过程中，其上或其延伸部分上有一根直线始终保持固定不动
平面运动	刚体在运动过程中，其上各点到某固定面的距离始终保持不变

刚体平面运动的两种特殊情况：

(1) 刚体的平面平动是平面运动的特殊情况，此时视为平面运动的刚体没有转动部分。这一概念，在下篇研究刚体平动动力学问题时十分重要，请读者注意。但刚体的空间平动并非

是刚体平面运动的特例。

（2）刚体的定轴转动，也是平面运动的特殊情况，此时刚体没有平动部分，转动刚体内垂直于转轴的各平面都与垂直于转轴的固定面保持距离不变。所以其运动是平行于该固定面的平面运动。

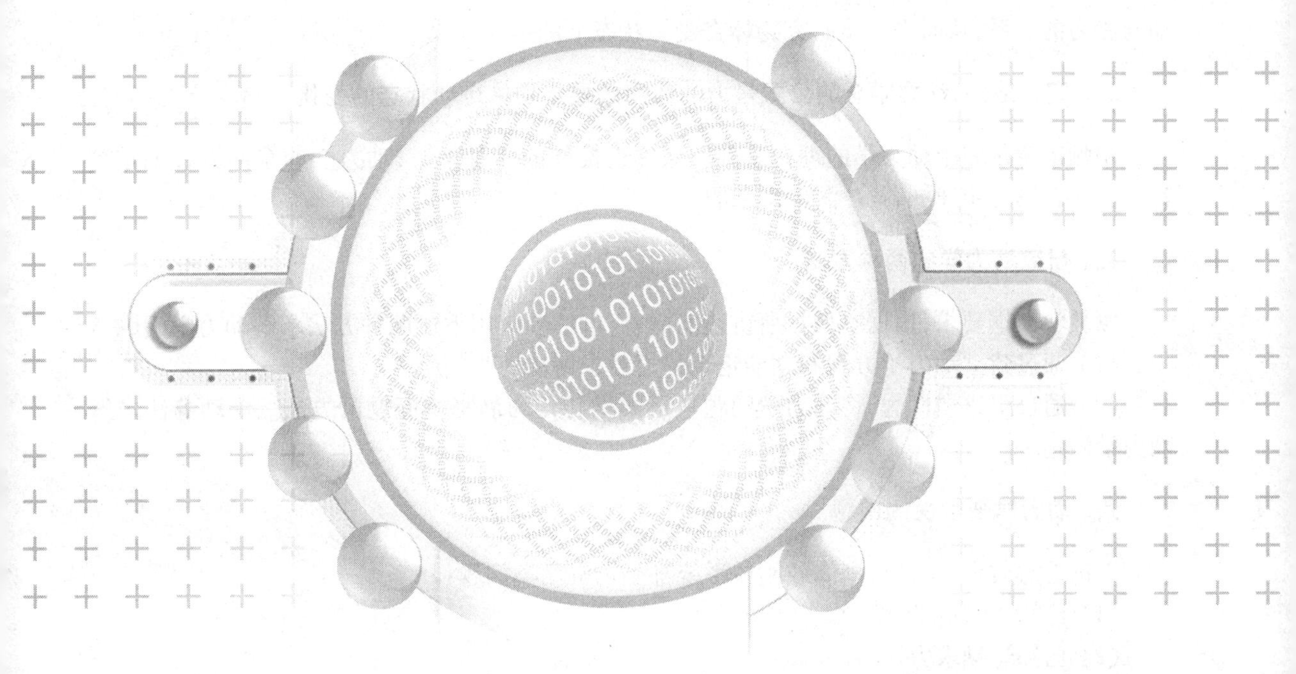

第三篇　动　力　学

动力学学习指导

动力学是研究物体机构运动状态变化与作用力关系的科学，是研究物体机械运动最一般最普遍的规律。在动力学中将物体抽象为质点、质点系及刚体。本篇主要研究质点、刚体及刚体组合系统的动力学问题。学习时要注意以下几点：

一、学习动力学必须打好静力学与运动学的基础

必须掌握好有关力的分析、力的投影运算和取矩运算、力系简化及力的平衡方程等静力学方面的知识，并同时要掌握好点的运动和刚体平动、转动等运动学方面的知识。在此基础上，通过建立动力学的有关方程和定理，架起物体的运动与物体受力之间的桥梁，即建立起物体运

动与受力的关系，从而进一步研究物体在受力状态下的运动规律。

二、定性地讲，动力学总的公式是力的作用效果 = 物体运动状态的变化

牛顿定律是整个动力学的理论基础。从理论推导的体系来讲，动力学的全部方程和定理都是由牛顿第二定律 $m\boldsymbol{a}=\boldsymbol{F}$ 派生出来的。

三、研究动力学的两种方法

按教学大纲要求，根据本教材所讲述的内容，可综合应用下述两种方法求解动力学问题。

(1) 通过建立动力学方程和动能定理的途径求解动力学问题。

(2) 通过引进惯性力，将动力学问题从形式上转化为静平衡问题的方法——动静法求解动力学问题。

四、动力学要解决的问题

不论是对质点，还是对刚体或刚体系统都是求解两类问题：

(1) 已知力求运动。

(2) 已知运动求力。

在有些问题中，是既要求力，又要求运动。

五、本篇各章间的联系

“质点动力学基础”是用两种方法研究质点的动力学问题，该章是全篇的基础。“刚体动力学基础”是用两种方法研究刚体及刚体系统的动力学问题，该章是本篇的重点。以上两章都是从机械运动相互传递的角度来研究机械运动的。“动能定理”是从能量转化的观点来研究机械运动的规律。质点的动能定理用以解决质点的动力学问题，质点系的动能定理用以解决刚体及刚体系统的动力学问题。该定理对求解力、路程与速度三者之间关系的动力学问题非常简便。该章也是本篇的重点章。“机械振动基础”是研究机械运动的一个专题，是用前面所建立的动力学理论来研究这种特殊的机械运动——机械振动，即应用已建立的动力学方程来建立单自由度系统的振动微分方程，并讨论其振动的规律与特征。

10.1　内容提要

本章在介绍动力学的任务和基本概念的基础上，主要阐述了动力学的基本定律及其应用；惯性力的概念、达朗伯原理与动静法。重点是应用质点动力学基本方程（质点运动微分方程）和动静法这两种方法求解质点动力学的两类问题。按教学大纲要求第一类问题是重点。

10.2　知识要点

1. 动力学的任务是研究物体（包括质点与质点系）运动变化与作用力之间的关系

按教学大纲要求，本书所研究的质点系为刚体和刚体的组合系统。

2. 动力学基本定律——牛顿三定律是动力学的基础

第一定律定性地阐明了力和运动变化（加速度）之间的关系，阐明了任何物体都具有惯性，因此任何物体只有受到力的作用才会改变原有的运动状态（包括速度的大小和方向），即产生加速度；第二定律则阐明了力和运动变化之间的定量关系；第三定律阐明了两物体间相互作用的关系。由于第一、二定律都是在惯性参考系中观察、实验物体运动时总结出来的规律，因此它们以及根据它们所建立起来的动力学理论，仅适用于惯性参考系。所谓**惯性参考系是指相对于地球静止或作匀速直线运动的参考坐标系**。动力学基本方程是牛顿第二定律的推广，不严格区分的话，牛顿第二定律就是动力学基本方程。但必须指出，动力学基本方程等式右边的力不是某一力，而是作用在质点上所有力的合力。

3. 质量和重量

质量是物体惯性大小的度量，是物体内所含物质的量，在牛顿力学中是一常量。重量是地球对物体引力大小的度量，即重力的大小，随地理位置的变化而变化，只有在地球引力场（重力场）内才有意义。在重力场内，质量和重量的关系为 $P=-mg$，g 为重力加速度，是随地理位置而变化的量，但一般近似取 $g=9.8\ \mathrm{m/s^2}$。

4. 质点的惯性力

惯性力的概念　惯性力是质点在力作用下运动状态发生改变时，由于质点的惯性而对施力物体产生的反作用力，它作用在施力物体上，对于施力体来说，这是一个真实的力。如人推车时，车（质点）的惯性力，真实地作用在人的手上。而在应用动静法时，将质点（车）的惯性力加在质点（车）上，这对于运动的质点（车）来说，是一个虚加的力，因为该惯性力并不作用在车上。

惯性力的计算 惯性力的定义式为 $\boldsymbol{F}_g=-m\boldsymbol{a}$，即惯性力的方向与质点的加速度方向相反，大小等于质点的质量与加速度的乘积。可见影响惯性力大小的因素是质量和加速度。不能误认为惯性大(质量大)的质点，惯性力就大，只有两个质点的加速度相同时，质量大的惯性力大。若加速度 $\boldsymbol{a}=0$，则惯性力 $\boldsymbol{F}_g=0$。

5. 质点的达朗伯原理与动静法

质点的达朗伯原理 在变速运动的质点上除了作用的真实力(主动力和约束力)外，再假想加上质点的惯性力，这些力在形式上构成平衡力系，其方程表达式为

$$\boldsymbol{F}+\boldsymbol{F}_N+\boldsymbol{F}_g=0 \tag{1}$$

由达朗伯原理所表述的方程可见，该方程实质上就是动力学基本方程 $m\boldsymbol{a}=\sum\boldsymbol{F}=\boldsymbol{F}+\boldsymbol{F}_N$ 移项的结果。因为 $\boldsymbol{F}_g=-m\boldsymbol{a}$，所以把基本方程等式左边的 $m\boldsymbol{a}$ 项移到右边，并用 $\boldsymbol{F}_g$ 表示，则为 $\boldsymbol{F}+\boldsymbol{F}_N+\boldsymbol{F}_g=0$。故质点的达朗伯原理与质点动力学基本方程所提示的质点动力学规律是完全一样的。只不过达朗伯原理中引入了惯性力的概念，而将动力学方程从形式上转换成平衡方程。这样就可以借助于已经熟悉的静力学的解题方法和技巧来求解动力学问题。

质点的动静法 根据达朗伯原理、借助于静力学平衡方程的形式，求解质点动力学问题的方法，称为动静法。该方法在工程实际中被广泛应用。

6. 质点动力学基本方程与质点动静法的应用

无论应用动力学基本方程还是动静法求解质点动力学问题，都需将其矢量方程进行投影，得到投影形式的运动微分方程或平衡方程，现列表 10-1 总结如下。

表 10-1

投影形式	质点动力学基本方程 $m\boldsymbol{a}=\sum\boldsymbol{F}$	质点达朗伯原理(动静法) $\boldsymbol{F}+\boldsymbol{F}_N+\boldsymbol{F}_g=0(\sum\boldsymbol{F}+\boldsymbol{F}_g=0)$	备注
直角坐标形式	运动微分方程 $\begin{cases} m\ddot{x}=\sum \boldsymbol{F}_x \\ m\ddot{y}=\sum \boldsymbol{F}_y \end{cases}$	平衡方程 $\begin{cases} \sum F_x=0 \\ \sum F_y=0 \end{cases} \longrightarrow \begin{cases} F_x+F_{Nx}+F_{gx}=0 \\ F_y+F_{Ny}+F_{gy}=0 \end{cases}$ $\begin{cases} F_{gx}=-ma_x=-m\ddot{x} \\ F_{gy}=-ma_y=-m\ddot{y} \end{cases}$	一般用于轨迹未知或直线运动的情况
自然坐标形式	运动微分方程 $\begin{cases} ma_\tau=\sum F_\tau \\ ma_n=\sum F_n \end{cases}$ $\begin{cases} a_\tau=\dfrac{dv}{dt} \\ a_n=\dfrac{v^2}{\rho} \end{cases}$	平衡方程 $\begin{cases} \sum F_\tau=0 \\ \sum F_n=0 \end{cases} \longrightarrow \begin{cases} F_\tau+F_{N\tau}+F_{g\tau}=0 \\ F_n+F_{Nn}+F_g=0 \end{cases}$ $\boldsymbol{F}_{g\tau}=-m\boldsymbol{a}_\tau$ $\boldsymbol{F}_{gn}=-m\boldsymbol{a}_n$	用于轨迹已知，特别是圆周运动的情况

10.3 解题指导

例 10-1　如图 10-1(a)所示,矿车及矿石总质量为 $m=700$ kg,以速度 $v=160$ cm/s 沿倾角为 $\theta=15°$的斜坡等速下滑,动摩擦系数 $\mu'=0.15$,求钢丝绳的拉力,并求矿车制动时(制动时间为 4 s,设在制动过程中,矿车作匀减速运动)钢丝绳的拉力。

本题用质点动力学基本方程和动静法两种方法求解。

解一　应用动力学基本方程

研究对象　视矿车和矿石为质点 M

(1) 匀速下降时,$\boldsymbol{a}=0$,受力为重力 $\boldsymbol{P}$,钢绳拉力 $\boldsymbol{F}_{\mathrm{T}}$、法向反力 $\boldsymbol{F}_{\mathrm{N}}$ 及摩擦力 $\boldsymbol{F}$ 如图10-1(b)。

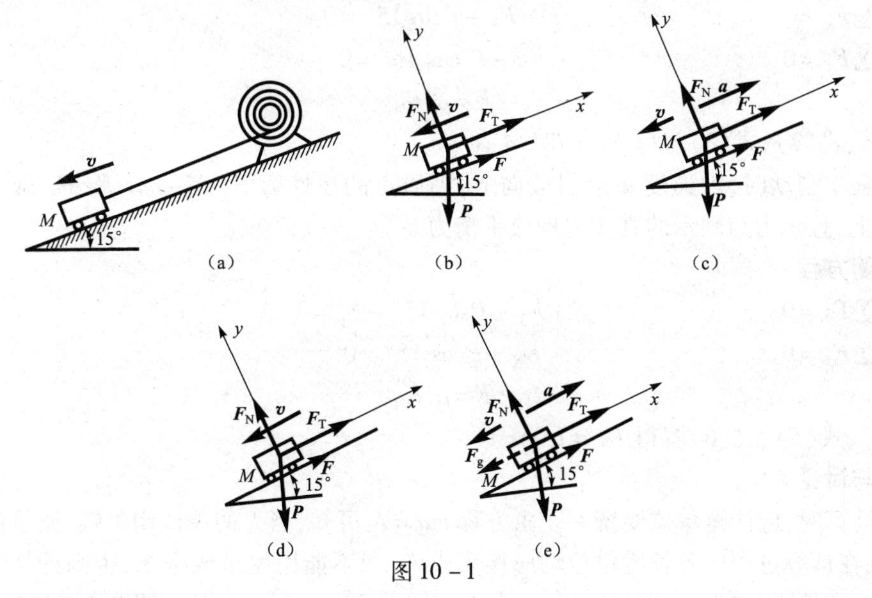

图 10-1

由动力学基本方程

$$m\boldsymbol{a}=\sum \boldsymbol{F}=\boldsymbol{P}+\boldsymbol{F}+\boldsymbol{F}_{\mathrm{T}}+\boldsymbol{F}_{\mathrm{N}}$$

向图示的 x 轴投影有　$ma_x=\sum F_x,\quad 0=-P\sin\theta+F+F_{\mathrm{T}}$　(1)

向 y 轴投影有　$ma_y=\sum F_y,\quad 0=-P\cos\theta+F_{\mathrm{N}}$　(2)

由动摩擦定律有

$$F=\mu' F_{\mathrm{N}} \tag{3}$$

联立式(2)、式(3)得 $F=\mu' P\cos\theta$,将 F 值代入式(1)则有

$$\begin{aligned}F_{\mathrm{T}}&=P\sin\theta-\mu' P\cos\theta=mg(\sin 15°-\mu'\cos 15°)\\&=[700\times 9.8\times(\sin 15°-0.15\times\cos 15°)]\mathrm{N}=781.4\ \mathrm{N}\end{aligned}$$

(2) 刹车制动时,作匀减速运动,加速度 $\boldsymbol{a}$ 沿斜坡向上,且 $a=\dfrac{v}{t}=\dfrac{160}{4}\mathrm{cm/s^2}=\dfrac{1.6}{4}\ \mathrm{m/s^2}=0.4\ \mathrm{m/s^2}$。受力如图 10-1(c)所示。

由动力学基本方程　$m\boldsymbol{a}=\sum \boldsymbol{F}=\boldsymbol{P}+\boldsymbol{F}+\boldsymbol{F}_{\mathrm{T}}+\boldsymbol{F}_{\mathrm{N}}$

向图示的 x 轴投影有　$ma=-P\sin\theta+F+F_{\mathrm{T}}$　(4)

向 y 轴投影有　$0=-P\cos\theta+F_{\mathrm{N}}$　(5)

$$F = \mu' F_N \tag{6}$$

联立式(4)、式(5)、式(6)可得

$$\begin{aligned} F_T &= mg\sin\theta - \mu' mg\cos\theta + ma \\ &= [700\times(9.8\times\sin 15° - 0.15\times 9.8\times\cos 15° + 0.4)]\text{N} \\ &= 1\ 061\ \text{N} \end{aligned}$$

解二 应用动静法

研究对象 质点 M

(1) 匀速下滑时,由于 $\boldsymbol{a}=0$,所以质点的惯性力 $F_g=0$。质点 M 受力如图 10-1(d)所示,且处于平衡状态。

列平衡方程

$$\sum F_x = 0 \qquad F + F_T - P\sin 15° = 0 \tag{1}$$

$$\sum F_y = 0 \qquad F_N - P\cos 15° = 0 \tag{2}$$

$$F = \mu' F_N \tag{3}$$

联立式(1)、式(2)、式(3)解得 $F_T = 781.4$ N

(2) 刹车制动时,加速度 $\boldsymbol{a}$ 沿斜坡向上,则质点的惯性力 $\boldsymbol{F}_g = -m\boldsymbol{a}$,将 $\boldsymbol{F}_g$ 画在受力图 10-1(e)上,且该力与图示的真实力构成平衡力系。

列平衡方程

$$\sum Fx = 0 \qquad F + F_T - P\sin 15° - F_g = 0 \tag{4}$$

$$\sum Fy = 0 \qquad F_N - P\cos 15° = 0 \tag{5}$$

$$F = \mu' F_N \tag{6}$$

联立式(4)、式(5)、式(6)解得 $F_T = 1\ 061$ N

分析与讨论

解题计算时,应注意单位要统一。由方程 $m\boldsymbol{a}=\boldsymbol{F}$ 可知,当力的单位用牛顿,质量的单位用千克时,则在计算过程中各长度单位均应换算成米,而不能用厘米或毫米,否则计算结果将出现错误。如本例中的速度 $v=160$ cm/s,加速度 $a=40$ cm/s^2,均需换算为 $v=1.6$ m/s、$a=0.4$ m/s^{2}代入计算式中,才会得到正确结果。

例 10-2 单摆的摆长为 l,摆球 A 的质量为 m,按 $\varphi=\varphi_0\sin\sqrt{\frac{g}{l}}t$($t$ 以秒计,φ 以弧度计)的规律作微幅摆动,式中 φ_0 为离开铅垂位置的最大摆角(摆幅)。如图 10-2(a)所示,求摆球在运动过程中绳的张力,以及摆球经过最高位置和最低位置时绳的张力。

解一 应用动力学基本方程

研究对象 摆球 A

分析力 摆球运动在任意位置时,受主动力 $\boldsymbol{P}=m\boldsymbol{g}$ 及约束力 $\boldsymbol{F}_T$,如图 10-2(a)所示。

分析运动 摆球绕悬点 O 的摆动规律为 $\varphi=\varphi_0\sin\sqrt{\frac{g}{l}}t$,其轨迹为圆弧。由给出的运动方程可知,运动开始($t=0$)时,$\varphi=0$,摆球处于运动的最低位置 A_0。摆球围绕该位置作微幅摆动。

应用自然法,建立自然坐标系。以 A_0 为弧坐标的原点,沿摆球的运动方向,即沿圆弧的逆时针方向取作弧坐标的正向,如图 10-2(a)所示。

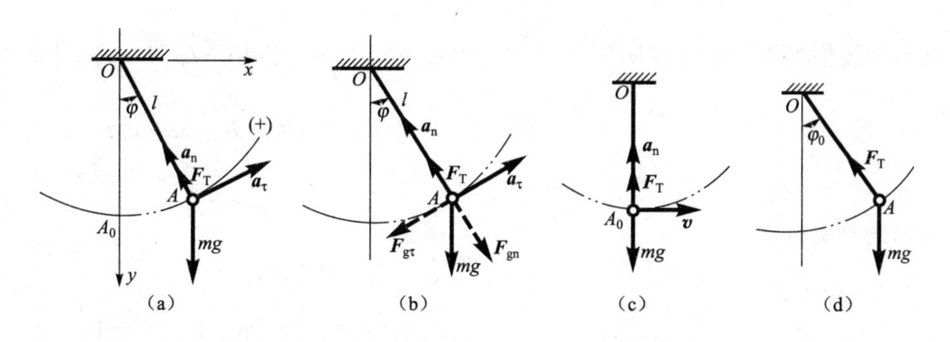

图 10－2

由动力学基本方程

$$m\boldsymbol{a}=\sum \boldsymbol{F}_i=\boldsymbol{P}+\boldsymbol{F}_{\mathrm{T}}$$

向法向投影有
$$ma_{\mathrm{n}}=\sum F_{\mathrm{n}}=-mg\cos\varphi+F_{\mathrm{T}}$$

$$m\frac{v^2}{l}=F_{\mathrm{T}}-mg\cos\varphi$$

所以
$$F_{\mathrm{T}}=m\left(\frac{v^2}{l}+g\cos\varphi\right)$$

式中的速度

$$v=\frac{\mathrm{d}s}{\mathrm{d}t}=\frac{\mathrm{d}}{\mathrm{d}t}(l\varphi)=l\dot{\varphi}=l\varphi_0\sqrt{\frac{g}{l}}\cos\sqrt{\frac{g}{l}}t$$

将其代入 F_{T} 式,则

$$F_{\mathrm{T}}=m\left(g\varphi_0^2\cos^2\sqrt{\frac{g}{l}}t+g\cos\varphi\right) \tag{1}$$

式中 $\varphi=\varphi_0\sin\sqrt{\frac{g}{l}}t$。式(1)即为在运动的任意瞬时 t(或任意瞬时位置 φ)绳的张力,显然张力 $\boldsymbol{F}_{\mathrm{T}}$ 的大小随时间(位置)的变化而变化。

当摆球运动到最高位置时,即摆角达到最大值 $\varphi=\varphi_0$ 时,由 $\varphi=\varphi_0\sin\sqrt{\frac{g}{l}}t$ 可知 $\sin\sqrt{\frac{g}{l}}t=1$,即$\sqrt{\frac{g}{l}}t=\frac{\pi}{2}$。现将 $\varphi=\varphi_0$ 及$\sqrt{\frac{g}{l}}t=\frac{\pi}{2}$的数据代入(1),则得到摆球在最高位置时绳的张力,即

$$F_{\mathrm{T}}=m\left(g\varphi_0^2\cos^2\frac{\pi}{2}+g\cos\varphi_0\right)=mg\cos\varphi_0 \tag{2}$$

当摆球运动到最低位置,即 $\varphi=0$ 时,由 $\varphi=\varphi_0\sin\sqrt{\frac{g}{l}}t$,可知 $\sin\sqrt{\frac{g}{l}}t=0$,也即$\sqrt{\frac{g}{l}}t=0$,$t=0$。故将 $\varphi=0$ 及 $t=0$ 的数据代入式(1),则得到摆球在最低位置时绳的张力,即

$$F_{\mathrm{T}}=m(g\varphi_0^2\cos^2 0+g\cos 0)=mg(1+\varphi_0^2) \tag{3}$$

解二　应用动静法

研究对象　摆球 A

分析力　主动力 $\boldsymbol{P}=m\boldsymbol{g}$ 及约束力 $\boldsymbol{F}_{\mathrm{T}}$,受力如图 10－2(b)。

分析运动及惯性力 点 A 作圆周运动，由 $\varphi=\varphi_0\sin\sqrt{\frac{g}{l}}t$，可得 $s=l\varphi$，$\dot{s}=l\dot{\varphi}$，切向加速度 $a_\tau=\ddot{s}=l\ddot{\varphi}$，法向加速度 $a_n=\frac{v^2}{l}=l\dot{\varphi}^2$，则质点 A 的切向惯性力 $\boldsymbol{F}_{g\tau}=-m\boldsymbol{a}_\tau$，法向惯性力 $\boldsymbol{F}_{gn}=-m\boldsymbol{a}_n$，将其惯性力画在质点 A 的受力图上。

列法向的平衡方程

$$\sum F_n=0 \qquad -mg\cos\varphi+F_T-F_{gn}=0$$

$$F_T=F_{gn}+mg\cos\varphi=ml\dot{\varphi}^2+mg\cos\varphi=m\left(g\varphi_0^2\cos^2\sqrt{\frac{g}{l}}t+g\cos\varphi\right) \tag{1'}$$

式(1)′与解一所得的结果式(1)完全相同，同样可将最高位置与最低位置的有关数据代入式(1)′，即得到这两个特殊位置时的绳子张力。

分析与讨论

(1) 上述两种解法都采用了自然坐标形式的方程。若采用直角坐标形式的方程，同样可以得到相同的结果。现以动力学基本方程为例进行解算。按图 10-2(a)所示的 Oxy 坐标系，列直角坐标形式的运动微分方程。

$$\begin{cases}m\ddot{x}=\sum F_x\\ m\ddot{y}=\sum F_y\end{cases},\begin{cases}m\ddot{x}=-F_T\sin\varphi\\ m\ddot{y}=mg-F_T\cos\varphi\end{cases} \tag{1}$$

由于质点 A 在任意位置时的坐标为 x、y，运动方程为

$$\begin{cases}x=l\sin\varphi(t)\\ y=l\cos\varphi(t)\end{cases}$$

速度方程为

$$\begin{cases}\dot{x}=l\dot{\varphi}\cos\varphi\\ \dot{y}=-l\dot{\varphi}\sin\varphi\end{cases}$$

加速度方程为

$$\begin{cases}\ddot{x}=l\ddot{\varphi}\cos\varphi-l\dot{\varphi}^2\sin\varphi\\ \ddot{y}=-l\ddot{\varphi}\sin\varphi-l\dot{\varphi}^2\cos\varphi\end{cases}$$

式中 $\varphi=\varphi_0\sin\sqrt{\frac{g}{l}}t$，所以 $\dot{\varphi}=\varphi_0\sqrt{\frac{g}{l}}\cos\sqrt{\frac{g}{l}}t$，$\ddot{\varphi}=-\frac{\varphi_0 g}{l}\sin\sqrt{\frac{g}{l}}t$。

将 $\dot{\varphi}$ 与 $\ddot{\varphi}$ 的表达式代入 $\ddot{x}$ 和 $\ddot{y}$ 后，再代入式(1)中去，则有

$$\begin{cases}-mg\varphi_0\sin\sqrt{\frac{g}{l}}t\cos\varphi-mg\varphi_0^2\cos^2\sqrt{\frac{g}{l}}t\sin\varphi=-F_T\sin\varphi\\ mg\varphi_0\sin\sqrt{\frac{g}{l}}t\sin\varphi-mg\varphi_0^2\cos^2\sqrt{\frac{g}{l}}t\cos\varphi=mg-F_T\cos\varphi\end{cases} \tag{2}$$

将式(2)中的上式乘 $\sin\varphi$ 与下式乘 $\cos\varphi$ 并相加，即得

$$-mg\varphi_0^2\cos^2\sqrt{\frac{g}{l}}t=mg\cos\varphi-F_T$$

所以绳的张力

$$F_T=m\left(g\varphi_0^2\cos^2\sqrt{\frac{g}{l}}t+g\cos\varphi\right)$$

这一结果与自然法所得结果相同。可见，当质点的轨迹已知，特别是作圆周运动时，用自然法

比直角坐标法要简便得多。同样,在这种情况下应用动静法解题时,采用自然坐标形式的平衡方程,解题简便。

(2) 如果题目只要求某特殊位置(如本例中的最低位置或最高位置)处绳子的张力,那么可直接在该特殊位置处分析质点的受力和运动情况,并列方程求解。下面按上所述,来求最低位置与最高位置处绳子的张力。

在最低位置处　质点 A 受力如图 10-2(c)所示,该处 $\varphi=0$,则由 $\varphi=\varphi_0\sin\sqrt{\frac{g}{l}}t$ 知 $\sqrt{\frac{g}{l}}t=0$,所以 $v=l\dot{\varphi}=l\varphi_0\sqrt{\frac{g}{l}}\cos\sqrt{\frac{g}{l}}t=l\varphi_0\sqrt{\frac{g}{l}}\cos 0=\varphi_0\sqrt{lg}$,法向加速度 $a_n=\frac{v^2}{l}=\varphi_0^2 g$。

列法向运动微分方程

$$ma_n=F_T-mg$$

所以

$$F_T=m(a_n+g)=m(\varphi_0^2 g+g)=mg(1+\varphi_0^2)$$

在最高位置处　质点 A 受力如图 10-2(d)所示,该处 $\varphi=\varphi_0$,当质点 A 运动到最高位置时,其速度 $v=0$,法向加速度 $a_n=\frac{v^2}{l}=0$。

列法向运动微分方程

$$ma_n=F_T-mg\cos\varphi_0$$

所以

$$F_T=mg\cos\varphi_0+ma_n=mg\cos\varphi_0+0=mg\cos\varphi_0$$

例 10-3　将一质量为 m 的物体 M,自 M_0 处以速度 $\boldsymbol{v}_0$ 水平抛出。设高度 h 为已知,不计空气阻力,试求物体 M 的运动方程、轨迹方程及落地时间(图 10-3)。

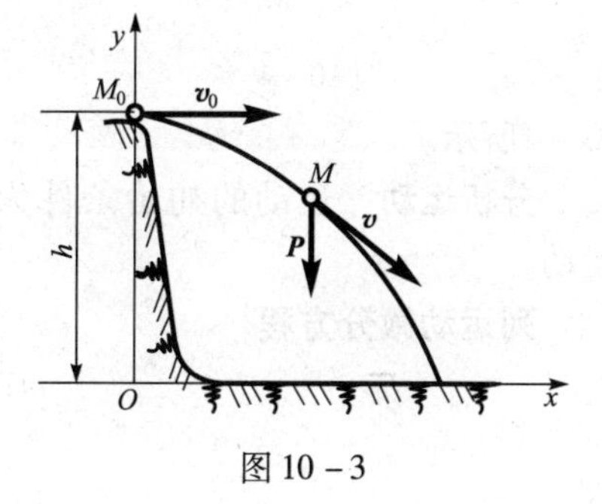

图 10-3

解　研究对象　抛体 M

分析力　只受重力 $\boldsymbol{P}$ 作用。

分析运动　运动开始($t=0$)时,距地面为 h 处,抛体 M 以水平速度 $\boldsymbol{v}_0$ 抛出,作轨迹未知的平面曲线运动。

列运动微分方程　取坐标系 Oxy 如图。

$$m\ddot{x}=\sum F_x=0 \tag{1}$$

$$m\frac{d\dot{x}}{dt}=0,\ \int_{v_0}^{v_x}d\dot{x}=0,v_x-v_0=0,\ v_x=v_0$$

由于

$$v_x=\frac{dx}{dt}=v_0$$

所以

$$\int_0^x dx=\int_0^t v_0 dt,x=v_0 t$$

$$m\ddot{y}=-P=-mg \tag{2}$$

由于

$$\ddot{y}=\frac{d\dot{y}}{dt}=-g$$

所以

$$\int_0^{v_y}d\dot{y}=\int_0^t -g dt,\ v_y=-gt$$

由于

$$v_y=\frac{dy}{dt}=-gt$$

$$\int_h^y dy=\int_0^t -gt dt$$

$$y-h=-\frac{1}{2}gt^2$$

故抛体 M 的运动方程为

$$\begin{cases}x=v_0t\\ y=h-\dfrac{1}{2}gt^2\end{cases}$$

当抛体落地时 $y=0$,则求得落地的时间为

$$0=h-\frac{1}{2}gt^2,\ t=\sqrt{\frac{2h}{g}}$$

由运动方程消去参数 t,则为抛体的轨迹方程(为一抛物线方程)

$$y=h-\frac{1}{2}g\left(\frac{x}{v_0}\right)^2=h-\frac{g}{2v_0^2}x^2$$

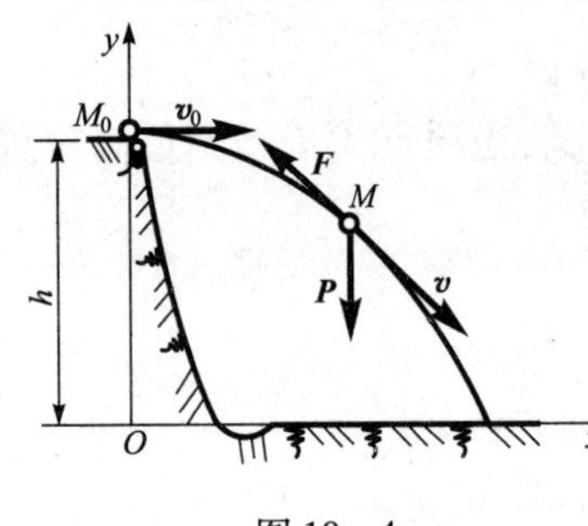

图 10－4

例 10－4　上例中其他条件不变,如考虑抛体下落时的空气阻力,且阻力 $\boldsymbol{F}$ 与抛体的速度 $\boldsymbol{v}$ 方向相反。而大小成正比,即 $\boldsymbol{F}=-\mu\boldsymbol{v}$,μ 为阻尼系数(图 10－4)。试求抛体的运动方程。

解　研究对象　抛体 M

分析力　重力 $\boldsymbol{P}$ 及空气阻力 $\boldsymbol{F}=-\mu\boldsymbol{v}$,受力图如图 10－4所示。

分析运动　运动的初始条件为 $t=0$ 时 $x=0,y=h;v_x=v_0,v_y=0$。作未知的平面曲线运动。

列运动微分方程

$$m\ddot{x}=\sum F_x,m\ddot{x}=F_x=-\mu\dot{x} \tag{1}$$

$$\frac{m}{\mu}\int_{v_0}^{v_x}\frac{\mathrm{d}x}{x}=-\int_0^t\mathrm{d}t$$

$$\frac{m}{\mu}(\ln v_x-\ln v_0)=-t$$

$$\ln\frac{v_x}{v_0}=-\frac{\mu}{m}t$$

$$v_x=v_0\mathrm{e}^{-\frac{\mu}{m}t}$$

由于 $v_x=\dot{x}=\dfrac{\mathrm{d}x}{\mathrm{d}t},\int_0^x\mathrm{d}x=\int_0^t\mathrm{e}^{-\frac{\mu}{m}t}\mathrm{d}t$

$$x=-\frac{mv_0}{\mu}(\mathrm{e}^{-\frac{\mu}{m}t}-\mathrm{e}^0)=\frac{mv_0}{\mu}(1-\mathrm{e}^{-\frac{\mu}{m}t})$$

$$m\ddot{y}=\sum F_y,\ m\ddot{y}=-P+F_y=-(mg+\mu\ \dot{y}) \tag{2}$$

$$m\frac{\mathrm{d}\dot{y}}{\mathrm{d}t}=-(mg+\mu\dot{y})$$

$$m\int_0^{v_y}\frac{\mathrm{d}\dot{y}}{mg+\mu\dot{y}}=-\int_0^t\mathrm{d}t$$

$$\frac{m}{\mu}[\ln(mg+\mu\ \dot{y})-\ln mg]=-t$$

$$\ln\frac{mg+\mu\dot{y}}{mg}=-\frac{\mu}{m}t$$

$$\frac{mg+\mu\dot{y}}{mg}=\mathrm{e}^{-\frac{\mu}{m}t}$$

$$\dot{y}=\frac{1}{\mu}(mg\mathrm{e}^{-\frac{\mu}{m}t}-mg)$$

$$\frac{\mathrm{d}y}{\mathrm{d}t}=\frac{mg}{\mu}(\mathrm{e}^{-\frac{\mu}{m}t}-1)$$

$$\int_h^y\mathrm{d}y=\frac{mg}{\mu}\int_0^t\mathrm{e}^{-\frac{\mu}{m}t}\mathrm{d}t-\frac{mg}{\mu}\int_0^t\mathrm{d}t$$

$$y-h=-\frac{m^2g}{\mu^2}(\mathrm{e}^{-\frac{\mu}{m}t}-\mathrm{e}^0)-\frac{mg}{\mu}t$$

$$y=h-\left[\frac{m^2g}{\mu^2}(\mathrm{e}^{-\frac{\mu}{m}t}-1)+\frac{mg}{\mu}t\right]$$

故抛体 M 的运动方程为

$$\begin{cases}x=\dfrac{mv_0}{\mu}(1-\mathrm{e}^{-\frac{\mu}{m}t})\\ y=h-\left[\dfrac{m^2g}{\mu^2}(\mathrm{e}^{-\frac{\mu}{m}}-1)+\dfrac{mg}{\mu}t\right]\end{cases}$$

分析与讨论

(1) 正确地列出运动微分方程,是求解动力学问题的关键。为此应注意正负号的处理。如本例若将抛体的运动微分方程写成

$$\begin{cases}m\ddot{x}=\mu v_x=\mu\dot{x}\\ m\ddot{y}=-P+\mu v_y=-mg+\mu\dot{y}\end{cases}$$

就是错误的。错在此方程式右边阻力 $\boldsymbol{F}$ 的正负号上,阻力 $\boldsymbol{F}$ 与速度 $\boldsymbol{v}$ 在 x、y 轴上的投影均为代数量。根据 $\boldsymbol{F}$、$\boldsymbol{v}$ 的方向与图示的 Oxy 坐标系可知;因 F_x 与 x 轴正向相反,所以 F_x 应为负值($F_x<0$),而 v_x 与 x 轴正向相同,v_x 应为正值($v_x>0$)。所以 $F_x=-\mu v_x(v_x>0,F_x<0)$。同样,$F_y$ 与 y 轴正向相同应为正值($F_y>0$),v_y 与 y 轴正向相反应为负值($v_y<0$)。所以 $F_y=-\mu v_y$ ($v_y<0,F_y>0$)。故此运动微分方程的正确表达式应为

$$\begin{cases}m\ddot{x}=-\mu v_x=-\mu\dot{x}\\ m\ddot{y}=-P-\mu v_y=-(mg+\mu\dot{y})\end{cases}$$

(2) 例 10-3、例 10-4 均属第二类问题,即已知力求运动的问题。由于加速度是未知的,所以通常采取应用动力学方程的方法求解(如以上二例)。但是,也可应用动静法求解,只不过此时的惯性力为未知量而已。现以例 10-4 为例应用动静法求解如下:

抛体 M 的加速度 $\boldsymbol{a}$ 未知,可设其投影分量为 $a_x=\ddot{x}$,$a_y=\ddot{y}$ ($\ddot{x}$ 、$\ddot{y}$ 均为待求量)。则质点 M 的惯性力可表示为 $F_{gx}=-m\ddot{x}$,$F_{gy}=-m\ddot{y}$ 。于是质点 M 所受的真实力(重力 $\boldsymbol{P}$、阻力 $\boldsymbol{F}$)与惯性力(F_{gx}、F_{gy}构成假想的平衡力系,则有平衡方程)

$$\begin{cases}\sum F_x=0\\ \sum F_y=0\end{cases}$$

即
$$\begin{cases} F_{gx} + F_x = 0 \\ F_{gy} - P + F_y = 0 \end{cases}$$

将 $F_{gx} = -m\ddot{x}$、$F_{gy} = -m\ddot{y}$ 及 $F_x = -\mu\dot{x}$、$F_y = -\mu\dot{y}$ 代入上式，则有
$$\begin{cases} -m\ddot{x} - \mu\dot{x} = 0 \\ -m\ddot{y} - P - \mu\dot{y} = 0 \end{cases}$$

所以
$$\begin{cases} m\ddot{x} = -\mu\dot{x} \\ m\ddot{y} = -(mg + \mu\dot{y}) \end{cases}$$

该方程与应用质点运动微分方程所得到的方程完全相同。

解题小结

应用动力学基本方程及动静法两种方法的解题步骤，教材中已作归纳，此处不再复述。求解质点动力学问题可灵活选用其中的一种方法。下面仅就解题时应注意的问题分述如下。

1. 应用动力学基本方程解题时应注意的问题

(1) 质点的受力分析。在动力学中的受力分析与静力学相同，尽管这时约束反力为动约束反力，但约束性质没有变化，仍需根据约束性质画约束力。对第二类问题要注意分析主动力的性质，是常力或是位置、速度、时间的函数。

(2) 质点的运动分析。一般分析以下两点：

① 点的运动轨迹是否已知，是直线还是曲线(或圆)，以此确定采用哪种坐标形式的运动微分方程。

② 分析所求解的是哪类问题。如果是第一类问题，加速度必须已知，或根据题目所给出的运动方程(或速度方程)能求出加速度。如果是第二类问题，由于运动是未知的，需通过运动微分方程求运动，因此必须分析和确定运动初始条件，即运动开始($t=0$)时，质点的坐标(x_0、y_0)及速度($\dot{x}_0$、$\dot{y}_0$)。

(3) 建立质点的运动微分方程。必须注意以下几点：

① 在什么位置建立质点的运动微分方程，要根据题意确定。如题目只需要求某一特殊位置的力或加速度，则在该特殊位置列方程即可。如题目需要任意位置或几个位置的力或加速度时，则必须在一般位置列方程，这个方程适合整个运动过程，即质点无论在何位置、何瞬时，该方程都适用，所求解的结果为一般位置的解。而对某些特殊位置的解，可根据题目的要求，将其特殊位置的参数代入一般位置的解中，来求出特殊位置解的答案(如本书例 10-2)。

② 选择运动微分方程的坐标形式时，首先要判定质点的运动轨迹是否已知，当质点运动的轨迹已知，特别是作圆周运动时，宜采用自然坐标形式的方程；当轨迹未知时，只能采用直角坐标形式的方程。

③ 列运动微分方程时，一定要根据动力学基本方程的矢量式($m\boldsymbol{a} = \sum \boldsymbol{F}$)，将其等式两边的力和加速度向选定的坐标轴投影，并处理好投影的正负号，特别需要指出的是加速度的投影。对第一类问题，加速度是已知的(或经微分运算可求出)，则应按加速度的方向确定投影的正负号(与坐标正向相同为正，否则为负)。对第二类问题，由于加速度是未知的，其投影 $a_x(\ddot{x})$、$a_y(\ddot{y})$ 均为代数量，所以列写方程时，不需考虑正负号的问题，一律表示为正号，即 $m\ddot{x} = \sum F_x$ 或 $m\ddot{y} = \sum F_y$。

(4) 运动微分方程的解。第一类问题是已知加速度(或根据质点已知的运动，经微分运

算求出加速度),运用运动微分方程直接求得未知力的问题,求解是比较容易的。第二类问题要通过对运动微分方程积分求解,其解算过程是比较麻烦的。在求解中要根据已给出的力的性质(常力或是时间、位置、速度的已知函数),对微分方程进行分离变量使微分方程变换成可积分的形式,进行积分求解。一般用定积分的方法,解算过程比较简便。下面归纳出分离变量的几种形式,以供参考。

F = 常量:

$$m\ddot{x} = F \Longrightarrow m\frac{\mathrm{d}\dot{x}}{\mathrm{d}t} = F, m\int_{\dot{x}_0}^{\dot{x}}\mathrm{d}\dot{x} = \int_0^t F\mathrm{d}t \qquad \text{(如本书例 10 - 3)}$$

$\boldsymbol{F} = \boldsymbol{F}(t)$:

$$m\ddot{x} = F(t) \rightarrow m\frac{\mathrm{d}\dot{x}}{\mathrm{d}t} = F(t), m\int_{\dot{x}_0}^{\dot{x}}\mathrm{d}\dot{x} = \int_0^t F(t)\mathrm{d}t \qquad \text{(如教材例 10 - 3)}$$

$\boldsymbol{F} = \boldsymbol{F}(x)$:

$$m\ddot{x} = F(x) \rightarrow m\frac{\mathrm{d}\dot{x}}{\mathrm{d}t}\frac{\mathrm{d}x}{\mathrm{d}t}\frac{\mathrm{d}t}{\mathrm{d}x} = F(x), m\int_{\dot{x}_0}^{\dot{x}}\dot{x}\,\mathrm{d}\dot{x} = \int_{x_0}^{x}F(x)\mathrm{d}x \quad \text{(如教材例 10 - 4)}$$

$\boldsymbol{F} = \boldsymbol{F}(\dot{x})$:

$$m\ddot{x} = F(\dot{x}) \rightarrow m\frac{\mathrm{d}\dot{x}}{\mathrm{d}t}\frac{\mathrm{d}x}{\mathrm{d}t}\frac{\mathrm{d}t}{\mathrm{d}x} = F(\dot{x}), m\int_{\dot{x}_0}^{\dot{x}}\frac{\dot{x}}{F(\dot{x})}\mathrm{d}\dot{x} = \int_{x_0}^{x}\mathrm{d}x$$

或者

$$m\frac{\mathrm{d}\dot{x}}{\mathrm{d}t} = F(\dot{x}), m\int_{\dot{x}_0}^{\dot{x}}\frac{1}{F(\dot{x})}\mathrm{d}\dot{x} = \int_0^t\mathrm{d}t \qquad \text{(如本书例 10 - 4)}$$

式中 x_0、$\dot{x}_0$ 分别为 $t=0$ 时质点运动的初始坐标和初始速度;x、$\dot{x}$ 分别为任意时 t 质点的位置坐标和速度。将初始条件定作积分下限;任意瞬时 t 的 x、$\dot{x}$ 作为积分上限。

(5) 质点运动微分方程的综合问题。在实际中所解的问题,如果是两类问题的综合,一题中既要求运动,又要求某些未知力。对这类问题,通常是先根据已知的力求加速度,然后再用加速度去求未知的反力。

2. 应用动静法解题时应注意的问题

(1) 质点的受力分析。除正确地分析质点所受的真实力(包括主动力和约束力)外,关键是在运动质点的受力图上正确地虚加惯性力 $\boldsymbol{F}_{\mathrm{g}} = -m\boldsymbol{a}$。而确定惯性力的关键是正确地分析质点的加速度 $\boldsymbol{a}$。对第一类问题加速度 $\boldsymbol{a}$ 是已知的,则受力图中 $\boldsymbol{F}_{\mathrm{g}}$ 的方向一定与 $\boldsymbol{a}$ 反向。对第二类问题,加速度 $\boldsymbol{a}$ 是未知的,则分别以 $\boldsymbol{a}_x$、$\boldsymbol{a}_y$ 表示加速度的两个分量,其方向均假设与 x、y 轴正向相同,即其投影 $a_x = \ddot{x}$、$a_y = \ddot{y}$。$\boldsymbol{F}_{\mathrm{g}x}$ 与 $\boldsymbol{F}_{\mathrm{g}y}$ 则与 x、y 轴的正向相反,其投影为 $F_{\mathrm{g}x} = -m\ddot{x}$ 与 $F_{\mathrm{g}y} = -m\ddot{y}$。同样,需将 $\boldsymbol{F}_{\mathrm{g}x}$、$\boldsymbol{F}_{\mathrm{g}y}$ 虚加在运动质点的受力图上。

(2) 列形式上的平衡方程。将全部的真实力与虚加的惯性力所构成的假想平衡力系向选定的坐标轴上投影,当运动轨迹已知时,宜采用自然坐标轴。投影时要注意正负号,列出正确的平衡方程。该方程实质上就是质点的运动微分方程,可以求解质点动力学的两类问题,其解法与求解运动微分方程完全相同。

练习题

A 判断题（下列命题你认为正确的在题后括号内打“√”，错误的打“×”）

10A－1 系在绳子上的小球作匀速圆周运动时，小球除受重力和绳子拉力作用外，还受向心力作用。（ ）

10A－2 一质点运动的速度愈大，在该瞬时它所受的力也愈大。（ ）

10A－3 物体质量的大小与其所处的位置无关；物体的重量与其所处的位置有关。（ ）

10A－4 因为物体的惯性，所以一切运动的物体均有惯性力。（ ）

10A－5 质点的惯性力并不真实地作用在质点，而是作用在使质点改变运动状态的施力物体上。（ ）

B 填空题

10B－1 动力学基本定律（牛顿三定律）适用于________坐标系。

10B－2 动力学基本方程是________。

10B－3 质点运动微分方程的两种基本形式是________，________。

10B－4 质点动力学的第一类问题是________，第二类问题是________。

10B－5 某物体重 980 N，其质量为________。

C 选择题

10C－1 两个质点的质量相同，在某段时间内所受的力也相同，则它们在该段时间内每一瞬时的运动状态是（ ）。

(a) 速度、加速度都相同　　(b) 速度相同，加速度不一定相同

(c) 加速度相同，速度不一定相同　　(d) 速度、加速度都不一定相同

10C－2 质点在常力作用下，其运动情况（ ）。

(a) 一定是作匀加速直线运动　　(b) 一定是作匀加速圆周运动

(c) 一定是作匀速圆周运动　　(d) 不定

10C－3 质点沿一平面曲线运动，其所受合力（ ）。

(a) 一定指向曲线的凸方　　(b) 一定指向曲线的凹方

(c) 一定指向曲线的切向　　(d) 一定指向曲线的法向

10C－4 两个质点 A、B，在其质量 $m_A > m_B$、加速度 $a_A < a_B$ 的情况下（ ）。

(a) 质点 A 的惯性力大　　(b) 质点 B 的惯性力大

(c) 两质点的惯性力相等　　(d) 难以确定二点惯性力谁大谁小

D 简答题

10D－1 何谓物体的质量与重量，二者有何联系？

10D－2 何谓运动的初始条件，它在求解运动微分方程中有何用途？

10D－3 试述质点的惯性力，并写出它的定义式。

10D－4 试述质点的达朗伯原理，并写出它的矢量方程式。

10D－5 何谓质点的动静法。

E 应用题

10E－1 如图10－5所示，汽车质量为1 500 kg，以匀速$v=10$ m/s驶过拱桥。设桥中点的曲率半径$\rho=50$ m。求汽车经过桥中点时对桥的正压力。

10E－2 如图10－6所示，物体M由绳索牵引沿倾角$\alpha=30°$的斜面上升，加速度$a=2$ m/s^2，物体所受重力$P=9.8$ kN，物体与斜面间的摩擦系数$\mu=0.2$，且绳与斜面平行，试求绳的拉力。

10E－3 物体质量为2 kg，沿水平直线按$S=t^4-2t^3+t^2$的规律运动，试求$t=3$ s时水平作用力。

10E－4 如图10－7所示，质量为3 kg的小球，在铅垂平面内摆动，绳长$l=0.8$ m。当$\theta=60°$时，绳的拉力为25 N。求这一瞬时小球的速度和加速度。

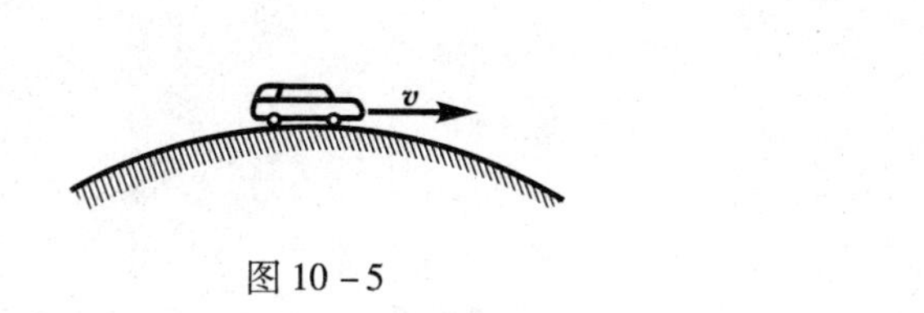

图10－5

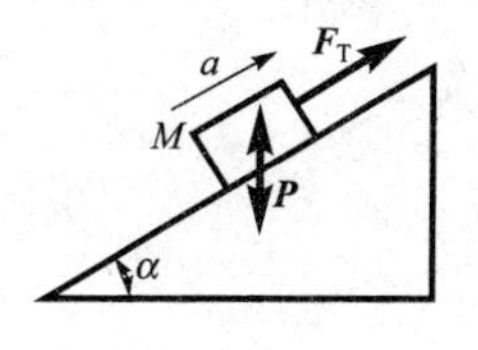

图10－6

10E－5 如图10－8所示，质量为m的球M用两根各长l的杆支持，球和杆一起以匀角速度ω绕铅垂轴AB转动，$AB=2a$，杆的两端均为铰接，杆重忽略不计，求各杆所受的力。

10E－6 如图10－9所示，一物体沿倾角为α的斜面向下运动。设物体的初速度为零，物体与斜面间的动摩擦系数μ'为常数，试求物体经过路程S时所需的时间。

10E－7 如图10－10所示，不前进的潜水艇质量为m，受到较小的沉力$\boldsymbol{P}$（重力与浮力的合力）向水底下潜。在沉力不大时，水的阻力可视为与下沉速度的一次方成正比，$F_R=kAv$。其中k为比例常数，A为潜艇的水平投影面积，v为下沉速度。当$t=0$时，$v=0$。求下沉速度和在时间T内潜艇下沉的路程。

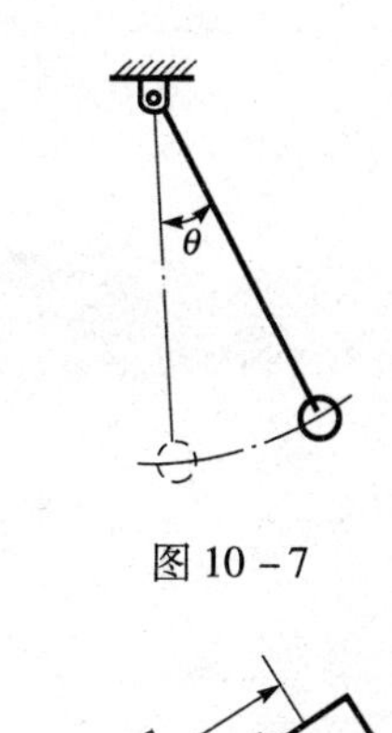

图10－7

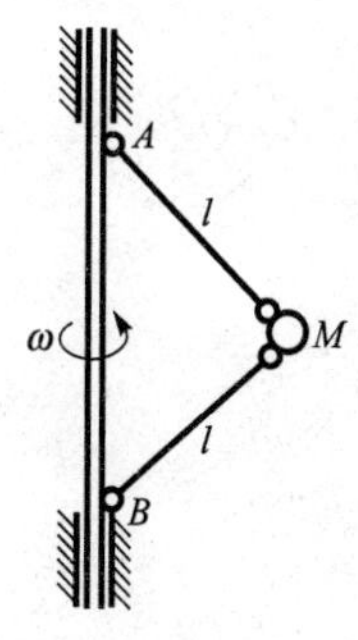

图10－8

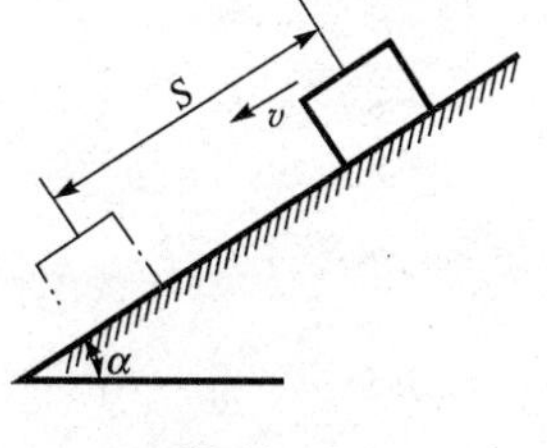

图10－9

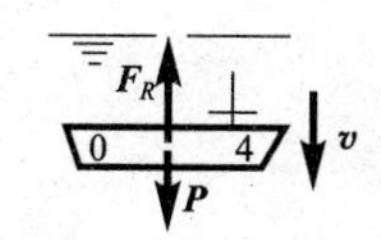

图10－10

应用题答案

10E－1　$F_N = 11.7$ kN

10E－2　$F_T = 8.59$ kN

10E－3　$F = 148$ N

10E－4　$v = 1.656$ m/s; $a = 1.96$ m/s^2

10E－5　$F_1 = \frac{ml}{2a}(a\omega^2 + g)$; $F_2 = \frac{ml}{2a}(a\omega^2 - g)$

10E－6　$t = \sqrt{2S/g(\sin\alpha - \mu'\cos\alpha)}$

10E－7　$v = \frac{P}{kA}(1 - e^{-\frac{kA}{m}t})$; $S = \frac{P}{kA}\left[T - \frac{m}{KA}(1 - e^{-\frac{kA}{m}T})\right]$

第11章 刚体动力学基础

11.1 内容提要

本章主要研究两个内容：① 研究刚体作基本运动时，作用在刚体上的力与刚体运动的关系，即建立刚体平动与转动的动力学方程，并介绍转动惯量的概念与计算方法；② 研究刚体运动时惯性力系的简化及刚体作基本运动时的动静法。重点是应用动力学方程和动静法求解刚体动力学两类问题。在此基础上，简单介绍刚体平面运动动力学方程和动静法，以使读者对这方面知识有所了解。

11.2 知识要点

1. 刚体基本运动的动力学方程

(1) 刚体平动的动力学方程。刚体平动的动力学问题可分为两种情况：

① 特殊情况。刚体的形状和大小可忽略不计时，可将刚体的平动视为一个质点的运动（通常用质心 C 代表），并建立其动力学方程。

② 一般情况。刚体的形状和大小不能忽略不计时，需将刚体的平动视为平面运动的特殊情况，并建立相应的动力学方程。

综上两种情况，列表 11－1 总结刚体平动的动力学方程。为便于与平面运动动力学方程对比，也将刚体平面运动动力学方程一并列于表中。

表 11－1

刚体运动类型		动力学方程（矢量形式）	运动微分方程（投影形式）	备 注
刚体平动	特殊情况	$m\boldsymbol{a}_C = \sum F_i^{(e)}$	$\left.\begin{aligned} ma_{Cx} &= \sum \boldsymbol{F}_x^{(e)} \\ ma_{Cy} &= \sum \boldsymbol{F}_y^{(e)} \end{aligned}\right\}$	为书写简便将 $\sum M_C(\boldsymbol{F}_i^{(e)})$ 写为 $\sum M_C^{(e)}$
刚体平动	一般情况	随质心平动：$m\boldsymbol{a}_C = \sum \boldsymbol{F}_i^{(e)}$ 绕质心转动：$\sum M_C^{(e)} = 0$	$\left.\begin{aligned} ma_{Cx} &= \sum \boldsymbol{F}_x^{(e)} \\ ma_{Cy} &= \sum \boldsymbol{F}_y^{(e)} \\ \sum M_C^{(e)} &= 0 \end{aligned}\right\}$	为书写简便将 $\sum M_C(\boldsymbol{F}_i^{(e)})$ 写为 $\sum M_C^{(e)}$

续表

刚体运动类型	动力学方程 （矢量形式）	运动微分方程 （投影形式）	备　注
刚体平面运动	随质心平动：$m\boldsymbol{a}_C=\sum \boldsymbol{F}_i^{(e)}$ 绕质心转动：$J_C\alpha=\sum m_C^{(e)}$	$\left.\begin{array}{l} ma_{Cx}=\sum \boldsymbol{F}_x^{(e)} \\ ma_{Cy}=\sum \boldsymbol{F}_y^{(e)} \\ J_C\alpha=\sum M_C^{(e)} \end{array}\right\}$	为书写简便将 $\sum M_C(\boldsymbol{F}_i^{(e)})$ 写为 $\sum M_C^{(e)}$

由表 11－1 可见，刚体平动的动力学方程，一般由两个方程组成，即随质心平动的刚体平动动力学方程（质心运动动力学方程）$m\boldsymbol{a}_C=\sum \boldsymbol{F}_i^{(e)}$ 和刚体绕质心的转动方程 $\sum M_C(\boldsymbol{F}_i^{(e)})=0$，所以在一般情况下，需联合应用这两个方程求解刚体平动的动力学问题。

（2）刚体转动的动力学方程。刚体转动的动力学方程见表 11－2。

由表 11－2 可见，刚体转动的动力学方程也是由两个方程组成的，即质心运动动力学方程 $m\boldsymbol{a}_C=\sum \boldsymbol{F}_i^{(e)}$ 和刚体转动动力学方程 $J_z\alpha=\sum M_z(F_i^{(e)})$。一般情况下需联合应用这两个方程求解刚体转动的动力学问题。

表 11－2

<table>
<tr><th colspan="2">刚体转动类型</th><th>动力学方程（矢量形式）</th><th>运动微分方程（投影形式）</th><th>备　注</th></tr>
<tr><td colspan="2">一般情况（转轴不过质心，作变速转动）</td><td>$\begin{cases} m\boldsymbol{a}_C=\sum \boldsymbol{F}_i^{(e)} \\ J_z\alpha=\sum M_z^{(e)} \end{cases}$</td><td>$\begin{cases} ma_{Cx}=\sum \boldsymbol{F}_x^{(e)} \\ ma_{Cy}=\sum \boldsymbol{F}_y^{(e)} \\ J_z\alpha=\sum M_z^{(e)} \end{cases}$ 或 $\begin{cases} ma_{C\tau}=\sum F_\tau^{(e)} \\ ma_{Cn}=\sum F_n^{(e)} \\ J_z\alpha=\sum M_Z^{(e)} \end{cases}$</td><td rowspan="4">$\begin{cases} a_{Cx}=\ddot{x}_C \\ a_{Cy}=\ddot{y}_C \end{cases}$
$\begin{cases} a_{C\tau}=\dfrac{\mathrm{d}v_C}{\mathrm{d}t}=e\alpha \\ a_{Cn}=\dfrac{v_C^2}{e}=e\omega^2 \end{cases}$
$\begin{cases} \omega=\dot{\varphi} \\ \alpha=\ddot{\varphi} \end{cases}$
φ：转角
e：偏心距</td></tr>
<tr><td rowspan="3">特殊情况</td><td>转轴过质心（$\boldsymbol{a}_C=0$），作变速转动</td><td>$\begin{cases} m\boldsymbol{F}_i^{(e)}=0 \\ J_z\alpha=\sum M_z^{(e)} \end{cases}$</td><td>$\begin{cases} \sum \boldsymbol{F}_x^{(e)}=0 \\ \sum \boldsymbol{F}_y^{(e)}=0 \\ J_z\alpha=\sum M_z^{(e)} \end{cases}$ 或 $\begin{cases} \sum F_\tau^{(e)}=0 \\ \sum F_n^{(e)}=0 \\ J_z\alpha=\sum M_z^{(e)} \end{cases}$</td></tr>
<tr><td>转轴不过质心，作匀速转动（$\alpha=0$）</td><td>$\begin{cases} m\boldsymbol{a}_C=\sum F_i^{(e)} \\ \sum M_z^{(e)}=0 \end{cases}$</td><td>$\begin{cases} ma_{Cx}=\sum F_x^{(e)} \\ ma_{Cy}=\sum F_y^{(e)} \\ \sum M_z^{(e)}=0 \end{cases}$ 或 $\begin{cases} \sum F_\tau^{(e)}=0 \\ ma_{Cn}=\sum F_n^{(e)} \\ \sum M_z^{(e)}=0 \end{cases}$</td></tr>
<tr><td>转轴过质心（$a_C=0$），匀速转动（$\alpha=0$）</td><td>$\begin{cases} \sum \boldsymbol{F}_i^{(e)}=0 \\ \sum M_z^{(e)}=0 \end{cases}$</td><td>$\begin{cases} \sum F_x^{(e)}=0 \\ \sum F_y^{(e)}=0 \\ \sum M_z^{(e)}=0 \end{cases}$ 或 $\begin{cases} \sum F_\tau^{(e)}=0 \\ \sum F_n^{(e)}=0 \\ \sum M_z^{(e)}=0 \end{cases}$</td></tr>
</table>

由以上两表可见：

① 不论刚体作何种运动，只要刚体的质心加速度不等于零（$\boldsymbol{a}_C\neq 0$），则质心的运动规律都由质心运动动力学方程 $m\boldsymbol{a}_C=\sum \boldsymbol{F}_i^{(e)}$ 来确定。

② 不论刚体作何种运动，只要刚体的角加速度不等于零（$\alpha\neq 0$），则刚体的转动规律由转动动力学方程确定（见表 11－3）。

表 11－3

刚体平动	$\sum M_z^{(e)}=0$(因为 $\alpha=0$)
刚体转动	$J_z\alpha=\sum M_z^{(e)}$
刚体平面运动	$J_C\alpha=\sum M_C^{(e)}$

要特别注意转动方程中的转动惯量与外力对轴的主矩(外力对轴之矩的代数和)都是指对转轴的,定轴转动的转轴是 z 轴;而平面运动中的转轴是质心轴 C(过质心 C 垂直于对称面的轴)。

2. 刚体的动静法

(1) 刚体惯性力系的简化。应用动静法求解刚体动力学问题的关键是掌握各种运动类型刚体惯性力系的简化结果。简化结果见表 11－4。

表 11－4

<table>
<tr><th colspan="3">刚体运动形式</th><th>简化中心</th><th>简化结果</th></tr>
<tr><td colspan="3">刚体平动</td><td>质心 C</td><td>主矢(合力)$\boldsymbol{F}_g=-m\boldsymbol{a}_C$;主矩 $M_{Cg}=0$</td></tr>
<tr><td rowspan="5">刚体平动</td><td colspan="2">一般情况
(转轴不过质心;变速转动)</td><td>转轴 $O(z)$</td><td>主矢 $\boldsymbol{F}_g=-m\boldsymbol{a}_C$;主矩 $M_{Og}=-J_O\alpha$</td></tr>
<tr><td rowspan="4">特殊情况</td><td>转轴过质心($\boldsymbol{a}_C=0$);
变速转动</td><td>转轴 $O(z)$</td><td>主矢 $F_g=0$; 主矩(合力偶矩)$M_{Og}=-J_O\alpha$</td></tr>
<tr><td>转轴不过质心;
匀速转动($\alpha=0$)</td><td>转轴 $O(z)$</td><td>主矢(合力)$F_g=F_{gn}=-m\boldsymbol{a}_{Cn}$;
主矩 $M_{Og}=0$</td></tr>
<tr><td>转轴过质心($\boldsymbol{a}_C=0$);
匀速转动($\alpha=0$)</td><td>转轴 $O(z)$</td><td>主矢 $\boldsymbol{F}_g=0$; 主矩 $M_{Og}=0$
(惯性力系自成平衡力系)</td></tr>
<tr><td colspan="4" style="display:none"></td></tr>
<tr><td colspan="3">刚体平面运动</td><td>质心 C</td><td>主矢 $\boldsymbol{F}_g=-ma_C$; 主矩 $M_{Cg}=-J_C\alpha$</td></tr>
</table>

由上表可见:

① 不论刚体作何种运动,只要刚体质心有加速度,就有惯性力主矢 $\boldsymbol{F}_g=-m\boldsymbol{a}_C$,方向与加速度相反。在应用动静法时必须将该主矢虚加在简化中心。但主矢的大小和方向均与简化中心无关。

② 不论刚体作何种运动,只要有角加速度,就有惯性主矩,作转动时为 $M_{Og}=-J_O\alpha$,作平面运动时为 $M_{Cg}=-J_C\alpha$。惯性主矩的转向与角加速度相反。在应用动静法时需将该主矩虚加在转动的刚体上。主矩与简化中心有关,式中的转动惯量 J_O、J_C 均指对过简化中心 O、C 之转轴的转动惯量。

(2) 动静法在刚体动力学中的应用。在运动的刚体上虚加惯性力后,则刚体所受的真实力(主动力与约束力)与惯性力构成形式上的平衡力系,于是可应用静力学列写平衡方程的方法求解。其平衡方程实质上是刚体动力学方程的投影形式(刚体运动微分方程)移项的结果。为便于读者掌握,下面列表对照(表 11－5)。

表 11－5

刚体运动形式	刚体运动微分方程	平衡方程(动静法)	备注
刚体平动	$ma_{Cx}=\sum F_x^{(e)}$ $ma_{Cy}=\sum F_y^{(e)}$ $\sum M_C(F_i^{(e)})=0$	$\sum F_x^{(e)}=F_{gx}=0 \quad F_{gx}=-ma_{Cx}$ $\sum F_y^{(e)}=F_{gy}=0 \quad F_{gy}=-ma_{Cy}$ $\sum M_C(\boldsymbol{F}_i^{(e)})+M_{Cx}=0,\quad M_{Cg}=0$	
刚体定轴转动	$ma_{Cx}=\sum F_x^{(e)}$ $ma_{Cy}=\sum F_y^{(e)}$ $J_O\alpha=\sum M_O(\boldsymbol{F}_i^{(e)})$	$\sum F_x^{(e)}=F_{gx}=0 \quad F_{gx}=-ma_{Cx}$ $\sum F_y^{(e)}=F_{gy}=0 \quad F_{gy}=-ma_{Cy}$ $\sum M_O(\boldsymbol{F}_i^{(e)})+M_{Og}=0,\quad M_{Og}=-J_O\alpha$	自然坐标形式的运动微分方程略
刚体平面运动	$ma_{Cx}=\sum F_x^{(e)}$ $ma_{Cy}=\sum F_y^{(e)}$ $J_C\alpha=\sum M_C(\boldsymbol{F}_i^{(e)})$	$\sum F_x^{(e)}=F_{gx}=0 \quad F_{gx}=-ma_{Cx}$ $\sum F_y^{(e)}=F_{gy}=0 \quad F_{gy}=-ma_{Cy}$ $\sum M_C(\boldsymbol{F}_i^{(e)})+M_{Cg}=0,\quad M_{Cg}=-J_C\alpha$	

3. 刚体的转动惯量

(1) 转动惯量是刚体转动惯性的度量。

(2) 转动惯量的定义：$J_z=\sum m_i r_i^2=\int_m r^2\,\mathrm{d}m$

(3) 转动惯量的计算：

① 简单规则均质几何形体对质心轴的转动惯量可查阅教材的表 11－1。应记住常用刚体的转动惯量是均质细杆、均质圆盘(圆柱)、均质圆环对质心轴 z_C 的转动惯量，分别为 $J_{zC}=ml^2/12$、$J_{zC}=mR^2/2$、$J_{zC}=mR^2$ 等。

② 利用回转半径求转动惯量：$J_z=m\rho_z^2$

③ 应用平行移轴定理：$J_z=J_{zC}+md^2$。式中：z 轴 // z_C 轴，z_C 为质心轴，d 为两轴间的距离。

11.3 解题指导

求解刚体动力学问题可选用动力学方程或动静法，其解题步骤和注意事项如下：

1. 应用刚体的动力学方程解题

应用刚体各种运动(平动、转动以及平面运动)的动力学方程求解刚体动力学的两类问题，与应用质点动力学基本方程求解质点动力学的两类问题有相同的思路和步骤，但要注意刚体的运动和受力等特点。

(1) 选取研究对象。刚体动力学问题中，经常遇到刚体系统的问题。在解题时只能是选单个的刚体为研究对象。对于两个或两个以上刚体所组成的系统，必须取单个刚体为分离体，分别进行研究。

(2) 分析刚体所受的力。要分析刚体所受的全部外力(主动力和约束力)。刚体所受的力，一般是平面任意力系。要注意它们对刚体的作用效果：力系的主矢，即力系的矢量和，将影响刚体质心运动状态的变化；力系的主矩，即力系对转轴之矩的代数和，将影响刚体绕转轴转动状态的变化 。

（3）分析运动。分析刚体运动的类型。无论刚体作哪种运动都要分析其质心的加速度；对于转动和平面运动的刚体还要分析其角加速度。

（4）列运动微分方程。根据刚体运动的类型，确定它的动力学方程式（按表 11－1、表 11－2），选择适当的投影轴，列写相应的运动微分方程，求解运算。

2. 应用刚体的动静法解题

（1）选取研究对象。应用动静法求解刚体动力学问题时，对于刚体系统问题，可选整体为研究对象，也可以选单个或部分物体为研究对象（与静力学中解物体系统平衡问题一样，可以灵活地选取研究对象）。由此可见，应用动静法解题比应用动力学方程解题有其优越性。

（2）分析力。同应用动力学方程一样，分析刚体所受到的全部外力（主动力和约束力）。

（3）分析运动与虚加惯性力。动静法的关键是正确计算和施加惯性力，一定要按表 11－5 所示的简化结果，对所研究的对象施加惯性力。

（4）列平衡方程。根据受力图上的全部力（真实力和虚加的惯性力）所组成的平衡力系列写相应的平衡方程。在列写力矩方程时，可以对任一点（轴）取矩，其矩心不受任何条件限制。

例 11－1　均质杆 AB 长 $l=1$ m，质量 $m=9.8$ kg，A 端用铰链与 D 架相连，B 端靠于 D 架的垂直壁上。今 D 架以 $a=2$ m/s^{2}的加速度向左运动（图11－1），不计摩擦，求 A、B 处的约束反力。

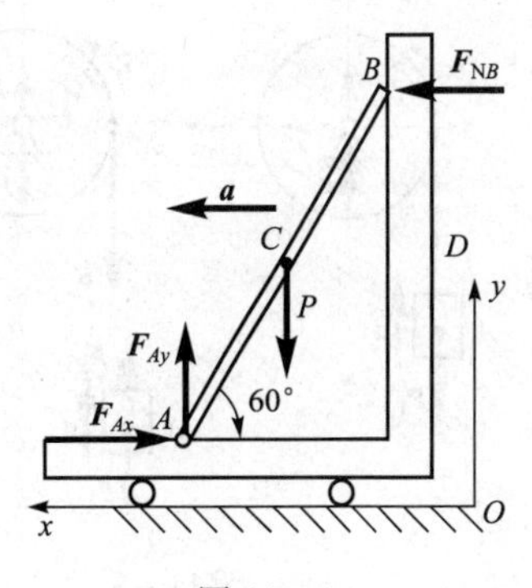

图 11－1

解一　应用动力学方程

研究对象　杆 AB

分析力　重力 $\boldsymbol{P}$ 及约束反力 $\boldsymbol{F}_{Ax}$、$\boldsymbol{F}_{Ay}$、$\boldsymbol{F}_{NB}$。

分析运动　杆 AB 作直线平动，加速度为 $\boldsymbol{a}$，如图示。

列运动微分方程　坐标系 Oxy 如图示。

$$ma_{Cx}=\sum F_x{}^{(e)},ma=-F_{Ax}+F_{NB} \quad (1)$$

$$ma_{Cy}=\sum F_y{}^{(e)},0=F_{Ay}-P \quad (2)$$

$$\sum M_C(\boldsymbol{F}_i{}^{(e)})=0,F_{Ax}\frac{l}{2}\sin 60°-F_{Ay}\frac{l}{2}\cos 60°+F_{NB}\frac{l}{2}\cos 30°=0 \quad (3)$$

由式(2)得　　$F_{Ay}=P=mg=(9.8\times 9.8)\text{N}=96.04\text{ N}$

将 F_{Ay}值代入式(3)，并联立式(1)、式(3)求解，得

$$F_{Ax}=\frac{1}{2}\left(\frac{1}{\sqrt{3}}F_{Ay}-ma\right)=\frac{1}{2}\left(\frac{1}{\sqrt{3}}\times 96.04-9.8\times 2\right)\text{N}=17.9\text{N}$$

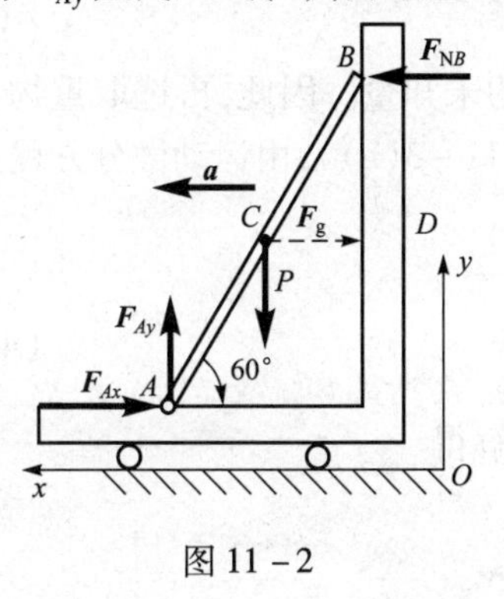

图 11－2

将 F_{Ax}值代入式(1)得

$$F_{NB}=F_{Ax}+ma=(17.9+9.8\times 2)\text{N}=37.5\text{ N}$$

解二　应用动静法

研究对象　杆 AB

分析力　受力如图 11－2 所示。

分析运动及惯性力　杆以加速度 $\boldsymbol{a}$ 向左作直线平动，所以

惯性力 $\boldsymbol{F}_g = -m\boldsymbol{a}_C = -m\boldsymbol{a}$，将惯性力 $\boldsymbol{F}_g$ 虚加在质心 C 上，如图示。

列平衡方程 坐标系 Oxy 如图示。

$$\sum F_x = 0, -F_{Ax} - F_g + F_{NB} = 0 \tag{1}$$

$$\sum F_y = 0, F_{Ay} - P = 0 \tag{2}$$

$$\sum M_C(\boldsymbol{F}_i) = 0, F_{Ax}\frac{l}{2}\sin 60° - F_{Ay}\frac{l}{2}\cos 60° + F_{NB}\frac{l}{2}\cos 30° = 0 \tag{3}$$

以上三个方程与"解一"所列的三个方程完全相同。自然，其解也完全相同。

分析与讨论

应用动力学方程求解时，其力矩方程的矩心只能是质心 C，即 $\sum M_C(\boldsymbol{F}_i^{(e)}) = 0$，绝不能以另外的矩心列力矩方程，否则必定是错误的；然而动静法中的力矩方程，其矩心可以是任意一点。如本例中可对点 A（或点 B）列矩方程，即

$$\sum M_A(\boldsymbol{F}_i) = 0, F_{NB}l\cos 30° - F_g\frac{l}{2}\sin 60° - P\frac{l}{2}\cos 60° = 0$$

由该方程可直接求得 $F_{NB} = 37.5$ N，将 F_{NB} 值再代入投影方程（1）便可求得 $F_{Ax} = 17.9$ N。显然，这样列力矩方程更为简便。

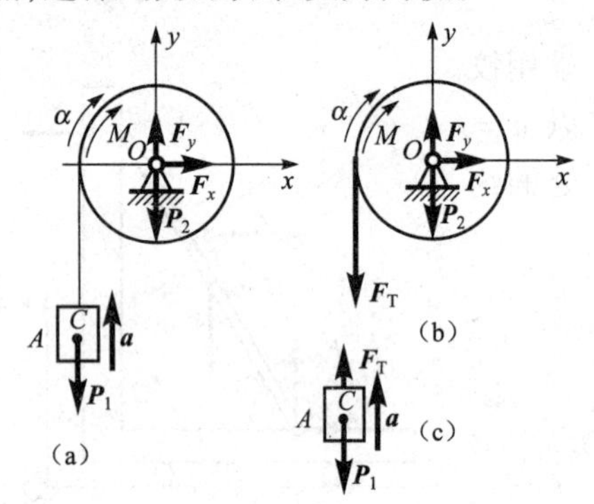

图 11－3

例 11－2 提升机构如图 11－3(a)所示，被提升的重物 A 质量为 m_1，鼓轮质量为 m_2、半径为 r。启动时，电动机给鼓轮的驱动力矩为 M。求启动时重物上升的加速度、钢绳的拉力及轴承 O 的反力。鼓轮视为均质圆轮，且转轴过质心。

解一 应用动力学方程

研究对象 鼓轮、重物系统由两个物体组成，必须将其拆开分别研究。首先取鼓轮为研究对象，如图 11－3(b)所示。

分析力 重力 $\boldsymbol{P}_2$，驱动力矩 M 及钢绳拉力 $\boldsymbol{F}_T$，轴承反力 $\boldsymbol{F}_x$、$\boldsymbol{F}_y$。

分析运动 鼓轮作定轴转动，设角加速度为 α，如图 11－3(b)所示。

列运动微分方程 坐标系 Oxy 如图 11－3(b)所示。

$$J_O\alpha = \sum M_O(F_x^{(e)}), J_O\alpha = M - F_T r \tag{1}$$

$$\sum F_x^{(e)} = 0, F_x = 0 \tag{2}$$

$$\sum F_y^{(e)} = 0, F_y - P_2 - F_T = 0 \tag{3}$$

由式（1）、式（3）可知两个方程中有三个未知量，不能求出所需求的未知量。因此，再选取重物 A 为研究对象，受力如图 11－3(c)所示，以加速度 $\boldsymbol{a}$ 作直线平动（图 11－3(c)），由运动微分方程

$$m_1 a_{Cy} = \sum F_y^{(e)}$$

有

$$m_1 a = F_T - P_1 \tag{4}$$

将 $a = r\alpha$ 代入式（4）、$J_O = \frac{m_2 r^2}{2}$ 代入（1），并联方式（1）、式（4）求解得

$$\left(\frac{1}{2}m_2 + m_1\right)r^2\alpha = M - P_1 r$$

$$\alpha=\frac{2(M-m_1gr)}{(2m_1+m_2)r^2}$$

所以重物上升的加速度

$$a=r\alpha=\frac{2(M-m_1gr)}{(2m_1+m_2)r}$$

将 a 值代入式(4),求得钢绳的拉力为

$$F_T=m_1g+\frac{2m_1(M-m_1gr)}{(2m_1+m_2)r}$$

将 F_T 值代入式(3)求得轴承反力为

$$F_y=(m_1+m_2)g+\frac{2m_1(M-m_1gr)}{(2m_1+m_2)r}$$

解二　应用动静法

研究对象　应用动静法求解时,可按“解一”的作法,分别以鼓轮、重物为研究对象,也可选整体为研究对象。现选鼓轮、重物所组成的系统为研究对象(图 11－4(a))。

分析力　受力如图 11－4(a)所示。

分析运动及惯性力　由于重物作直线平动,故惯性力为 $\boldsymbol{F}_{g1}=-m_1\boldsymbol{a}$,将 $\boldsymbol{F}_{g1}$ 虚加在质心 C 上,方向与 $\boldsymbol{a}$ 相反;鼓轮作转动,转轴过质心,故有惯性矩 $M_{Og}=-J_O\alpha$,将 M_{Og} 虚加在鼓轮上,转向与 α 的转向相反,如图 11－4(a)所示。

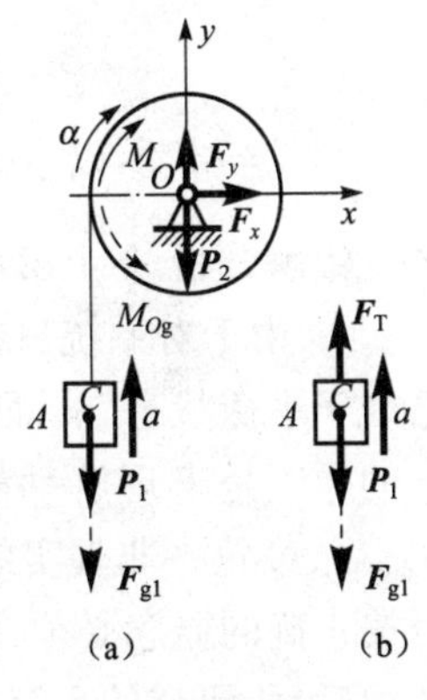

图 11－4

列平衡方程

$$\sum \boldsymbol{M}_O(\boldsymbol{F}_i)=0,\ M-M_{Og}-P_1r-F_{g1}r=0$$

$$M-J_O\alpha-m_1gr-m_1ar=0$$

$$a=\frac{2(M-m_1gr)}{(2m_1+m_2)r}$$

$$\sum F_x=0,\ F_x=0$$

$$\sum F_y=0,\ F_y-P_2-P_1-F_{g1}=0$$

$$F_y=(m_1+m_2)g+\frac{2m_1(M-m_1gr)}{(2m_1+m_2)r}$$

再取重物 A 为研究对象,受力如图 11－4(b)所示。惯性力 $\boldsymbol{F}_{g1}=-m_1\boldsymbol{a}$(图 11－4(b))。由平衡方程

$$\sum F_y=0, F_T-P_1-\boldsymbol{F}_{g1}=0$$

$$F_T=m_1g+m_1a=m_1g+\frac{2m_1(M-m_1gr)}{(2m_1+m_2)r}$$

分析与讨论

(1) 比较上述两种解法,由于应用动静法时可灵活地选取研究对象,因此解题过程比较简便。

(2) 由求解的结果 $a=2(M-m_1gr)/[(2m_1+m_2)r]$ 可知,当驱动力矩 $M>m_1gr$ 时,a 为正($\boldsymbol{a}$ 的方向向上),重物加速度上升,这是启动过程;当 $M=m_1gr$ 时,$a=0$,重物匀速上升,这

是稳定工作过程；当 $M<m_1gr$ 时，a 为负值（$\boldsymbol{a}$ 的方向向下），即重物减速上升，这是制动过程。由轴承反力 $\boldsymbol{F}_y$ 和钢绳拉力 $\boldsymbol{F}_{\mathrm{T}}$ 的表达式可见，它们都由两部分组成，即：$F_y=(m_1+m_2)g+m_1a=(m_1+m_2)g+2m_1(M-m_1gr)/[(2m_1+m_2)r]$；$\boldsymbol{F}_{\mathrm{T}}=m_1g+m_1a=m_1g+2m_1(M-m_1gr)/[(2m_1+m_2)r]$。由 F_y 及 $\boldsymbol{F}_{\mathrm{T}}$ 的表达式可知，第一部分是由于重力引起的，属于静反力；第二部分是由于物体运动状态的变化（即加速方式 $\boldsymbol{a}$）引起的，这是附加的动反力。显然，当加速度 $a=0$，即重物匀速上升时，其附加动反力就不再存在，只有静反力 $F_y=(m_1+m_2)g$，$F_{\mathrm{T}}=m_1g$。

（3）错误解答。如图 11－5 所示，取整体为研究对象，在鼓轮上加惯性矩 $M_{O\mathrm{g}}=-J_O\alpha$，列平衡方程

$$\sum M_O=(\boldsymbol{F}_i)=0,\ M-M_{O\mathrm{g}}-P_1r=0$$

$$M+J_O\alpha-P_1r=0$$

$$M+\frac{1}{2}m_2r^2\alpha-m_1gr=0$$

因 $a=r\alpha$，所以 $\alpha=\dfrac{2(m_1gr-M)}{m_2r}$

错解分析 上解有两处概念性错误：

① 由于对系统只在鼓轮上加了一个惯性力矩 $M_{O\mathrm{g}}$，就误认为鼓轮已处于平衡状态，从而重物 A 也就处于平衡状态了。产生这种错误概念的原因是未理解动静法的实质和它的应用。即在鼓轮上加惯性矩 $M_{O\mathrm{g}}$后，鼓轮并非真实的平衡，因而也不存在重物的平衡。应用动静法时按正确的概念必须在每一有运动状态变化的物体上都相应地虚加惯性力后，所研究的系统才在全部力（包括真实力和惯性力）作用下处于假想的平衡状态。本题错解错在漏加了重物 A 的惯性力 $\boldsymbol{F}_{\mathrm{g1}}=-m_1\boldsymbol{a}$。

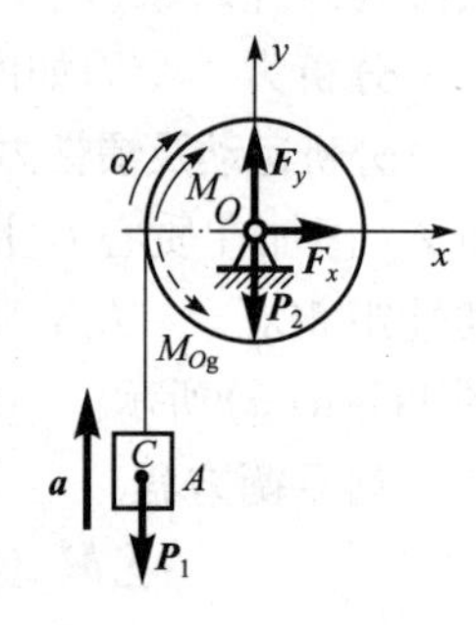

图 11－5

② 错解中将方程中的 $M_{O\mathrm{g}}$ 代入了 $-J_O\alpha$，这也是概念性错误。$M_{O\mathrm{g}}=-J_O\alpha$，其负号已经反映在图上，即 $M_{O\mathrm{g}}$ 与 α 的转向相反。所以在方程中不能再代入 $M_{O\mathrm{g}}=-J_O\alpha$ 中的“－”号。同样，对惯性力 $\boldsymbol{F}_{\mathrm{g}}=-m\boldsymbol{a}$ 的问题，也必须用正确的概念来处理。

例 11－3 两带轮的半径各为 r_1 和 r_2，两轮的质量各为 m_1 和 m_2，均视为均质圆盘，两轮以带相连，各绕定轴 O_1、O_2 转动，小轮上作用一主动力矩 M，大轮受一阻力矩 M'。略去带轮的重力和轴承摩擦，求小轮的角加速度（图 11－6(a)）。

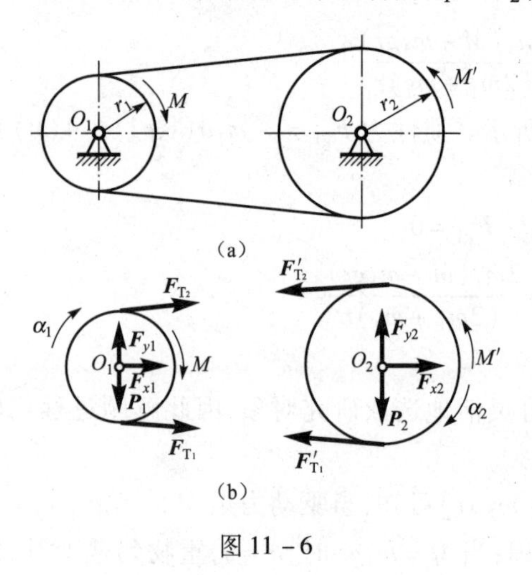

图 11－6

解 本题仍然可用两种方法求解。但必须指出，系统中含有两个或两个以上转动刚体时，不论选用哪种方法都需分别取各转动刚体为研究对象，而不能取整个系统。因为这样的多轴转动系统与例 11－2 所示的单轴转动系统不同，由于系统内轴承反力过多，如果以系统为研究对象难以求解。下面只用动力学方程的方法求解。

研究对象 分别取大轮和小轮

分析力 如图 11－6(b)所示。

分析运动　两轮均作定轴转动,角加速度待求。

列运动微分方程

轮 O_1:
$$J_{O_1}\alpha_1 = M - F_{T_1}r_1 + F_{T_2}r_1 \quad (1)$$

轮 O_2:
$$J_{O_2}\alpha_2 = F'_{T_1}r_2 - F'_{T_2}r_2 - M'$$

将 $J_{O_1}=m_1r_1^2/2$、$J_{O_2}=m_2r_2^2/2$ 及 $\alpha_2=r_1\alpha_1/r_2$、$F_{T_1}=F'_{T_1}$、$F_{T_2}=F'_{T_2}$代入以上二式,并联立解得

$$\alpha_1=\frac{2(Mr_2-M'r_1)}{(m_1+m_2)r_1^2r_2}$$

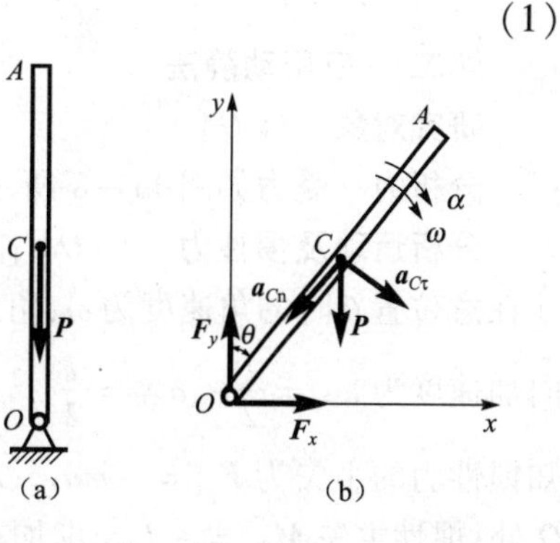

图 11－7

例 11－4　均质杆质量 m、长为 l,设杆在最高位置处(图 11－7(a))受到微小的初干扰,可视其为无初速地开始绕 O 轴转动。求当杆经过水平位置时轴承 O 处的反力。

解一　应用动力学方程

研究对象　杆 OA

分析力　在任意位置(杆与铅垂线的夹角为 θ)处分析力,如图 11－7(b)所示。

分析运动　杆 OA 作转动。设任意位置 θ 时杆的角速度为 ω、角加速度为 α,均系待求的未知量。质心 C 的切向加速度 $a_{C\tau}=\dfrac{l}{2}\alpha$、法向加速度 $a_{Cn}=\dfrac{l}{2}\omega^2$,方向如图所示。

解题思路是先由转动动力学方程求得运动(α、ω 及 $a_{C\tau}$、a_{Cn}),然后再由质心运动动力学方程求得轴承反力。

列运动微分方程　坐标系 Oxy 如图示。

由
$$J_O\alpha=\sum M_O(\boldsymbol{F}_i^{(e)})$$

得
$$\frac{1}{3}ml^2\alpha=mg\,\frac{l}{2}\sin\theta$$

$$\alpha=\frac{3g}{2l}\sin\theta$$

由于 $\alpha=\dfrac{\mathrm{d}\omega}{\mathrm{d}t}=\dfrac{\mathrm{d}\omega}{\mathrm{d}\theta}\,\dfrac{\mathrm{d}\theta}{\mathrm{d}t}=\omega\,\dfrac{\mathrm{d}\omega}{\mathrm{d}\theta}$

所以
$$\int_0^{\omega}\omega\mathrm{d}\omega=\frac{3g}{2l}\int_0^{\theta}\sin\theta\mathrm{d}\theta$$

$$\frac{1}{2}\omega^2=-\frac{3g}{2l}(\cos\theta-1)$$

$$\omega^2=\frac{3g}{l}(1-\cos\theta)$$

故
$$a_{C\tau}=\frac{l}{2}\alpha=\frac{3g}{4}\sin\theta,\ a_{Cn}=\frac{l}{2}\omega_2=\frac{3g}{2}(1-\cos\theta)$$

$$ma_{Cx}=\sum F_x^{(e)},\ ma_{C\tau}\cos\theta-ma_{Cn}\sin\theta=F_x \quad (2)$$

$$ma_{Cy}=\sum F_y^{(e)},\ -ma_{C\tau}\sin\theta-ma_{Cn}\cos\theta=F_y-mg \quad (3)$$

将 $a_{C\tau}=\dfrac{3g}{4}\sin\theta$、$a_{Cn}=\dfrac{3g}{2}(1-\cos\theta)$及 $\theta=\dfrac{\pi}{2}$代入式(2)、式(3)便求得杆 OA 在水平位置时的

轴承反力,即

$$F_x = -\frac{3}{2}mg;F_y = \frac{1}{4}mg$$

解二　应用动静法

研究对象　杆 OA

分析力　受力如图 11－8 所示。

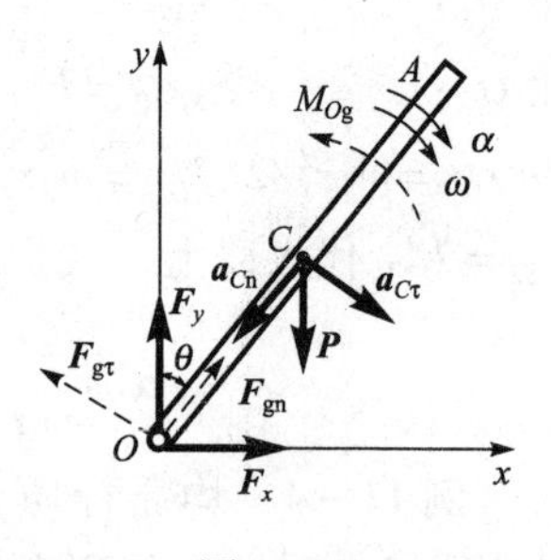

图 11－8

分析运动及惯性力　杆 OA 作转动,转轴与质心不重合。设杆在任意位置 θ 时的角速度为 ω、角加速度为 α,则质心 C 的切向与法向加速度为 $a_{C\tau}=\frac{l}{2}\alpha$、$a_{Cn}=\frac{l}{2}\omega^2$,方向如图示。根据运动分析,可知惯性力的主矢为 $\boldsymbol{F}_{g\tau}=-m\boldsymbol{a}_{C\tau}$、$\boldsymbol{F}_{gn}=-m\boldsymbol{a}_{Cn}$,应将其虚加在转轴 O 处;惯性主矢 $M_{Og}=-J_O\alpha$ 虚加在转动的杆 OA 上,如图所示。

列平衡方程

$$\sum M_O(\boldsymbol{F}_i)=0,mg\frac{l}{2}\sin\theta-M_{Og}=0$$

$$mg\frac{l}{2}\sin\theta-J_O\alpha=0 \tag{1}$$

$$\sum F_x=0,-F_{g\tau}\cos\theta+F_{gn}\sin\theta+F_x=0$$

$$-ma_{C\tau}\cos\theta+ma_{Cn}\sin\theta+F_x=0 \tag{2}$$

$$\sum F_y=0,F_{g\tau}\sin\theta+F_{gn}\cos\theta+F_y-mg=0$$

$$ma_{C\tau}\sin\theta+ma_{Cn}\cos\theta+F_y-mg=0 \tag{3}$$

上述三个方程与“解一”的三个方程完全相同,所以其解也必然相同。

分析与讨论

应用动静法时,如果在受力图中丢掉任一惯性主矢 $\boldsymbol{F}_{g\tau}$、$\boldsymbol{F}_{gn}$或惯性主矢 M_{Og}都必然导致错误结果;或者未将主矢 $F_{g\tau}$、F_{gn}正确地虚加在简化中心(转轴 O)上,而错加在质心 C 上,也必会出现错误的结果。

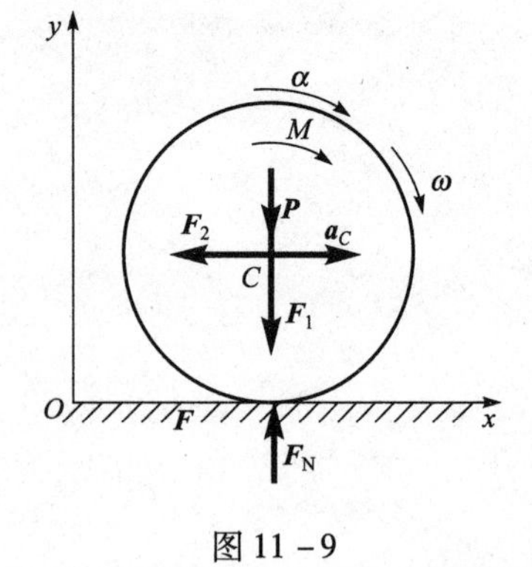

图 11－9

例 11－5　汽车的主动轮质量为 m、半径为 r,沿水平直线轨道滚动。设车轮所受的主动力可简化为作用在质心的两个力 $\boldsymbol{F}_1$、$\boldsymbol{F}_2$ 及驱动力矩 M;车轮对于通过质心 C 并垂直于轮盘的轴的回转半径为 ρ。试求车轮在纯滚动条件下,质心 C 的加速度及地面的反力(图 11－9)。

解一　应用动力学方程

研究对象　车轮

分析力　已知的主动力为 $\boldsymbol{F}_1$、$\boldsymbol{F}_2$,重力 $\boldsymbol{P}$ 及驱动力矩 M,地面的摩擦力 $\boldsymbol{F}$ 及正压力 $\boldsymbol{F}_N$,如图 11－9 所示。

分析运动　车轮沿直线轨道作平面运动,设轮心的加速度为 $\boldsymbol{a}_C$,车轮的角加速度为 α。由于车轮作纯滚动,所以 $\boldsymbol{a}_C=r\alpha$。$\boldsymbol{a}_C$ 与 α 均为未知的待求量。

列运动微分方程　坐标系 Oxy 如图示。

$$ma_{Cx}=\sum \boldsymbol{F}_x^{(e)},ma_C=F-F_2 \tag{1}$$

$$ma_{Cy}=\sum F_y^{(e)},0=F_N-F_1-P \tag{2}$$

$$J_C\alpha = \sum M_C(F_i^{(e)}),J_{C\alpha} = M - Fr \tag{3}$$

由式(2)解得 $F_N = F_1 + P$

将 $J_C = m\rho^2$ 及 $\alpha = a_C/r$ 代入式(3),并与式(1)联立求解得

$$a_C = \frac{(M - F_2 r)r}{m(\rho^2 + r^2)}$$

$$F = \frac{(M - F_2 r)r}{\rho^2 + r^2} + F_2$$

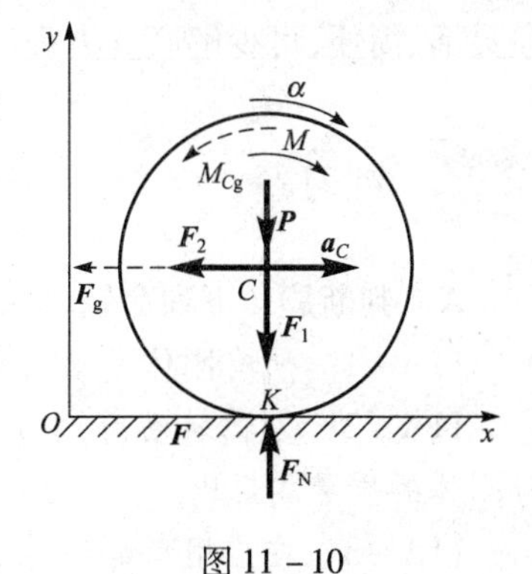

图 11-10

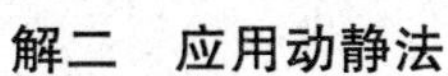

解二　应用动静法

研究对象　车轮

分析力　受力如图 11-10。

分析运动及惯性力　车轮沿直线作平面运动,$\boldsymbol{F}_g = -m\boldsymbol{a}_C$,$M_{Cg} = -J_O\alpha$,如图所示。

列平衡方程

$\sum F_x = 0, F - F_2 - F_g = 0$

$$F - F_2 - ma_C = 0 \tag{1}$$

$$\sum F_y = 0, F_N - F_1 - P = 0 \tag{2}$$

$\sum M_C(\boldsymbol{F}_i) = 0,$

$$M - Fr - M_{Cg} = 0$$

$$M - Fr - J_O\alpha = 0 \tag{3}$$

上述三个方程与“解一”的三个方程完全相同,所以其解也必然相同。

分析与讨论

应用动静法时,力矩方程的矩心可取在质心 C,也可取任一点。如取车轮与地面的接触点 K 为矩心,列力矩方程,求解过程则更简便,即

$$\sum M_K(\boldsymbol{F}_i) = 0, M - M_{Cg} - F_2 r - F_g r = 0$$

$$M - J_O\alpha - F_2 r - ma_C r = 0$$

$$M - m\rho^2\frac{a_C}{r} - F_2 r - ma_C r = 0$$

$$a_C = \frac{(M - F_2 r)r}{M(\rho^2 + r^2)}$$

解题小结

求解平动、转动刚体及其组合系统的动力学问题,可选用动力学方程和动静法中的任一种。

要求在理解的基础上牢记平动与转动的动力学方程(一般情况下,它们都是由两个方程组合的方程组),以及平动与转动刚体的惯性力系的简化结果,并将其正确地画在受力图上。并且要熟练掌握每种方法的解题思路、步骤及注意事项。对此,上面的例题分析中已作了充分的阐明,必须认真地阅读、领会。

应用动力学方程与动静法求解,各具优点。对单个刚体的动力学问题,应用动力学方程求解比较简便,不需要考虑惯性力的问题,而且物理概念清晰。对平动与转动刚体的组合系统,用动静法求解,在选取研究对象上比较灵活,可选单个刚体,也可选部分刚体或整体,这样可少解联立方程,使解题过程简便(如本书例 11-2 的解二)。但必须强调指出,对两个或两个以上转动刚体的组合系统,无论应用哪种方法,所选取的研究对象中只能含一个转动刚体(如本

书例 11－3）。在应用动静法列力矩方程$\sum M_O(\boldsymbol{F}_i)=0$时，其矩心$O$是任意的点，因此解题比较灵活、简便，可少解联立方程（如教材例 11－7，本书例 11－1、例 11－5）。

练习题

A 判断题（下列命题你认为正确的在题后括号内打“√”，错误的打“×”）

11A－1 所有刚体平动的动力学问题都可简化为一个质点的动力学问题。 （ ）

11A－2 刚体转动时，其质心的加速度与刚体所受的外力矢量和（外力主矢）成正比，而与刚体的质量成反比。 （ ）

11A－3 在应用动静法对运动状态变化的刚体施加惯性力时，其主矢的作用位置一定在惯性力系的简化中心上。 （ ）

11A－4 对刚体组合系统应用动静法时，只须在主动件上正确加上惯性力（包括惯性力偶），而不必再考虑从动件的惯性力，因为当主动件平衡时，其从动件也必然处于平衡。 （ ）

B 填空题

11B－1 平动刚体的形状、大小可忽略不计时，其平动的动力学方程是________。

11B－2 平动刚体的形状、大小不可忽略不计时，其平动的动力学方程是________，________。

11B－3 转动刚体的动力学方程是________，________。

11B－4 刚体运动时，其质心运动的动力学方程是________。

11B－5 转动惯量的定义式是________，转动惯量的平行移轴定理的表达式是________。

C 选择题

11C－1 如图 11－11 所示，均质圆轮质量为m_1，重物质量为m_2，绳重不计，则圆轮转动动力学方程为 （ ）

(a) $\frac{1}{2}m_1R^2\alpha=m_2gR$　　(b) $\frac{1}{2}m_1R^2\alpha=-m_2gR$

(c) $\left(\frac{1}{2}m_1R^2+m_2R^2\right)\alpha=m_2gR$　　(d) $\left(\frac{1}{2}m_1R^2+m_2R^2\right)\alpha=-m_2gR$

11C－2 均质细长杆AB长l，质量为m，绕A轴作转动（图 11－2）。已知在图示位置时，杆的角速度$\omega=0$，角加速度为α，则该瞬时杆AB的惯性力系简化结果为 （ ）

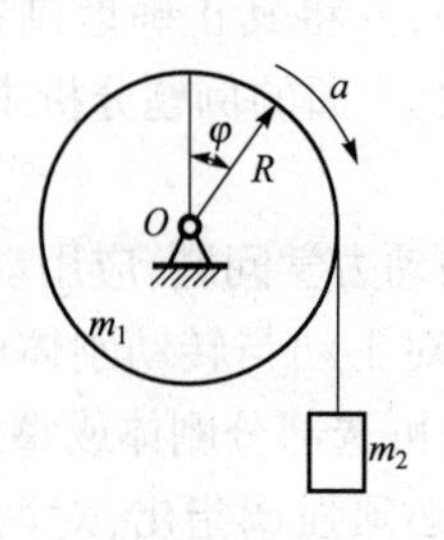

图 11－11

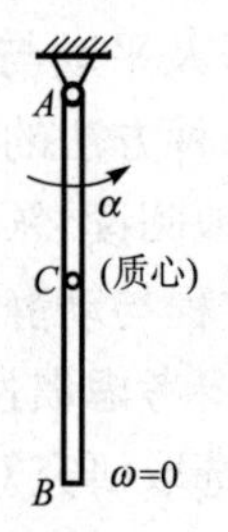

图 11－12

(a) 主矢 $F_g = m\frac{l}{2}\alpha$(作用于A,←)

主矩 $M_{Ag} = ml^2\alpha$(↻)

(b) 主矢 $F_g = m\frac{l}{2}\alpha$(作用于C,←)

主矩 $M_{Ag} = \frac{1}{3}ml_2\alpha$(↻)

(c) 主矢 $F_g = m\frac{l}{2}\alpha$(作用于A,←)

主矩 $M_{Ag} = \frac{1}{12}ml^2\alpha$(↻)

(d) 主矢 $F_g = 0$

主矩 $M_{Ag} = \frac{1}{3}ml^2\alpha$(↻)

D 简答题

11D-1 刚体平动时,惯性力系的简化结果是什么?

11D-2 刚体转动时,惯性力系向转轴O简化的结果是什么?

11D-3 何谓质心运动动力学方程,其表达式是什么?刚体平动动力学方程与它的关系是什么?

11D-4 "刚体平动的动力学方程"的含义是什么?它与刚体平动动力学方程有何不同?"刚体转动的动力学方程"的含义是什么?它与刚体转动动力学方程有何不同?

11D-5 为什么说应用动静法所列写的平衡方程中,力的投影方程实际上是质心运动动力学方程的另一种形式;力矩方程实际上是刚体转动的动力学方程的另一种形式?

E 应用题

11E-1 图11-13所示各均质物体的质量均为m,物体的尺寸及绕轴转动的角速度ω、角加速度α均如图示。试分别写出惯性力系向转轴的简化结果,并将其惯性力和惯性力偶画在图上。

11E-2 如图11-14所示,已知刚体质心C到相互平行的z_1轴、z_2轴的距离分别为a、b,刚体的质量为m,对z_2轴的转动惯量为J_{z2},试求刚体对z_1轴的转动惯量J_{z1}。

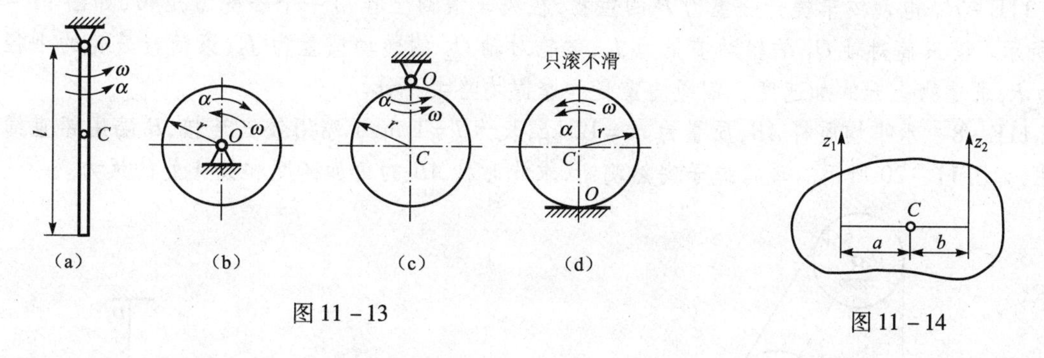

图11-13

图11-14

11E-3 质量$m=10$ kg,直径$D=1.2$ m的圆柱体,在水平力$\boldsymbol{F}$的作用下被推向右方,但不转动,其加速度$a=1.2\ \mathrm{m/s^2}$,如图11-15所示。设动摩擦系数$\mu'=0.2$,试求$\boldsymbol{F}$力的大小及作用位置。

11E-4 平台A在水平面上以加速度$a=16\ \mathrm{m/s^2}$沿直线向右运动,如图11-16所示。杆OB用一水平绳索DE维持在竖直位置,试求绳索的拉力及销钉O的反力。均质杆OB的质量m为1.8 kg。

11E-5 如图11-17所示,均质滑轮重P,半径为R,绳两端挂有重P_1与P_2的两物块,且$P_2>P_1$。求重物的加速度,绳子在A、B两端的拉力$\boldsymbol{F}_{TA}$、$\boldsymbol{F}_{TB}$及轴承反力。

11E－6 如图 11－18 所示，绞车提升一质量为 m 的物体，主动轴上作用有不变的转矩 M，已知主动轴和从动轴部件对各自转轴的转动惯量分别为 J_1 和 J_2，齿轮的传动比 $z_2/z_1=k$，鼓轮半径为 R，略去轴承摩擦及吊索重量，求重物的加速度。

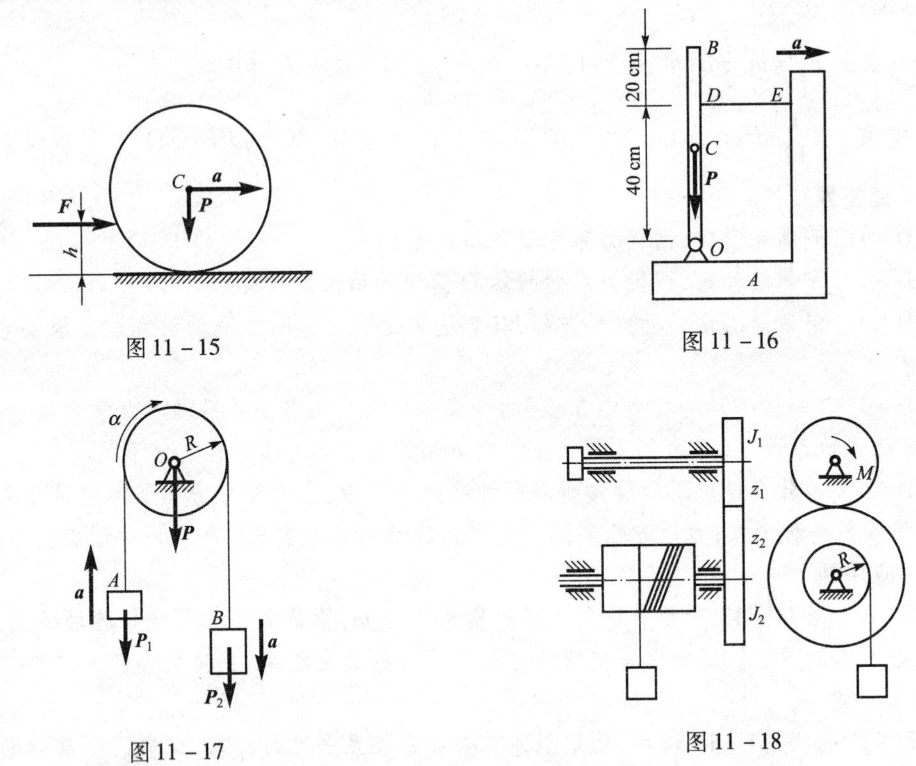

图 11－15　　图 11－16

图 11－17　　图 11－18

11E－7 电动绞车提升一重为 P 的重物，在绞车滚筒上作用一个不变力矩 M，如图 11－19 所示。设滚筒对轴 O_1 的转动惯量为 J_1，鼓轮对轴 O_2 的转动惯量为 J_2，滚筒与鼓轮的半径均为 R，求重物上升的加速度。钢绳的重量和摩擦均略去不计。

11E－8 水平均质杆 AB，质量为 $m=12$ kg，长为 $l=1$ m，A 端用铰链连接，B 端用铅直绳吊住，如图 11－20 所示。现将绳子突然割断，求此时杆 AB 的角加速度和铰 A 处的反力。

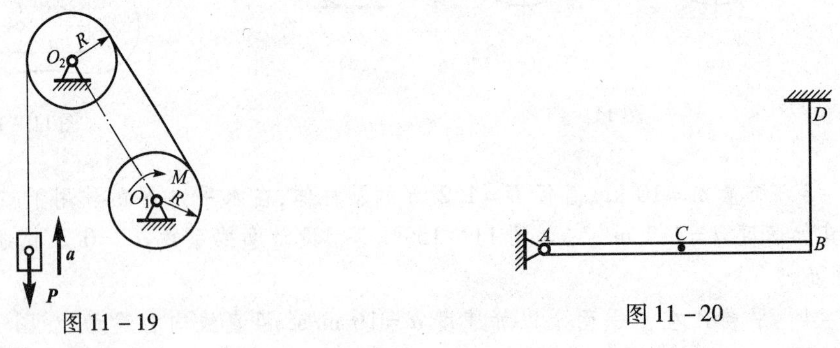

图 11－19　　图 11－20

应用题答案

11E－2　$J_{z1}=J_{z2}+m(a^2-b^2)$

11E－3　$F=31.6$ N，$h=0.228$ m

11E－4　$F_{Ox}=7.2$ N，$F_{\mathrm{T}}=21.6$ N，$F_y=17.64$ N

11E－5　$a=\dfrac{2g(P_2-P_1)}{P+2P_1+2P_2}$

$$F_{TA}=\frac{(4P_2+P)P_1}{P+2P_1+2P_2},F_{TB}=\frac{(4P_1+P)P_2}{P+2P_1+2P_2}$$

$$F_{Ox}=0,F_{Oy}=P_1+P_2+P-\frac{2(P_2-P_1)^2}{P+2P_1+2P_2}$$

11E－6　$a=\dfrac{(Mk-mgR)R}{mR^2+J_1k^2+J^2}$

11E－7　$a=\dfrac{(M-PR)Rg}{PR^2+(J_1+J_2)g}$

11E－8　$\alpha=14.7\ \text{rad/s}^2;F_{Ax}=0,F_{Ay}=29.4\ \text{N}$

第 12 章 动能定理

12.1 内容提要

本章主要阐述力的功、功率及动能的概念与计算。建立质点和质点系动能的变化与力的功之间的关系——动能定理，并应用该定理求解质点及刚体和刚体系统的动力学问题。其重点是求解平动、转动刚体和其组合系统的动力学问题；对刚体的平面运动问题仅作一般介绍。

12.2 知识要点

1. 力的功和功率

力的功是力在一段路程上对物体作用效果的度量，是一个代数量，单位是牛顿·米(N·m)，即焦耳(J)。**功率**是在单位时间内所作的功，是判断机器作功快慢的物理量，单位是瓦特(W)或千瓦(kW)。功和功率的计算公式见表 12－1。

表 12－1

物理量		计算公式	备注
常力的功		$W=F_\tau s=F\cos\theta s$	F_τ:力在切向的投影 F_x:力在 x 轴的投影 F_y:力在 y 轴的投影
变力的功		$W_{12}=\int_{M1}^{M2}F_\tau s=\int_{M1}^{M2}F\cos\theta ds$ 或 $W_{12}=\int_{M1}^{M2}(F_x dx+F_y dy)$	
工程中常见力的功	重力的功	质点:$W_{12}=\pm Ph, h=\lvert z_1-z_2\rvert$ 质点系:$W_{12}=\pm Ph_C, h_C=\lvert z_{C1}-z_{C2}\rvert$	h:质点始末位置的高度差 h_C:重心始末位置的高度差
	弹力的功	$W_{12}=\frac{k}{2}(\delta_1^2-\delta_2^2)$	δ_1:弹簧初始位置的变形 δ_2:弹簧终了位置的变形
	力矩的功	$W_{12}=\int_0^\varphi M_z d\varphi \xrightarrow{M_z=常量} W_{12}=M_z\varphi$	M_z:力对转轴 $z(O)$ 之矩
	力偶的功	$W=\int_0^\varphi M d\varphi \xrightarrow{M=常量} W=M\varphi$	M:力偶对转轴之矩(力偶矩)
	合力的功	$W=W_1+W_2+\cdots+W_n=\sum W$	$\sum W$:各力功的代数和

续表

物理量	计算公式	备注
功率	力的功率 $P=\frac{\delta W}{dt}F_\tau v$ 力矩的功率 $P=\frac{\delta W}{dt}M_z\omega$ 力偶矩的功率 $P==M\omega$	F_τ:力在切向的投影 v:力作用点的速度 ω:刚体的转动角速度

2. 动能

动能是由于物体运动具有速度而具有的能量,是物体机械运动的一种度量。动能恒为正值,其计算公式见表12-2。

表12-2

对象	动能计算公式	备注
质点	$T=\frac{1}{2}mv^2$	m:质点的质量
质点系	$T=\sum\frac{1}{2}m_iv_i^2$	对刚体组合系统,$\sum\frac{1}{2}m_iv_i^2$ 为各刚体动能的总和
平动刚体	$T=\sum\frac{1}{2}mv_C^2$	m:刚体的质量
转动刚体	$T=\frac{1}{2}J_O\omega^2$	J_O:刚体对转轴O的转动惯量
平面运动刚体	$T=\frac{1}{2}J_P\omega^2$ 或 $T=\frac{1}{2}mv_C^2+\frac{1}{2}J_C\omega^2$	J_P:刚体对瞬心轴(瞬时转动轴)P的转动惯量 J_C:刚体对质心轴的转动惯量

3. 动能定理

动能定理建立了物体动能的变化与其作用力的功之间的关系。动能与功的单位虽然相同,但二者是两个不同的概念。动能是运动物体在某一瞬时状态下的状态量,与其运动过程无关;而功是力在一段路程上对物体作用的累积效应,因而它是一个过程量。因此动能不能等于功。在应用动能定理解题时常常遇到等号左边只有一项动能,另一项为零,而等号右边是功。于是,初学者往往容易产生错觉,误认为动能就等于功。对动能定理的正确理解是,物体始末两个运动状态动能的差,即动能的改变量等于相应路程上力所作的功。动能定理的表达式见表12-3。

表 12－3

定 理	微分形式	积分形式	备 注
质点的动能定理	$d\left(\frac{1}{2}mv^2\right)=\delta W$	$\frac{1}{2}mv_2^2-\frac{1}{2}mv_1^2=W_{12}$	W_{12}:作用于质点上所有力之功的代数和(合力的功)
质点系的动能定理	$dT=d\left(\sum\frac{1}{2}m_iv_i^2\right)=\sum\delta W$ 或 $dT=\sum\delta W^{(i)}+\sum\delta W^{(e)}$ $dT=\sum\delta W_A+\sum\delta W_N$	$T_2-T_1=\sum W_{12}$ 或 $T_2-T_1=\sum W_{12}^{(i)}+\sum W_{12}^{(e)}$ $T_2-T_1=\sum W_A+\sum W_N$	$\sum W_{12}$:作用于质点系所有力(包括内力和外力)所作功的代数和理想约束力的功之和 $\sum W_N=0$

12.3 解题指导

按教材中所归纳的解题步骤解题。

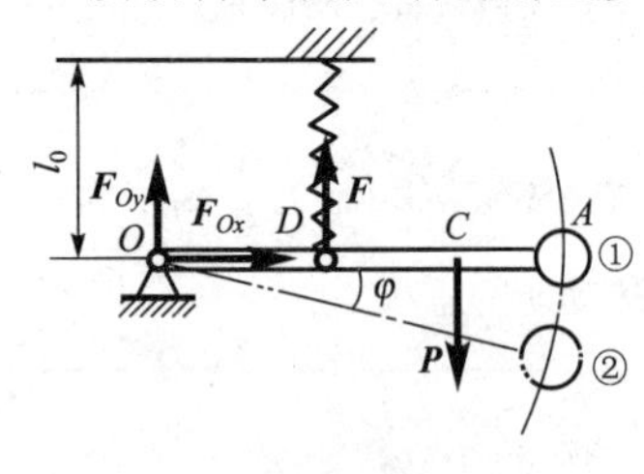

图 12－1

例 12－1 如图 12－1 所示，摆重 P，其重心为点 C，O 端为光滑铰支，在点 D 处用弹簧悬挂，可在铅直面内摆动。设摆对水平轴 O 的转动惯量为 J_0，弹簧的刚度系数为 k。摆杆 OA 在水平位置时，弹簧的长度恰好等于自然长度 l_0，$OD=CD=b$。求摆从水平位置无初速地释放后作微幅摆动时，摆的角速度与转角 φ 的关系。

解 此题研究力、路程(转角 φ)与速度(角速度)三者之间的关系，适于应用动能定理求解。摆杆由初始位置①(水平位置)运动到任意位置②时转过的角度为 φ。下面分析在这一运动过程中摆杆动能的变化及作用其上的力所作的功，并应用动能定理求解。

研究对象 摆杆 OA

分析力 重力 $\boldsymbol{P}$ 及约束反力 $\boldsymbol{F}_{Ox}$、$\boldsymbol{F}_{Oy}$，弹力 $\boldsymbol{F}$，如图所示。作功的力只有重力 $\boldsymbol{P}$ 和弹力 $\boldsymbol{F}$。摆杆 OA 由位置①到位置②，力 $\boldsymbol{P}$ 和 $\boldsymbol{F}$ 作功之和为

$$\sum W_A=Ph+\frac{k}{2}(\delta_1^2-\delta_2^2)$$

因摆杆作微幅摆动，所以重心 C 下落的高度 h 可用其转过的圆弧表示，即 $h=OC\cdot\varphi=2b\varphi$。弹簧在初始位置①时，弹簧的长度为原长，所以 $\delta_1=0$，运动到位置②时，弹簧的变形 $\delta_2=b\varphi$。将各数值代入上式，得

$$\sum W_A=P2b\varphi+\frac{k}{2}(0^2-b^2\varphi^2)=2Pb\varphi-\frac{k}{2}b^2\varphi^2$$

分析运动 摆杆转动，在初始位置①时转动速度为零，所以动能 $T_1=0$；运动到任意位置②时，摆杆转过角度为 φ，此时的转动角速度为 ω，则动能 $T_2=\frac{1}{2}J_0\omega^2$。

应用动能定理列方程

由
$$T_2 - T_1 = \sum W_A$$
有
$$\frac{1}{2}J_0\omega^2 - 0 = 2Pb\varphi - \frac{k}{2}b^2\varphi^2$$
$$\omega = \sqrt{\frac{4P - kb\varphi}{J_0}b\varphi}$$

分析与讨论

(1) 此问题中,对所研究的系统(摆杆 OA)来说,重力与弹力均为外力。其中重力是主动力,而弹力则是非理想约束的约束力,该力作功,并将其计入主动力的功,如本例所示。

(2) 错误解答。应用动能定理列出如下方程。

由
$$T_2 - T_1 = \sum W_A$$
有
$$\frac{1}{2}mv^2 - 0 = Ph - F\frac{h}{2}$$

式中的速度 $v = OC \cdot \omega = 2b\omega$,所以$\frac{1}{2}mv^2 = \frac{1}{2}\frac{P}{g}(2b\omega)^2 = 2\frac{P}{g}b^2\omega^2$;弹力 $F = k\delta$,δ 为摆在位置②时弹簧的伸长,$\delta = b\varphi$。弹力由位置①⟶位置②,其作用点的位移为$\frac{h}{2} = b\varphi$,所以弹力的功为 $W = kb\varphi b\varphi = kb^2\varphi^2$。将各数值代入上式,得
$$2\frac{P}{g}b^2\omega^2 - 0 = 2Pb\varphi - kb^2\varphi^2$$
$$\omega = \sqrt{\frac{2P\varphi - kb\varphi^2}{2Pb}g}$$

错解分析　上解的错误有两处:一是动能的计算有误。摆杆 OA 作转动,其动能应为$\frac{1}{2}J_0\omega^2$,而不能用$\frac{1}{2}mv^2$。二是弹力的功计算有误。弹力 $\boldsymbol{F}$ 是一个变力,计算其功必须用弹力功的计算公式,不能按常力作功计算。这两处错误均属于概念性错误。

例 12－2　在绞车的主动轴上作用一常力偶矩 M 以提升重物,如图 12－2 所示。已知重物的质量为 m;主动轴Ⅰ和从动轴Ⅱ连同装在轴上的齿轮等附件的转动惯量分别为 J_1 和 J_2,传动比$\frac{\omega_1}{\omega_2} = i_{12}$;鼓轮的半径为 R。轴承的摩擦和吊索的质量均略去不计,绞车开始静止,求重物上升的距离为 h 时的速度。

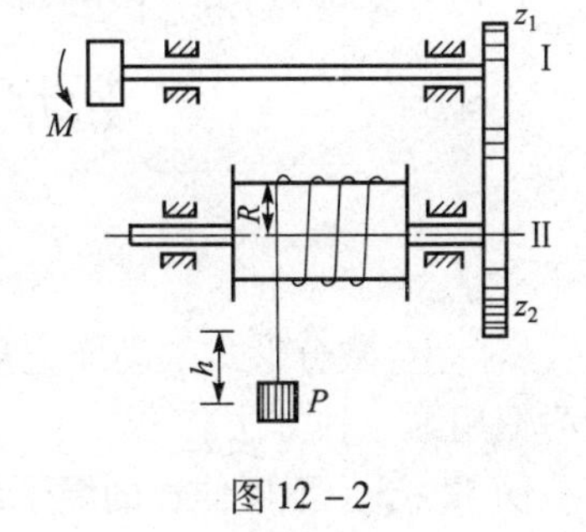

图 12－2

解　此题涉及力、路程 h 与速度 v 三者之间的关系,适于以整个系统为对象,应用动能定理求解。

研究对象　重物、绞车系统

分析力　系统具有理想约束,各处约束反力的功均等于零,故不再画出约束力。只有主动力 $\boldsymbol{P}$ 和力偶矩 M 作功,其功之和为 $\sum W_A = M\varphi_1 - mgh$,因 $\varphi_1 = \varphi_2 i_{12} = \frac{h}{R}i_{12}$,于是 $\sum W_A =$

$(Mi_{12}-mgR)\times\dfrac{h}{R}$。

分析运动 重物作平动,轴Ⅰ、轴Ⅱ作转动。把重物的静止位置和升高了 h 的位置作为系统运动的始、末位置。在这两个瞬时状态下的动能分别为 $T_1=0$;$T_2=\Sigma\dfrac{1}{2}m_iv_i^2=\dfrac{1}{2}J_1\omega_1^2+\dfrac{1}{2}J_2\omega_2^2+\dfrac{1}{2}mv^2$,将 $\omega_1=i_{12}\cdot\omega_2$、$v_2=R\omega_2$ 代入式中,则 $T_2=\dfrac{1}{2}(J_1i_{12}^2+J_2+mR^2)\dfrac{v^2}{R^2}$。

应用动能定理列方程

由

$$T_2-T_1=\Sigma W_A$$

有

$$\frac{1}{2}(J_1i_{12}^2+J_2+mR^2)\frac{v^2}{R^2}-0=(Mi_{12}-mgR)\frac{h}{R} \tag{a}$$

解得

$$b=\sqrt{\frac{2(Mi_{12}-mgR)Rh}{J_1i_{12}^2+J_2+mR^2}}$$

分析与讨论

重物运动过程中,速度 v 及上升的距离 h 都是变化的,所以重物有加速度,若求加速度,有两种方法:

(1) 将上面式(a)的两端分别对时间 t 取导数,并注意到$\dfrac{dv}{dt}=a$,$\dfrac{dh}{dt}=v$,则有

$$(J_{12}i_{12}^2+J_2+mR^2)\frac{v}{R^2}a=(Mi_{12}-mgR)\frac{v}{R}$$

由上式两端消去 v,可求得重物的加速度

$$a=\frac{(Mi_{12}-mgR)R}{J_1i_{12}^2+J_2+mR^2}$$

这种求加速度 a(或角加速度 α)的方法对所有的问题都是适用的。

(2) 应用微分形式的动能定理。由 $dT=\Sigma\delta W_A$,且将等式两边除以 dt,

有

$$\frac{d}{dt}=\left[\frac{1}{2}(J_1i_{12}^2+J_2+mR^2)\frac{v^2}{R^2}\right]=\frac{d}{dt}\left[(Mi_{12}-mgR)\frac{h}{R}\right]$$

$$\frac{1}{2}(J_1+J_2+mR^2)\frac{1}{2vaR^2}=(Mi_{12}-mgR)\frac{v}{R}$$

$$a=\frac{(Mi_{12}-mgR)R}{J_1i_{12}^2+J_2+mR^2}$$

实际上,微分形式的动能定理,也是相当于将式(a)两端对时间 t 取导数的结果。所以一般习惯用第一种方法。

例 12-3 不可伸长的绳子绕过半径为 r 的均质滑轮 B,一端悬挂物体 A,另一端连接于放在摩擦系数 μ'的水平面上的物块 C,物块 C 又与一端固定于墙壁的弹簧相连(图 12-3)。已知物体 A 重 P_1,滑轮重 P_2,物块 C 重 P_3,弹簧的刚度系数为 k,绳子与滑轮间无滑动。设系统原来静止,此瞬时弹簧的长度为原长 l_0。现给物体 A 以向下的初速度 v_{A1},试求物块 A 下降 h 时的速度与加速度。

解 研究对象 整个系统

分析力 支座反力 $\boldsymbol{F}_{Ox}$、$\boldsymbol{F}_{Oy}$,法向反力 $\boldsymbol{F}_N$ 及重力 $\boldsymbol{P}_2$、$\boldsymbol{P}_3$ 均不作功。只有重力 $\boldsymbol{P}_1$ 及弹力

$\boldsymbol{F}$、摩擦力 $\boldsymbol{F}_\mu$ 作功,其功之和为

$$\sum W_A = P_1 h + \frac{1}{2}k(\delta_1^2 - \delta_2^2) - F_\mu h$$

式中 $\delta_1 = 0, \delta_2 = h; F_\mu = \mu' F_N = \mu' P_3$,将这些数值代入上式,则

$$\sum W_A = P_1 h - \frac{k}{2}h^2 - \mu' P_3 h$$

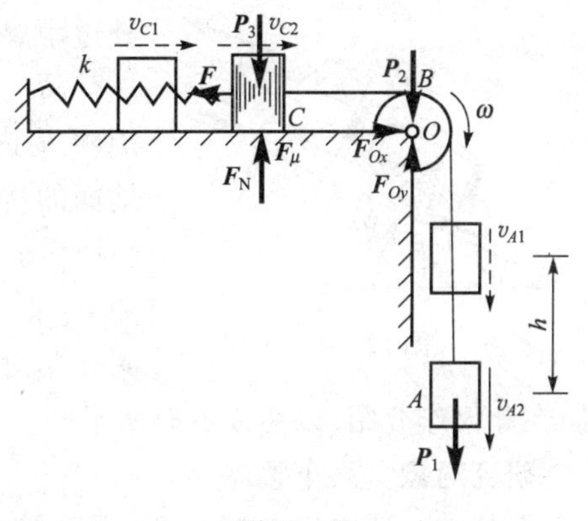

图 12-3

分析运动 重物 A、C 作平动,滑轮作转动。系统在初始位置时重物 A 的速度为 $\boldsymbol{v}_{A1}$,终了位置时重物 A 的速度为 $\boldsymbol{v}_{A2}$,所以系统的动能为

初动能 $T_1 = \frac{1}{2}m_A v_{A1}^2 + \frac{1}{2}J_0\omega_1^2 + \frac{1}{2}m_C v_{C1}^2$

末动能 $$T_2 = \frac{1}{2}m_A v_{A2}^2 + \frac{1}{2}J_0\omega_2^2 + \frac{1}{2}m_C v_{C2}^2$$

由于绳索不可伸长,且与滑轮间无滑动,所以 $v_{C1} = v_{A1}, v_{C2} = v_{A2}; \omega_1 = \frac{v_{A1}}{r}, \omega_2 = \frac{v_{A2}}{r}$。$J_0$ 为滑轮对转轴 O 的转动惯量,$J_0 = \frac{1}{2}\frac{P_2}{g}r^2$,于是

$$T_1 = \frac{v_{A1}^2}{4g}(2P_1 + P_2 + 2P_3)$$

$$T_2 = \frac{v_{A2}^2}{4g}(2P_1 + P_2 + 2P_3)$$

应用动能定理列方程

由 $$T_2 - T_1 = \sum W_A$$

有 $$\frac{v_{A2}^2}{4g}(2P_1 + P_2 + 2P_3) - \frac{v_{A1}^2}{4g}(2P_1 + P_2 + 2P_3) = P_1 h - \frac{k}{2}h^2 - \mu' P_3 h$$

$$(v_{A2}^2 - v_{A1}^2)\frac{2P_1 + P_2 + 2P_3}{4g} = \left(P_1 - \frac{k}{2}h - \mu' P_3\right)h \tag{a}$$

$$v_{A2} = \sqrt{\frac{4g\left(P_1 - \frac{k}{2}h - \mu' P_3\right)h}{2P_1 + P_2 + 2P_3} + v_{A1}^2}$$

将式(a)两端对 t 取导数,由于 $\frac{\mathrm{d}v_{A2}}{\mathrm{d}t}$ $\frac{\mathrm{d}v_{A2}}{\mathrm{d}t} = a_{A2}, \frac{\mathrm{d}h}{\mathrm{d}t} = v_{A2}$ 则求得重物 A 的加速度,即

$$2v_{A2}a_{A2}\frac{2P_1 + P_2 + 2P_3}{4g} = (P_1 - khv_{A2} - \mu' P_3)v_{A2}$$

$$a_{A2} = \frac{2(P_1 - khv_{A2} - \mu' P_3)g}{2P_1 + P_2 + 2P_3}$$

在对式(a)求导时需注意,只有 v_{A2} 与 h 是随时间而变化的量;初始速度 v_{A1} 等其他各量均为常量。

例 12-4 汽车车身(不含四个车轮)连同货物的质量为 m_1,每个轮子的质量为 m_2,作用在后轮轴上的驱动力矩为 M,使汽车车轮沿倾角为 α 的斜面向上纯滚动。设汽车从静止开始

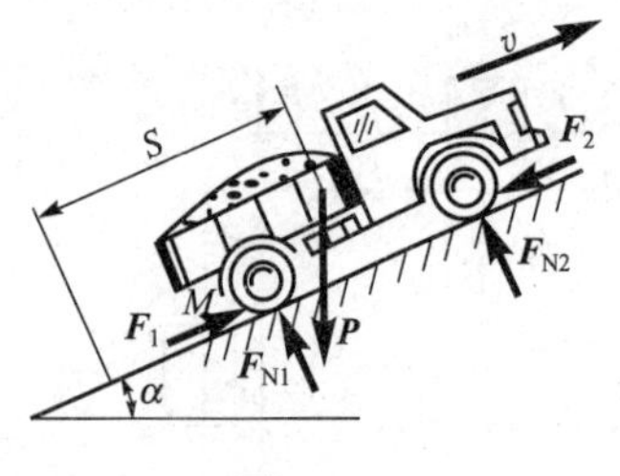

图 12－4

驶过距离 S 时的速度为 v，求驱动力矩 M 的大小（图 12－4）。

解 汽车运动时，由发动机提供给主动轮（后轮）的驱动力矩 M 为内力，它不能使车身向前运动，但使后轮转动。后轮与地面的接触点将产生阻止后轮转动的摩擦力 $\boldsymbol{F}_1$，该力向前，如图所示。车身在摩擦力 $\boldsymbol{F}_1$ 的作用下向前运动。此情况下摩擦力 $\boldsymbol{F}_1$ 不再是约束力，而是主动力。前轮的摩擦力 $\boldsymbol{F}_2$（如图）是阻止车身前进的阻力（约束力）。此题中轮子的运动为平面运动，在此仅作介绍，以使读者有所了解。

研究对象 汽车整体

分析力 法向反力 $\boldsymbol{F}_{N1}$、$\boldsymbol{F}_{N2}$ 及摩擦力 $\boldsymbol{F}_1$、$\boldsymbol{F}_2$ 均不作功（因车轮作纯滚动），只有重力 $\boldsymbol{P}_1$、$\boldsymbol{P}_2$ 和驱动力矩 $\boldsymbol{M}$（内力）作功，其功的总和为

$$\sum W_A = M\varphi - P_1 \sin\alpha S - 4P_2 \sin\alpha S = M\frac{S}{r} - (P_1 + 4P_2)\sin\alpha S = \left[\frac{M}{r} - (P_1 + 4P_2)\sin\alpha\right]S$$

分析运动 车身作平动，车轮作平面运动。由于开始处于静止，所以 $T_1 = 0$；当运动至速度 $\boldsymbol{v}$ 时，系统的功能为

$$T_2 = \frac{1}{2}m_1 v^2 + 4\left(\frac{1}{2}m_2 v^2 + \frac{1}{2}J_C \omega^2\right)$$

式中的 J_C 为车轮对轮轴的转动惯量，$J_C = \frac{1}{2}m_2 r^2$；ω 为车轮的角速度，$\omega = \frac{v}{r}$。将各数值代入上式则有

$$T_2 = \frac{1}{2}m_1 v^2 + 4\left(\frac{1}{2}m_2 v^2 + \frac{1}{4}m_2 v^2\right)$$

$$= \frac{1}{2}m_1 v^2 + 3m_2 v^2 = \frac{1}{2}(m_1 + 6m_2)v^2$$

应用动能定理列方程

由
$$T_2 - T_1 = \sum W_A$$

有
$$\frac{1}{2}(m_1 + 6m_2)v^2 - 0 = \left[\frac{M}{r} - (P_1 + 4P_2)\sin\alpha\right]S$$

解得驱动力矩为

$$M = \frac{r}{2S}(m_1 + 6m_2)v^2 + (m_1 + 4m_2)gr\sin\alpha$$

解题小结

（1）如果是由于力（或力矩、力偶矩）作用了一段路程（或转过一转角）引起运动的变化问题，可考虑用动能定理。特别是由若干物体组成的复杂系统在求速度（或角速度）、路程（或转角）与力（或力矩、力偶矩）等物理量的关系时，选用动能定理很方便。其优点是不需将系统拆开，可以将整个系统作为研究对象，直接应用动能定理求解。但应用该定理不能求出系统的理想约束的反力。若欲求其反力，还需与刚体基本运动的动力学方程相配合。

（2）动能定理求解两类动力学问题：

① 已知运动求力（或力矩、力偶矩）。解这类问题时，应先求算出初动能、末动能和已知力的功，并列出未知力的功的数学表达式、然后应用动能定理求未知力（或力矩、力偶矩），如本

书例 12-4 等。

② 已知力(力矩、力偶矩)求运动。解这类问题时,一般是初始状态的速度(或角速度)已知,先算初动能,并根据系统的运动情况写出末动能的数学表达式;计算出所有的力的功。然后应用动能定理求出末速度(或角速度)。若还需求加速度时,可将积分形式的动能定理直接对 t 取导数即可。如本书例 12-2、例 12-3 等。

(3) 动能定理无投影形式,故只有一个方程,只能求解一个未知量。动能和功都不是矢量。动能恒为正值,而功是可正、可负的代数量,均不需考虑其方向。

(4) 将作用于系统的力进行分类,有两种分法。一种是按主动力和约束力来分;一种是按外力和内力来分。不管怎样分,在应用动能定理时都需计算所有作功力的功。如按第一分法,在理想约束的情况下,所有约束力不作功或作功之和为零,只需计算主动力的功。但若系统个别处有非理想约束(如摩擦、弹性约束等)则仍需计算其约束力(摩擦力 $\boldsymbol{F}_\mu$、弹力 $\boldsymbol{F}$)的功,并将其计入主动力的功。如按第二种分法,在内力不作功的情况下,只有外力作功,但有时内力也作功,如例 12-4 汽车的驱动力矩 M 就是内力。

练习题

A　判断题(下列命题你认为正确的在题后括号内打“√”,错误的打“×”)

12A-1　力的功是力对物体作用在一段路程上累积效应的度量。　(　　)

12A-2　动能与物体的运动过程无关,是度量物体在某瞬时运动状态下运动强度的物理量。　(　　)

12A-3　作匀速圆周运动的质点,在运动过程中动能保持不变。　(　　)

12A-4　刚体的组合系统在运动过程中,内力不作功。　(　　)

12A-5　质点动能的大小,取决于力对质点所作的功。　(　　)

B　填空题

12B-1　质点在运动过程中,始、末状态动能的变化,取决于________________。

12B-2　常力功的表达式为________,常力矩(常力偶矩)功的表达式为________。

12B-3　重力功的表达式为____________,弹力功的表达式为________________。

12B-4　如图 12-5 所示,一原长为 R,刚度系数为 k 的弹簧固定于 O 点,另一端连接一质量为 m 的小球 M,试计算下列情况下重力、弹力的功:小球由 A 运动到 B ____________;小球由 B 运动到 C ____________。

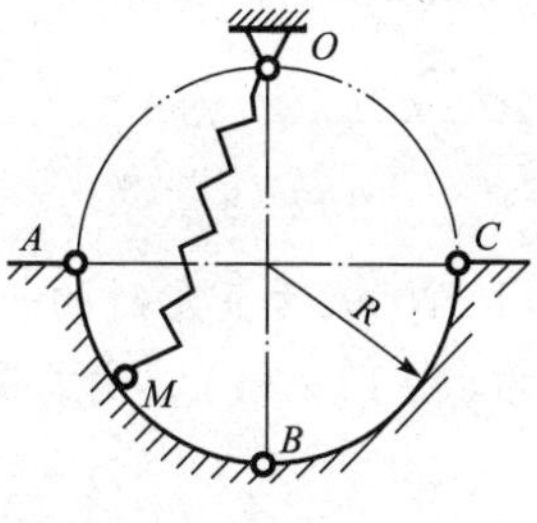

12B-5　当求解力(或力矩、力偶矩)与________及________三者之间关系的动力学问题时,应用动能定理最为简便。

图 12-5

C　选择题

12C-1　若物体运动的速度愈大,则它具有的(　　)。

(a) 功也愈大　(b) 动能也愈大　(c) 功和动能都愈大　(d) 功和动能反而愈小

12C-2　应用动能定理求速度时,能确定速度的(　　)。

(a) 大小　(b) 方向　(c) 大小和方向　(d) 大小或方向

12C-3　如图 12-6 所示,一质点以大小相同而方向不同的速度抛出,只在重力作用下运动，当质点落到同一水平面时，它们速度的大小为(　　)。

(a)v_1 最大　　(b)v_2 最大

(c)v_3 最大　　(d)彼此相等

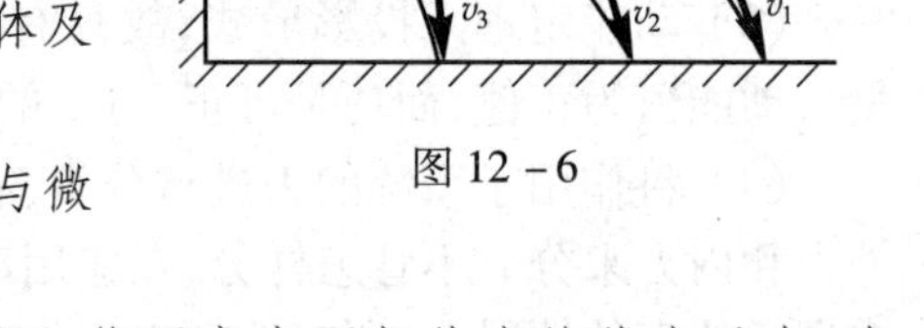

图 12－6

D　简答题

12D－1　何谓理想约束，哪些约束是理想约束？

12D－2　试写出质点、质点系、平动刚体、转动刚体及平面运动刚体的动能表达式。

12D－3　试述质点系动能定理，并写出积分形式与微分形式的动能定理表达式。

12D－4　应用动能定理能求解哪两类动力学问题？能否求出理想约束的约束反力，为什么？

12D－5　应用动能定理求加速度(或角加速度)时，有哪两种方法？

12D－6　摩擦力在什么情况下不作功？能否说摩擦力作功时永作负功，为什么？

E　应用题

12E－1　圆盘半径 $r=0.5$ m，可绕水平轴 O 转动，在绕过圆盘的绳上吊两物块 A 与 B，质量分别为 $m_A=3$ kg、$m_B=2$ kg。绳与盘间无相对滑动。在圆盘上作用一力偶矩 $M=4$ N · m(图 12－7)。试求圆盘转过一周时，力偶矩 M 与物块 A、B 的重力所作的总功。

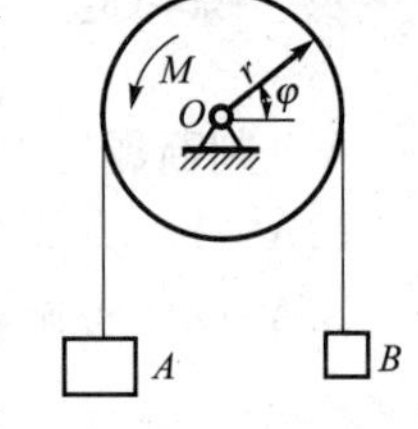

图 12－7

12E－2　用跨过滑轮的绳子牵引质量为 2 kg 的滑块沿倾角为 30° 的斜面运动(图 12－8)，设绳子拉力 $F_T=20$ N。试计算滑块由位置 A 到位置 B 时，重力与拉力所作的总功(提示：$W_{FT}=F_T\Delta l$，$\Delta l=AO-BO$)

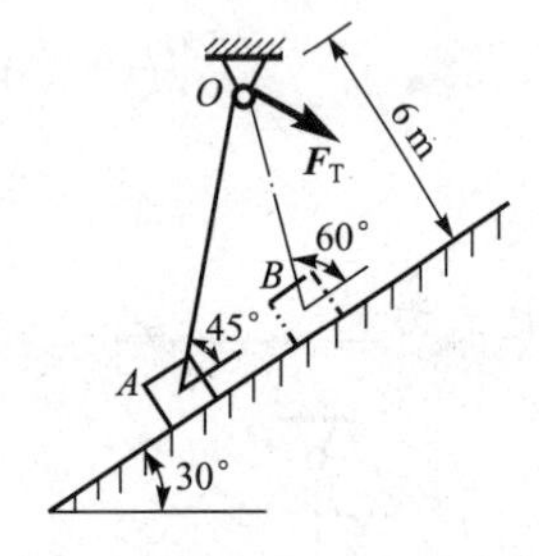

图 12－8

12E－3　图 12－9 所示坦克的履带质量为 m_1，两车轮的总质量为 m_2，车轮视为均质圆盘，半径均为 R，两轴之间距离为 πR，设坦克前进的速度为 $\boldsymbol{v}$，试计算该系统动能。

12E－4　图 12－10 所示滑道连杆机构，曲柄长为 r，质量为 m_1，滑块的质量为 m_2，滑道连杆的质量为 m_3。曲柄以角速度 ω 绕 O 轴转动，当曲柄与水平线成角 $\varphi=\omega t$ 时，求系统的动能(提示：应用运动学中点的合成运动方法求出滑道连杆的速度)。

12E－5　质量 $m=50$ kg 的滑块 A 与弹簧相连接，弹簧刚度系数 $k=1$ kN/m，无变形时的长度为 $l_0=280$ mm。开始时滑块处于位置 Ⅰ，初速度 $v_0=2$ m/s，方向向右(图 12－11)。试求滑块沿光滑水平面运动到位置 Ⅱ 时的速度。

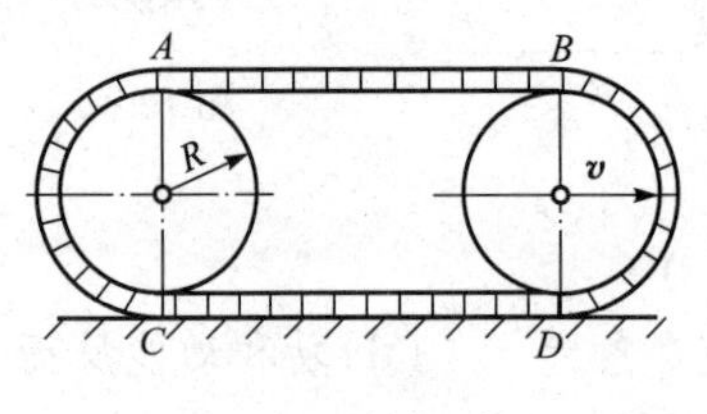

图 12－9

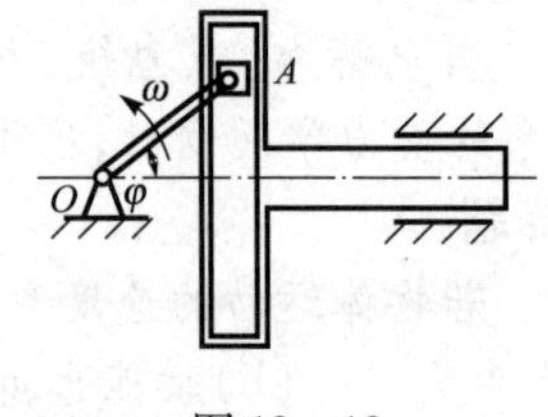

图 12－10

12E－6　均质杆 OA 的质量为 30 kg，杆在铅垂位置时，弹簧处于自然状态，设弹簧的刚度系数 $k=3$ kN/m，为使杆由铅垂位置 OA 转到水平位置 OA'（图 12－12），在铅直位置时的角速度至少应为多少？

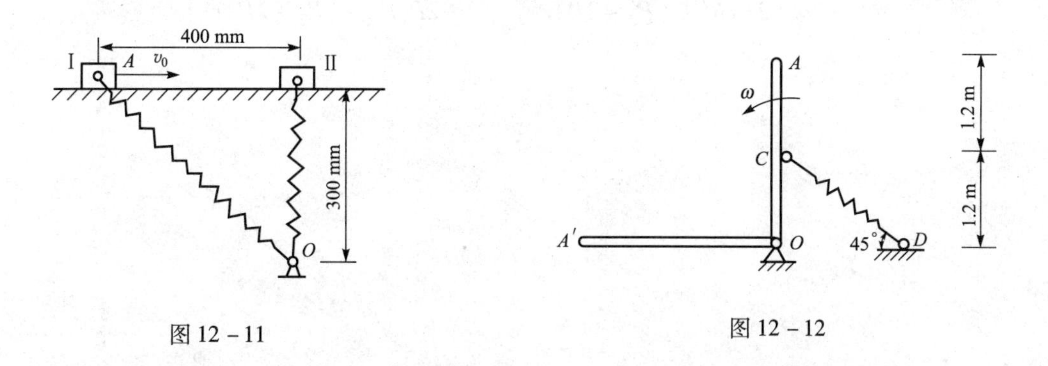

图 12－11　　　图 12－12

12E－7　提升机构的均质鼓轮半径为 r，重为 P_1，对转轴 O 的转动惯量为 J_0（图 12－13）。若在轮上加一常力偶矩 M，使鼓轮上卷绕的绳子起吊重物 A，A 重为 P_2，自静止开始上升，略去绳重和轴承摩擦，求鼓轮过 φ 角时重物上升的速度与加速度。

12E－8　半径为 R、重为 P_1 的齿轮Ⅰ与半径为 R、重为 P_1 的齿轮Ⅱ相啮合。半径为 r、重为 P_2 的鼓轮Ⅲ与齿轮Ⅱ共同装在轴 O_2 上。绳子绕在鼓轮Ⅲ上，其一端悬吊重为 P 的物体 A，如图 12－14 所示。齿轮和鼓轮视为均质圆盘，不计摩擦，试求重物无初速地下落 h 时的速度和加速度。

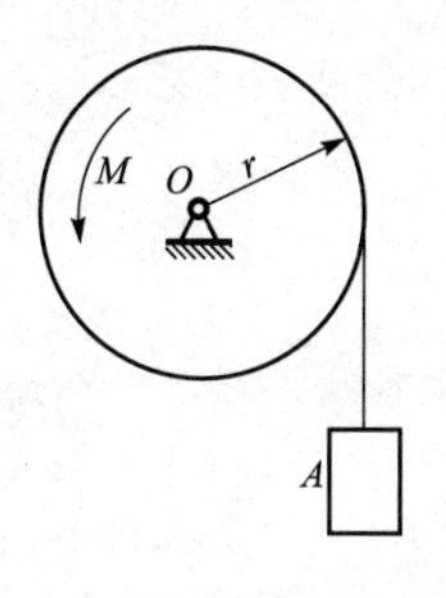

图 12－13

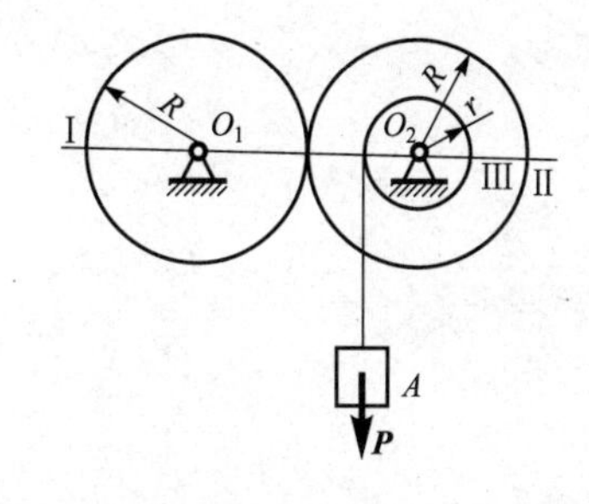

图 12－14

应用题答案

12E－1　$W=17.8\pi$ J

12E－2　$W=6.2$ J

12E－3　$T=\frac{1}{4}(4m_1+3m_2)v^2$

12E－4　$T=\frac{1}{6}r^2\omega^2(m_1+3m_2+3m_3\sin^2\omega t)$

12E－5　$v=2.04$ m/s

12E－6　$\omega=3.67$ rad/s

12E－7 $v=r\sqrt{\frac{2(M-P_2r)g\varphi}{J_0g+p_2r^2}}, a=\frac{M-P_2r}{J_0g+p_2r^2}\frac{M-P_2r}{J_0g+p_2r^2}rg$

12E－8 $v=2r\sqrt{\frac{Phg}{[2P_1R^2+(P_2+2P)r^2]}}, a=\frac{2Pgr^2}{[2P_1R^2+(P_2+2P)r^2]}$

13.1　内容提要

本章主要研究单自由度振动系统在恢复力(或恢复力矩)作用下的自由振动,建立各种振动类型在无阻尼条件下的自由振动微分方程,并讨论其振动的特征及描述振动特征的有关物理量(固有频率、周期、振幅及相位、初相位等)。在此基础上,研究振动系统在简谐激振力作用下的强迫振动,并以质量—弹簧系统为例建立无阻尼时的强迫振动微分方程,并讨论稳态振动时的强迫振动规律,以及强迫振动的振幅与激振频率的关系,从而阐明产生共振的原因和共振现象。此外定性介绍阻尼对自由振动与强迫振动的影响,以及减振与隔振的概念。

13.2　知识要点

1. 机械振动

物体在其平衡位置附近所作往复性运动称为**机械振动**。机械振动是机械运动的一种特殊形式。

2. 振动系统的自由度数

根据确定振动系统中振体位置所需的独立坐标是一个、两个或多个,将振动系统分为单自由度系统、两个自由度系统或多个自由度系统。

3. 单自由度系统的自由振动

单自由度系统仅受恢复力(或恢复力矩)作用而产生的振动称为单自由度系统的自由振动。

(1) 恢复力(或恢复力矩):当系统离开平衡位置后,始终使系统回到平衡位置的力(或力矩)。其特点是恢复力的方向(或恢复力矩的转向)永远指向振体的平衡位置。因此弹性恢复力(或恢复力矩)的表达式 $F_x = -kx$($M_z = -k_t\varphi$)中,恒有一负号,该负号表明力(或力矩)与线位移 x(或角位移 φ)的方向(或转向)永远相反。注意恢复力是多种多样的,机械振动系统中绝大多数由弹性力来提供恢复力,称为弹性恢复力。此外,如教材例 13－5 复摆的振动,其恢复力矩便是由重力的切向分力所提供的。

(2) 自由振动微分方程的标准形式。各种振动类型的振动微分方程具有相同的形式。

质量—弹簧系统的直线振动:$\ddot{x} + \omega^2 x = 0$

摆振、扭振系统的角振动：$\ddot{\varphi}+\omega^2\varphi=0$

（3）自由振动方程与振动特征。振动方程就是上述微分方程的解，是描述振体振动规律的方程，对各种振动类型也具有相同的形式。

直线振动：$x=A\sin(\omega t+\alpha)$

角振动：$\varphi=A\sin(\omega t+\alpha)$

自由振动是按时间的正弦函数（或余弦函数）所作的振动，称为**简谐振动**。式中的振幅 A、固有频率 ω 与振动周期 $T=2\pi/\omega$ 等都是定值，因此其振动**具有等幅、等周期的特性**。

（4）描述振动特征的物理量。固有频率、周期、振幅、相位和初相位等都是描述振动特征的重要物理量。频率 f、圆频率 ω 统称为固有频率，但要注意二者的区别。

频率 f：振体在每秒内振动的次数，单位是赫兹（Hz）。

圆频率 ω：相当振体在 2π 秒内振动的次数，单位是弧度/秒（rad/s）。

周期 T：振体完成一次振动所需的时间，单位是秒（s）。

f、ω、T 仅与振动系统的结构参数（弹性与惯性）有关，而与运动的初始条件无关。

振幅 A：振体离开振动中心（平衡位置）的最大距离。它反映自由振动的范围和强弱。

初相位 α 与相位 $(\omega t+\alpha)$：是用以确定振体在振动的初瞬时与任意瞬时位置的物理量，单位是弧度（rad）。

振幅 A 与初相位 α 由运动的初始条件和系统的结构参数确定。一般来说，一个系统所具有的惯性和弹性是产生振动的根本因素（即内因），而运动的初始条件（初干扰）是产生振动的外因。

（5）阻尼对自由振动的影响：阻尼较小时，使自由振动振幅很快衰减，直至振动停止，称为衰减振动。阻尼较大时不呈现振动现象，振体受到初干扰后，在阻尼的作用下迅速回到平衡位置。

4. 单自由度系统的强迫振动

振动系统在激振力作用下的振动称为强迫振动。本章只研究在简谐激振力作用下的强迫振动。

（1）简谐激振力：激振力按时间的正弦函数（或余弦函数）而变化的力，表示为 $F=F_{\mathrm{H}}\sin\omega_0 t$。$F_{\mathrm{H}}$ 为激振力的最大值，称为力幅；ω_0 为激振力的频率（简称激振频率）。

（2）无阻尼条件下强迫振动微分方程的标准形式。

质量—弹簧系统：$x+\omega^2x=h\sin\omega_0 t$

上述微分方程的通解为 $x=x_1+x_2$

（3）强迫振动方程及强迫振动特征。

$$x_1=A\sin(\omega t+\alpha)\text{（自由振动）}$$

$$x_2=B\sin\omega_0 t\text{（强迫振动）}$$

实际问题中由于阻尼的存在，自由振动项 x_1 很快衰减消失，此时进入稳态振动，只存在强迫振动项 x_2。因此，稳态振动时的强迫振动方程为

$$x=B\sin\omega_0 t$$

该方程表明**强迫振动是一等幅、等周期的简谐振动**。

（4）强迫振动的频率、周期与振幅：

强迫振动的频率与周期：其频率与周期均与激振力的频率 ω_0、周期 $T_0=\dfrac{2\pi}{\omega_0}$ 相同。

强迫振动的振幅：$B=h/(\omega^2-\omega_0^2)$（式中，$h=F_H/m$），它表示振体离开平衡位置的最大距离，反映强迫振动的范围和强弱。它的大小与激振力幅 F_H、激振频率 ω_0 和系统本身的惯性（m）、弹性（k）有关。当 F_H、m、k 参数确定后，振幅 B 将随着激振频率的变化而变化，变化规律见教材的振幅—频率曲线（图 13 - 12）。

（5）共振频率与共振现象。当激振频率与固有频率相等，即 $\omega_0=\omega$ 时，振体的振幅将无限增大，这种现象称为**共振现象**。此时的激振频率称为**共振频率**。在 $0.75\omega\leqslant\omega_0\leqslant1.25\omega$ 的区域内有较大的振幅。

（6）临界转速。回转机械由于转子偏心，当转子的角速度 ω_0 等于系统的固有频率 ω 时，转轴将发生剧烈的振动（共振）。这时转子的转速 $n_0=2\pi\omega_0$，称为**临界转速**。

（7）阻尼对强迫振动的影响。在实际问题中，总是存在阻尼的，当阻尼不大时，仍可近似地认为共振频率 $\omega_0=\omega$。但由于阻尼存在共振时的振幅不再是无限增大。在共振区内对振幅的影响显著，随着阻尼的增大，振幅显著地下降。在远离共振区，阻尼对振幅影响甚微。

（8）减振与隔振的概念。

减振：减弱振源的振动。采取减弱或消除振源，使被保护的物体远离振源；调节机器转速避开共振区及适当增加阻尼等措施。

隔振：将振源与防振物体之间用弹性元件和阻尼元件加以隔离。分为主动隔振与被动隔振。

13.3　解题指导

例 13 - 1　质量为 $m=0.5$ kg 的物块 A，沿光滑斜面无初速滑下，如图 13 - 1 所示。当物块下落高度 $h=0.1$ m 时，撞于无质量的弹簧上并与弹簧不再分离。弹簧刚度 $k=0.8$ kN/m，倾角 $\alpha=30°$，求此系统振动的固有频率、振幅和物块 A 的振动方程。

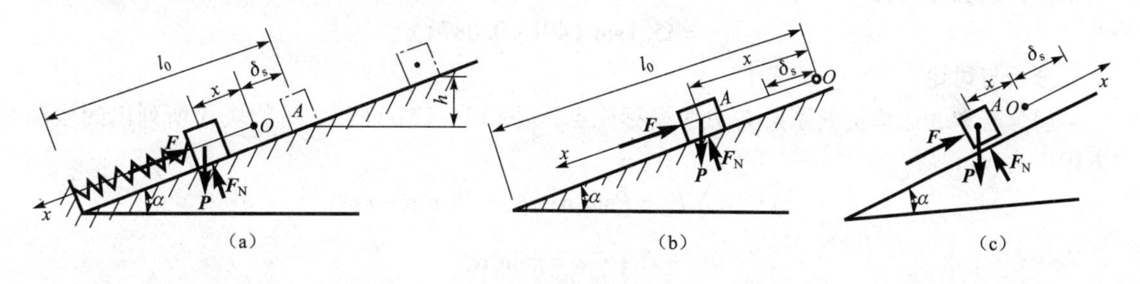

图 13 - 1

解　**研究对象**　物块 A

分析力　物块压在弹簧上处于静平衡位置时 $P\sin\alpha=F_0=k\delta_s$。静变形（缩短）$\delta_s=mg\sin30°/k=mg/2k$。以平衡位置 O 为原点，取 x 轴如图 13 - 1(a)所示。物块在任意位置 x 处受有重力 $\boldsymbol{P}$、弹力 $\boldsymbol{F}[F=k(\delta_s+x)]$ 和法向反力 $\boldsymbol{F}_N$，如图示。

分析运动　物块由高为 h 处下落撞于弹簧时，作为振动的起点，取 $t=0$。该瞬时弹簧处于原长 l_0 的位置，物块 A 与弹簧的上端相撞时，其坐标为 $x_0=-\delta_s$，速度 $\dot{x}_0=\sqrt{2gh}$（由质点的动能定理或动力学基本方程求出）。物块撞上弹簧以后同弹簧一起沿 x 轴运动。

应用质点运动微分方程**列振动微分方程**

由
$$m\ddot{x} = \sum F_x$$
有
$$m\ddot{x} = P\sin\alpha - F = P\sin\alpha - k(\delta_s + x) = -kx$$
$$\ddot{x} + x = 0$$
$$\ddot{x} + \omega^2 x = 0$$

系统的固有频率 $\omega = \sqrt{\dfrac{k}{m}} = \sqrt{\dfrac{0.8 \times 1\ 000}{0.5}} = 40\ \text{rad/s}$，显见系统的固有频率与振动微分方程均与倾角 α 无关。因为重力沿 x 轴的分力 $P\sin\alpha$ 是以常力形式作用在物块的振动方向上，它只影响弹簧的静变形(也即平衡位置的所在点)，而不影响物块的振动规律。

微分方程的通解为振动方程
$$x = A\sin(\omega t + \alpha)$$
将振动方程 t 求导得速度方程
$$\dot{x} = A\omega\cos(\omega t + \alpha)$$
将运动的初始条件 $t = 0$，$x_0 = -\delta_s$、$\dot{x}_0 = \sqrt{2gh}$ 代入以上两个方程，则有
$$x_0 = -\delta_s = A\sin\alpha \tag{1}$$
$$\dot{x}_0 = \sqrt{2gh} = A\omega\cos\alpha \tag{2}$$
联立式(1)、式(2)解得

振幅
$$A = \sqrt{x_0^2 + \frac{\dot{x}_0^2}{\omega^2}} = \sqrt{\delta_s^2 + \frac{2gh}{\omega^2}} = \sqrt{\left(\frac{mg}{2k}\right)^2 + \frac{2gh}{\omega^2}} = 35.1\ \text{mm}$$

初相位
$$\alpha = \arctan\frac{x_0\omega}{\dot{x}_0} = \arctan\frac{-\delta_s\omega}{\sqrt{2gh}} = -0.087\ \text{rad}$$
则物块 A 的振动方程
$$x = 35.1\sin(40t - 0.087)$$

分析与讨论

(1) 若本题选弹簧的原长 l_0 处为坐标原点，如图 13－1(b)所示，对物块 A 所列出的振动方程应为
$$m\ddot{x} = \sum F_x = P\sin\alpha - F_x = P\sin\alpha - kx$$
$$\ddot{x} + \frac{k}{m}x = g\sin\alpha$$
$$\ddot{x} + \omega^2 x = g\sin\alpha$$
该微分方程仍然是正确的，但方程等式的右边比标准形式多了一个常数项，因此所求的解也将比标准形式的解多一常数项，该常数仅表明振动中心(平衡位置)不再与坐标原点重合，这两点之间的距离为此常数，其振动规律仍然不变，为避免出现常数项，一般都选取平衡位置作为坐标原点。

(2) 若本题仍选平衡位置为坐标原点，而取 x 轴向上，如图 13－1(c)所示。对物块 A 列出如下的振动微分方程
$$m\ddot{x} = \sum F_x = -P\sin\alpha + F = -P\sin\alpha + k(\delta_s + x) = kx$$
$$\ddot{x} - \frac{k}{m}x = 0$$

该方程是错误的，虽然它与标准形式 $\ddot{x}+\frac{k}{m}x=0$ 相比，仅差一正负号，但是它已不再是振动微分方程。其错因是将弹力表达式错误地写为 $F_x=k(\delta_s+x)$。因为按图示所选取的坐标轴 x 向上，振体 A 的坐标 x 应为负值，即 $x<0$，所以弹力 F_x 的正确表达应为 $F_x=k(\delta_s+|x|)$，即 $F_x=k(\delta_s-x)$。由于上面所列方程中弹力表达式的错误，则导致弹性恢复力错误地表达为 $F_{Rx}=-P\sin\alpha+k(\delta_s+x)=kx$，所以最后列出错误的运动微分方程。教材中曾强调指出，弹性恢复力 F_{Rx} 恒与位移 x 差一负号（$F_{Rx}=-kx$），即 F_{Rx} 始终与位移 x 的方向相反，指向振体的平衡位置。对此，读者必须做到深刻理解，并能正确掌握。

例 13-2　图 13-2(a) 所示悬臂梁，在自由端上挂一弹簧，弹簧上悬挂一重物 P。设在重力 $\boldsymbol{P}$ 作用下弹簧的静伸长为 δ_{s2}，梁自由端的静挠度为 δ_{s1}。如给重物一初速度 $\boldsymbol{v}_0$，使系统振动。试求系统的固有频率及重物的自由振动方程。

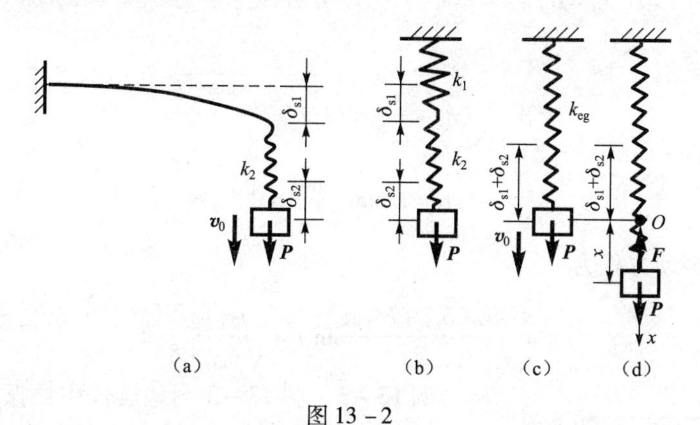

图 13-2

解　悬臂梁对物体的作用相当于一弹簧，根据悬臂梁端点的静挠度 δ_{s1} 就可算出此梁在端点沿铅垂方向的刚度系数为

$$k_1=\frac{P}{\delta_{s1}}$$

同样，可算出悬挂弹簧的刚度系数为

$$k_2=\frac{P}{\delta_{s2}}$$

于是图 13-2(a) 所示的振动系统可简化为图 13-2(b) 所示的串联弹簧系统。又因**串联弹簧可用一等效弹簧来替代，其等效刚度系数为**

$$k_{eg}=\frac{k_1k_2}{k_1+k_2}$$

故最终该系统可简化为图 13-2(c) 所示的质量—弹簧系统。现以此力学模型进行求解。

研究对象　重物

分析力　重物在静平衡位置时，$P=F_0=k_{eg}(\delta_{s1}+\delta_{s2})$。以平衡位置 O 为原点，取 x 轴向下，如图 13-2(d) 所示。重物在任意位置 x 时受重力 $\boldsymbol{P}$ 及弹簧力 $\boldsymbol{F}$ 作用，$F=k_{eg}(\delta_{s1}+\delta_{s2}+x)$。

分析运动　重物受到初始速度 $\boldsymbol{v}_0$ 的干扰，沿铅垂方向作自由振动。$t=0$ 时 $x_0=0$，$\dot{x}_0=\boldsymbol{v}_0$。

应用质点运动微分方程**列振动微分方程**

由
$$m\ddot{x} = \sum F_x$$
有
$$m\ddot{x} = P - F_x = P - k_{eg}(\delta_{s1} + \delta_{s2} + x) = -k_{eg}x$$
$$\ddot{x} + \frac{k_{eg}}{m}x = 0$$
系统的固有频率
$$\omega = \sqrt{\frac{k_{eg}}{m}} = \sqrt{\frac{g}{\delta_{s1} + \delta_{s2}}}$$
振动微分方程为
$$\ddot{x} + \omega^2 x = 0$$
微分方程的解为振动方程
$$x = A\sin(\omega t + \alpha)$$
将运动的初始条件 $t=0, x_0=0, \dot{x}_0 = v_0$ 代入振动方程及速度方程 $\dot{x} = A\omega\cos(\omega t + \alpha)$ 后解得振幅 A 及初相位 α 为
$$A = \sqrt{x_0^2 + \frac{\dot{x}_0^2}{\omega^2}} = \sqrt{\frac{v_0^2(\delta_{s1} + \delta_{s2})}{g}}$$
$$\alpha = \arctan\frac{x_0\omega}{\dot{x}_0} = 0$$
因此重物的自由振动方程为
$$x = \sqrt{\frac{v_0^2(\delta_{s1} + \delta_{s2})}{g}}\sin t = \sqrt{\frac{g}{\delta_{s1} + \delta_{s2}}}t$$

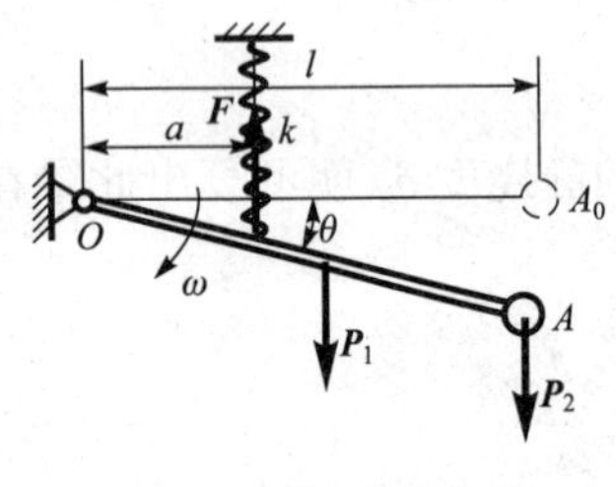

图 13-3

例 13-3 图 13-3 为地震仪中摆振系统，摆杆 OA 为一均质杆，长为 l，质量为 m_1。弹簧的刚度系数为 k，安装在距铰链为 a 处。在杆的 A 端焊接一质量为 m_2 的摆球（不计尺寸，视为一质点）。设系统平衡时，杆 OA 处于水平位置。当摆杆受到微小的初干扰后，摆杆 OA 将围绕平衡位置作微幅的摆振动。试建立该系统的振动微分方程，并求系统的固有频率。

解 研究对象 摆 OA

分析力 杆在水平位置时，处于平衡，设此时弹簧的静伸长为 δ_s，根据力矩平衡方程式 $\sum M_O(\boldsymbol{F}_i) = 0$ 有
$$k\delta_s a - P_1\frac{l}{2} - P_2 l = 0$$
即
$$k\delta_s a = P_1\frac{l}{2} + P_2 l$$
以水平位置 OA 为基准，沿顺时针方向规定摆角 θ 为正。摆 OA 位于任意位置 θ 时受力为重力 $\boldsymbol{P}_1$、$\boldsymbol{P}_2$ 及弹力 $\boldsymbol{F}$，如图 13-3 所示。该瞬时弹力的大小为 $F = k(\delta_s + a\theta)$。

分析运动 当摆 OA 在平衡位置（水平位置 OA_0）受到初干扰后，将绕 O 轴转动，且围绕平衡位置 OA_0 作往复摆动。

应用刚体转动动力学方程（刚体绕定轴转动微分方程）**列振动微分方程**

由
$$J_O\ddot{\theta} = \sum M_O(\boldsymbol{F}_i^{(e)})$$

有
$$\left(\frac{1}{3}m_1l^2+m_2l^2\right)\ddot{\theta}=P_1\frac{l}{2}\cos\theta+P_2l\cos\theta-Fa$$
当摆作微幅振动时,由于θ很小,可近似地认为$\cos\theta=1$,所以上式可写为
$$\left(\frac{1}{3}m_1l^2+m_2l^2\right)\ddot{\theta}=P_1\frac{l}{2}+P_2l-k(\delta_s+a\theta)a$$
由于
$$P_1\frac{l}{2}+P_2l=k\delta_s a$$
故有
$$\left(\frac{1}{3}m_1l^2+m_2l^2\right)\ddot{\theta}=-ka^2\theta$$
$$\ddot{\theta}+\frac{ka^2}{\frac{1}{3}m_1l^2+m_2l^2}\theta=0$$
令
$$\omega^2=\frac{ka^2}{\frac{1}{3}m_1l^2+m_2l^2}$$
则上式可化为标准形式的自由振动微分方程
$$\ddot{\theta}+\omega^2\theta=0$$
系统的固有频率为
$$\omega=\sqrt{\frac{ka^2}{\frac{1}{3}m_1l^2+m_2l^2}}=\frac{a}{l}\sqrt{\frac{k}{\frac{1}{3}m_1+m_2}}$$
由此可见,对一具体振动系统,只要能正确地建立出它的振动微分方程,便可求出该系统的固有频率。如果还知道该系统的运动初始条件,便可求出相应的振动方程。

例13-4　列车运行时,每经过钢轨的接头要受一次冲击,相当于受一周期性的激振力的作用。已知钢轨长$l=12.5$ m,车架弹簧的静变形$\delta_s=5$ cm。车厢作匀速运动。试问列车车速为多大时车厢将发生共振而剧烈颠簸?

解　车厢与车架弹簧组成一质量—弹簧系统,该系统的固有频率为
$$\omega=\sqrt{\frac{g}{\delta_s}}=\sqrt{\frac{9.8}{0.05}}=14\ \text{rad/s}$$
该振动系统受到钢轨给予的周期性激振力作用,振体(车厢)产生强迫振动。

设车速为v,因每经12.5 m受一次冲击,所以激振力的周期为
$$T_0=\frac{12.5}{v}\ \text{s}$$
因此激振力的频率为
$$\omega_0=\frac{2\pi}{T_0}=\frac{2\pi v}{12.5}\ \text{rad/s}$$
当激振频率等于固有频率时系统将发生共振,即
$$\omega_0=\omega$$
也即
$$\frac{2\pi v}{12.5}=14$$
$$v=\frac{14\times12.25}{2\pi}\ \text{m/s}=27.85\ \text{m/s}\approx100\ \text{km/h}$$

即车速约为 100 km/h 时系统发生共振,车厢将剧烈颠簸。

解题小结

按教学大纲要求,重点是求解单自由度系统的自由振动问题。该问题可归结为两个方面。一是建立系统的振动微分方程和求解振动规律;二是求解振动时的有关物理量。其求解方法和一般步骤总结如下:

1. 建立振动微分方程和求解振动规律

(1) 根据题给条件,将系统简化为所研究的力学模型。选取振体为研究对象。

(2) 分析振体在平衡位置以及任意位置时的受力情况。为了解题简便,一般取平衡位置为坐标原点,沿静变形的方向取为坐标轴的正向。

(3) 分析运动即分析振体的运动类型(平动或转动),也即分析系统的振动类型(线振动或角振动)。若要求振动规律(振动方程),需根据题意正确地表达出运动的初始条件。

(4) 建立振动微分方程。根据系统的振动类型采取相应的方法建立振动微分方程。即对线振动(振体平动)的情况需用质点运动微分方程(或质心运动微分方程)的方法;对角振动(振体转动)的情况需用转动动力学方程(即刚体定轴转动微分方程)的方法。并将建立的振动微分方程整理成标准形式 $\ddot{x}+\omega^2x=0$ 或 $\ddot{\varphi}+\omega^2\varphi=0$

(5) 求振动规律。记住振动方程的标准形式 $x=A\sin(\omega t+\alpha)$ 或 $\varphi=A\sin(\omega t+\alpha)$,并运用运动的初始条件确定常数项(振幅 A 和初相位 α)。

2. 求解振动的有关物理量

频率 f、圆频率 ω、周期 T 三者之间的关系 $f=\frac{1}{T},\omega=2\pi f,T=\frac{2\pi}{\omega}$。

(1) 计算固有频率 ω 的方法。

① **建立振动微分方程的方法:**对各种类型的振动,建立其振动微分方程,并整理成标准形式 $\ddot{x}+\omega^2x=0$ 或 $\ddot{\varphi}+\omega^2\varphi=0$,线位移 x 或角位移 φ 前系数的平方根就是固有频率 ω。如教材例 13-3 ~ 例 13-5,本书例 13-1 ~ 例 13-3。

② **直接套用公式 $\omega=\sqrt{\frac{k}{m}}$ 的方法:**该方法仅适用于质量—弹簧系统直线振动的情况。对于复杂的弹簧系统,应将刚度系数 k 理解为等效刚度系数 k_{eg},例如:

两根并联弹簧 $k_{eg}=k_1+k_2$,则 $\omega=\sqrt{\frac{k_1+k_2}{m}}$

两根串联弹簧 $k_{eg}=\frac{k_1k_2}{k_1+k_2}$,则 $\omega=\sqrt{\frac{k_1k_2}{m(k_1+k_2)}}$

对于能简化为弹簧的弹性梁,可由材料力学梁的弯曲变形表中查得振体所在处梁的静变形 δ_s(静挠度 f),然后求得相应的刚度系数,例如下列图示情况:

图 13-4(a)所示悬臂梁

$$\delta_s=\frac{mgl^3}{3EI}$$

则梁的端点沿铅垂方向的刚度为

$$k=\frac{P}{\delta_s}=\frac{3EI}{l^3}$$

系统的固有频率为

$$\omega=\sqrt{\frac{k}{m}}=\sqrt{\frac{3EI}{ml^3}}$$

图 13－4(b)所示简支梁

$$\delta_s=\frac{mgl^3}{48EI}$$

则梁的中点沿铅垂方向的刚度为

$$k=\frac{P}{\delta_s}=\frac{48EI}{l^3}$$

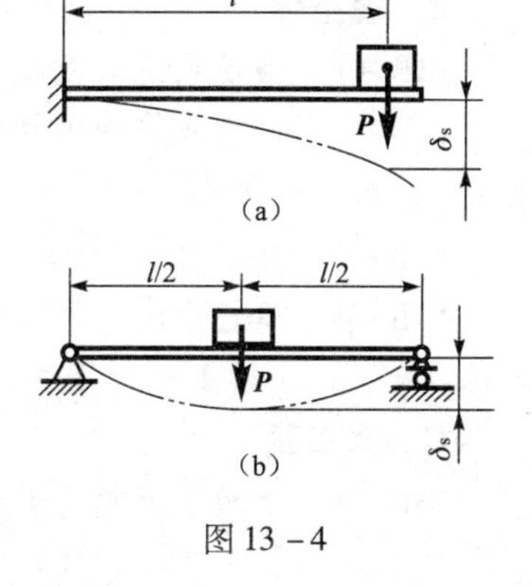

图 13－4

系统的固有频率为

$$\omega=\sqrt{\frac{k}{m}}=\sqrt{\frac{48EI}{ml^3}}$$

式中的 EI 为梁的抗弯刚度，单位是 $N\cdot m^2$（或 $kg\cdot m^3/s^2$）。

③ **直接套用公式 $\omega=\sqrt{\frac{g}{\delta_s}}$ 的方法：**该方法也仅适用于质量—弹簧系统直线振动的情况，对于弹性梁由弯曲变形表中查出静变形 δ_s（静挠度 f），直接代入公式，例如：

图 13－4(a)所示悬臂梁：$\delta_s=\frac{mgl^3}{3EI}$，则 $\omega=\sqrt{\frac{g}{\delta_s}}=\sqrt{\frac{3EI}{ml^3}}$

图 13－4(b)所示简支梁：$\delta_s=\frac{mgl^3}{48EI}$，则 $\omega=\sqrt{\frac{g}{\delta_s}}=\sqrt{\frac{48EI}{ml^3}}$

(2) 计算振幅 A 和初相位 α 的方法。

将运动的初始条件 $t=0, x=x_0$ 或 $\dot{x}=\dot{x}_0$ 或 $t=0, \varphi=\varphi_0$、$\dot{\varphi}=\dot{\varphi}_0$ 代入振动方程 $x=A\sin(\omega t+\alpha)$ 或 $\dot{\varphi}=A\sin(\omega t+\alpha)$ 和速度方程 $\dot{x}=A\omega\cos(\omega t+\alpha)$ 或 $\varphi=A\omega\cos(\omega t+\alpha)$ 中去，然后联立求解，即由 $\begin{cases}x_0=A\sin\alpha\\ \dot{x}=A\omega\cos\alpha\end{cases}$ 或由 $\begin{cases}\varphi=A\sin\alpha\\ \dot{\varphi}=A\omega\cos\alpha\end{cases}$ 求解出 A 和 α。

练习题

A　判断题（下列命题你认为正确的在题后括号内打"√"，错误的打"×"）

13A－1　一单自由度振动系统，若给以初干扰（初位移或初速度），则就能产生自由振动。（　　）

13A－2　自由振动是等幅、等周期的简谐运动。（　　）

13A－3　单自由度质量—弹簧系统自由振动微分方程的标准形式是 $x-\omega^2x=0$。（　　）

13A－4　各种振动类型的单自由度系统的固有频率的计算公式为 $\omega=\sqrt{\frac{k}{m}}$。（　　）

13A－5　单自由度系统在稳态强迫振动时，其振动的频率与系统惯性（质量 m）和弹性（刚度 k）有关。（　　）

B 填空题

13B－1 振动系统必须包含________________元件和________________元件。

13B－2 振动系统受到初干扰(初位移或初速度)，仅在________________作用下维持的振动，称为自由振动。

13B－3 恢复力(或恢复力矩)是________________的力(或力矩)。

13B－4 单自由度系统的振动方程为 $x = A\sin(\omega t + \alpha)$，系统运动的初始条件是 $t=0$ 时，$x = x_0$、$\dot{x} = \dot{x}_0$，则 $A =$________________，$\alpha =$________________。

C 选择题

13C－1 两根刚度均为 k 的弹簧并联后，其等效刚度为(　　)。

(a) $k_{eg} = k$　　(b) $k_{eg} = 2k$　　(c) $k_{eg} = \dfrac{1}{2k}$　　(d) $k_{eg} = 4k$

13C－2 两根刚度均为 k 的弹簧串联后，其等效刚度为(　　)。

(a) $k_{eg} = k$　　(b) $k_{eg} = 2k$　　(c) $k_{eg} = \dfrac{k}{2}$　　(d) $k_{eg} = 4k$

13C－3 图 13－5 所示的(a)、(b)两种情况，它们的固有频率是(　　)。

(a) 图(a)的固有频率高　　(b) 图(b)的固有频率高

(c) 图(a)、(b)的固有频率相等　　(d) 不能确定其高低

13C－4 图 13－6 所示的(a)、(b)两种情况，它们的振动周期是(　　)。

(a) 图(a)的周期长　　(b) 图(b)的周期长

(c) 图(a)、(b)的周期相等　　(d) 不能确定其长短

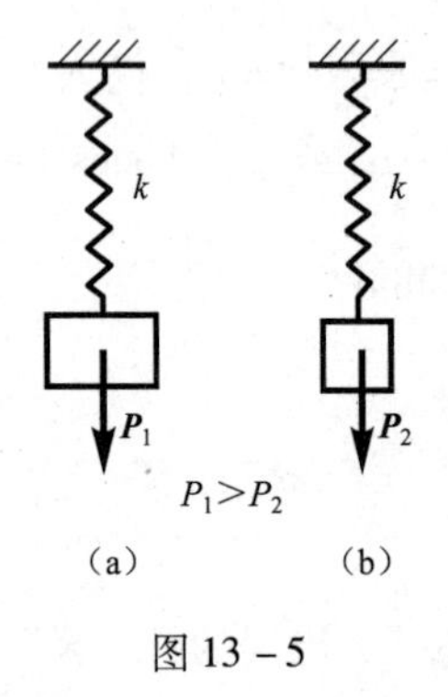

图 13－5

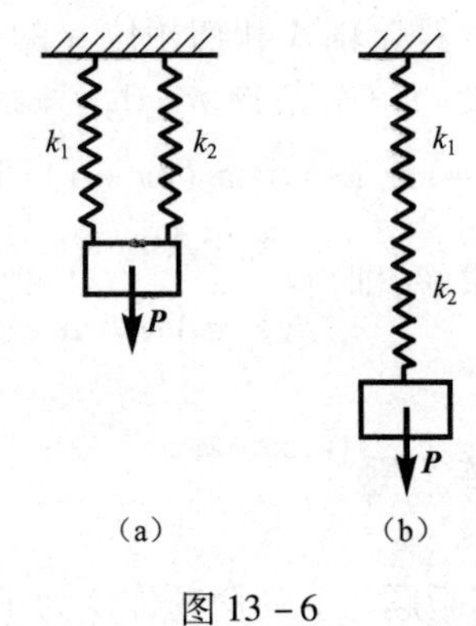

图 13－6

D 简答题

13D－1 为什么弹性恢复力的表达式 $F_x = -kx$ 中恒有一负号，其负号的意义是什么？

13D－2 何谓共振频率、共振区与共振现象？

13D－3 阻尼对强迫振动的振幅有何影响？

13D－4 稳态振动时强迫振动的特征是什么？其振动频率取决于什么？

13D－5 何谓主动隔振，何谓被动隔振？

E 应用题

13E－1 升降机所挂重物的质量 $m = 5\ 100$ kg，以速度 $v = 3$ m/s 下降(图 13－7)。设钢索具有弹性，其刚度系数 $k = 4\ 000$ kN/m。钢索的自重不计，试求钢索上端突然被卡住时，重

物的振动方程。(提示:重物匀速下降时,钢索已产生静伸长,坐标原点可取卡住瞬时重物所在的位置)。

13E－2　重物 P 自高度 $h=1$ m 处静止自由落下,打在水平梁的中部,并随梁一起运动,在重力 $\boldsymbol{P}$ 作用下梁中点的静变形 $\delta_s=0.5$ cm(图 13－8)。如以重物在梁上的平衡位置 O 为坐标原点,坐标轴 x 铅垂向下,试求出重物的振动规律。

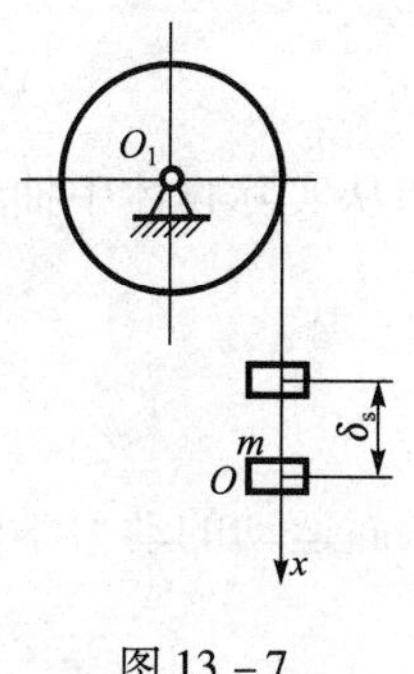

图 13－7

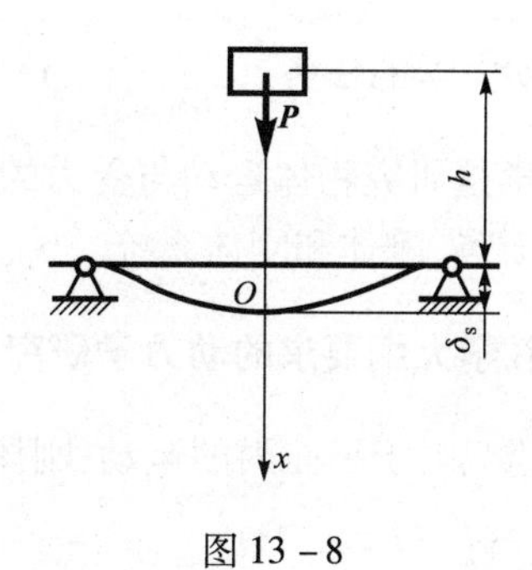

图 13－8

13E－3　摆杆 OA 对铰轴 O 的转动惯量为 J,在杆 A、B 两点各安装一根刚度系数分别为 k_1,k_2 的弹簧,系统在水平位置处于平衡(图 13－9),试建立系统作微振动时的振动微分方程,并求系统的固有频率。

13E－4　手表摆轮对转轴 O 的转动惯量 $J=2.23\times10^{-9}$ kg · m^2,游丝的刚度系数 $k=3.16\times10^{-9}$ N · m/rad,求摆轮—游丝系统的固有频率和摆轮的振动微分方程(图 13－10)。

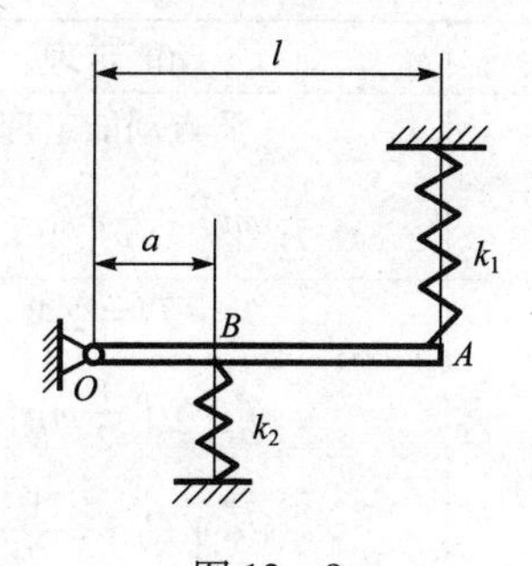

图 13－9

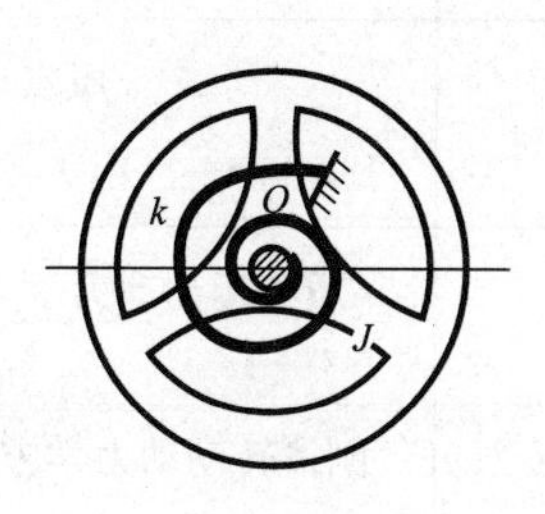

图 13－10

应用题答案

13E－1　$x=10.7\sin 28t$

13E－2　$x=10\sin(44.3t-0.05)$

13E－3　$\omega=\sqrt{\dfrac{k_1l^2+k_2a^2}{J}}$

13E－4　$\omega=12\pi$ rad/s

动力学小结

一、动力学的任务

动力学是研究物体运动与受力的关系。所研究的物体是指从实际物体中抽象出来的力学模型——质点、刚体和刚体系统。

二、教学大纲要求的动力学研究范围

对质点只限于平面内的运动;刚体限于平动和转动;刚体平面运动的动力学问题只作一般了解。

三、求解动力学两类问题的两种解题方法

具体的解题方法、步骤及应注意的事项已在各章做了详尽的总结,这里仅从总体上给予指导。

1. 应用动力学方程和动能定理求解两类问题

基本方程和定理归纳于表1。

表1

研究对象	动力学方程	动能定理
质点	质点动力学基本方程 $m\boldsymbol{a}=\sum \boldsymbol{F}_i$	质点动能定理 $\frac{1}{2}mv_2^2-\frac{1}{2}mv_1^2=W_{12}$
刚体 (平动、转动)	质心运动动力学方程(刚体平动动力学方程) $m\boldsymbol{a}=\sum \boldsymbol{F}_i^{(e)}$ 刚体转动动力学方程(刚体定轴转动微分方程) $J_z\alpha=\sum M_z(\boldsymbol{F}_i^{(e)})\quad \alpha=\ddot{\varphi}$ 平动时 $\alpha=0;\sum M_C(\boldsymbol{F}_i^{(e)})=0$	$T_2-T_1=\sum W_{12}$ $T=\sum\left(\frac{1}{2}m_iv_i^2\right)$ 刚体平动 $T=\frac{1}{2}mv_C^2$ 刚体转动 $T=\frac{1}{2}J_z\omega^2$
刚体 (平面运动)	质心运动动力学方程 $m\boldsymbol{a}_C=\sum \boldsymbol{F}_i^{(e)}$ 刚体转动动力学方程(刚体定轴转动微分方程) $J_z\alpha=\sum M_C(\boldsymbol{F}_i^{(e)})\quad \alpha=\ddot{\varphi}$	$T_2-T_1=\sum W_{12}$ $T=\frac{1}{2}mv_C^2+\frac{1}{2}J_C\omega_2$ 或 $T=\frac{1}{2}J_P\omega^2$

有许多动力学问题,特别是较复杂的问题,往往不是应用某个方程或定理所能解决的,需要联合应用表1中的方程和定理求解动力学的两类问题,即已知力求运动和已知运动求力。怎样综合应用,应根据具体问题去分析、予以选用。这里大致归纳以下思路。

(1) 动能定理与质心运动动力学方程联合应用:

对平动、转动的单个刚体或它们的组合系统,先应用动能定理求速度 v(或角速度 ω)。如

求其加速度 a（或角加速度 α），应用动能定理再微分。之后应用质心运动动力学方程求反力。

（2）转动动力学方程与质心运动动力学方程联合应用：

对转动刚体先应用转动动力学方程求转动刚体的角加速度 α。若要求其角速度，应对角加速度再积分。之后应用质心运动动力学方程求反力。

对于平动刚体，角加速度 $\alpha=0$，所以转动方程即力矩平衡方程 $\sum M_C(\boldsymbol{F}_i^{(e)})=0$。应用该方程和质心运动动力学方程（刚体平动动力学方程）联立求运动和反力。

应用动力学方程及动能定理解题时注意以下几点：

① 矢量方程要改写成投影形式的运动微分方程。

② 对于多轴的刚体系统，应用转动动力学方程时，一定将系统拆开分析，每个研究对象中只能含一个转轴。

③ 对于多轴的刚体系统，应用动能定理时，不必将系统拆开，一般都以整个系统为研究对象。

④ 求解每个方程时，要注意物理量的单位要统一。

2. 应用动静法独立求解动力学的两类问题

对于已知运动求力的问题，应用动静法更为简便。有关动静法中惯性力系的简化等总结见本书第十一章。

四、关于机械振动问题

机械振动是机械运动的一个专门问题，在本书第十三章中已做了总结，不再赘述。

下　卷

材料力学

材料力学学习指导

材料力学是研究构件的强度、刚度和稳定性等计算原理的科学。强度是指构件抵抗破坏的能力；刚度是指构件抵抗变形的能力；稳定性是指受压构件维持其原有平衡状态的能力。显然，搞不清作用在构件上的外力，就谈不上分析构件的强度、刚度和稳定性。同时，静力学所提供的物体的受力分析、力系的简化与平衡等基本理论和方法又常常是材料力学分析研究问题的基础。所以在学习材料力学之前，牢固地掌握静力学的基本理论和方法是至关重要的。

按照考试大纲所规定的课程内容，材料力学大体可分为下面四个单元。

一、基本变形

含拉伸与压缩、剪切、扭转和弯曲等内容。尽管它们发生的条件、变形特点、内力和应力状况各不相同，但求内力的法则、研究和处理问题的方法，以及应力和变形公式的构成与形态等都具有极其相似之处。希望读者在学习过程中，既要掌握各个基本变形在受力、内力、应用力和变形方面的特点，又要注意各个基本变形之间在上面提到的那些方面的相似性。这对于理解材料力学的研究方法和记忆基本变形公式是大有帮助的。

二、复杂应力状态下构件的强度计算

含应力状态与强度理论和组合变形等内容。前者是为后者的强度计算提供理论依据的。顾名思义，组合变形系指构件同时发生两种或两种以上基本变形的情况。根据叠加原理，自然可以把组合变形问题分解为几个基本变形问题来分析，然后再综合研究。不言而喻，在这一部分中必然要大量用到基本变形的理论和公式。

三、压杆的稳定问题

这是材料力学研究的三大课题之一。尽管稳定问题与强度和刚度问题有本质的不同，但在压杆稳定中临界力的推导也要涉及弯曲变形方面的知识。

四、动应力问题

含动载荷问题与交变应力和疲劳破坏等内容。动应力问题与静应力问题的区别在于前者要计及因惯性而产生的动力效应，以及应力集中对材料强度的影响。除此之外，两者在内力、应力和变形的计算上并无本质差别。

综上所述，掌握基本变形的知识、理论和计算公式是学好材料力学的关键。

最后，必须指出，材料力学是一门与工程实际紧密联系的技术基础课，掌握简单工程构件的力学计算是十分重要的。希望读者在学习过程中和演算作业时，要注意下述两点：

第一点，在材料力学的绝大多数计算问题中都要涉及不同量纲的量，在这种情况下，统一单位是很重要的。为了方便，力的单位用牛(N)，长度单位用米(m)，求得结果后，再根据需要进行单位换算。

1 cm $=10^{-2}$ m	1 $cm^2=10^{-4}$ m^2	1 $cm^3=10^{-6}$ m^3
1 mm $=10^{-3}$ m	1 $mm^2=10^{-6}$ m^2	1 $mm^3=10^{-9}$ m^3
1 kN $=10^3$ N $=1\,000$ N		1 Pa $=1$ N/m^2
1 MPa $=10^6$ Pa $=10^6$ N/m^2 $=1$ N/mm^2		1 GPa $=10^9$ Pa $=10^9$ N/m^2

第二点,材料力学研究、处理问题的程序可简单地表达为

外力→内力→{ 变形(位移)→{ 解超静定问题；刚度条件 }；应力→强度条件 }

(载荷与约束反力)

无论是强度问题还是刚度问题,均可按此思路求解。这样条理清楚,又不易出错。

第1章 材料力学的基本概念

1.1 内容提要

本章介绍材料力学的任务、材料力学研究的主要对象、弹性变形与塑性变形,以及杆件变形的四种基本形式。

1.2 知识要点

1. 材料力学的任务

工程构件应具有足够的强度、刚度和稳定性,同时也要符合经济方面的要求。两者是存在矛盾的。材料力学是研究构件强度、刚度和稳定性等计算原理的科学,其任务就是在保证安全工作前提下,为构件的选材、确定合理的形状和尺寸提供基本理论和计算方法。

强度是指构件承受载荷而不损坏的能力; 刚度是指构件抵抗变形的能力; 稳定性是指受压构件能在原有形状下维护稳定平衡的能力。

2. 材料力学研究的对象

工程构件的种类名目繁多,形状各异,制作材料也有多种。为了简化理论分析与计算,建立统一的计算理论,材料力学对实际工程构件进行了科学简化。

首先,把各种材料制成的构件抽象为**连续、均匀、各向同性的可变形固体**。所谓"连续、均匀、各向同性的可变形固体"是指组成物体的物质毫无空隙地充满了整个体积,且在该体积内的各点处、各个方向上材料的力学性质完全相同。从微观上说,实际的工程材料并非如此。就工程中使用最多的金属来说,材料的内部是存在空隙的,其各个晶粒的力学性质也不完全相同,且有方向性。由于材料力学是从宏观角度来考察一个构件或构件的一部分在外力作用下的力学表现的,材料内部的空隙体积与构件尺寸相比是微不足道的; 同时,反映材料力学性质的物理量是材料内部杂乱排列的众多晶粒性质的统计平均值,而非哪个晶粒的性质。因此,在宏观研究中,把实际物体抽象为连续、均匀、各向同性的可变形固体是无可厚非的。最后,还必须指出,有了这样的力学模型,就可以把高等数学中关于连续的概念和取无穷小量的方法引入材料力学的研究中,从而简化了理论分析。

其次,根据绝大多数工程构件都具有杆的形状,材料力学就把这类构件简化为杆,并把重点放在等直杆的**强度**、**刚度**和**稳定性**的研究上。

综上所述,材料力学的研究对象是材料具有连续、均匀、各向同性的可变形杆件,且以等直杆为主。

3. 构件的变形及其基本形状

在外力作用下，构件所发生的形状和尺寸改变，统称为变形。构件的变形可分两种：一种是外力卸除后能自行消失的变形，称为弹性变形；另一种是外力卸除后不能消失的变形，称为塑性（残余）变形。为保证机械或结构物的正常工作，构件一般只允许产生微小弹性变形。材料力学研究的主要问题是构件的微小弹性变形问题。

轴向拉伸与压缩、剪切、扭转和弯曲是杆件变形的四种基本形式。复杂变形是上述四种基本变形形式的某种组合。

练习题

A 填空题

1A－1 材料力学是研究构件________的科学。

1A－2 强度是指构件________的能力；刚度是指构件________的能力。

1A－3 构件应有足够的稳定性，是指受压构件在其原有形状下的平衡应为________平衡。

1A－4 物体受力后发生变形。外力卸除后能消失的变形叫________；不能消失的变形叫____________。

B 简答题

1B－1 材料力学的任务是什么？

1B－2 在材料力学中对变形固体有哪些基本假设？其根据是什么？

第 2 章　轴向拉伸和压缩

2.1　内容提要

本章主要讲述直杆在拉伸和压缩时的内力、应力、变形和强度计算,以及简单的拉压一次超静定问题,并介绍拉伸和压缩时材料的力学性质。拉压问题所涉及的一些基本概念和基本方法在材料力学中具有普遍意义。

2.2　知识要点

1. 轴向拉伸和压缩的特点

轴向拉伸和压缩的受力特点是外力(或外力的合力)作用线与杆轴线重合,其变形特点是杆件沿轴线方向伸长或缩短。

2. 内力和截面法

材料力学所研究的内力,是杆件横截面上分布内力系的合力或合力偶矩。它是由外力引起的。

截面法是求内力的通用方法,其要领是在求内力的截面处,假想将杆切为两部分,任取一部分,画出此部分的受力图(内力与外力),然后应用平衡方程算出此截面上的内力。

如前所述,用截面法求得的内力只是杆件横截面上分布内力系的合力或合力偶矩,因而它不能确切表达截面上各点处材料受力的强弱;而材料的破坏,通常是由受力最大的点处开始的,所以内力不能直接用于判断构件的强度。

3. 应力

杆件横截面上某点处分布内力的集度(密集程度)称为该点处的**应力**。因为分布内力的集度是用单位面积上的内力大小来表达的,所以也可以说截面上某点处单位面积上的内力为该点处的应力。垂直于截面上的应力 σ 叫**正应力**,与截面相切的应力 τ 叫**切应力**。这是材料力学所要研究的两种应力。

应力表达了一点处材料的受力程度。对于某种材料来说,受力程度是有一定限度的,超过了这一限度,材料就会失效(发生显著的塑性变形或破坏)。不同的材料有不同的限度,这个限度就是材料的强度。因此,应力是分析构件强度的重要依据。

截面上某点处的应力与该点处微面积 dA 的乘积 σdA 或 τdA 就是该点处微面积上的内力。这些微内力形成了横截面上的分布内力系。它们的合力或合力偶矩就是内力。应力和内力的这个关系,在材料力学中要经常用到。

4. 拉伸或压缩时直杆横截面上的内力和应力

应用截面法可以求得直杆在拉伸或压缩时横截面上的内力。因为它沿杆轴方向,作用于横截面的形心,所以将此内力称为轴力。背离截面者为拉力,用正号表示;指向截面者为压力,用负号表示。

当杆件承受多个轴向外力时,轴力是沿杆轴变化的,常用轴力图来表示。

直杆在拉伸或压缩时,横截面上只有均匀分布的正应力 σ,其计算公式为

$$\sigma = F_N/A$$

对应于轴力 F_N 的正负号,拉应力为正,压应力为负。

5. 拉伸或压缩时直杆的变形　胡克定律

(1) 线应变。拉伸时,直杆的轴向尺寸伸长而横向尺寸缩短;压缩时,直杆的轴向尺寸缩短而横向尺寸增大。若设杆的原始长度为 l,原始横向尺寸为 b,Δl 和 Δb 分别为直杆受拉或受压时轴向尺寸和横向尺寸的改变量,则

$$\varepsilon = \Delta l/l \text{ 和 } \varepsilon' = \Delta b/b$$

分别称为**轴向线应变**和**横向线应变**。ε 与 ε' 分别表示了材料在轴向和横向的变形程度。ε 与 ε' 恒具有相反的符号,当应力不超过比例极限时

$$|\varepsilon'/\varepsilon| = \mu \text{ 或 } \varepsilon' = -\mu\varepsilon$$

μ 称为**泊松比**,其值随材料而异,由试验确定。

(2) 胡克定律。试验指出,当应力不超过材料的比例极限时,应力与应变成正比,即

$$\sigma = E\varepsilon$$

上式称为**胡克定律**。式中的 E 叫**弹性模量**。σ 相同时,E 大者 ε 小,因此 E 是反映材料刚度性质的,其值随材料而异,由试验确定。

若将轴力及杆件的轴向变形引入,则得胡克定律的另一表达形式

$$\Delta l = F_N l/EA$$

式中 EA 称为**截面拉压刚度**,它表达了杆件抵抗拉压变形的能力。

必须指出,用以上公式计算轴向变形 Δl 时,l 长度内的 F_N、E、A 均应为常量。若杆件的各段不同,则应分段计算求其代数和,即

$$\Delta l = \sum_{i=1}^{n} \frac{F_{Ni} l_i}{E_i A_i}$$

6. 材料的力学性质

(1) 低碳钢的力学性质。应力 - 应变图,即 $\sigma - \varepsilon$ 曲线,参阅教材下卷材料力学第二章第五节图 2 - 11。

卸载定律:当应力到达强化阶段后卸载,在卸载过程中,应力和应变按直线规律变化。如教材下卷图 2 - 11 中的 dd' 直线。

冷作硬作:材料拉伸到强化阶段后卸除载荷,再次加载时材料的比例极限提高而塑性降低,这种现象叫作冷作硬化。

四个阶段和四个特征点见表 2 - 1。

表2－1

阶　段	特征点	说　　明	阶　段	特征点	说　　明
弹性阶段	比例极限 σ_P	σ_P 为应力与应变成正比的最高应力	屈服阶段	屈服点 σ_s	σ_s 为屈服阶段的最低应力
			强化阶段	抗拉强度 σ_b	σ_b 为材料能承受的最大应力
	弹性极限 σ_e	σ_e 为不产生塑性变形的最高应力	局部变形阶段		产生颈缩现象到试件断裂

主要性能指标见表2－2。

表2－2

性　能	性能指标	说　明
弹性性能	弹性模量 E	当 $\sigma \leqslant \sigma_P$ 时，$E=\sigma/\varepsilon$
强度性能	屈服点 σ_s	材料出现显著塑性变形
	抗拉强度 σ_b	材料能承受的最大应力
塑性性能	伸长率 $\delta=\dfrac{l_1-l}{l}\times 100\%$	材料拉断时的塑性变形程度
	断面收缩率 $\psi=\dfrac{A-A_1}{A}\times 100\%$	材料的塑性变形程度

试验指出，低碳钢压缩时的比例极限 σ_P、屈服点 σ_s、弹性模量 E 与拉伸时基本相同，但测不出抗压强度。

（2）铸铁的力学性质。铸铁拉伸时应力与应变无明显的线性关系，拉断时的应变很小，断口平直，试验只能测得抗拉强度 σ_b。铸铁压缩时的抗压强度比拉伸时大4～5倍，破坏时破裂面与轴线约成45°。故铸铁宜于做抗压构件。

（3）塑性材料和脆性材料。在常温、静载下，工程材料可分为两类：

伸长率 $\delta \geqslant 5\%$ 的材料称为**塑性材料**。

伸长率 $\delta < 5\%$ 的材料称为**脆性材料**。

（4）条件屈服点 $\sigma_{0.2}$。对于没有明显屈服阶段的塑性材料，按照国家标准规定，取对应于试件产生0.2%的塑性应变的应力作为屈服点，称为**条件屈服点**（又称**屈服强度**），用 $\sigma_{0.2}$ 表示。

7. 轴向拉伸或压缩时杆的强度计算

（1）极限应力与许用应力。使材料丧失正常工作能力的应力叫**极限应力**。塑性材料的极限应力是屈服点 σ_s（$\sigma_{0.2}$），而脆性材料的极限应力是抗拉或抗压强度 σ_b。

在工程计算中，允许材料承受的最大应力叫**许用应力**，用[σ]演表示。由于许多难以精确估计的因素和材料应留有一定的强度储备，所以许用应力应该小于极限应力。如以 σ° 表示极限应力，则有

$$[\sigma]=\sigma^\circ/n$$

$n>1$，称为安全系数。

(2) 强度条件及其应用。强度条件的一般表达式为

$$最大工作应力 \leqslant 许用应力$$

据此,对于承受多个轴向力的非等截面直杆,则为

$$\sigma_{max} = (F_N/A)_{max} \leqslant [\sigma]$$

对于等杆,因横截面面积A是常数,所以上式变为

$$\sigma_{max} = \frac{F_{Nmax}}{A} \leqslant [\sigma]$$

应用强度条件可以解决强度校核、选择截面尺寸和确定许可载荷等三类工程计算问题。

8. 拉压超静定问题

凡用静力学平衡方程不能求出全部约束反力和杆件内力的问题,称为超静定问题。未知力多于平衡方程的数目叫超静定次数。

超静定问题必须综合应用静力学平衡方程、变形协调方程和物理方程求解。解法步骤及注意事项将在下面的“解题指导”中介绍。

超静定结构的特点是:① 各杆的内力是按其刚度分配的;② 制造不准确而强行装配、温度改变或支座沉陷等,都会在杆件中引起内力。

2.3 解题指导

1. 内力与应力计算

例2-1 试求图2-1(a)所示杆1-1、2-2、3-3横截面上的轴力,并绘制轴力图。

解一 按截面法计算轴力

(1) 求约束反力F(图2-1(b))

由静力学平衡方程$\sum F_x = 0$,可得

$$F = 50\ \text{kN}$$

(2) 求轴力

设1-1、2-2、3-3截面上的轴力分别为F_{N1}、F_{N2}、F_{N3},且均假定为拉力,则由截面法(图2-1(c)、(d)、(e))可得

$$F_{N1} = 50\ \text{kN} \qquad F_{N2} = 10\ \text{kN} \qquad F_{N3} = -20\ \text{kN}$$

计算结果为正值,表明所求轴力确为拉力;若为负值,则表明所求轴力为压力。

(3) 绘制轴力图

显然,在AB段内各横截面的轴力皆为$F_{N1} = 50$ kN(拉力);在BC段内各横截面的轴力皆为$F_{N2} = 10$ kN(拉力);在CD段内各横截面的轴力皆为$F_{N3} = -20$ kN(压力)。据此,即可绘出本例的轴力图,如图2-1(f)所示。

由本例可以看出,在应用截面法画轴力图时,我们总是假定在所论截面上的轴力均为拉力(正值轴力),然后由平衡方程求出轴力。所得结果的正负就自然反映出轴力是拉力还是压力了。这对于绘制轴力图是很方便的。

解二 按简便法则计算轴力

根据截面法和关于轴力的正负号规定,可得计算轴力的简便法则如下:

直杆某一横截面上的轴力等于该截面一侧杆上所有轴向外力的代数和。背离此截面的轴

向外力用正值(因它们引起正值轴力),指向此截面的轴向外力用负值(因它们引起负值轴力)。计算结果的正负则表示所求轴力是拉力还是压力。

现在我们通过本例阐明这个法则的应用。

约束反力 F 的计算同前,不再赘述。

求 1－1 横截面上的轴力 F_{N1}:

考察 1－1 横截面的左侧部分(图 2－1(b))。直杆在这一部分上只有一个轴向外力 $F=50$ kN,且背离 1－1 截面。据此,$F_{N1}=50$ kN(拉力)

求 2－2 横截面上的轴力 F_{N2}:

考察 2－2 横截面的左侧部分(图 2－1(b))。直杆在这一部分上有两个轴向外力:轴向外力 50 kN,背离 2－2 截面;而轴向外力 40 kN 则指向 2－2 截面。据此,可得 $F_{N2}=(50-40)$kN = 10 kN(拉力)

如果按 2－2 横截面的右侧部分杆上的轴向外力计算,其上的轴向外力 30 kN 背离 2－2 截面,而轴向外力 20 kN 指向 2－2 截面。据此,可得 $F_{N2}=(30-20)$kN = 10 kN。结果与上相同。

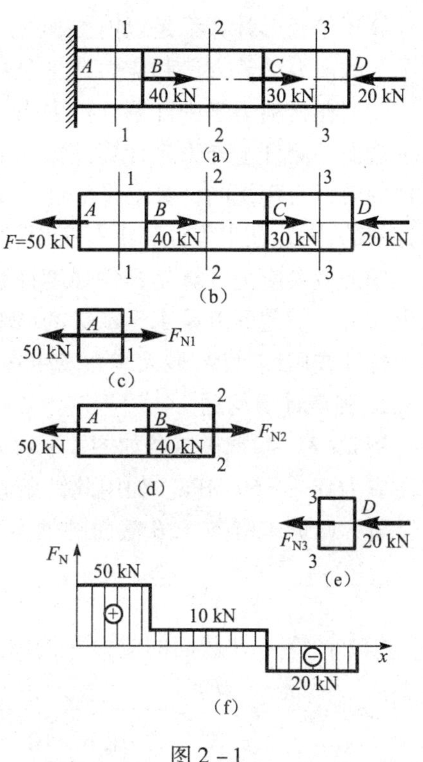

图 2－1

求 3－3 横截面上的轴力 F_{N3}:

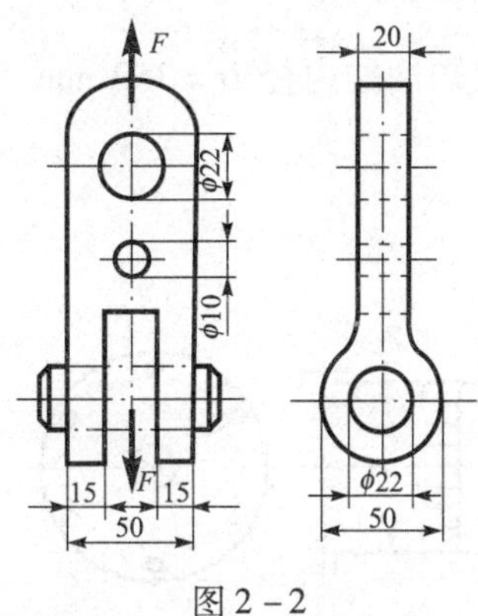

图 2－2

考察 3－3 横截面的右侧部分(图 2－1(b))。直杆在这一部分上只有一个轴向外力 20 kN,且指向 3－3 截面。据此,可得 $F_{N3}=-20$ kN(压力)。

所求得的 F_{N1}、F_{N2}、F_{N3} 与解一完全相同。

注意: 本例也可以不求出约束反力 F,而直接计算轴力 F_{N1}、F_{N2} 和 F_{N3}。但这时只能取截面右侧部分来考察,用上述两种方法中的任一种方法来计算轴力。这是因为截面的左侧部分有未知的约束反力的缘故。

例 2－2　作用于图 2－2 所示零件上的拉力 $F=38$ kN,试问零件内最大拉应力发生在哪个截面上?并求其值。

解　(1) 计算轴力

$$F_N=F=38\ \text{kN}=38\times10^3\ \text{N}$$

(2) 计算最大拉应力

通过 ϕ 孔直径的横截面面积最小,其值为

$$A_{\min}=[(50-22)\times20\times10^{-6}]\ \text{m}^2=560\times10^{-6}\ \text{m}^2$$

故最大拉应力为

$$\sigma_{\max}=\frac{F_N}{A_{\min}}=\frac{38\times10^3}{560\times10^{-6}}\ \text{N/m}^2=67.8\times10^6\ \text{N/m}^2=67.8\ \text{MPa}$$

分析与讨论

(1) 内力与应力的计算是材料力学中最基本的,而且也是最重要的计算,无论是构件的强

度计算还是变形计算都是以内力和应力的计算为基础的。因此,务必要牢固掌握在各种变形情况下的内力计算方法和应力计算公式。

(2) 在材料力学中计算杆件内力的基本方法是截面法和边界荷载法。但由截面法可以导出按截面一侧杆上外力来计算该截面上内力的简便法则。如例 2-1 的轴力计算和以后将要讲到的剪力与弯矩的计算都是如此。由例 2-1 可以看出,应用简便法则计算内力是比较快捷和方便的,因此在工程计算中有实用意义,务请掌握。

(3) 最大应力计算是杆件强度计算的首要一步。当全杆中内力为常量时,最大应力一定发生在最小横截面上是毫无疑义的(例 2-2)。但对于变截面杆,且内力各杆段不同时,对于轴向拉伸或压缩来说,最大应力发生在比值 $F_N(x)/A(x)$ 为最大的截面上。

2. 强度计算问题

例 2-3 起重机链条如图 2-3 所示。链条的链环面积为圆形,直径 $d=1.6$ cm,材料的许用应力$[\sigma]=60$ MPa。如用此链条起吊 $P=15$ kN 的重物,试校核 A、B 截面的强度。

解 (1) 求链条 A、B 截面的轴力

$$F_N=\frac{P}{2}=\frac{15}{2}\ \text{kN}=7.5\ \text{kN}$$

(2) 计算 A、B 截面的应力并校核强度

$$\sigma=\frac{F_N}{A}=\frac{7.5\times10^3}{\frac{\pi}{4}(1.6\times10^{-2})^2}\ \text{Pa}=37.3\times10^6\ \text{Pa}=37.3\ \text{MPa}<[\sigma]$$

故链条满足强度要求。

例 2-4 图 2-4 所示油缸盖与缸体采用六个螺栓连接。已知油缸内径 $D=350$ mm,内压 $p=1$ MPa,螺栓材料的许用应力$[\sigma]=40$ MPa,求螺栓的内径。

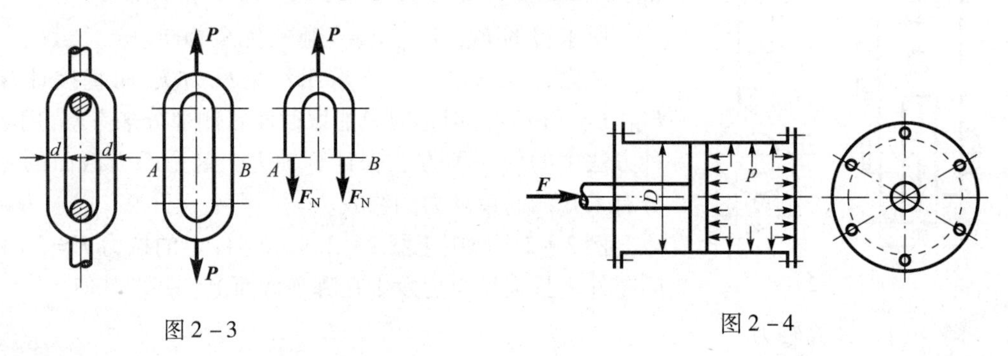

图 2-3　　图 2-4

解 设每个螺栓的轴力相等,皆为 F_N。

由平衡方程可得

$$p\frac{\pi}{4}D^2=6\ F_N$$

$$F_N=\frac{\pi D^2 p}{4\times6}=\frac{\pi\times350^2\times10^{-6}\times1\times10^6}{24}\ \text{N}=16\times10^3\ \text{N}$$

根据强度条件,确定螺栓内径 d_1:

$$\sigma=\frac{F_N}{A}=\frac{4F_N}{\pi d_1^2}\leqslant[\sigma]$$

$$d_1\geqslant\sqrt{\frac{4F_N}{\pi[\sigma]}}=\sqrt{\frac{4\times16\times10^3}{\pi\times40\times10^6}}\ \text{m}=0.022\ 6\ \text{m}=22.6\ \text{mm}$$

例 2-5 BC 杆$[\sigma]=160$ MPa，AC 杆$[\sigma]=100$ MPa，两杆的横截面面积均为 $A=2\ \text{cm}^2$，求许可载荷$[F]$。

解一 （1）求 AC 与 BC 两杆由载荷 F 引起的轴力

取节点 C 为分离体，画出受力图，如图 2-5(b) 所示。AC 与 BC 杆的轴力分别用 F_{N1} 与 F_{N2} 表示。由平衡方程 $\sum F_x=0$ 和 $\sum F_y=0$ 得

$$-F_{N1}\sin45°+F_{N2}\sin30°=0$$

$$F_{N1}\cos45°+F_{N2}\cos30°-F=0$$

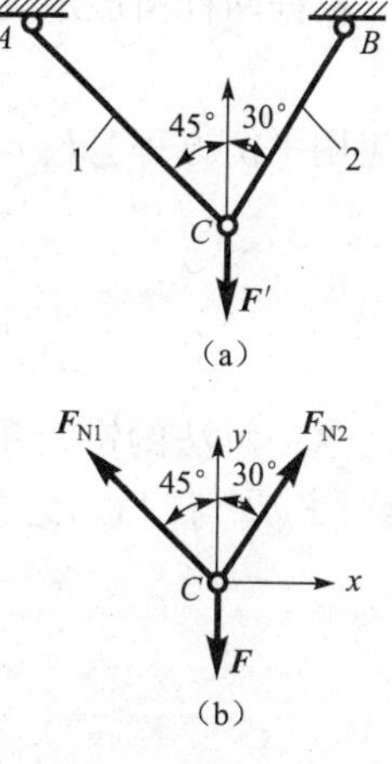

图 2-5

解之，得

$$F_{N1}=\frac{F}{1.931}$$

$$F_{N2}=\frac{F}{1.366}$$

（2）确定许可载荷$[F]$

应用强度条件，分别按 AC 杆与 BC 杆确定许可载荷。由 AC 杆得

$$\sigma_{AC}=\frac{F_{N1}}{A}=\frac{F}{1.931\times2\times10^{-4}}\leqslant100\times10^6\ \text{Pa}$$

$$F\leqslant(100\times10^6\times1.931\times2\times10^{-4})\ \text{N}=38.6\times10^3\ \text{N}=38.6\ \text{kN}$$

由 BC 杆得

$$\sigma_{BC}=\frac{F_{N2}}{A}=\frac{F}{1.366\times2\times10^{-4}}\leqslant160\times10^6\ \text{Pa}$$

$$F\leqslant(160\times10^6\times1.366\times2\times10^{-4})\ \text{N}=43.7\times10^3\ \text{N}=43.7\ \text{kN}$$

为同时满足两杆的强度要求，许可载荷应取上述两项计算结果中数值较小者，即$[F]\leqslant$ 38.6 kN。

解二 （1）计算力 F 在两杆中引起的轴力方法同前。

$$F_{N1}=\frac{F}{1.931}\qquad F_{N2}=\frac{F}{1.366}$$

（2）计算两杆的最大许可轴力

AC 杆的许可轴力 $[F_{N1}]=(100\times10^6\times2\times10^{-4})\ \text{N}=20\times10^3\ \text{N}=20\ \text{kN}$

BC 杆的许可轴力 $[F_{N2}]=(160\times10^6\times2\times10^{-4})\ \text{N}=32\times10^3\ \text{N}=32\ \text{kN}$

（3）确定许可载荷

为满足强度要求，必须

$$F_{N1}\leqslant[F_{N1}]\qquad\text{(a)}$$

$$F_{N2}\leqslant[F_{N2}]\qquad\text{(b)}$$

由式(a) 得

$$\frac{F}{1.931} \leqslant 20 \qquad F \leqslant 38.6\ \text{kN}$$

由式(b) 得

$$\frac{F}{1.366} \leqslant 32 \qquad F \leqslant 43.7\ \text{kN}$$

根据上述两项计算结果可知,许可载荷应为两者中的较小者,即$[F] \leqslant 38.6\ \text{kN}$。

不难看出,上述两种解法本质上是相同的,但在步骤上前者似较简单一些。

常见的一种错误解法

根据两杆所能承受的最大轴力(见解法二),

$$[F_{N1}] = 20\ \text{kN} \qquad [F_{N2}] = 32\ \text{kN}$$

再应用平衡方程$\sum F_y = 0$来确定最大许可载荷$[F]$,即

$$[F] = [F_{N1}]\cos 45° + [F_{N2}]\cos 30°$$

$$= \left(20 \times \frac{\sqrt{2}}{2} + 32 \times \frac{\sqrt{3}}{2}\right)\ \text{kN} = 41.85\ \text{kN}$$

这一解法的错误在于:其一是只考虑了平衡条件$\sum F_y = 0$,而没有考虑平衡条件$\sum F_x = 0$。若将$[F_{N1}]$与$[F_{N2}]$之值代入方程$\sum F_x = 0$中,即可发现

$$\sum F_x = -[F_{N1}]\sin 45° + [F_{N2}]\sin 30°$$

$$= -20 \times \frac{\sqrt{2}}{2} + 32 \times \frac{1}{2} \neq 0$$

这说明上述结果不能满足全部平衡条件,因而是错误的;其二是两杆的轴力不一定会同时达到许可应力。

分析与讨论

构件的强度计算、刚度计算和稳定性计算是材料力学中所要研究的三大运算,其中的强度计算尤为重要。构件的强度计算包括强度校核、截面设计和确定许可载荷等项问题。由上面所举的三个例题可以看出,无论哪一类强度计算问题,均可按下列程序求解:

外力→内力→应力→强度条件

对于强度校核的问题,按此程序求解是很显然的。至于截面设计和确定许可载荷等问题,亦可按此程序求解,只不过把所求量,最后由强度条件解出罢了。

3. 变形与位移计算

例2-6 截面为正方形的砖柱,由上、下两段组成(图2-6(a))。上柱高$h_1 = 3$ m,横截面面积$A_1 = 240 \times 240\ \text{mm}^2$;下柱高$h_2 = 4$ m,横截面面积$A_2 = 370 \times 370\ \text{mm}^2$。载荷$F = 40$ kN,砖的弹性模量$E = 300$ MPa,砖自重不计,试求上、下柱横截面上的应力以及截面A和B的位移。

解 (1) 计算轴力并画轴力图

因上、下柱的载荷不同,其轴力也自然不同。应用截面法可得,AB段的轴力$F_{N1} = -F = -40$ kN;BC段的轴力$F_{N2} = -3F = -120$ kN。负号表示压力。

(2) 计算上、下柱横截面上的应力

上柱 $$\sigma_1 = \frac{F_{N1}}{A_1} = \frac{-40 \times 10^3}{240 \times 240 \times 10^{-6}}\ \text{N/m}^2$$

$$= -0.69 \times 10^6\ \text{N/m}^2 = -0.69\ \text{MPa}$$

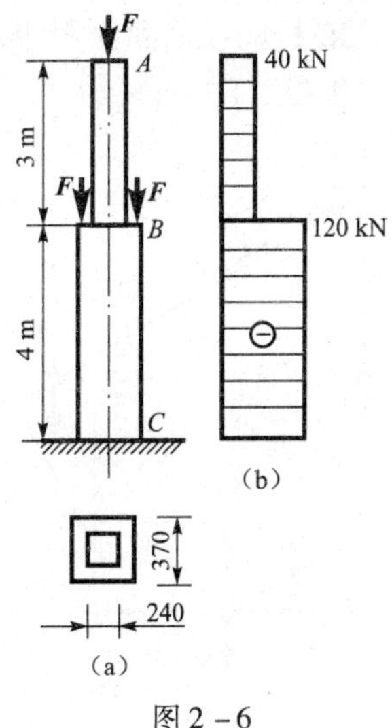

图2-6

下柱 $\sigma_2=\dfrac{F_{N2}}{A_2}=\dfrac{-120\times10^3}{370\times370\times10^{-6}}\ \text{N/m}^2$

$=-0.88\times10^6\ \text{N/m}^2=-0.88\ \text{MPa}$

负号表示压应力。

(3) 求 A、B 截面的位移

由于柱产生压缩变形,导致横截面 A 和 B 发生位移。因上、下柱的轴力和横截面面积不同,故柱的变形应分段计算。

上柱(AB 段)

$$\Delta h_1=\frac{F_{N1}h_1}{EA_1}=\frac{-40\times10^3\times3}{300\times10^6\times240\times240\times10^{-6}}\ \text{m}$$

$$=-6.94\times10^{-3}\ \text{m}$$

$$=-6.94\ \text{mm(缩短)}$$

下柱(BC 段)

$$\Delta h_2=\frac{F_{N2}h_2}{EA_2}=\frac{-120\times10^3\times4}{300\times10^6\times370\times370\times10^{-6}}\ \text{m}=-11.7\times10^{-3}\ \text{m}$$

$$=-11.7\ \text{mm (缩短)}$$

B 截面的位移 $\delta_B=\Delta h_2=-11.7\ \text{mm}$

A 截面的位移 $\delta_A=\Delta h_1+\Delta h_2=(-6.9-11.7)\text{mm}=-18.6\ \text{mm}$

负号表示 A、B 截面产生向下位移。

例2-7 有一三脚架(图2-7(a)),$\alpha=30°$,斜杆由两根 80 mm×80 mm×7 mm 的等边角钢组成,横杆由两根10号槽钢组成,材料均为低碳钢,$E=200$ GPa。求当 $F=130$ kN 时,节点 A 的位移。

解 (1) 求两杆的轴力

围绕 A 点将 AC 与 AB 两杆截断,取节点 A 为分离体,画出受力图,如图2-7(b)所示。由平衡方程 $\sum F_x=0$ 和 $\sum F_y=0$,得

$$F_{N2}-F_{N1}\cos30°=0$$

$$F_{N1}\sin30°-F=0$$

解之,得 AB 杆的轴力

$$F_{N1}=2F=2\times130\ \text{kN}=260\ \text{kN}=260\times10^3\ \text{N (拉力)}$$

AC 杆的轴力 F_{N2} 为

$$F_{N2}=F_{N1}\cos30°=\left(260\times10^3\times\frac{\sqrt3}{2}\right)\text{N}=225.2\times10^3\ \text{N (压力)}$$

(2) 求两杆的轴向变形

由型钢表可查得 AB 杆的横截面面积为 $A_1=(2\times10.86)\text{cm}^2=21.7\ \text{cm}^2=21.7\times10^{-4}\ \text{m}^2$,由胡克定律可得 AB 杆的轴向伸长为

$$\overline{AA_1}=\Delta l_1=\frac{F_{N1}l_1}{EA_1}=\frac{260\times10^3\times2}{200\times10^9\times21.7\times10^{-4}}\ \text{m}$$

$$=11.98\times10^{-4}\ \text{m}=0.1198\ \text{cm}$$

AC 杆的横截面面积 $A_2 = (2\times12.748)\,\text{cm}^2 = 25.48\times10^{-4}\ \text{m}^2$

和 AC 杆的缩短为

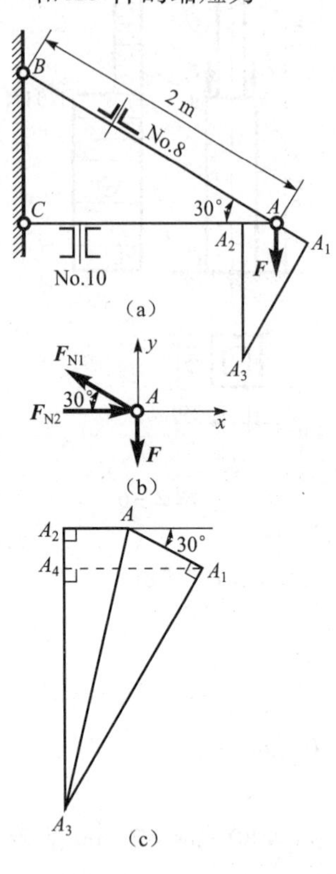

图 2-7

$$\overline{AA_2} = \Delta l_2 = \frac{F_{N2}l_2}{EA_2} = \frac{225.2\times10^3\times1.732}{200\times10^9\times25.48\times10^{-4}}\ \text{m}$$

$$= 7.65\times10^{-4}\ \text{m} = 0.076\ 5\ \text{cm}$$

(3) 计算节点 A 的位移

加载前,AB 与 AC 两杆在节点 A 用铰链连接;加载后,两杆发生变形,但仍由铰链连接在一起。所以节点 A 发生位移后的新位置应该是以 B 为圆心、BA_1 为半径和以 C 为圆心、CA_2 为半径所做的两圆弧的交点。但因两杆的变形很小,均不到其原长的千分之一,上述两圆弧必然很短,因而可用其切线来代替。据此,过 A_1 与 A_2 点分别做 BA_1 和 CA_2 的垂线(图 2-7(a)),它们的交点 A_3 即可作为节点 A 发生位移后的新位置。就是节点 A 的位移。显然,由此而引起的误差将非常微小,而计算却简单得多。

节点 A 的位移$\overline{AA_3}$可用图解法确定。这就需要用大的比例尺画出 A 点的位移图,如图2-7(c)所示,用同一比例尺在该图中量得$\overline{AA_3} = 0.378$ cm。当然也可以用解析法算出 A 点的位移。由图 2-7(c)可知 A 点的水平位移为

$$\Delta_A = \overline{AA_2} = 0.076\ 5\ \text{cm}$$

A 点的垂直位移为

$$\begin{aligned} f_A &= \overline{A_2A_3} = \overline{A_2A_4} + \overline{A_4A_3} = \overline{AA_1}\sin30° + \overline{A_1A_4}\cot30° \\ &= \overline{AA_1}\ \sin30° + (\overline{AA_2} + \overline{AA_1}\cos30°)\ \cot30° \\ &= \left[0.119\ 8\times\frac{1}{2} + \left(0.076\ 5 + 0.119\ 8\times\frac{\sqrt{3}}{2}\right)\sqrt{3}\right]\ \text{cm} = 0.372\ \text{cm} \end{aligned}$$

因此 A 点的位移为

$$\overline{AA_3} = \sqrt{\Delta_A^2 + f_A^2} = \sqrt{(0.076\ 5)^2 + (0.372)^2}\,\text{cm} = 0.379\ \text{cm}$$

分析与讨论

(1) 由上面两个例题可以看到,变形和位移是两个不同的概念。**变形是就杆件整体而言的;位移是指杆的某一截面**(如例 2-6)或杆系结构的节点(如例 2-7),因杆件变形而发生的位置变化。因此,这种位移也可称为变形位移。

(2) 由例 2-7 可知,小变形概念是一个十分重要的概念。所谓“小变形”是指与杆件原始尺寸相比是微不足道的变形。在小变形的条件下,不仅能够按结构的原有几何形状和尺寸研究构件的平衡与运动,确定构件的内力与变形;同时还能够采用以切线代替圆弧的方法来确定杆系结构节点的位移,从而使问题的分析计算大为简化。

在求解杆系结构的拉压一次超静定问题,通常需要绘制杆系结构的变形关系图,这就要用到“以切代弧”的方法(参阅教材下卷第二章图 2-25),务请掌握。

4. 拉压一次超静定问题的解法

求解拉压超静定问题的步骤是：

(1) 画出杆件或节点的受力图，列出平衡方程，确定超静定次数；

(2) 根据结构的约束条件做出变形关系图，建立变形协调方程；

(3) 将未知力与变形间的物理关系（胡克定律）代入变形协调方程得补充方程。

(4) 联立静力平衡方程与补充方程求解，即可得到全部未知力。

例2-8　求图2-8(a)所示平面桁架中1、2、3杆的内力。设1、2两杆的长度、横截面面积及材料均相同，即 $l_1=l_2, A_1=A_2, E_1=E_2$；3杆的长度为 l，横截面积为 A_3，弹性模量为 E_3；1、2两杆与3杆的夹角均为 α。

解　(1) 静力学平衡方程

在载荷 F 作用下，1、2、3杆均要伸长，故其轴力应为拉力。据此，画出节点 A 的受力图，如图2-8(b)所示。F_{N1}、F_{N2}、F_{N3} 分别为1、2、3杆的轴力。由平衡条件

$\sum F_x=0$ 得

$$F_{N2}\sin\alpha-F_{N1}\sin\alpha=0$$

$$F_{N1}=F_{N2} \tag{a}$$

$\sum F_y=0$ 得

$$F_{N3}+F_{N1}\cos\alpha+F_{N2}\cos\alpha-F=0$$

$$F_{N3}=F-2F_{N2}\cos\alpha \tag{b}$$

两个方程含有三个未知轴力，故为拉压一次超静定问题。

(2) 变形协调方程

由于对称关系，在力 F 作用下，A 点要发生垂直向下的位移，各杆均要伸长，设 A' 点是节点 A 发生位移后的新位置，据此采用“以切代弧”的方法，可以得到三杆的变形关系图，如图2-8(c)所示。由图可知，变形协调方程为

$$\Delta l_1=\Delta l_3\cos\alpha \tag{c}$$

(3) 物理方程

由胡克定律可知

$$\left.\begin{aligned}\Delta l_1&=\frac{F_{N1}l_1}{E_1A_1}=\frac{F_{N1}\,l}{E_1A_1\cos\alpha}\\ \Delta l_3&=\frac{F_{N3}l}{E_3A_3}\end{aligned}\right\} \tag{d}$$

将物理方程代入变形协调方程，即可得到所需的补充方程

$$\frac{F_{N1}l}{E_1A_1\cos\alpha}=\frac{F_{N3}l}{E_3A_3}\cos\alpha \tag{e}$$

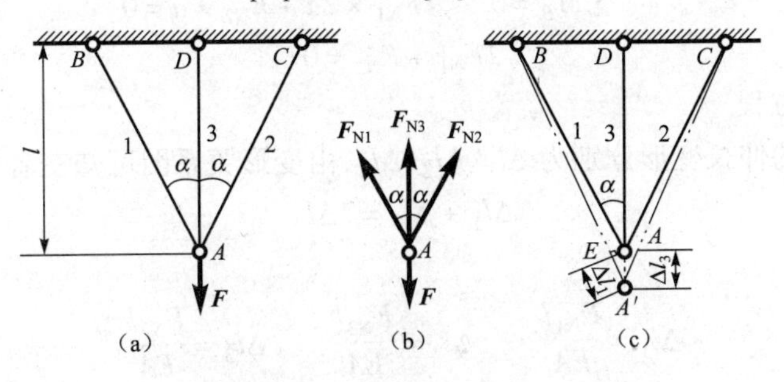

图2-8

联立(a)、(b)、(e) 三式求解,得

$$F_{N1}=F_{N2}=\frac{F}{2\cos\alpha+\frac{E_3A_3}{E_1A_1\cos^2\alpha}}=\frac{E_1A_1\cos^2\alpha}{2E_1A_1\cos^3\alpha+E_3A_3}F$$

$$F_{N3}=\frac{E_3A_3}{2E_1A_1\cos^3\alpha+E_3A_3}F$$

分析与讨论

(1) 由所得结果可看到,超静定杆系结构具有下述特点:**某杆的内力与各杆的刚度 EA 的比值有关,是按照它们的刚度分配的。任一杆件刚度的改变都将引起杆系所有内力的重新分配。**

(2) 对超静定杆系做截面设计时,如上所述,必须先设定各截面面积的比值,然后才能够求得各杆的轴力,再进而按强度条件

$$\sigma=\frac{F_N}{A}\leqslant[\sigma]$$

对各杆进行截面设计。但按此条件求出的截面往往不能符合原设定的各杆的面积比值。为解决这个矛盾,应将其中某些杆件的截面尺寸加大,以符合原设比值。这样,某些杆件将具有多余的强度储备。这种多余储备在采用上述方法(许用应力法)设计超静定结构时是难以避免的。

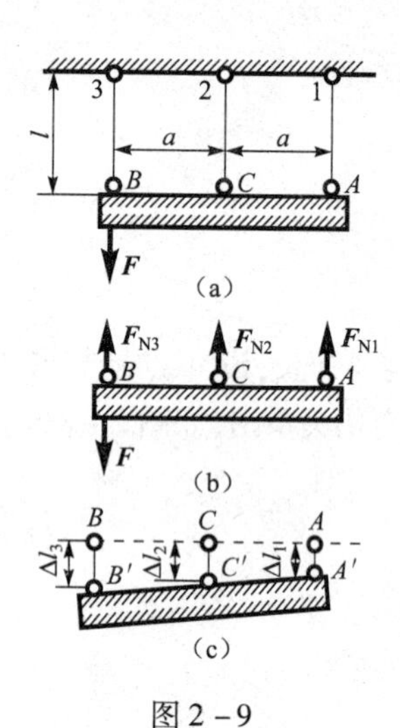

图 2-9

例 2-9 图 2-9(a)所示平行杆系 1、2、3 悬吊着横梁 AB(AB 的变形略去不计),在横梁上作用着载荷 F。如杆 1、2、3 的截面积、长度、弹性模量均相同,即分别为 A、l、E,试求 1、2、3 杆的轴力 F_{N1}、F_{N2}、F_{N3}。

解 本例中未知力有三个,而平面平行力系只有两个独立的平衡方程,故为拉压一次超静定问题。

在载荷 F 作用下,3 杆发生伸长变形,而 1、2 两杆是伸长还是缩短殊难断言。根据约束条件,我们设三杆均发生伸长变形并注意到 AB 梁不变,保持直线形状,即可画出 AB 梁的受力图和三杆的变形关系图,分别如图 2-9(b)和图 2-9(c)所示。

(1) 平衡方程

$$\sum F_y=0 \qquad F_{N1}+F_{N2}+F_{N3}=F \tag{a}$$

$$\sum M_B=0 \qquad F_{N1}\times 2a+F_{N2}\times a=0$$

$$2F_{N1}+F_{N2}=0 \tag{b}$$

(2) 变形协调方程

如设 1、2、3 杆的伸长变形分别为 Δl_1、Δl_2、Δl_3,由变形关系图可知三者的几何关系是

$$\Delta l_1+\Delta l_3=2\Delta l_2 \tag{c}$$

(3) 物理方程

$$\Delta l_1=\frac{F_{N1}l}{EA} \qquad \Delta l_2=\frac{F_{N2}l}{EA} \qquad \Delta l_3=\frac{F_{N3}l}{EA} \tag{d}$$

将式(d)代入式(c),即得所需的补充方程

$$\frac{F_{N1}l}{EA}+\frac{F_{N3}l}{EA}=2\frac{F_{N2}l}{EA}$$

整理后得
$$F_{N1}+F_{N3}=2F_{N2} \tag{e}$$

联立式(a)、式(b)、式(e) 三式求解,得

$$F_{N1}=-\frac{F}{6} \qquad F_{N2}=\frac{F}{3} \qquad F_{N3}=\frac{5}{6}F$$

所得结果中,F_{N1}为负值,说明1杆的变形与所设相反,实际为压缩变形;F_{N2}、F_{N3}为正值,说明如变形关系图中所设的那样,2、3杆均发生伸长变形。

分析与讨论

通过上面的两个例题可知,**对于拉压超静定杆系结构,绘制变形关系图是建立变形协调方程的基础**。如能准确判断各个杆的变形,就能绘出符合实际的变形关系图(例2-8)。如果不能确定各个杆的变形情况,绘制实际的变形关系图有困难时,就可以像本例一样,虚拟一个变形关系图,作为建立变形协调方程的依据。但要注意两点:

(1) **变形关系图中所显示的位移必须符合约束条件,而且是可能发生的**。就本例而言,还可以假定3杆发生伸长变形,1、2两杆发生压缩变形,或3杆、2杆发生伸长变形,1杆发生压缩变形。因AB梁是不变形的刚梁,发生位移后仍应保持为直线。据此,即可绘出变形关系图,如图2-10(a)和图2-10(b)所示。任选一个变形关系图来建立变形协调方程都是可以的。

(2) **确定了变形关系图后,在受力图中,各杆的轴力是拉力还是压力,要与变形关系图中所设杆的伸长还是缩短相对应,两者必须协调一致**,否则解答就会出错。

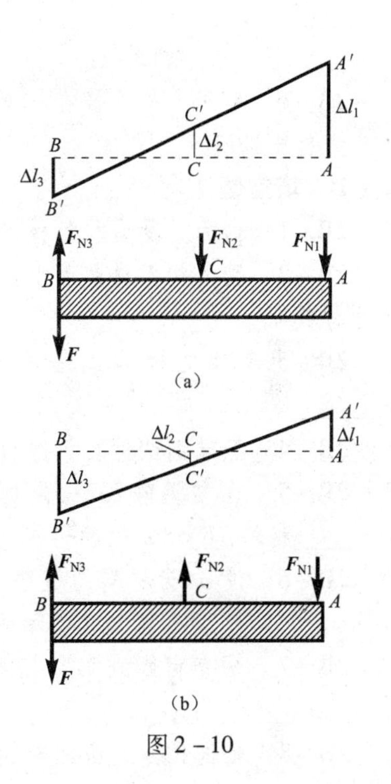

图2-10

练习题

A 判断题(下列命题你认为正确的在题后括号内打"√",错误的打"×")

2A-1 已知杆的受力如图2-11所示。试判断下列求$m-m$截面轴力的方法是否正确。
解 因$m-m$截面左侧杆段只有6 kN的轴向载荷,所以轴力$F_N=6$ kN。 ( )

2A-2 试判断图2-12中两个轴力图哪一个正确。 ( )

2A-3 A、B两杆的材料、横截面面积和载荷F均相同,但$l_A>l_B$,所以有$\Delta l_A>\Delta l_B$,因此有$\varepsilon_A>\varepsilon_B$。 ( )

2A-4 两根不同材料的直杆,其横截面面积和长度均相等,在相同的轴向拉力作用下,它们的内力相等、应力相等,但变形不等。 ( )

2A-5 已知Q235A钢的比例极限$\sigma_P=200$ MPa,弹性模量$E=200$ GPa。现有一Q235A钢试件,拉伸到$\varepsilon=0.02$,其应力为

$$\sigma=E_{\varepsilon}=200\times10^9\times0.002\ \text{N/m}^2=400\times10^6\ \text{N/m}^2=400\ \text{MPa} \qquad (\quad)$$

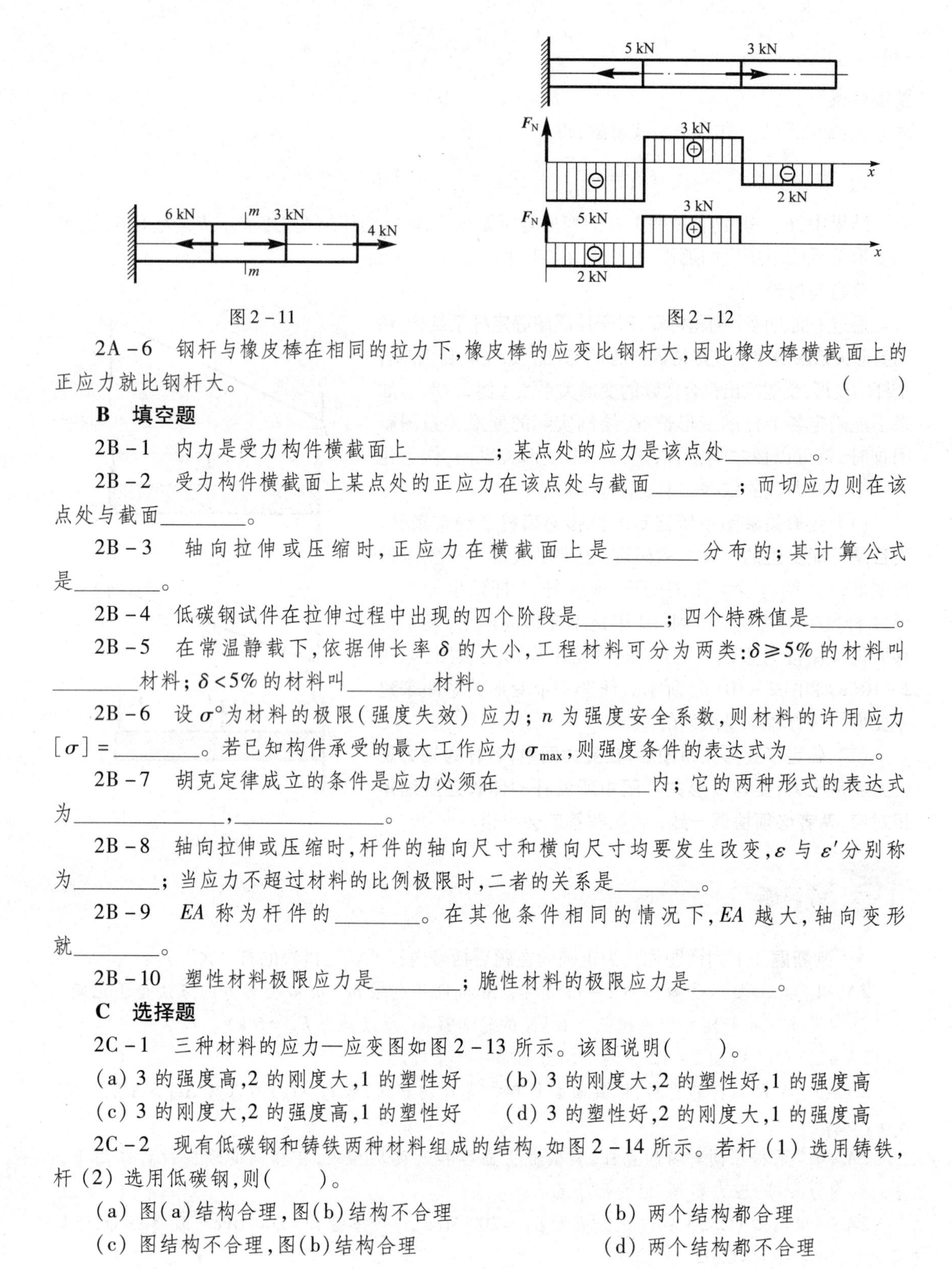

图 2-11

图 2-12

2A-6 钢杆与橡皮棒在相同的拉力下,橡皮棒的应变比钢杆大,因此橡皮棒横截面上的正应力就比钢杆大。 ( )

B 填空题

2B-1 内力是受力构件横截面上________;某点处的应力是该点处________。

2B-2 受力构件横截面上某点处的正应力在该点处与截面________;而切应力则在该点处与截面________。

2B-3 轴向拉伸或压缩时,正应力在横截面上是________分布的;其计算公式是________。

2B-4 低碳钢试件在拉伸过程中出现的四个阶段是________;四个特殊值是________。

2B-5 在常温静载下,依据伸长率 δ 的大小,工程材料可分为两类:$\delta \geqslant 5\%$ 的材料叫________材料;$\delta < 5\%$ 的材料叫________材料。

2B-6 设 σ° 为材料的极限(强度失效)应力;n 为强度安全系数,则材料的许用应力 $[\sigma]=$________。若已知构件承受的最大工作应力 $\sigma_{\max}$,则强度条件的表达式为________。

2B-7 胡克定律成立的条件是应力必须在________内;它的两种形式的表达式为________,________。

2B-8 轴向拉伸或压缩时,杆件的轴向尺寸和横向尺寸均要发生改变,ε 与 ε' 分别称为________;当应力不超过材料的比例极限时,二者的关系是________。

2B-9 EA 称为杆件的________。在其他条件相同的情况下,EA 越大,轴向变形就________。

2B-10 塑性材料极限应力是________;脆性材料的极限应力是________。

C 选择题

2C-1 三种材料的应力—应变图如图 2-13 所示。该图说明( )。

(a) 3 的强度高,2 的刚度大,1 的塑性好 (b) 3 的刚度大,2 的塑性好,1 的强度高

(c) 3 的刚度大,2 的强度高,1 的塑性好 (d) 3 的塑性好,2 的刚度大,1 的强度高

2C-2 现有低碳钢和铸铁两种材料组成的结构,如图 2-14 所示。若杆 (1) 选用铸铁,杆 (2) 选用低碳钢,则( )。

(a) 图(a)结构合理,图(b)结构不合理 (b) 两个结构都合理

(c) 图结构不合理,图(b)结构合理 (d) 两个结构都不合理

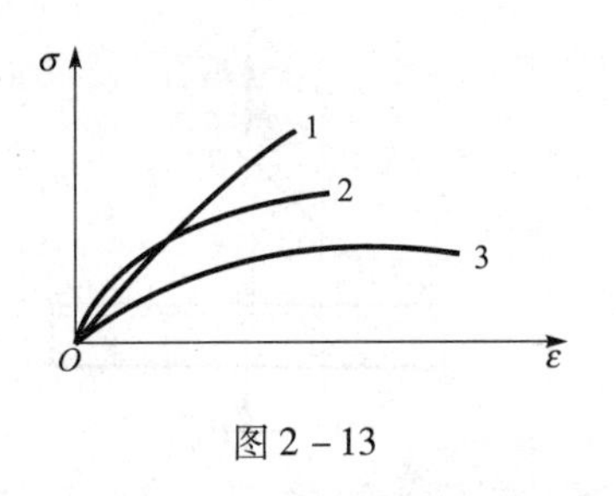

图2-13

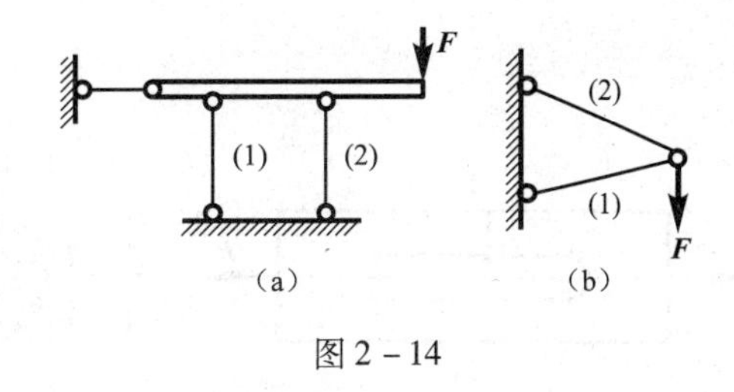

图2-14

2C-3　图2-15中杆系结构(　　)。

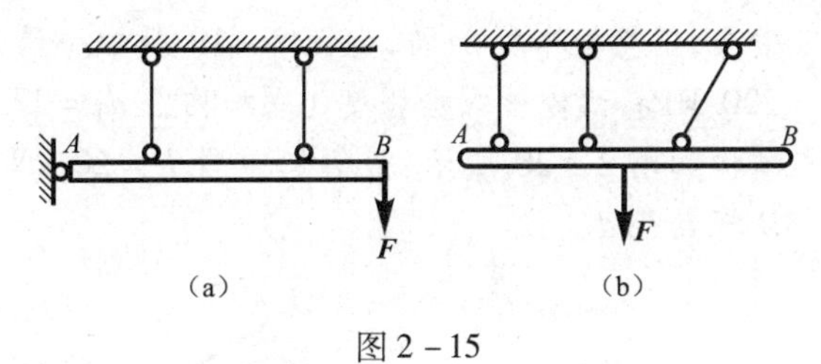

图2-15

(a) 两个都是超静定结构

(b) 图(a)结构是超静定结构,图(b)结构是静定结构

(c) 两个都是静定结构

(d) 图(a)结构是静定结构,图(b)结构是超静定结构

D　简答题

2D-1　内力和应力有何区别与联系?为什么在强度问题的研究中要计算应力?

2D-2　伸长率和线应变在概念上有何区别?

2D-3　何谓应力集中现象?

E　应用题

2E-1　求(1)图2-16所示各杆1-1、2-2、3-3截面的轴力;(2)做出各杆轴力图。

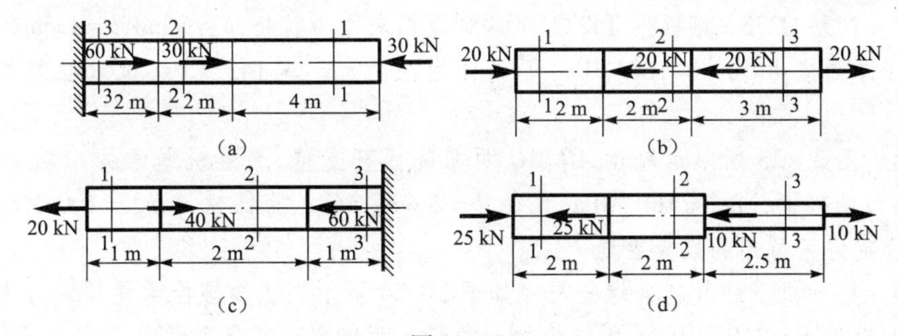

图2-16

2E-2　圆杆上有槽如图2-17所示。圆杆直径$d=20$ mm,槽宽为$d/4$。受拉力$P=15$ kN作用,试求1-1和2-2截面上的应力(横截面上槽的面积近似按矩形计算)。

2E-3　用绳索起吊钢筋混凝土管如图2-18所示。若管子重量$P=10$ kN,绳索直径$d=40$ mm,许用应力$[\sigma]=10$ MPa,试校核绳索强度。

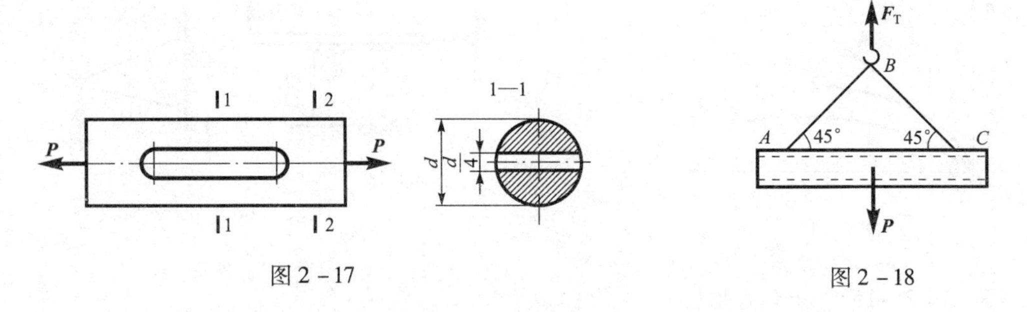

图 2－17　　图 2－18

2E－4　某立式车床横梁,用螺栓卡紧加固,如图 2－19 所示。已知卡紧力 $F=48.8$ kN,螺栓材料为 45 钢,$[\sigma]=220$ MPa,试校核螺栓强度（螺栓内径 $d_1=27.8$ mm）。

2E－5　某悬臂吊车结构如图 2－20 所示,最大起重量 $P=20$ kN,AB 杆为 Q235A 圆钢,$[\sigma]=120$ MPa,试设计 AB 杆直径 d。

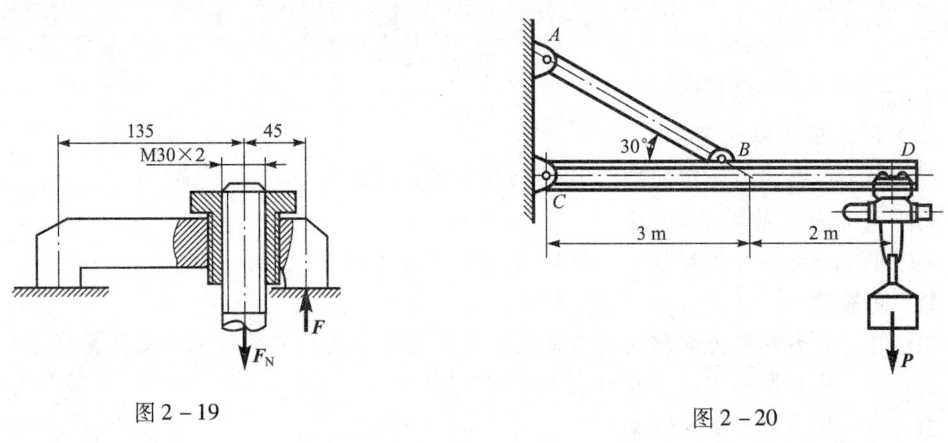

图 2－19　　图 2－20

2E－6　起重用吊环起重量为 $P=900$ kN,$\alpha=24°$,材料为 35 钢,$[\sigma]=140$ MPa,若两边斜杆各由两个矩形截面杆组成,且 $h/b=3.4$,试设计此吊环斜杆尺寸 h、b(图 2－21)。

2E－7　两块 Q235A 钢板用 T4222 焊条对焊起来作为拉杆,$b=6$ cm,$t=1$ cm(图 2－22)。已知钢板的许用应力$[\sigma]=160$ MPa,焊缝许用应力$[\sigma]=145$ MPa,试求拉杆的许可拉力$[F]$。

2E－8　图 2－23 所示滑轮由 AB、AC 两圆截面杆支持,起重机绳索的一端绕在卷筒上。已知 AB 杆为低碳钢,$[\sigma]=160$ MPa,直径 $d=2$ cm；AC 杆为铸铁,$[\sigma]=100$ MPa,直径 $d=4$ cm。试确定许可吊起的最大重量 P_{max}。

2E－9　柴油机上的气缸盖螺栓尺寸如图 2－24 所示。已知螺栓承受预紧力 $F=390$ kN,材料的弹性模量 $E=210$ GPa,试求螺栓的伸长量（两端螺纹部分不考虑）。

2E－10　一平板拉伸试件,宽度 $h=29.8$ mm,厚度 $b=4.1$ mm(图 2－25)。在拉伸试验中,每增加 3 kN 的拉力时,测得沿轴线方向产生的应变 $\varepsilon=120\times10^{-6}$,横向线应变 $\varepsilon_1=-38\times10^{-6}$,求试件材料的弹性模量 E 及泊松比 μ。

2E－11　在图 2－26 所示简单杆系中,设 AB 和 AC 分别为直径是 10 mm 和 12 mm 的圆截面杆,$E=200$ GPa,$F=10$ kN,试求 A 点的垂直位移。

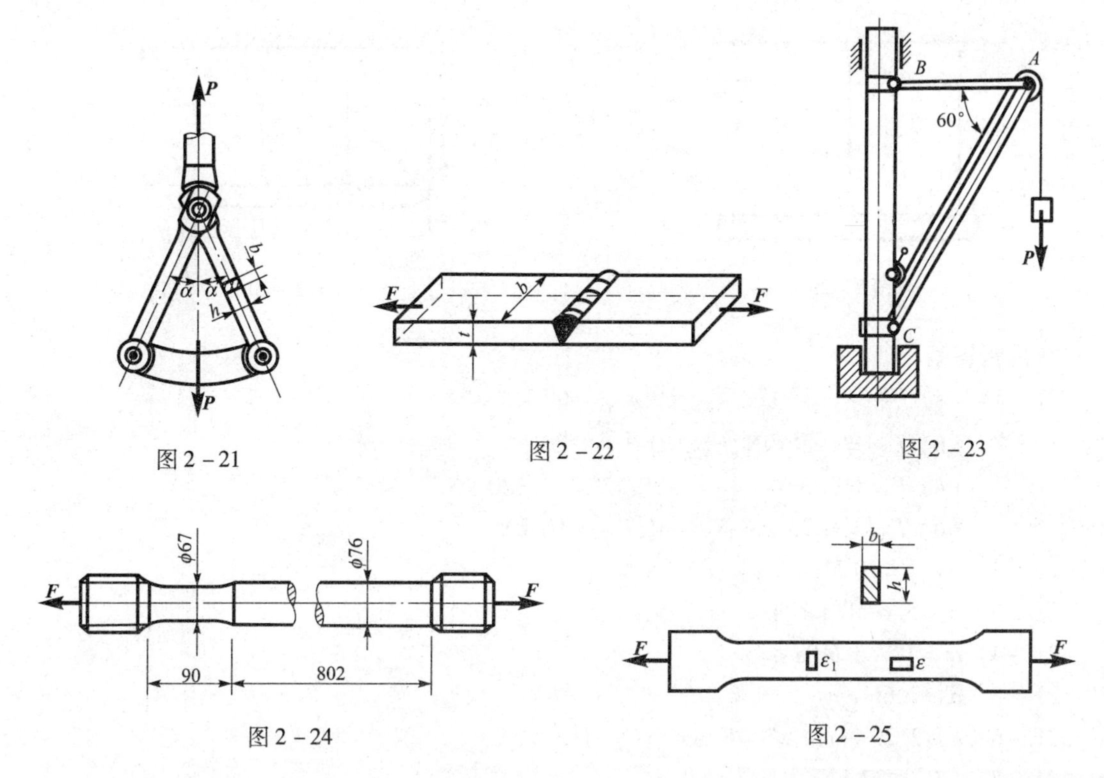

图 2-21　图 2-22　图 2-23

图 2-24　图 2-25

2E-12　图 2-27 所示一阶梯形杆，其上端固定，下端与刚性地面留有空隙 $\Delta = 0.08\ \text{mm}$。上段是铜的，$A_1 = 40\ \text{cm}^2$，$E_1 = 100\ \text{GPa}$；下段是钢的，$A_2 = 20\ \text{cm}^2$，$E_2 = 200\ \text{GPa}$，在两段交界处，受向下的轴向载荷 F。问：(1) F 力等于多少时，下端空隙恰好消失；(2) $F = 500\ \text{kN}$ 时，各段的应力值。

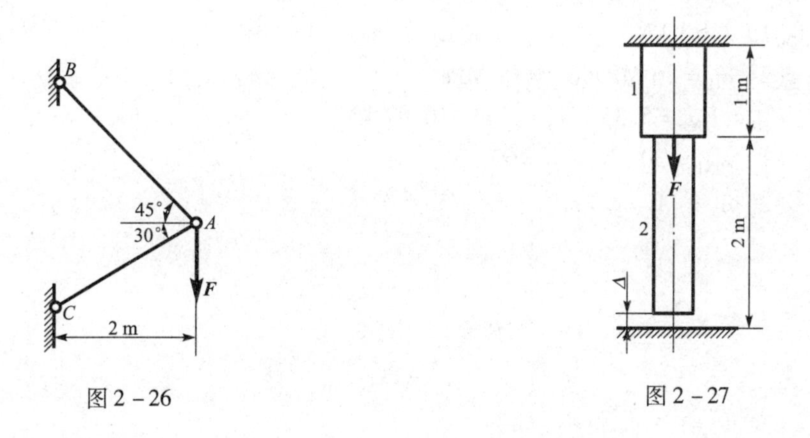

图 2-26　图 2-27

2E-13　钢杆 1、2、3 的面积 $A = 2\ \text{cm}^2$，长度 $l = 1\ \text{m}$，弹性模量 $E = 200\ \text{GPa}$，若在制造时杆 3 短了 $\delta = 0.08\ \text{cm}$，试计算安装后杆 1、2、3 中的内力（图 2-28）。

2E-14　图 2-29 所示一刚性梁 AB，其左端铰支于 A 点，杆 1、2 的横截面面积 A，长度 l 和材料（为钢）均相同。如钢的许用应力 $[\sigma] = 100\ \text{MPa}$，在梁的右端受力 $F = 50\ \text{kN}$，梁自重不计，求：(1) 1、2 两杆的内力；(2) 两杆所需的截面面积。

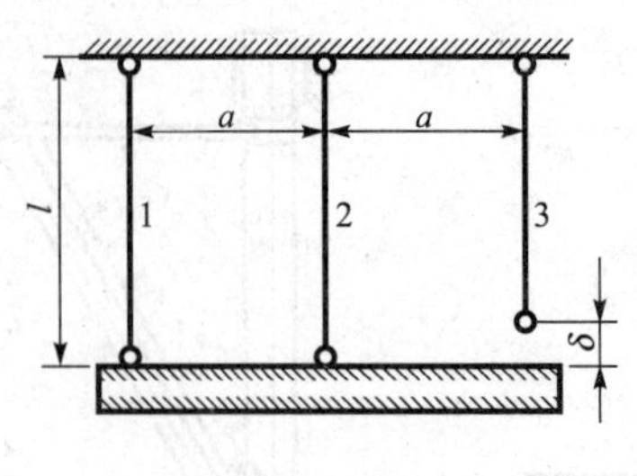

图 2－28

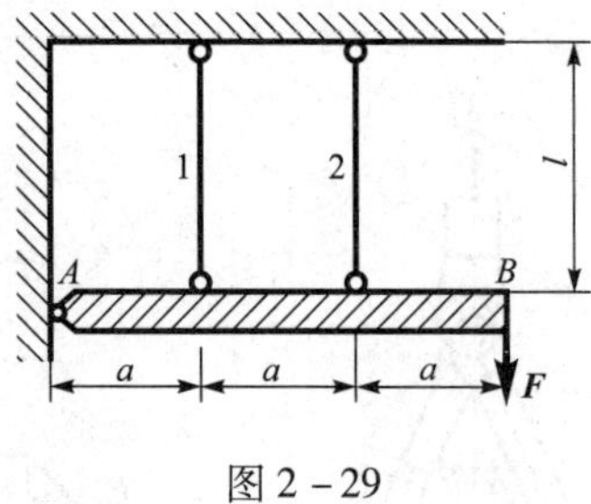

图 2－29

应用题答案

2E－1 (a) $F_{N1}=-30$ kN, $F_{N2}=0$, $F_{N3}=60$ kN

(b) $F_{N1}=-20$ kN, $F_{N2}=0$, $F_{N3}=20$ kN

(c) $F_{N1}=20$ kN, $F_{N2}=-20$ kN, $F_{N3}=40$ kN

(d) $F_{N1}=-25$ kN, $F_{N2}=0$, $F_{N3}=10$ kN

2E－2 $\sigma_{1-1}=70$ MPa, $\sigma_{2-2}=47.8$ MPa

2E－3 $\sigma=5.6\ \text{MPa}<[\sigma]$

2E－4 $\sigma=107.3\ \text{MPa}<[\sigma]$

2E－5 $d\geqslant 2.66$ cm

2E－6 $b\geqslant 2.29$ cm, $h\geqslant 7.78$ cm

2E－7 $[F]\leqslant 87$ kN

2E－8 $P_{\max}=58.4$ kN

2E－9 $\Delta l=0.38$ mm

2E－10 $E=2.05\times10^5$ MPa, $\mu=0.317$

2E－11 $\delta=2$ mm

2E－12 (1) $F=3$ kN

(2) $\sigma_1=86$ MPa, $\sigma_2=78$ MPa

2E－13 $F_{N1}=F_{N3}=5.33$ kN, $F_{N2}=-10.67$ kN

2E－14 (1) $F_{N1}=30$ kN, $F_{N2}=60$ kN

(2) $A_1=A_2=6\ \text{cm}^2$

3.1　内容提要

本章主要讲述机械工程中常见的连接件的强度计算,内容包括受剪构件的受力和变形特点及可能的破坏形式；剪切实用计算和挤压实用计算；并通过例题,说明接头计算问题。

3.2　知识要点

1. 受剪构件的受力、变形特点

受剪构件的受力和变形特点是,作用在构件两侧面上分布力的合力大小相等,方向相反,作用线垂直轴线且相距很近,并将各自推着自己所作用的部分沿着两力作用线间的某一横截面发生相对错动。构件的这种变形叫剪切变形。发生相对错动的截面叫剪切面。有一个剪切面的叫单剪,有两个剪切面的叫双剪。在剪切面上与截面相切的内力叫**剪力**。

2. 受剪构件可能的破坏形式

受剪构件的可能破坏形式有两种:

(1) 剪切破坏。沿剪切面错开称**剪切破坏**。

(2) 挤压破坏。剪切变形是构件的一种基本变形,挤压是伴随着剪切变形在连接件与被连接件的接触表面上所产生的相互压紧的现象。接触面间的相互压力称挤压力。若挤压力过大,就会使接触处的局部区域发生塑性变形,这就是**挤压破坏**。

3. 剪切的实用计算

剪切的实用计算是建立在下面两个假定的基础上的:

(1) 只计及外力的剪切作用。

(2) 假定切应力在剪切面上均匀分布。因此,如果已知剪切面面积 A 和其上的剪力 F_Q,则容易列出剪切强度条件

$$\tau \leqslant \frac{F_Q}{A} \leqslant [\tau]$$

并进行有关计算。其中关键问题是确定 F_Q 与 A。为此,自学者必须画出受剪连接件的受力图。有了受力图,连接件承受的是单剪还是双剪就一目了然,确定剪力 F_Q 和剪切面积 A 就不易出错了。

附带指出,在剪切计算中,除了上述的强度计算外,还有剪切破坏计算。剪切破坏条件是

$$\tau = \leqslant \frac{F_Q}{A} \leqslant \tau_b$$

式中τ_b是抗剪强度极限。工程实践中的落料、冲孔和安全销等的计算,就要用到上述条件。

4. 挤压实用计算

挤压强度条件为

$$\sigma_{jy} = \frac{F_{jy}}{A_{jy}} \leqslant [\sigma_{jy}]$$

由上式可看出:

(1) 挤压应力实质上是计算挤压面积A_{jy}上的平均压强,之所以称为挤压应力纯属习惯。

(2) 计算挤压力和确定挤压面是关键。在复杂的连接中,确定挤压面常常是难点。只要正确画出连接件的受力图,上述问题就能迎刃而解。必须注意A_{jy}的计算:

平面接触面　　　　　　A_{jy} = 实际的接触面积

半圆柱形接触面　　　　A_{jy} = 挤压面在垂直F_{jy}平面上的投影面积

3.3 解题指导

例 3-1 已知钢板厚度$t=10$ mm,其极限切应力$\tau^\circ=300$ MPa(图3-1(a))。若用冲床将钢板冲出直径为EW$d=25$ mm的孔,问需多大的冲剪力F?

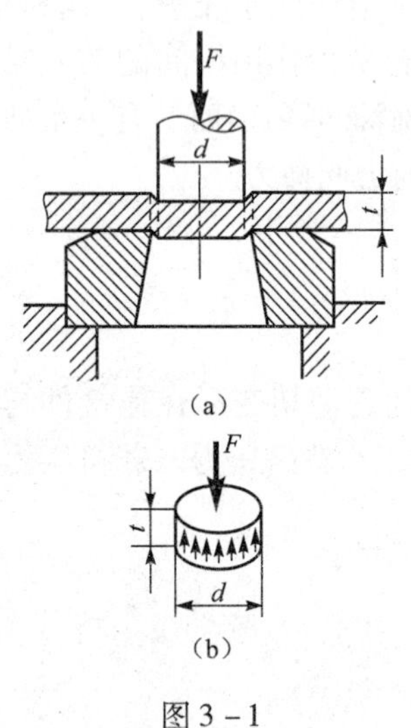

图 3-1

解 连接件是受剪构件。按剪切和挤压强度条件分析受剪构件的强度时,只要满足上述两方面的强度要求,这些构件就不致破坏。在一类剪切问题,如冲剪设备,则要求在一定外力作用下能够把材料冲剪成所需的形状和尺寸,本例就是如此。

本例是剪切问题,剪切面就是钢板内被冲头冲出的圆饼的柱形侧面,如图3-1(b)所示。其剪切面积为

$$A = \pi dt = (\pi \times 25 \times 10)\text{mm}^2 = 785\ \text{mm}^2$$

冲孔所需冲剪力应为

$$F \geqslant A\tau^\circ = (785 \times 10^{-6} \times 300 \times 10^6)\text{N} = 236 \times 10^3\ \text{N} = 236\ \text{kN}$$

例 3-2 图3-2(a)表示齿轮用平键与轴连接(图中只画出轴与键,没有画出齿轮)。已知轴的直径$d=70$ mm,键的尺寸为$b \times h \times l = 20\ \text{mm} \times 12\ \text{mm} \times 100\ \text{mm}$,传递的扭转力矩$m=2\ \text{kN}\cdot\text{m}$,键的许用应力$[\tau]=60$ MPa,$[\sigma_{jy}]=100$ MPa,试校核键的强度。

解 (1) 键的可能破坏形式

键是受剪构件,可能有两种破坏形式:

① 沿$n-n$面被剪切破坏。$n-n$即为剪切面,见图3-2(a);剪切面面积$A=b \times l$,见图3-2(c)。

② 挤压破坏。轴与键的接触面为平面,因此接触面面积即为挤压面积$A_{jy}=\frac{h}{2} \times l$,见

图3－2(c)。

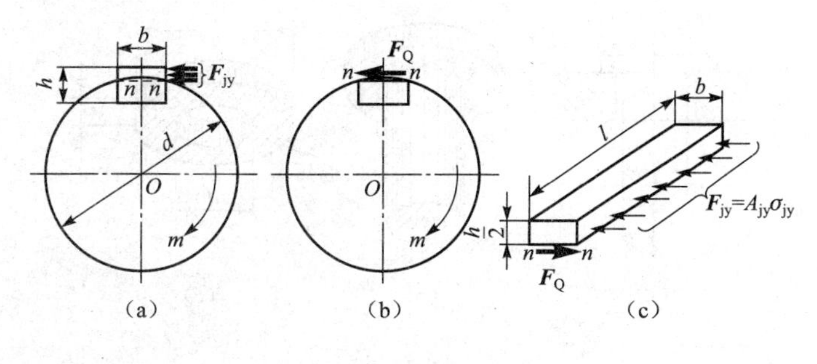

图3－2

(2) 键的剪切强度校核

首先将平键沿 $n-n$ 截面假想地分成两部分，并把 $n-n$ 以下部分和轴作为一个整体来考虑（图3－2(b)）。因为假设切应力在 $n-n$ 截面上均匀分布，故 $n-n$ 剪切面上的剪力

$$F_Q = A\tau = bl\tau$$

对轴心取矩，由平衡条件 $\sum M_0 = 0$ 得

$$F_Q \cdot \frac{d}{2} - m = 0,\ bl\tau \cdot \frac{d}{2} - m = 0$$

故有

$$\tau = \frac{2m}{bld} = \frac{2 \times 2\ 000}{20 \times 100 \times 70 \times 10^{-9}}\ \mathrm{N/m^2} = 28.6 \times 10^6\ \mathrm{N/m^2} = 28.6\ \mathrm{MPa} < [\tau]$$

可见平键满足抗剪强度条件。

(3) 校核键的挤压强度

考虑键剪切面 $n-n$ 以上部分的平衡，见图3－2(c)。剪切面 $n-n$ 上剪力 $F_Q = bl\tau$，右侧面上挤压力为

$$F_{jy} = A_{jy}\sigma_{jy} = \frac{h}{2} l\sigma_{jy}$$

由平衡条件 $\sum F_x = 0$，得

$$F_Q = F_{jy} \qquad 或 \qquad bl\tau = \frac{h}{2} l\sigma_{jy}$$

由此求得

$$\sigma_{jy} = \frac{2b\tau}{h} = \frac{2 \times 20 \times 28.6}{12}\ \mathrm{MPa} = 95.3\ \mathrm{MPa} < [\sigma_{jy}]$$

故平键也满足挤压强度要求。

例3－3 图3－3(a)所示拉杆，$D=32$ mm、$d=20$ mm、$h=12$ mm，拉杆许用拉应力 $[\sigma]=120$ MPa，许用切应力 $[\tau]=70$ MPa，许用挤压应力 $[\sigma_{jy}]=170$ MPa，试求拉杆的许可载荷 F。

解 (1) 拉杆可能破坏形式

取杆为研究对象，受力如图3－3(b)所示。由受力图可见，拉杆可能有三种破坏形式：

① 拉杆杆部受同向拉伸作用，可能被拉断；

② 拉杆的杆帽与杆的交接处（图3－3(c)）直径为 d 的内圆柱面受剪力作用，可能被剪坏；

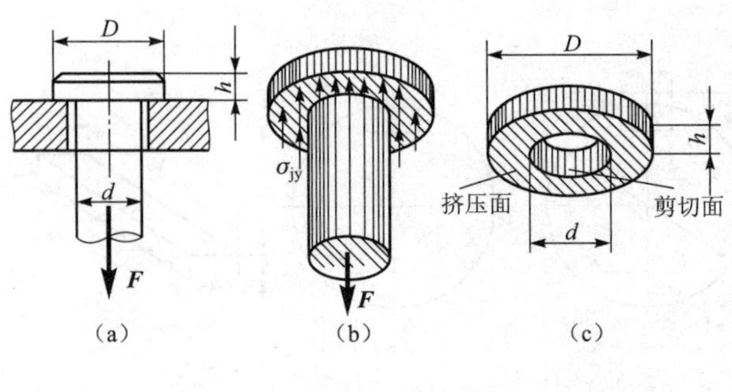

图 3-3

③ 拉杆的杆帽与钢板的接触面（环形挤压面）上受挤压力作用，可能被挤压破坏。

因此需要从三方面的强度来确定许可载荷。

(2) 拉杆满足拉伸强度条件时的许可载荷 F_1

杆的横截面积 $A_1=\frac{\pi}{4}d^2$

杆的轴力 $F_N=F_1$

由拉（压）强度条件 $\sigma=\frac{F_N}{A_1}\leqslant[\sigma]$，得

$$F_1=F_N\leqslant[\sigma]A_1=\frac{\pi}{4}d^2[\sigma]=\left(\frac{\pi}{4}20^2\times120\right)\text{ N}$$

$$=37\ 680\text{ N}=37.68\text{ kN}$$

(3) 满足抗剪强度条件时的许可载荷 F_2

由图 3-3(c)知，剪切面面积 $A_2=\pi dh$，剪力 $F_Q=F_2$。由抗剪强度条件得

$$F_2=F_Q\leqslant[\tau]A_2=\pi dh[\tau]=(\pi\times20\times12\times70)\text{ N}=52\ 750\text{ N}=52.75\text{ kN}$$

(4) 满足挤压强度条件时的许可载荷 F_3

由图 3-3(c)知，挤压面面积 $A_{jy}=\frac{\pi}{4}(D^2-d^2)$，$F_3=F_{jy}$。

由挤压强度条件得

$$F_3=F_{jy}\leqslant[\sigma_{jy}]A_{jy}=\frac{\pi}{4}(D^2-d^2)[\sigma_{jy}]$$

$$=\left[\frac{\pi}{4}(32^2-20^2)\times170\right]\text{ N}=83\ 270\text{ kN}=83.27\text{ kN}$$

综上所述，为安全起见，三个强度条件必须同时满足，故取其最小值 $[F]=37.68$ kN作为许可载荷。

例 3-4 图 3-4 所示为两块钢板用两条边焊缝搭接连接在一起。钢板的厚度分别为 $t_1=10$ mm，$t=8$ mm。设拉力 $F=150$ kN，焊缝许用切应力 $[\tau]=110$ MPa。试计算焊缝长度 l。

解 由实践和实验证明，边焊缝是沿着截面积最小的截面，即沿 45°的斜面发生剪切破坏的，见图 3-4(a)、(b)所示的 AB 面。由于焊缝的横截面可以认为是一个等腰直角三角形，故沿 45°斜面的面积为

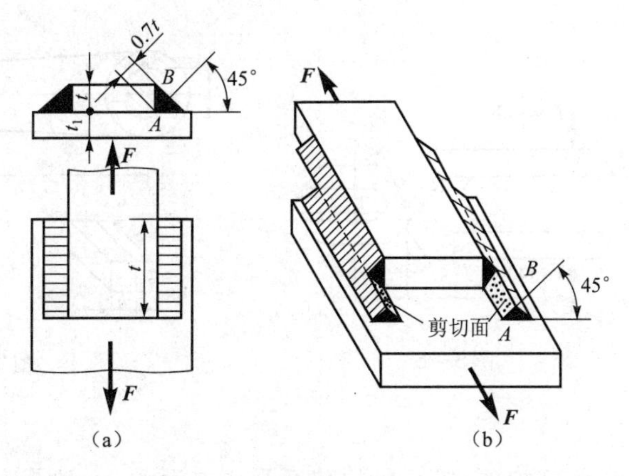

图3-4

$$t\sin 45°\sum l\approx 0.7t\sum l$$

则边焊缝的抗剪强度条件为

$$\tau=\frac{F_Q}{A}=\frac{F}{0.7t\sum l}\leqslant[\tau]$$

于是边焊缝所需总长为

$$\sum l\geqslant\frac{F}{0.7t[\tau]}=\frac{150\times10^3}{0.7\times8\times10^{-3}\times110\times10^6}\ \text{m}=0.24\ \text{m}$$

所以,每条焊缝的长度

$$l=\frac{\sum l}{2}=\frac{0.24}{2}\ \text{m}=0.12\ \text{m}$$

实际上,因每条焊缝两端的强度较差,通常每条焊缝需加长10 mm,所以取 $l=130$ mm。

焊缝连接在工程中应用得越来越多。本例的目的在于给大家一个焊缝计算入门,即边焊缝按抗剪强度计算,可参考本例方法;如为对接焊缝可按抗拉、抗压强度计算。大家在实际工作中如遇到这方面的问题,可参考有关书籍。

练习题

A 判断题(下列命题你认为正确的在题后括号内打"√",错误的打"×")

3A-1 如图3-5所示拉杆受力图,其上的剪切面面积是 $2\pi d^2$。 ( )

3A-2 图3-5中的挤压面面积是 $\frac{3\pi d^2}{4}$。 ( )

3A-3 如图3-6所示手钳销钉剪切面上的剪力是145 kN。 ( )

3A-4 轴与摇杆用键连接,如图3-7所示。h、b、l 分别是键的高、宽、长,键的切应力及挤压应力分别是 $\frac{50F}{bl}$ 及 $\frac{100F}{hl}$。 ( )

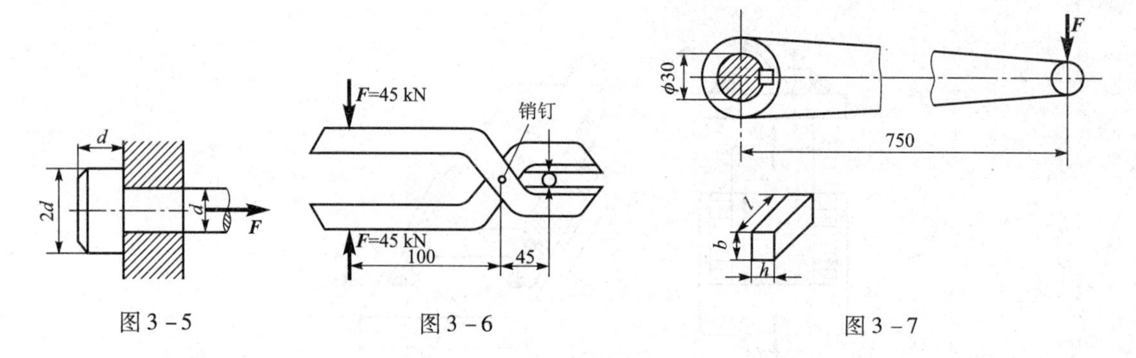

图 3－5　　图 3－6　　图 3－7

B　填空题

3B－1　若连接件是受剪构件，其可能的破坏形式有两种，一种是________破坏，另一种是________破坏。

3B－2　在剪切实用计算中，假设挤压应力在挤压面上是________分布的，切应力计算公式是________。

3B－3　挤压实用计算中，假设挤压应力在挤压面上是________________分布的，其计算公式是____________________。

3B－4　剪切面面积等于剪切面的实际面积，挤压面面积不等于接触面的实际面积，平面接触时挤压面面积等于________，半圆柱面接触时挤压面面积等于________。

3B－5　抗剪强度条件为________，抗压强度条件为________。

C　选择题

3C－1　板用铆钉连接如图 3－8 所示，若已知连接的抗压强度足够而抗剪强度不足，则下列措施中的无效措施是(　　)。

(a) 加大板厚 t　　(b) 加大铆钉直径 d

(c) 改善铆钉材料　　(d) 增加铆钉数目

3C－2　上题连接中，若抗剪强度足够，抗压强度不足，则下列措施中的无效措施是(　　)。

(a) 加大板厚 t　　(b) 加大铆钉直径 d

(c) 改善铆钉材料及板材中的较强材料　(d) 改善铆钉材料及板材中的较弱材料

3C－3　如图 3－9 圆锥销连接，锥销上剪切面面积是(　　)。

(a) $\frac{\pi D^2}{4}$　　(b) $\frac{\pi d^2}{4}$　　(c) $\frac{\pi}{4}\left(\frac{D+d}{2}\right)^2$　　(d) $\frac{\pi}{4}(D^2-d^2)$

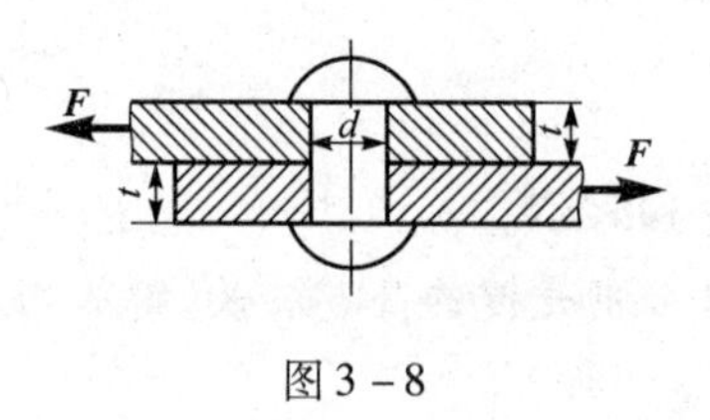

图 3－8

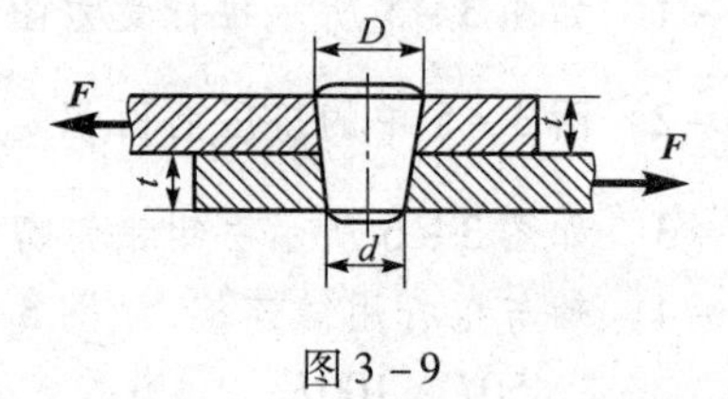

图 3－9

3C－4　上题中，上、下二件材料相同，进行抗压强度计算时的挤压面积是(　　)。

(a) dt　　(b) $\frac{t}{4}(D+d)$　　(c) $\frac{t}{4}(3d+D)$　　(d) $\frac{t}{4}(3D+d)$

D　简答题

3D－1　剪切变形的受力特点和变形特点是什么？

3D－2　何谓挤压、挤压力、挤压应力？挤压应力与轴向压缩应力有何区别？

3D－3　图3－10所示拉杆与木板间常放一金属垫圈，试说明垫圈的作用。

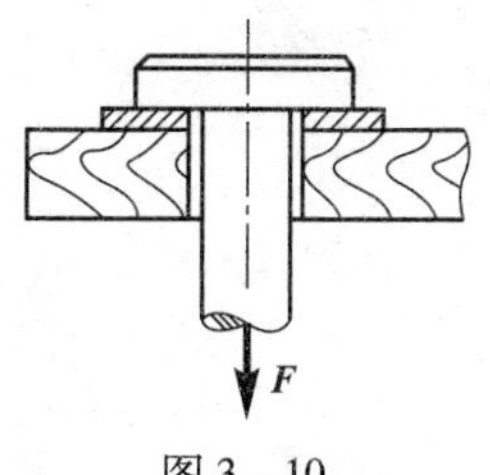

图3－10

E　应用题

3E－1　图3－11所示两块钢板用两个铆钉连接，承受拉力 $F=20$ kN，铆钉直径 $d=12$ mm，钢板厚 $t=20$ mm，铆钉的许用切应力 $[\tau]=80$ MPa，许用挤压应力 $[\sigma_{jy}]=200$ MPa。试校核铆钉的强度（假设各铆钉受力相等）。

3E－2　两块钢板厚为 $t=6$ mm，用三个铆钉连接如图3－12所示。已知 $F=50$ kN，材料的许用应力 $[\tau]=100$ MPa，$[\sigma_{jy}]=280$ MPa，试求铆钉直径 d。若利用现有的直径 $d=12$ mm的铆钉，则铆钉数 n 应该是多少？

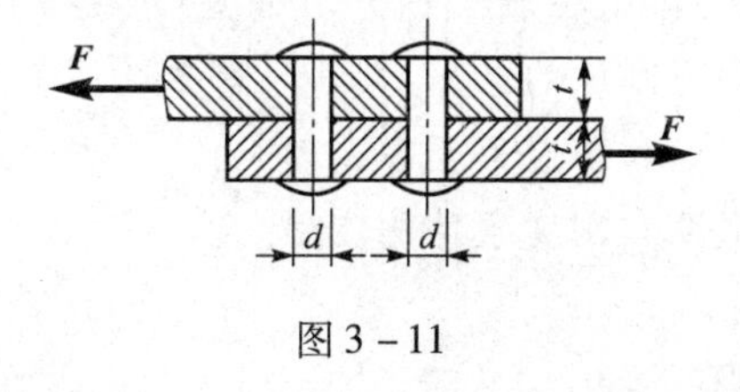

图3－11

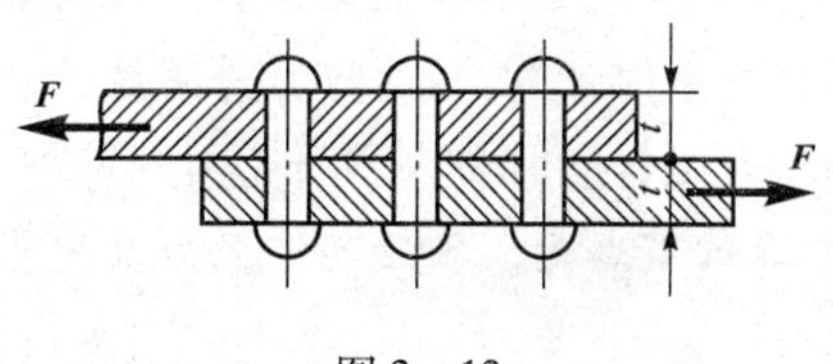

图3－12

3E－3　可倾式压力机为防止过载采用了压环式保险器，如图3－13所示。当过载时，保险器先被剪断，以保护其他重要零件。环式保险器以剪切的形式破坏，且剪切面的高度 $\delta=20$ mm，材料的极限切应力 $\tau^{\circ}=200$ MPa，压力机的最大许可压力 $F=630$ kN。试确定保险器剪切部分的直径 D。

3E－4　拉杆用直径 $d=8$ mm的圆柱销与机架连接，如图3－14所示。销钉、拉杆材料相同，许用应力为 $[\sigma]=100$ MPa，$[\tau]=60$ MPa，$[\sigma_{jy}]=150$ MPa，机架材料的 $[\sigma_{jy}]=120$ MPa。试确定 F 的许可值，并设计拉杆尺寸 t、b 及销钉的长度 l。

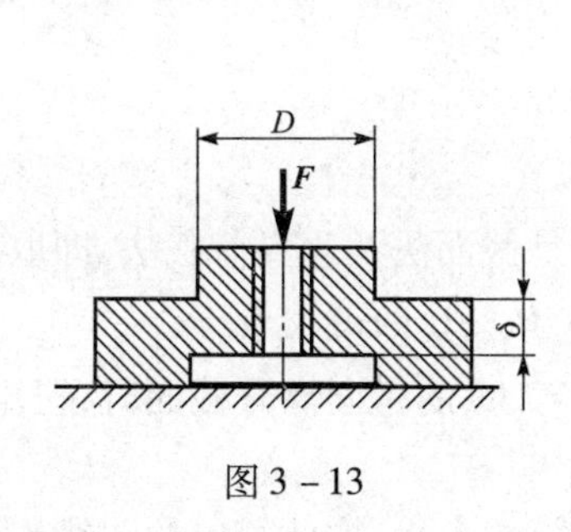

图3－13

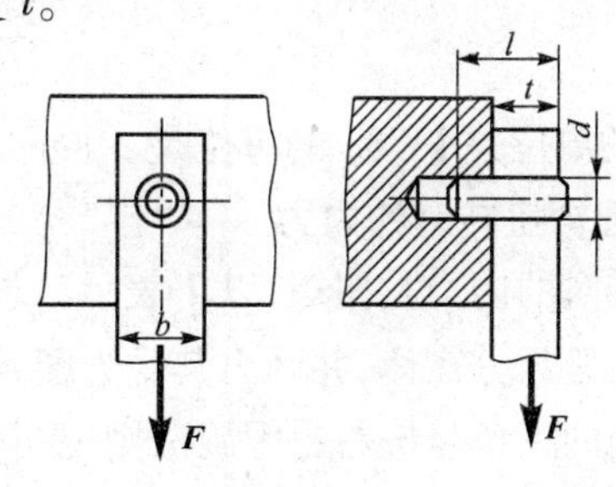

图3－14

应用题答案

3E－1　$\tau=88.5$ MPa $>[\tau]$，$\sigma_{jy}=41.7$ MPa $<[\sigma_{jy}]$，强度不够

3E－2　$d=15$ mm；如用 $d=12$ mm的铆钉，则需 $n=5$ 个

3E－3　$D=50.1$ mm

3E－4　$[F]=2\,016$ N，$t\geqslant2.51$ mm，$l\geqslant5.65$ mm，$b\geqslant38.2$ mm

4.1　内容提要

本章只研究圆形截面轴的扭转变形。主要内容有:作用在轴上的外力偶矩(转矩)的计算,轴的扭矩的计算,轴的应力与强度的计算,轴的变形与刚度的计算,并通过对薄壁圆筒扭转的研究,介绍作为材料力学研究问题基础的剪切胡克定律和切应力互等定理。

本章的重点是圆轴扭转的应力及变形计算,以及强度和刚度条件的应用。

4.2　知识要点

1. 扭转是构件的一种基本变形

构件在垂直于轴线的两平面内受到等值反向的力偶作用时,构件各横截面绕轴线作相对转动,这种变形称为**扭转**。

2. 外力偶矩的计算

当已知轴所传递的功率 P 和转速 n 时,相应的外力偶矩(转矩)可按下式求得:

$$M_0 = 9\,549\,\frac{P}{n}$$

式中 P 的单位是 kW,n 的单位是 r/min。M_0 的单位是 N · m。

3. 圆轴扭转时的内力

扭转时的内力是扭矩,以 T 表示。求扭矩的基本方法是截面法及边界荷载法,即取出轴的左段或右段为分离体,并画出其受力图,然后由平衡条件 $\sum M_x = 0$ 即可求出。

扭矩的正负号按右手螺旋法则把扭矩用矢量表示。若矢量的指向离开截面时,扭矩为正;反之为负。

用横坐标代表横截面位置,纵坐标代表各横截面上扭矩的大小,按此画出的图线称为扭矩图。初学者作扭矩图常出现的错误是扭矩图不规范,如扭矩图与轴的计算简图分离、不对正,有图无数值、有数值无单位,以及正负错误等。

4. 圆轴扭转时的应力

圆轴扭转时横截面上无正应力,仅有切应力,其方向垂直该点的半径,其指向与扭矩转向一致,其大小与该点至圆心的距离成正比,计算式

$$\tau_{P}=\frac{T\rho}{I_{P}}$$

圆截面的周边上切应力最大,其值

$$\tau_{max}=\frac{T}{W_{n}}$$

式中ρ为该点至圆心的距离、I_P为横截面的极惯性矩;$W_n=\frac{I_P}{R}$为**抗扭截面系数**。

实心圆截面

$$I_{P}=\frac{\pi D^{4}}{32} \qquad W_{n}=\frac{\pi D^{3}}{16}$$

空心圆截面

$$I_{P}=\frac{\pi D^{4}}{32}(1-\alpha^{4}) \qquad W_{n}=\frac{\pi D^{3}}{16}(1-\alpha^{4}) \qquad \alpha=\frac{d}{D}$$

应当注意,应力计算公式只适用于等直圆轴扭转,且τ_{max}不超过材料的比例极限τ_P的情况。

还应说明,扭转切应力的分布不同于一般剪切应力,前者组成一个力偶,后者则组成一个力。因此,两种情况下的切应力计算公式完全不同。

5. 圆轴扭转强度条件

应使轴的最大切应力不大于材料的许用切应力,对于等直圆轴,强度条件为

$$\tau_{max}=\frac{T_{max}}{W_{n}}\leqslant[\tau]$$

6. 圆轴扭转时的变形

圆轴扭转变形,是以两个横截面绕轴线的相对扭转角φ(单位为弧度或度)来度量的,其计算公式为

$$\varphi=\frac{Tl}{GI_{P}} \qquad \varphi=\frac{Tl}{GI_{P}}\frac{180}{\pi}$$

GI_P反映了圆轴抵抗扭转变形的能力,称为**扭转刚度**。

7. 圆轴扭转刚度条件

工程上一般规定最大的单位长度扭转角θ_{max}不大于单位长度的许用扭转角$[\theta]$,刚度条件为

$$\theta_{max}=\frac{\varphi}{l}=\frac{T_{max}}{GI_{p}}\leqslant[\theta]$$

$$\theta_{max}=\frac{T_{max}}{GI_{p}}\times\frac{180}{\pi}\leqslant[\theta]$$

8. 切应力互等定理和剪切胡克定律

它们在理论上很有用,务请记住。

$$\tau'=\tau$$

$$\tau=G\gamma$$

4.3 解题指导

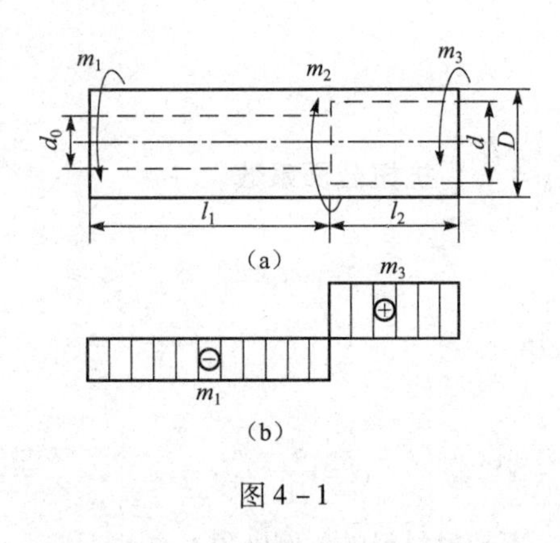

图 4-1

例 4-1 空心阶梯钢轴如图 4-1(a)所示。已知外径 $D=60$ mm,左段内径 $d_0=30$ mm,右段内径 $d=45$ mm, $l_1=200$ mm, $l_2=100$ mm,外力偶矩 $m_1=3$ kN·m,材料的切变模量为 $G=80$ GPa。若已知两端面间的相对扭转角 $\varphi=0$,试求外力偶矩 m_2、m_3 及轴内的最大扭转切应力。

解 (1) 静力学平衡方程

为确定作用在轴上的外力偶矩 m_2 与 m_3,首先列出静力平衡方程 $\sum M_x=0$,得

$$3-m_2+m_3=0 \tag{1}$$

一个方程不足以求解两个未知量,故本例为一次超静定问题。为求解超静定问题,必须根据变形几何关系、物理方面建立补充方程

(2) 变形几何方程

由题给条件轴两端面的相对扭转角 $\varphi=0$,可以列出变形几何方程

$$\varphi=\varphi_1+\varphi_2=0 \tag{2}$$

为将式(2)变为补充方程,还必须研究变形与内力之间的物理关系。

(3) 物理方程

为建立扭转角与扭矩之间的关系式,即物理方程,作出扭矩图,如图 4-1(b)所示。据此,可建立如下物理方程:

$$\left.\begin{aligned}&\text{左段扭转角}\quad \varphi_1=\frac{T_1 l_1}{GI_{\mathrm{P1}}}=\frac{-m_1 l_1}{G\dfrac{\pi D^4}{32}(1-\alpha_0^4)}=\frac{-32m_1 l_1}{G\pi D^4(1-\alpha_0^4)}\\&\text{右段扭转角}\quad \varphi_2=\frac{T_2 l_2}{GI_{\mathrm{P2}}}=\frac{m_3 l_2}{G\dfrac{\pi D^4}{32}(1-\alpha^4)}=\frac{-32m_3 l_2}{G\pi D^4(1-\alpha^4)}=\frac{32m_3 l_2}{G\pi D^4(1-\alpha^4)}\end{aligned}\right\} \tag{3}$$

将式(3) 代入式(2),得补充方程

$$\frac{-3l_1}{1-\alpha_0^4}+\frac{m_3 l_2}{1-\alpha^4}=0$$

$$m_3=\frac{3l_1}{l_2}\frac{1-\alpha^4}{1-\alpha_0^4}=\left[3\times\frac{200}{100}\times\frac{1-\left(\dfrac{45}{60}\right)^4}{1-\left(\dfrac{30}{60}\right)^4}\right]\text{kN}\cdot\text{m}=4.38\ \text{kN}\cdot\text{m}$$

将求得的 m_3 数值代入式(1),即可求得

$$m_2=3+m_3=(3+4.38)\ \text{kN}\cdot\text{m}=7.38\ \text{kN}\cdot\text{m}$$

(4) 计算最大切应力

首先应判断危险截面。一般情况下,左、右两段分别计算切应力,大者即为所求。由于右

段扭矩 $T_2 = m_3 = 4.38\ \text{kN} \cdot \text{m}$,大于左段扭矩 $T_1 = m_1 = 3\ \text{kN} \cdot \text{M}$,且右段截面抗扭截面系数较小(外径相同而内径较大),故危险截面在右段,最大扭转切应力则发生在右段各截面外圆周上。

右段截面抗扭系数

$$W_{n2} = \frac{\pi D^3}{16}(1-\alpha^4) = \left\{\frac{\pi \times (60 \times 10^{-3})^3}{16}\left[1-\left(\frac{45}{60}\right)^4\right]\right\}\text{m}^3 = 29 \times 10^{-6}\ \text{m}^3$$

最大切应力

$$\tau_{\max} = \frac{T_2}{W_{n2}} = \frac{4.38 \times 10^3}{29 \times 10^{-6}}\ \text{N/m}^2 = 151 \times 10^6\ \text{N/m}^2 = 151\ \text{MPa}$$

分析与讨论

本例计算式较繁,容易出现计算错误,需注意。

另外,本例右段的扭矩也可表达为 $T_2 = m_2 - m_1$,由几何条件 $\varphi = 0$ 求出的将是 m_2,m_3 则由平衡方程求出,结果是一样的。

例 4-2 图 4-2(a)为某组合机床主轴箱内第 4 轴的示意图。轴上有Ⅱ、Ⅲ、Ⅳ三个齿轮,动力由 5 轴径齿轮Ⅲ输送到 4 轴,再由齿轮Ⅱ和Ⅳ带动 1、2 和 3 轴。1 轴和 2 轴同时钻孔,共消耗功率 0.756 kW;3 轴扩孔,消耗功率 2.98 kW。若 4 轴转速为 183.5 r/min,材料为 45 钢,$G = 80\ \text{GPa}$,取 $[\tau] = 40\ \text{MPa}$,$[\theta] = 1.5°/\text{m}$,试设计 4 轴的轴径。

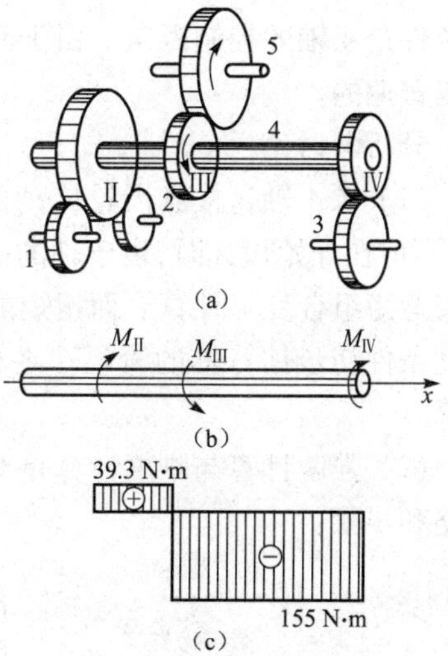

(a)

(b)

(c)

图 4-2

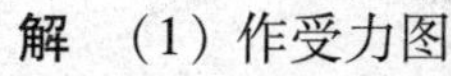

解 (1) 作受力图

以 4 轴为研究对象,作受力图如图 4-2(b)所示。

(2) 外力偶矩计算

由 $M_0 = 9\,549\,\dfrac{P}{n}$,得

$$M_{\text{II}} = 9\,549\,\frac{P_{\text{II}}}{n} = 9\,549 \times \frac{0.756}{183.5}\ \text{N} \cdot \text{m} = 39.3\ \text{N} \cdot \text{m}$$

$$M_{\text{IV}} = 9\,549\,\frac{P_{\text{IV}}}{n} = 9\,549 \times \frac{2.98}{183.5}\ \text{N} \cdot \text{m} = 155\ \text{N} \cdot \text{m}$$

由平衡条件 $\sum M_x = 0$ 得 $M_{\text{III}} - M_{\text{II}} - M_{\text{IV}} = 0$

所以 $M_{\text{III}} = M_{\text{II}} + M_{\text{IV}} = (39.3 + 155)\ \text{N} \cdot \text{m} = 194.3\ \text{N} \cdot \text{m}$

(3) 作扭矩图

如图 4-2(c)所示。从扭矩图看出,在齿轮Ⅲ和Ⅳ之间,轴的任一横截面上扭矩皆为最大值,且

$$T_{\max} = 155\ \text{N} \cdot \text{m}$$

(4) 由强度条件设计轴径

由强度条件

$$\tau_{\max} = \frac{T_{\max}}{W_n} = \frac{16 T_{\max}}{\pi D^3} \leqslant [\tau]$$

得
$$D \geqslant \sqrt[3]{\frac{16T_{\max}}{\pi[\tau]}} = \sqrt[3]{\frac{16 \times 155}{\pi \times 40 \times 10^6}}\ \text{m} = 0.027\,2\ \text{m}$$

(5) 由刚度条件设计轴径

由刚度条件

$$\theta_{\max} = \frac{T_{\max}}{GI_P} = \frac{180}{\pi} = \frac{T_{\max}}{G\frac{\pi}{32}D^4}\frac{180}{\pi} \leqslant [\theta]$$

得
$$D \geqslant \sqrt[4]{\frac{32T_{\max} \times 180}{G\pi^2[\theta]}} = \sqrt[4]{\frac{32 \times 155 \times 180}{80 \times 10^9 \times \pi^2 \times 1.5}}\ \text{m} = 0.027\,9\ \text{m}$$

根据以上计算结果，为了同时满足强度和刚度要求，选定轴的直径 $D = 30$ mm。可见，刚度条件是4轴的控制因素。**由于刚度是大多数机床的主要矛盾，用刚度作为控制因素的轴是相当普遍的。**

分析与讨论

(1) 像4轴这样靠齿轮传动的轴，同时还受到弯曲作用，应按弯扭组合变形计算（第九章）。但在开始设计时，由于轴的结构形式未定，轴承间的距离还不知道，支反力不能求出，无法按弯矩组合变形计算。而扭矩的数值却与轴的结构形式无关，这样可以先按扭转的强度和刚度条件初步估算轴的直径。在根据初步估算直径确定了轴的结构形式后，再做进一步的计算。

(2) 强度计算与刚度计算是对工程构件进行的两项基本计算，由本例可以归纳出解题的思路和步骤：

外力→内力→
- 应力→强度条件→截面设计
  - 强度、刚度校核
  - 截面设计
  - 确定许可载荷
- 变形（或位移）→刚度条件

例4－3 某加工装置传动部分如图4－3(a)所示，电动机转速 $n_1 = 1\,440$ r/min，通过轴①向轴②输入功率 $P_1 = 30$ kW，轴③、轴④则分别输出功率 $P_4 = 18$ kW 及 $P_6 = 12$ kW，各齿轮齿数示于图上，轴②结构示于图4－3(b)，各轴材料许用应力均为 $[\tau] = 100$ MPa，试校核轴②的强度并设计轴③、轴④的直径。

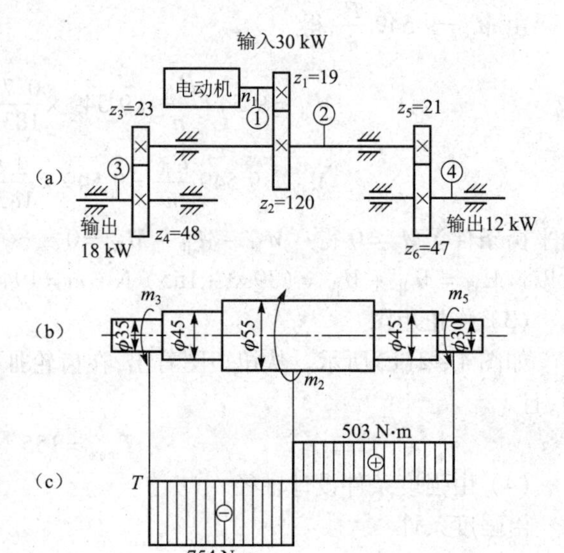

图4－3

解 本例属强度计算问题，其解题思路和程序仍同前例。但由于轴承受的转矩不仅与输入或输出的功率有关，而且也与轴的转速有关，所以在计算轴的外力偶矩之前应先根据传动比计算各轴的转速，然后再结合各轴输入、输出功率求出各轴所承受的外力偶矩。求出外力偶矩后，即可按照下述步骤求解。

$$外力偶矩\rightarrow最大扭矩\rightarrow最大扭转切应力\rightarrow强度条件\rightarrow\begin{cases}强度校核\\截面设计\end{cases}$$

(1) 计算各轴转速

轴② $$n_2 = n_1 \frac{z_1}{z_2} = \left(1\ 440 \times \frac{19}{120}\right)\ \text{r/min} = 228\ \text{r/min}$$

轴③ $$n_3 = n_2 \frac{z_3}{z_4} = \left(228 \times \frac{23}{48}\right)\ \text{r/min} = 109\ \text{r/min}$$

轴④ $$n_4 = n_2 \frac{z_5}{z_6} = \left(228 \times \frac{21}{47}\right)\ \text{r/min} = 102\ \text{r/min}$$

(2) 校核轴②强度

① 计算外力偶矩

齿轮 z_1、z_2 传递功率 $P_1 = P_2 = 30\ \text{kW}$，$z_3$、$z_4$ 传递功率 $P_3 = P_4 = 18\ \text{kW}$，$z_5$、$z_6$ 传递功率 $P_5 = P_6 = 12\ \text{kW}$，故

z_2 轮转矩 $$m_2 = 9\ 549 \frac{P_2}{n_2} = 9\ 549 \times \frac{30}{228}\ \text{N}\cdot\text{m} = 1\ 257\ \text{N}\cdot\text{m}$$

z_3 轮转矩 $$m_3 = 9\ 549 \frac{P_3}{n_2} = 9\ 549 \times \frac{18}{228}\ \text{N}\cdot\text{m} = 754\ \text{N}\cdot\text{m}$$

z_5 轮转矩 $$m_5 = 9\ 549 \frac{P_5}{n_2} = 9\ 549 \times \frac{12}{228}\ \text{N}\cdot\text{m} = 503\ \text{N}\cdot\text{m}$$

② 作轴②扭矩图，如图 4－3(c)所示。

③ 判断轴②危险截面。由轴②结构图及扭矩图，可明显看出可能的危险截面为 $\phi35$ 轴段各截面及 $\phi30$ 轴段各截面

④ 对轴②进行强度校核。

$\phi35$ 轴段 $$\tau_{\max} = \frac{T}{W_n} = \pi \times \frac{754 \times 16}{(35 \times 10^{-3})^3}\ \text{N/m}^2 = 89.6 \times 10^6\ \text{N/m}^2$$
$$= 89.6\ \text{MPa} < [\tau] = 100\ \text{MPa}$$

$\phi30$ 轴段 $$\tau_{\max} = \frac{T}{W_n} = \frac{16 \times 503}{\pi \times (30 \times 10^{-3})^3}\ \text{N/m}^2 = 94.9 \times 10^6\ \text{N/m}^2$$
$$= 94.9\ \text{MPa} < [\tau]$$

故轴②扭转强度足够。

(3) 设计轴③、轴④直径

① 外力偶矩及扭矩计算

轴③ $$m_4 = 9\ 549 = \frac{P_4}{n_3} = 9\ 549 \times \frac{18}{109}\ \text{N}\cdot\text{m} = 1\ 577\ \text{N}\cdot\text{m}$$
$$T_3 = m_4 = 1\ 577\ \text{N}\cdot\text{m}$$

轴④ $$m_6 = 9\ 549 = \frac{P_6}{n_4} = 9\ 549 \times \frac{12}{102}\ \text{N}\cdot\text{m} = 1\ 123\ \text{N}\cdot\text{m}$$
$$T_4 = m_6 = 1\ 123\ \text{N}\cdot\text{m}$$

② 设计轴径

由强度条件 $\tau_{\max}=\dfrac{T}{W_n}=\dfrac{16T}{\pi D^3}\leqslant[\tau]$

得 轴③直径 $D_3\geqslant\sqrt[3]{\dfrac{16T_3}{\pi[\tau]}}=\sqrt[3]{\dfrac{16\times1\ 577}{\pi\times100\times10^6}}=43.1\times10^{-3}\ \text{m}=43.1\ \text{mm}$

轴④直径 $D_4\geqslant\sqrt[3]{\dfrac{16T_4}{\pi[\tau]}}=\sqrt[3]{\dfrac{16\times1\ 123}{\pi\times100\times10^6}}=38.5\times10^{-3}\ \text{m}=38.5\ \text{mm}$

分析与讨论

(1) 本例计算中没有考虑传动的机械效率,即忽略了传动中的功率损耗,在工程实际计算当中应当考虑。

(2) 本例在进行各轴的外力偶矩计算时,需特别注意用相应的转速和相应的传递功率,千万不能用错,否则将导致计算错误。这就需要在分析题目时,结合图 4-3(a)弄清传递关系,最好多读几遍题目,以便弄清题意。

练习题

A 判断题(下列命题你认为正确的在题后括号内打"√",错误的打"×")

4A-1 左端固定的直杆受沿长度均匀分布的扭转力偶作用,如图 4-4 所示。在 1-1 截面处的扭矩 T 为 8 kN·m。 ( )

4A-2 左端固定的直杆受扭转力偶作用,如图 4-5 所示。杆中的最大扭矩 $|T|_{\max}$ 为 9 kN·m。 ( )

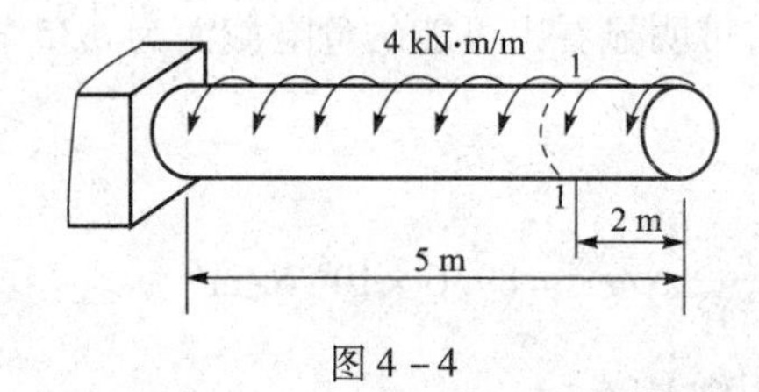

图 4-4

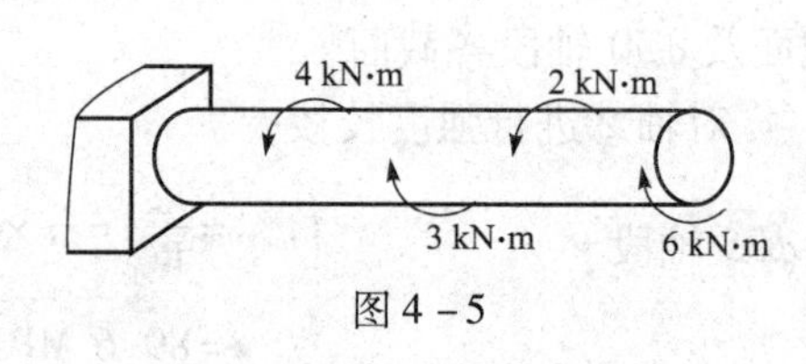

图 4-5

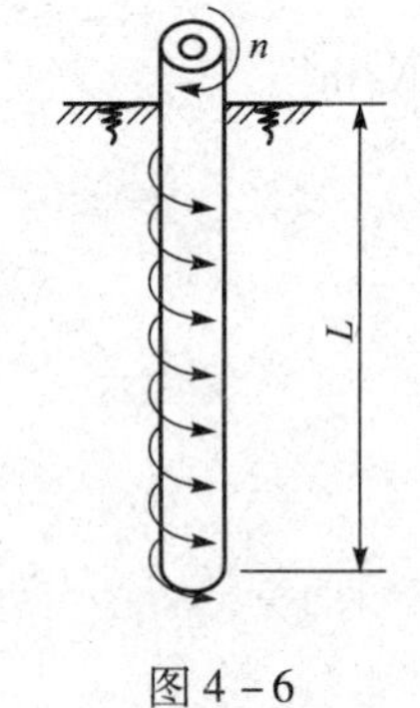

图 4-6

4A-3 钻探机的功率为 10 kW,转速 $n=180$ r/min,钻杆钻入土层的深度 L 为 40 m,如图 4-6 所示。设土壤对钻杆的阻力可看作均匀分布的力偶,则此均布力偶的集度 t 为 13.3 N·m/m。 ( )

4A-4 内径为 d、外径为 $2d$ 的空心圆轴的抗扭截面系数 W_n 为 $\dfrac{15}{32}\pi d^4$。 ( )

4A-5 直径为 d 的圆轴,两端受扭转力偶矩 T 作用,则有下列结论:

(1) 轴内横截面上有切应力,无正应力。 ( )

(2) 轴内有正应力,最大正应力 $\sigma_{\max}$ 的值与最大切应力 $\tau_{\max}$ 的值相等。 ( )

(3) 轴内最大切应力 $\tau_{\max}=\dfrac{16T}{\pi d^3}$。 ( )

4A－6 有两根圆轴，一根为实心轴，直径为 D_1；另一根为空心轴，内、外径之比 $\frac{d_2}{d_1}=0.8$。若两轴的长度、材料、轴内扭矩和产生的扭转角均相同，则它的重量比 $\frac{W_1}{W_2}$ 为 0.47。 （ ）

B 填空题

4B－1 圆轴扭转的强度条件是________，刚度条件是________。

4B－2 在功率、转速、外力偶矩的关系式 $M_0=k\frac{P}{n}$ 中，若功率 P 的单位符号是 kW，转速 n 的单位符号为 s^{-1}，外力偶矩 M_0 的单位符号为 kN·mm，则系数 k 的值应是________。

4B－3 一受扭圆轴，直径为 d，轴内最大扭矩为 T_{max}，则轴内 $\tau_{max}=$________，轴内最大正应力 $\sigma_{max}=$________。

4B－4 一圆轴，两端受扭转力偶作用，若将轴的截面积增加一倍，则其抗扭刚度变为原来的________倍。

4B－5 空心圆轴的内径为 d，外径为 D。$\frac{d}{D}=0.6$，圆轴两端受扭转力偶作用，轴内最大切应力为 τ_{max}，如图 4－7 所示。若 $a=0.1D$，则横截面上 A 点处的切应力为________τ_{max}。

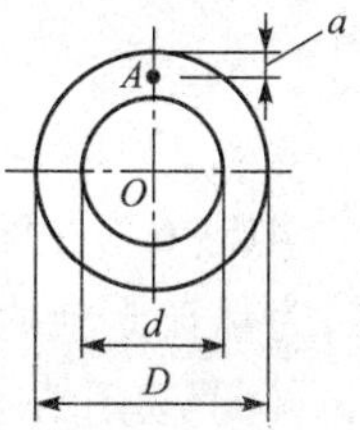

图 4－7

C 选择题

4C－1 图 4－8 所示各杆中，完全不发生扭转的杆是（ ）。

4C－2 受扭空心圆轴横截面上扭转切应力分布图（图 4－9）中，正确的是（ ）。

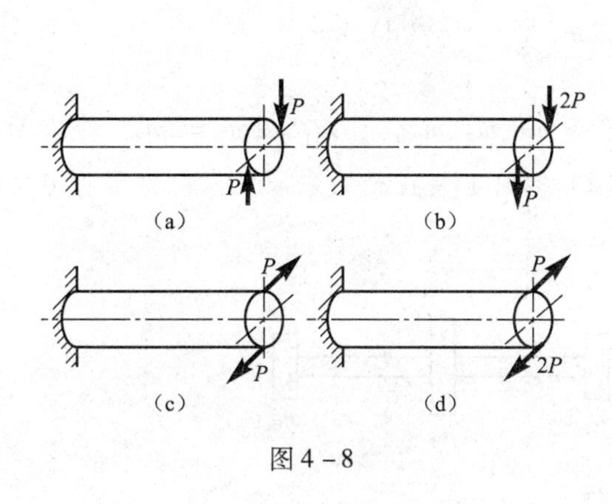

图 4－8

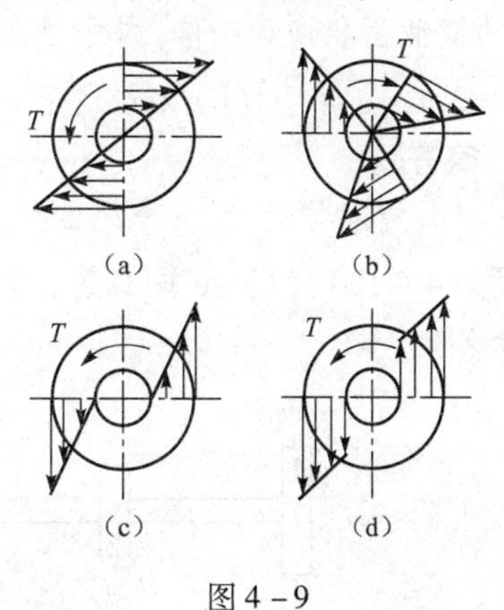

图 4－9

4C－3 图 4－10 所示圆轴两端受外力偶矩 m 作用，已知截面 1－1 与 2－2 外径相同，截面 2－2 与 3－3 面积相同，则该三个横截面上最大扭转切应力的排列顺序是（ ）。

（a） $\tau_{max1}>\tau_{max2}>\tau_{max3}$

（b） $\tau_{max2}>v_{max3}>\tau_{max1}$

（c） $\tau_{max3}>\tau_{max1}>\tau_{max2}$

（d） $\tau_{max2}>\tau_{max1}>\tau_{max3}$

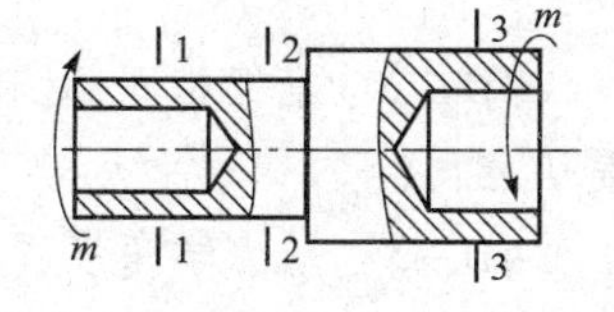

图 4－10

4C－4 与图 4－11 所示扭矩图对应的轴的受载情况是（ ）。

4C－5 图4－12所示正方形单元体 $ABCD$，受力后变形为 $AB'C'D'$，则单元体的切应变 γ 为( )。

(a) 0 (b) α (c) $-\alpha$ (d) $90° - \alpha$

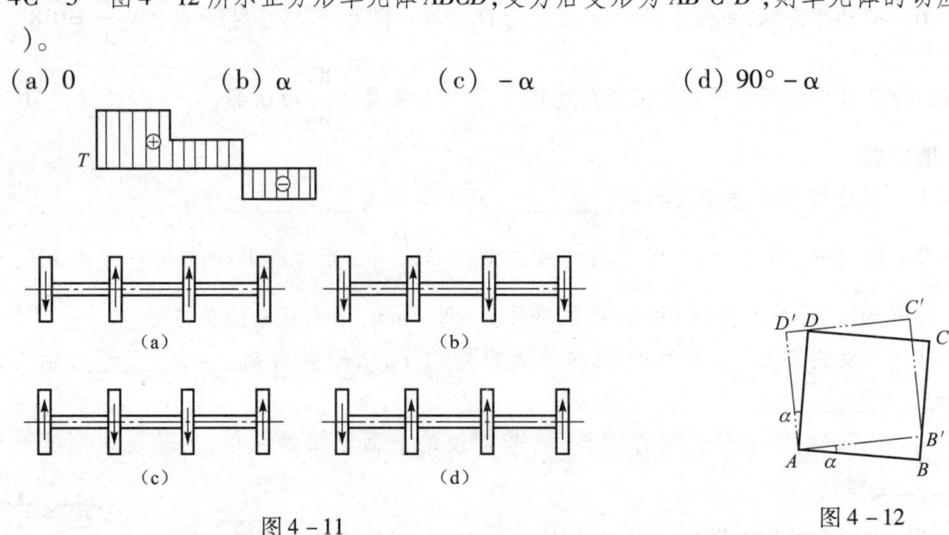

图4－11

图4－12

4C－6 一圆轴用碳钢材料制成，当校核该轴刚度时，发现单位长度的扭转角超过了许用值，为保证此轴的扭转刚度，以下几种措施中采用( )最有效。

(a) 改用合金钢材料 (b) 改用铸铁材料

(c) 增加圆轴直径 (d) 减小轴的长度

4C－7 一空心圆轴，内外径之比 $\alpha = 0.5$，两端受扭转力偶矩作用，最大许可载荷为 m。若将轴的横截面积增加一倍，内外径之比仍保持 $\alpha = 0.5$，则其最大许可载荷为( )。

(a) $\sqrt{2}m$ (b) $2m$ (c) $2\sqrt{2}m$ (d) $4m$

D 简答题

4D－1 有一传动轴，三个轮的外力偶矩分别为 m_1、m_2、m_3。且 $m_1 = 2m_2 = 2m_3$。今有两个方案(图4－13)：(1) 把轮1装在轴的一端；(2) 把轮1装在轴的中间。你认为哪种方案好，为什么？

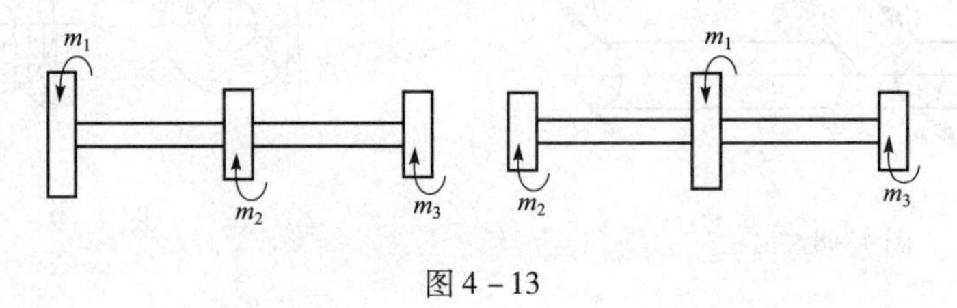

图4－13

4D－2 直径相同，材料不同的两根等长的实心圆轴，在相同的扭矩作用下，问 τ_{max}、φ、I_P 是否相同？

4D－3 从力学角度说，空心圆轴与实心圆轴哪个较为合理？

4D－4 圆轴扭转时，横截面上产生什么应力？如何分布？如何计算？公式的适用条件是什么？

E 应用题

4E-1 如图4-14所示,在一直径为75 mm的等截面圆轴上,作用着外力偶矩$m_1 = 1$ kN·m、$m_2 = 0.6$ kN·m、$m_3 = 0.2$ kN·m、$m_4 = 0.2$ kN·m。(1) 作轴的扭矩图;(2) 求出每段内的最大切应力;(3) 求出轴的总扭转角,设$G = 80$ GPa;(4) 若m_1与m_2位置互换,问在用料方面有何增减?

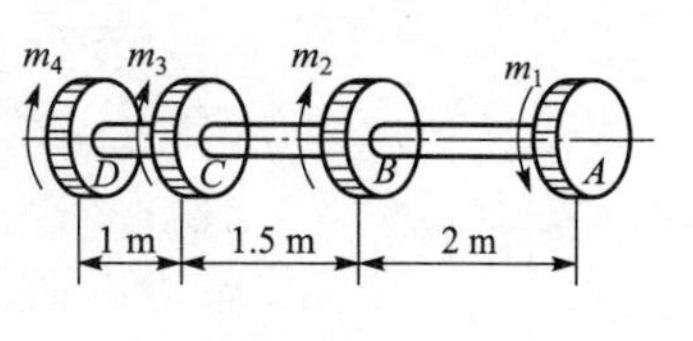

图4-14

4E-2 图4-15所示绞车由两人同时操作,若每人加在手柄上的力都是200 N,已知轴的许用切应力$[\tau] = 40$ MPa。(1) 试求AB轴的直径;(2) 求绞车所能吊起的最大重量。

4E-3 传动轴结构及其受载如图4-16所示,轴材料的许用应力$[\tau] = 35$ MPa,切变模量$G = 80$ GPa,试校核该轴的强度,并计算F轮相对C轮的转角φ_{CF}。

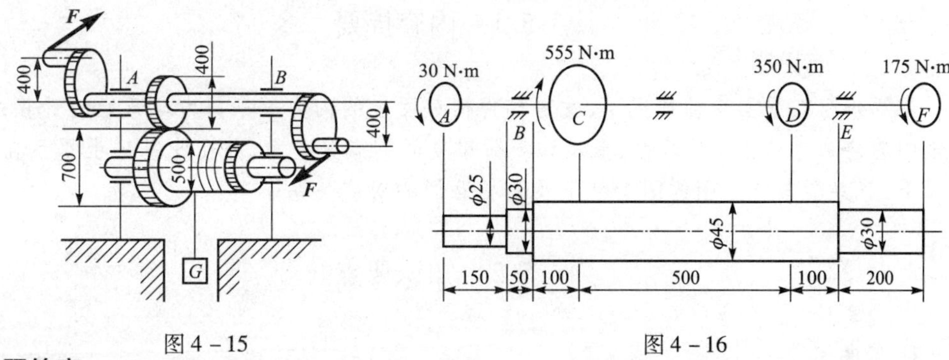

图4-15　　图4-16

应用题答案

4E-1 $\tau_{max} = 12.1$ MPa,$\varphi_{AD} = 0.645°$

4E-2 $d \geqslant 22$ mm,$G = 1.12$ kN

4E-3 左、中、右段的扭矩分别为-30 N·m、525 N·m及175 N·m,可能的危险截面为A、C、F截面。

$$\tau_{A\max} = 9.78\ \text{MPa} < [\tau]$$

$$\tau_{C\max} = 29.3\ \text{MPa} < [\tau]$$

$$\tau_{F\max} = 33\ \text{MPa} < [\tau]$$

$$\varphi_{CF} = 0.0142\ \text{rad}$$

5.1 内容提要

本章介绍在平面弯曲情况下,受弯构件横截面上的内力——剪力与弯矩的计算,剪力图与弯矩图的绘制方法;以及剪力、弯矩和载荷集度间的微分关系,并在此基础上揭示在各种载荷作用下,剪力图与弯矩图的图形特征及其相互间的对应关系。

5.2 知识要点

1. 弯曲

当作用在直杆上的外力与杆轴线垂直时(通常称为横向力),直杆的轴线将由原来的直线弯成曲线,这种变形称为**弯曲**。以弯曲变形为主的杆件叫**梁**。如果横向力都作用在梁的纵向对称平面内,则梁轴将在此平面内弯成一条曲线,此种情况称为**平面弯曲**。

2. 剪力与弯矩

在平面弯曲下,梁的横截面上一般有两种内力——与横截面相切的内力叫**剪力**;在纵向对称平面内的内力偶矩叫**弯矩**。

剪力和弯矩是横截面上分布内力系向截面形心简化后的主矢和主矩。如果我们把横截面的分布内力系分解为切向和法向两组分布内力系,剪力则是切向分布内力系的合力,而弯矩则是法向内力系所形成的力偶矩。

计算剪力和弯矩的基本方法仍然是截面法。但在实际计算时,可不必将梁假想地截开,而**直接从横截面任意一侧梁上的外力来计算该截面的剪力和弯矩**。

(1) 剪力。某一横截面上的剪力 F_Q 在数值上等于该截面左侧或右侧梁上所有横向外力的代数和。根据剪力的符号规定:**在截面左侧梁上向上的横向外力或截面右侧梁上向下的横向外力产生正值剪力;反之,则产生负值剪力**。

(2) 弯矩。某一横截面上的弯矩 M 在数值上等于该截面左侧或右侧梁上所有外力对此截面形心的力矩的代数和。根据弯矩的符号规定,**不论在截面的左侧或右侧,向上的外力均在横截面上产生正值弯矩,而向下的外力则产生负值弯矩。对于外力偶矩,截面左侧的顺时针外力偶矩、截面右侧的逆时针外力偶矩均产生正值弯矩;反之,则产生负值弯矩**。

3. 剪力图与弯矩图

一般情况下,剪力和弯矩都是梁的横截面的位置坐标 x 的函数,即

$$F_Q = F_Q(x) \qquad M = M(x)$$

上列函数表达式分别称为**剪力方程与弯矩方程**。其图形就分别称为**剪力图和弯矩图**。绘制剪力图与弯矩图的要点如下：

（1）根据静力学平衡方程求出支座反力。

（2）建立剪力方程与弯矩方程。外力（载荷与支反力）将梁分成几个区段，就要按区段建立几个剪力方程与弯矩方程。一般习惯于梁的端点，特别是梁的左端点为坐标原点，建立直角坐标系，梁轴作为 x 轴，横坐标 x 表示梁的横截面的位置，纵坐标表示该截面上的剪力或弯矩。在建立某个区段的剪力方程和弯矩方程时，在此区段任选一个横截面，设其距原点为 x，然后写出此截面的剪力和弯矩计算式，即得该区段的剪力方程和弯矩方程。

（3）绘制剪力图与弯矩图。根据各段的剪力方程 $F_Q = F_Q(x)$ 和弯矩方程 $M = M(x)$，应用解析几何的方法即可作出剪力图和弯矩图，并据此确定 $|F_Q|_{max}$ 和 $|M|_{max}$ 及其所在截面。

必须注意，$|M|_{max}$ 可能发生在剪力为零的截面，集中力所作用的截面处，或集中力偶作用的两侧截面上，对于受力情况比较复杂的梁，其 $|M|_{max}$ 必须计及上述的几种可能，通过数值比较才能确定。

4. 剪力、弯矩和分布载荷集度之间的微分关系

（1）剪力、弯矩和分布载荷集度间的微分关系为

$$\frac{dF_Q(x)}{dx} = q(x) \qquad \frac{dM(x)}{dx} = F_Q(x) \qquad \frac{d^2M(x)}{dx^2} = q(x)$$

根据由导数求原函数的概念和一阶与二阶导数的几何意义，即可由梁段上的载荷情况了解该梁段的剪力图与弯矩图的图形特征。

（2）剪力、弯矩和集中力的关系：在集中力作用处剪力值发生突变，突变值等于此集中力；弯矩的图在此处发生转折（出现尖角）。

（3）剪力、弯矩和集中力偶的关系：在集中力偶作用处剪力值不发生变化，但弯矩值要发生突变，突变值等于此集中力偶矩。

（4）边界荷载法

$$F_Q(x) = F_{Q0} + A_1(x) \qquad A_1(x) = \int_0^x q(x)dx$$

$$M(x) = M_0 + A_2(x) \qquad A_2(x) = \int_0^x F_Q(x)dx$$

综合上述，可将载荷、剪力图与弯矩图的对应关系列于表5－1中。

表5－1

梁上外力情况	剪　力　图	弯　矩　图
无外力段	水平线 $\frac{dF_Q(x)}{dx} = q(x) = 0$	斜直线 $\frac{d^2M(x)}{dx^2} = q(x) = 0$
$q(x)$ = 常数 向下均布载荷	斜直线（斜向下） $\frac{dF_Q(x)}{dx} = q(x) < 0$	凸向上二次曲线 $\frac{d^2M(x)}{dx^2} = q(x) < 0$ 极值处 $F_Q(x) = 0$

续表

梁上外力情况	剪 力 图	弯 矩 图
$q(x)$ = 常数 向上均布载荷	斜直线(斜向上) $\frac{dF_Q(x)}{dx}=q(x)<0$	凹向下二次曲线 $\frac{d^2M(x)}{dx^2}=q(x)>0$ 极值处 $F_Q(x)=0$
集中力	力 F 作用处发生突变, 突变值等于 F	力 F 作用处发生转折
集中力偶	力偶矩 M_0 作用处无变化	力偶矩 M_0 作用处发生突变,突变值等于 M_0

应用上面讲述的剪力、弯矩和载荷之间的关系,可以简捷地绘制和校核剪力图和弯矩图。请阅读教材和下面的解题指导。

5.3 解题指导

例 5-1 试用边界荷载作图 5-1(a)所示梁的剪力图和弯矩图,求出 $|F_Q|_{max}$ 和 $|M|_{max}$,并建立剪力方程和弯矩方程。

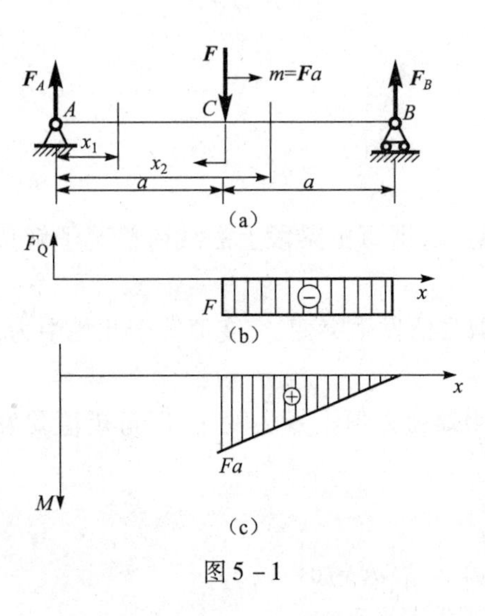

图 5-1

解 首先求出支反力,其结果为

$$F_A=0 \qquad F_B=F$$

在进行剪力、弯矩的分析时,需根据梁上的受力情况分段分析,逐段画出。本题应将梁分为 AC、CB 两段。各段不受分布荷载作用,即 $q(x)=0$,所以各段的剪力均为常量,弯矩均为线性。在 C 处,由于受集中力 F 与集中力偶矩 $m=Fa$ 作用,剪力发生方向向下,大小为 F 的突变量,弯矩也发生方向向下,大小为 Fa 的突变量。

(1) 剪力图 $\quad F_{Q_0}=0$

AC 段 $\quad F_Q=0$ 剪力图为一水平线段,在 C 处,$F_{Q_{C左}}=0$

BC 段 $\quad$ 根据突变关系 $F_{Q_{C右}}=-F$,$F_{Q_B}=-F$,剪力图也为一水平线段

分别画出两段水平线,则梁的剪力图如图 5-1(b)所示。

(2) 弯矩图 $\quad M_0=0$

AC 段 $\quad M_A=0 \quad M_{C_{左}}$ 为 $0\sim a$ 区段梁剪力图的面积,则 $M_{C_{左}}=0$ 弯矩图为一水平线段

BC 段 $\quad$ 根据突变关系 $\quad 1=Fa \quad M_B=Fa-A_2(2a)=0$

$A_2(2a)$ 为 $a\sim 2a$ 区段剪力图面积,则该梁段弯矩图为一斜直线。分别画出两段梁的弯矩图如图 5-1(c)所示。

(3) 建立剪力方程、弯矩方程

AC 段 $\quad F_Q(x)=0 \qquad (0\leqslant x<a)$

$$M(x)=0 \qquad (0\leqslant x<a)$$

BC段 $F_Q(x)=-F \qquad (0<x<2a)$

$$M(x)=F(2a-x)0 \qquad (a<x\leqslant 2a)$$

$|F_Q|_{max}=F$，$|M|=Fa$ 均发生在 C 截面处。

例5-2 试用边界荷载法作图5-2所示梁的剪力图和弯矩图，求出 $|F_Q|_{max}$ 和 $|M|_{max}$，并建立剪力方程和弯矩方程。

解 首先求出支反力，其结果为

$$F_A=\frac{9}{8}qa \qquad F_B=\frac{3}{8}qa$$

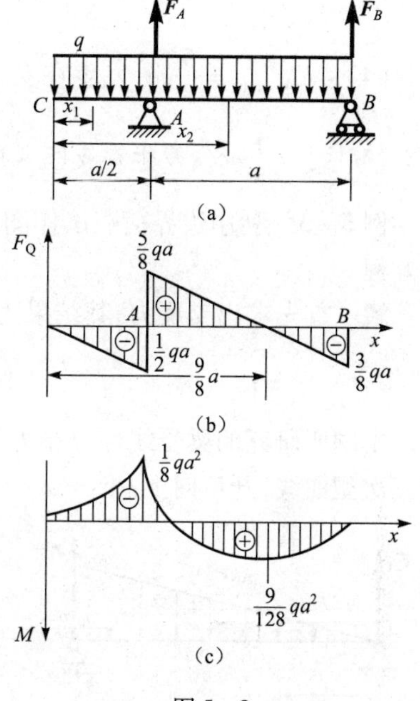

图5-2

本题梁上只作用了均布荷载 q，结合支反力，可将梁划分为两个区段。两个区段的剪力图均为斜直线；弯矩图均为抛物线，开口向上。

（1）剪力图：$F_{Q_0}=0$

CA 段：$F_{Q_0}=0 \qquad F_{Q_{A左}}=A_1\left(\frac{a}{2}\right)=\frac{1}{2}qa$

$A_1(a/2)$ 是 $0\sim a/2$ 区段 $q(x)$ 的面积，$q(x)$ 的矢量向下，$A_1(x)$ 为负，反之为正。则 CA 区段剪力图为一斜直线段。

AB 段　根据突变关系在 A 处有集中力作用（支反力），所以

$$F_{Q_{A右}}=-\frac{1}{2}qa+\frac{9}{8}qa=\frac{5}{8}qa$$

$$F_{Q_B}=\frac{5}{8}qa+A_1=(3a/2)=-\frac{3}{8}qa$$

$A_1(3a/2)$ 为 $a/2\sim 3a/2$ 区段 $q(x)$ 的面积，也为负值。则 AB 段剪力图为一斜直线段。在 $x=\frac{9}{8}a$ 处，$F_Q=0$ 分别画出两段梁的剪力图如图5-2(b)所示。

（2）弯矩图　$M_0=0$

CA 段　$M_A=A_2(a/2)=-\frac{1}{8}qa^2$，则此区段弯矩图为开口向上的抛物线。

AB 段　$M(9a/8)=A_2(9a/8)=\frac{9}{128}qa^2$

$A_2(9a/8)$ 为 $0\sim 9a/8$ 区段剪力图的面积之和。

$$M_B=A_2(3a/2)=0$$

$A_2(3a/2)$ 为 $0\sim 3a/2$ 区段剪力图的面积之和。

则 AB 段也为一开口向上的抛物线，$M(9a/8)$ 为该抛物线的极值点。

画出两段弯矩图如图5-2(c)所示。

（3）建立剪力方程、弯矩方程

CA 段　$F_Q=-qx \qquad (0\leqslant x<\frac{a}{2})$

$$M(x)=-\frac{1}{2}qx^2 \qquad (0\leqslant x\leqslant\frac{a}{2})$$

AB 段
$$F_Q(x)=\frac{9}{8}qa-qx \qquad (\frac{a}{2}<x<\frac{3}{2}a)$$

$$M(x)=\frac{9}{8}qa(x-\frac{a}{2})-\frac{1}{2}qx^2 \qquad (\frac{a}{2}\leqslant x\leqslant\frac{3}{2}a)$$

(4) $|F_Q|_{\max}=\frac{5}{8}qa$，发生在支座 A 的右侧截面上。

$|M|_{\max}=\frac{1}{8}qa^2$，发生在支座 A 所在的截面上。

例 5-3　利用边界荷载法作图 5-3(a)所示梁的剪力图和弯矩图，并建立剪力方程和弯矩方程。

解　首先求出支反力，其结果为

$$F_A=\frac{1}{6}q_0l \qquad F_B=\frac{1}{3}q_0l$$

本题所研究的梁受线性分布力作用，则相应区段内剪力图的抛物线（开口向下），弯矩图为三次型曲线，开口向上。

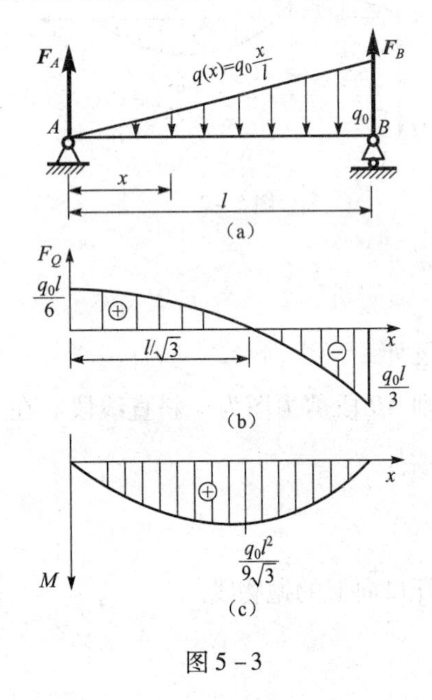

图 5-3

(1) 剪力图　$F_{Q_0}=\frac{1}{6}q_0l$

$$F_{Q_A}=\frac{1}{6}q_0l \qquad F_{Q_B}=\frac{1}{6}q_0l+A_1(l)=-\frac{1}{3}q_0l$$

$A_1(l)$为 $0\sim l$ 区段 $q(x)$的面积，为负值。

令　$F_Q(x)=\frac{1}{6}q_0l+A_1(x)=\frac{1}{6}q_0l-\frac{1}{2}x\cdot q_0\frac{x}{l}=0$，即在 $x=l/\sqrt{3}$处剪力值为零。

画出该区段剪力图如图 5-3(b)所示。

(2) 弯矩图　$M_0=0$

$$M_A=0 \qquad M(l/\sqrt{3})=A_2(l/\sqrt{3})=\frac{q_0l^2}{9\sqrt{3}}$$

$$M_B=A_2(l)=0$$

$A_2(l/\sqrt{3})$为 $0\sim l/\sqrt{3}$区段剪力图的面积。

$A_2(l)$为 $0\sim l$ 区段剪力图的面积之和。

画出该区段弯矩图如图 5-3(c)所示。

(3) 建立剪力方程和弯矩方程

$$F_Q(x)=\frac{q_0l}{6}-\frac{q_0}{2l}x^2 \qquad (0<x<l)$$

$$M(x)=\frac{q_0l}{6}x-\frac{q_0}{6l}x^3 \qquad (0\leqslant x\leqslant l)$$

例 5-4　试用边界荷载法作图 5-4(a)所示梁的剪力图和弯矩图。

解　首先求支反力，其结果为

$$F_A=\frac{qa}{2}\qquad F_B=\frac{3}{2}qa\qquad F_D=qa$$

（提示，应用虚位移原理并结合平衡方程）。

本例中为连续多跨梁，根据该梁所受的荷载，可分为 AB、BC 及 CD 三个区段。AB、BC 两个区段未受分布荷载作用，剪力为常量，弯矩是 x 的一次函数。CD 区段受均布荷载作用，剪力是 x 的一次函数，弯矩是 x 的二次函数。

（1）剪力图　$F_{Q_0}=-\frac{qa}{2}$

AB 段　$F_{Q_A}=-\frac{qa}{2}$　$F_{Q_{B左}}=-\frac{qa}{2}$

则 AB 区段的剪力图是一条水平线段。

BC 段　根据突变关系　$F_{Q_{B右}}=qa$，$F_{Q_C}=qa$，则 BC 区段的剪力图也是一条水平线段。

CD 段　$F_{Q_C}=qa$　$F_{Q_D}=-qa$

连接此两点，则 CD 段的剪力图是一条斜直线段。

按三角形全等的条件，可知在 CD 的中点处，$F_Q=0$，画出剪力图如图5-4(b)所示。

（2）弯矩图　$M_0=0$

AB 段　$M_A=0$，$M_B=-qa^2$，则 AB 区段的弯矩是一条斜直线段。

BC 段　$M_C=0$，则 BC 区段的弯矩也是一条斜直线段。

CD 段　$M_D=0$，在 CD 段的中点 $M(4a)=\frac{qa^2}{2}$，则 CD 区段的弯矩图是一条开口向上的抛物线。

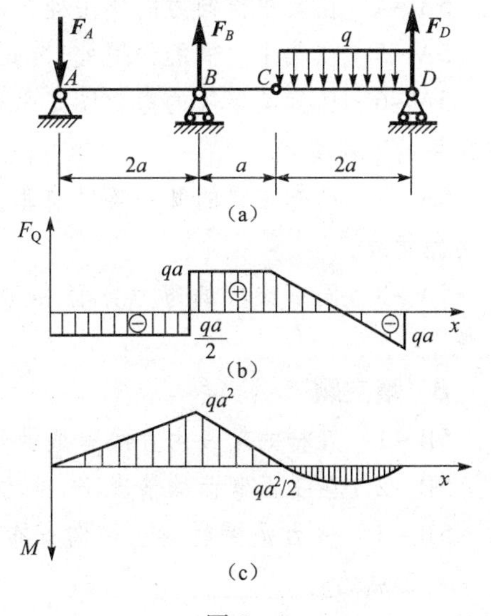

图5-4

画出全梁的弯矩图如图5-4(c)所示。

由本例可知，C 处弯矩为零，即中间铰处弯矩为零，剪力连续。这是一般的规律。故凡遇到中间铰，铰接处无集中力作用时剪力连续，无集中力偶作用时，弯矩一定为零。

分析与讨论

（1）熟练地、准确地计算支反力，对梁的内力分析至关重要。此处一错，以后的一切计算皆错。所以，求出支反力后，应进行校核。

（2）在集中力作用处剪力值有突变，突变值等于此集中力，突变方向与力矢方向相同。在集中力偶矩作用处，弯矩值有突变，突变值等于此集中力偶矩，突变方向为集中力偶矩顺时针转向时向正方向突变，反之向负方向突变。

（3）若剪力图中发现有剪力为零的截面，务必将此截面的位置坐标找出来并计算相应的极值弯矩。

（4）若作用在梁某区段的分布载荷为 $q(x)=q_0x+b$，则 $F_Q(x)$ 是 x 的二次函数，$M(x)$ 是 x 的三次函数。若 $q(x)$ 的矢量方向向上，则 $M(x)$ 的曲线开口向下，若 $q(x)$ 的矢量方向向下，则 $M(x)$ 的曲线开口向上。

练习题

A 判断题（下列命题你认为正确的在题后括号内打“√”,错误的打“×”）

5A－1 在剪力为零的横截面上有极值弯矩,此极值弯矩一定是全梁中绝对值最大的弯矩。（ ）

5A－2 剪力的正负号是这样规定的:若某截面的左段对右段有向上相对错动时,该截面上的剪力规定为负；反之为正。（ ）

5A－3 弯矩的正负号是这样规定的:横截面处的弯曲变形凸向下时,该截面的弯矩规定为正；反之为负。（ ）

5A－4 在集中横向力的作用处,剪力图有突变,突变值恰等于此集中力的大小。（ ）

5A－5 在集中力偶的作用处,弯矩图有突变,突变值等于此集中力偶矩的大小。（ ）

5A－6 已知某梁段的剪力图是平行于梁轴的水平线,且为正值,则其对应的弯矩图是自左向右的下斜直线。（ ）

5A－7 已知在梁的某一梁段有垂直向上的均布载荷,其对应的弯矩图是一条凸向上的二次抛物线。（ ）

5A－8 同一梁段的剪力方程和弯矩方程的关系是前者是后者的斜率方程,即一阶导函数。（ ）

B 填空题

5B－1 直杆的轴线由直线弯成曲线,此种变形称为________,这类杆件称为________。

5B－2 在平面弯曲的情况下,梁的横截面一般存在________和________两种内力。

5B－3 剪力是横截面上切向分布内力系的________,而弯矩则是横截面上法向分布内力系所形成的________。

5B－4 剪力、弯矩和分布载荷集度间的微分关系是________。

5B－5 在无分布载荷的梁段,剪力图是________,弯矩图是________。

5B－6 在有均布载荷的梁段,剪力图是________,弯矩图是________。

5B－7 在有分布载荷 $q(x)$ 的梁段,其弯矩图是曲线。当 $q(x)>0$,即垂直向上时,曲线凸________；当 $q(x)<0$,即垂直向下时,曲线凸________。

5B－8 剪力图在某处发生突变,说明该处梁上有________,突变值等于________。

5B－9 弯矩图在某处发生突变,说明该处梁上有________,突变值等于________。

5B－10 在集中力作用处,剪力图发生突变,弯矩图在该处________；在集中力偶作用处,弯矩图发生突变,剪力图在该处________。

5B－11 若已知某简支梁的弯矩方程为

$$M(x)=\frac{1}{6}q_0 l\left(x-\frac{x^2}{l^2}\right)$$

则其剪力方程为 $F_Q(x)=$________,梁上载荷为 $q(x)=$________。

C 选择题

5C－1 简支梁部分区段受均布载荷作用,如图5－5所示。（ ）的结论是错误的。

(a) AC 段，剪力方程为 $F_Q(x)=\frac{1}{4}qa$

(b) AC 段，弯矩方程为 $M(x)=\frac{1}{4}qax$

(c) CB 段，剪力方程为 $F_Q(x)=\frac{1}{4}qa-q(x-a)$

(d) CB 段，弯矩方程为 $M(x)=\frac{1}{4}qax-\frac{1}{2}q(x-a)x$

5C-2　梁的受力情况对称于中央截面，如图5-6所示。$F_Q(C)$ 和 $M(C)$ 表示中央截面 C 上的剪力和弯矩。结论(　　)是正确的。

(a) $F_Q(C)=0, M(C)=0$

(b) $F_Q(C)\neq 0, M(C)\neq 0$

(c) 一般情况下 $F_Q(C)=0, M(C)\neq 0$

(d) 一般情况下，$F_Q(C)\neq 0, M(C)=0$

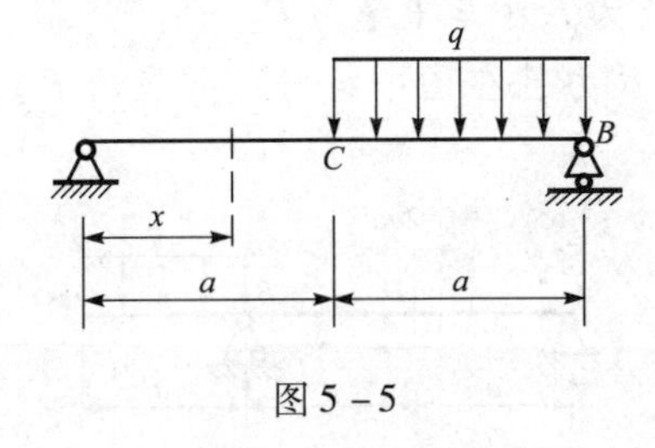

图5-5

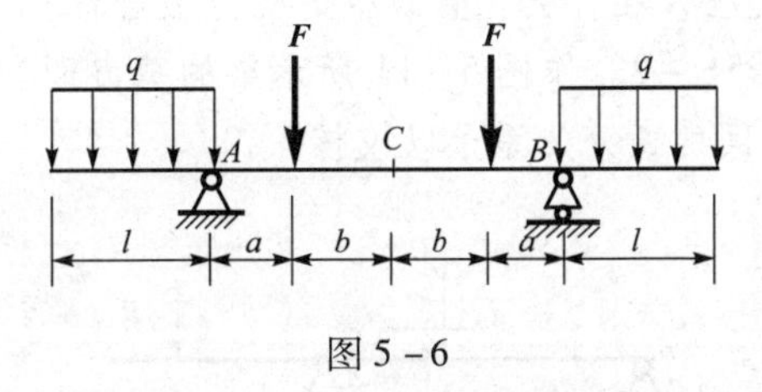

图5-6

5C-3　左端固定的悬臂梁，长4 m，其弯矩图如图5-7所示，梁的剪力图形为(　　)。

(a) 矩形　　(b) 三角形

(c) 梯形　　(d) 零线(即各截面上的剪力均为零)

5C-4　长4 m的简支梁，其弯矩图如图5-8所示，则梁的受载情况为(　　)。

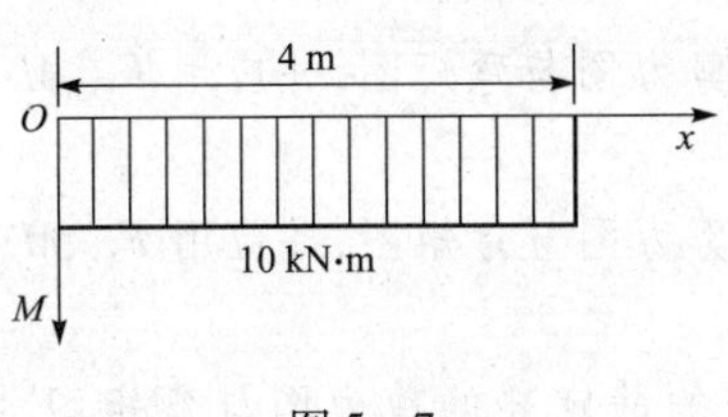

图5-7

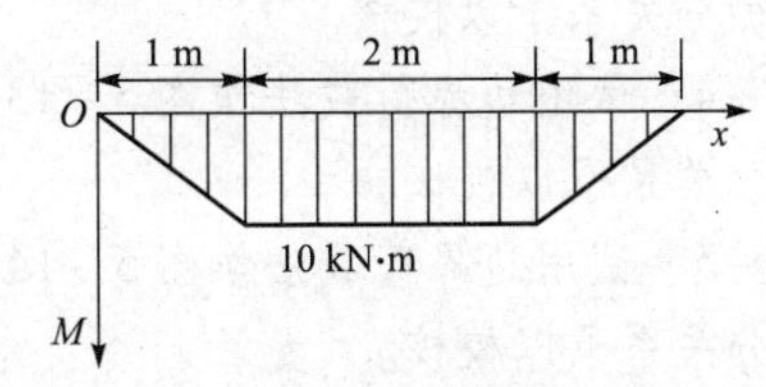

图5-8

(a) 在 $0\leqslant x\leqslant 1$ m 处及 3 m $\leqslant x\leqslant 4$ m 处有均布载荷作用

(b) 在 1 m $\leqslant x\leqslant 3$ m 处有均布载荷作用

(c) 在 $x=1$ m 及 $x=3$ m 处有大小相等、方向相反的集中力作用

(d) 在 $x=1$ m 及 $x=3$ m 处有大小相等、方向向下的集中力作用

5C-5　左端固定的悬臂梁，长4 m，梁的剪力图如图5-9所示。若载荷中没有力偶，则结论(　　)是错误的。

(a) 梁的受载情况是 2 m $\leqslant x\leqslant 4$ m 处受均布载荷 $q=10$ kN/m(↓)作用，$x=4$ m 处有集中力 $F=10$ kN(↑)作用

（b）固定端有支反力 $F_R=10$ kN（↑）和支反力偶矩 $M=20$ kN·m（逆时针）作用

（c）弯矩图在 $0\leqslant x\leqslant 2$ m 处为斜直线，在 2 m $\leqslant x\leqslant$ 4m 处为二次抛物线

（d）梁上各截面的弯矩均为负值

图 5－9

D 简答题

5D－1 试述梁发生平面对称弯曲的条件。

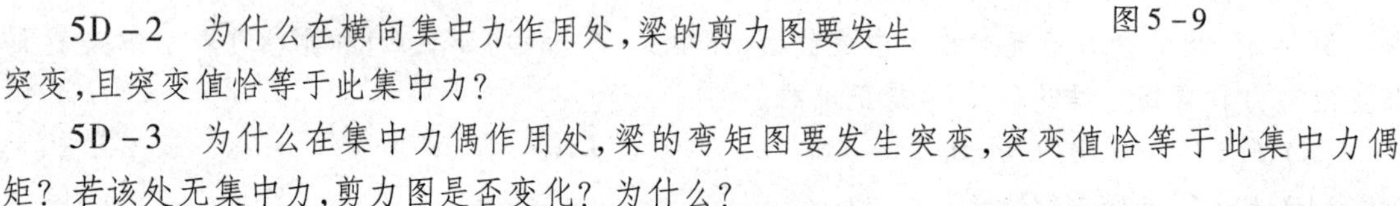

5D－2 为什么在横向集中力作用处，梁的剪力图要发生突变，且突变值恰等于此集中力？

5D－3 为什么在集中力偶作用处，梁的弯矩图要发生突变，突变值恰等于此集中力偶矩？若该处无集中力，剪力图是否变化？为什么？

E 应用题

5E－1 如图 5－10 独轮车过跳板。若跳板的支座 B 的位置是固定的，试从弯矩方面考虑支座 A 在什么位置跳板的受力最合理？已知跳板全长为 l，小车重量为 P。

5E－2 作图 5－11 所示梁的剪力图和弯矩图（支反力已在图中给出），并应用 F_Q、M 与 q 之间的微分关系予以校核。

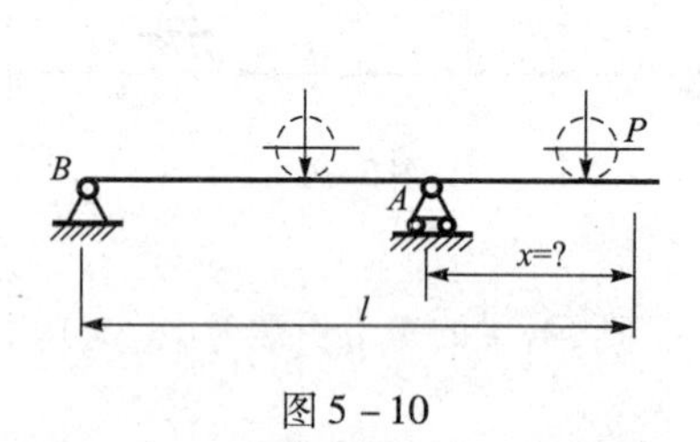

图 5－10

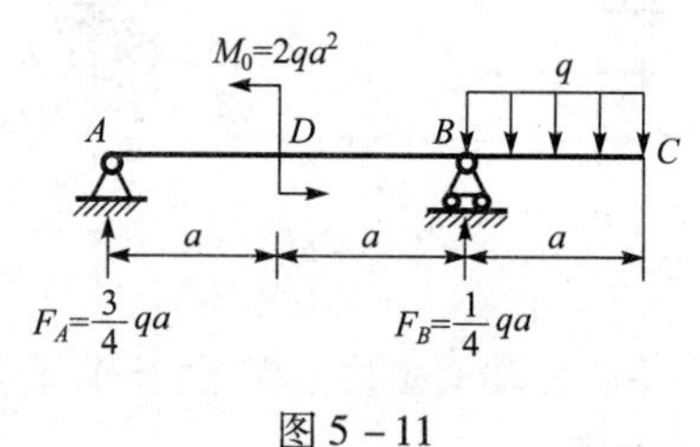

图 5－11

5E－3 试用边界荷载法画出图 5－12 所示悬臂梁的剪力图与弯矩图，并应用 F_Q、M 与 q 之间的微分关系予以校核。

5E－4 试用边界荷载法作图 5－13 所示简支梁的剪力图与弯矩图，并应用 F_Q、M 与 q 之间的微分关系予以校核。

5E－5 试用边界荷载法作图 5－14 所示悬壁梁的剪力图与弯矩图，并应用 F_Q、M 与 q 之间的微分关系予以校核。

5E－6 试用边界荷载法作图 5－15 所示带中间铰的静定梁的剪力图与弯矩图，并应用 F_Q、M 与 q 之间的微分关系予以校核。

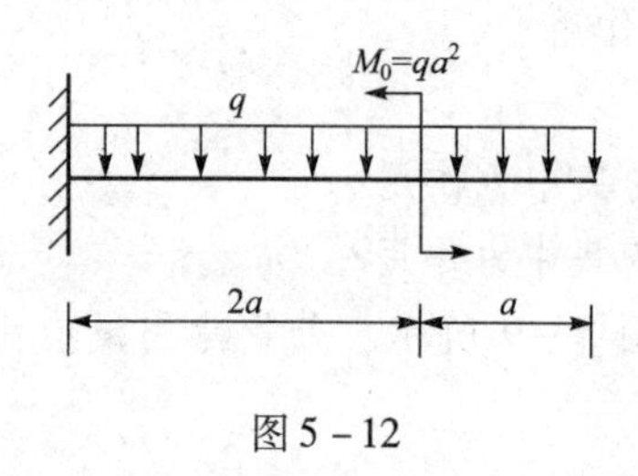

图 5－12

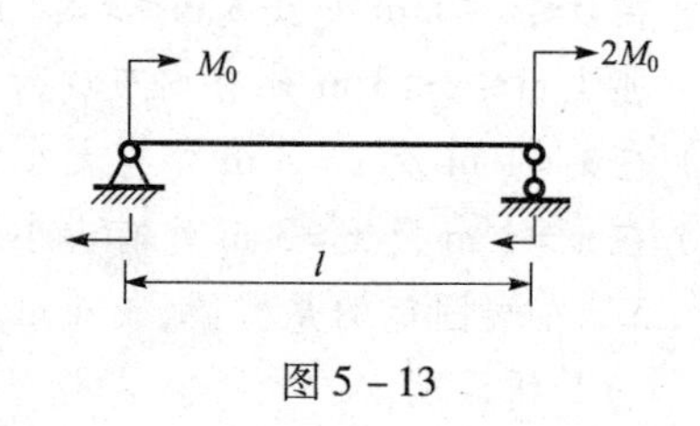

图 5－13

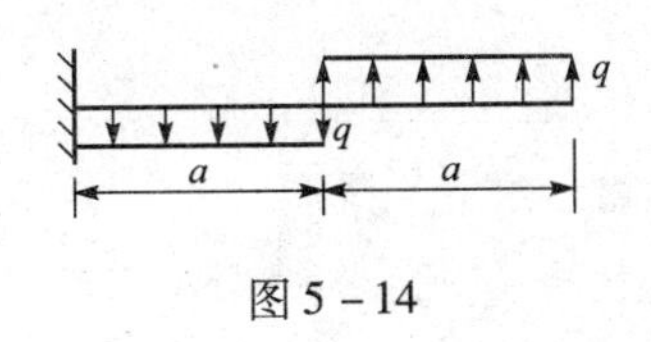

图5－14

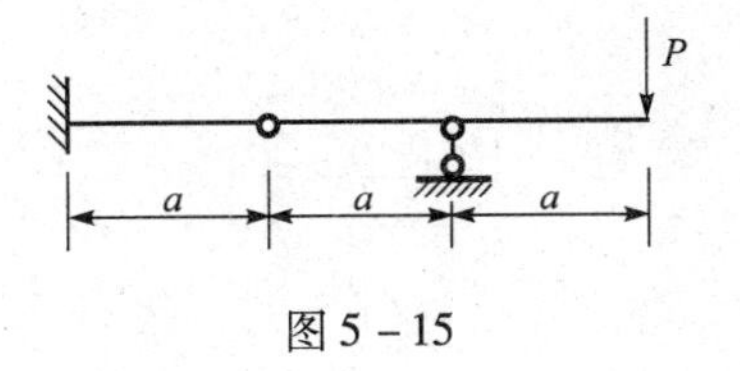

图5－15

应用题答案

5E－1　$x=l/5$

5E－2　$(F_Q)_{max}=qa$　$|M|_{max}=\frac{5}{4}qa^2$

5E－3　$(F_Q)_{max}=3qa$　$|M|_{max}=3.5qa^2$

5E－4　最大负剪力 $3M_0/l$,最大负弯矩 $2M_0$

5E－5　最大负剪力 qa,最大正弯矩 qa^2

5E－6　最大正剪力 P,最大正弯矩 Pa

第6章 梁的应力

6.1 内容提要

与剪力和弯矩相对应，在梁的横截面上存在着两种应力，即弯曲切应力和弯曲正应力。本章着重讨论弯曲正应力及其强度计算，弯曲切应力仅作简单介绍。总的要求是了解纯弯曲和横力弯曲的区别，中性轴的定义，截面对中性轴的惯性矩和平行移轴公式，截面抗弯刚度和抗弯截面系数的物理意义；熟练地掌握弯曲正应力及其强度计算；对弯曲切应力有初步了解；能理解提高梁强度的主要措施。

6.2 知识要点

1. 基本概念

(1) 纯弯曲与横力弯曲。梁段内各横截面上的剪力为零，弯矩为常数的平面弯曲称为纯弯曲。如果梁的横截面上不但有弯矩，而且还有剪力，则称为横力弯曲，或称剪力弯曲。

(2) 中性层中性轴。弯曲后，梁中既不伸长也不缩短的纵向层称为**中性层**。中性层垂直于梁的纵向对称平面。中性层与横截面的交线称为**中性轴**。中性轴通过横截面形心，且垂直于截面的竖向对称轴。它是横截面上拉应力与压应力的分界线。

(3) 中性层的曲率与弯矩的关系

$$\frac{1}{\rho}=\frac{M}{EI_z}$$

式中，ρ 是变形后梁轴线的曲率半径，E 是材料的弹性模量，I_z 是横截面对中性轴 z 的惯性矩。

此式虽是按纯弯曲的情况导出的，但对于一般的梁，在横力弯曲时，剪力对变形的影响很小，可略去不计，故上式仍可应用。由于在横力弯曲时，弯矩和曲率都是横截面位置坐标 x 的函数，因此上式应改写为

$$\frac{1}{\rho(x)}=\frac{M(x)}{EI_z}$$

由此式可以看出，在弯矩相同的情况下，**EI_z 越大，曲率越小**，所以 EI_z 称为**截面抗弯刚度**。

2. 惯性矩和平行移轴公式

(1) 惯性矩的定义。图 6-1 所示平面图形为任意截面。在坐标为 (z,y) 处取一微面积 dA，则把 y^2dA 和 z^2dA 分别称为微面积 dA 对 z 轴和 y 轴的惯性矩，而把遍及整个面积的定

积分

$$I_z = \int_A y^2 \mathrm{d}A \qquad I_y = \int_A z^2 \mathrm{d}A \tag{1}$$

分别称为截面对 z 轴和 y 轴的**惯性矩**。

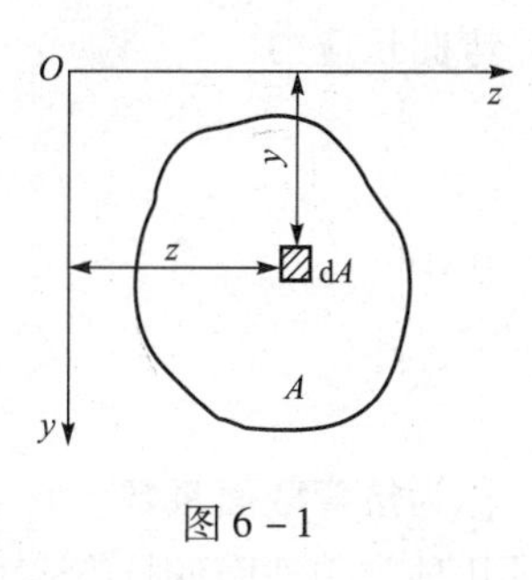

图 6-1

从上式可见,同一截面对不同轴的惯性矩各不相同,但恒为正值,其常用单位是 cm^4 或 m^4。

（2）简单截面的惯性矩。矩形、圆形等形状的截面称为简单截面。它们对其形心轴的惯性矩可根据式(1) 直接积分求得。表 6-1 给出了常见截面对形心轴的惯性矩计算公式,务请熟记。

（3）平行移轴公式

$$I_z = I_{zc} + a^2 A$$
$$I_y = I_{yc} + b^2 A$$

式中,zc 轴是平行于 z 轴的截面形心轴,a 是此两轴间的距离;yc 轴是平行于 y 轴的截面形心轴,b 是此两轴间的距离。

上式说明,**截面对某轴的惯性矩等于它对平行于该轴的形心轴的惯性矩再加上此截面面积与两轴距离平方的乘积。**

（4）组合截面对其形心轴的惯性矩。计算组合截面对其形心轴的惯性矩的步骤为:

① 将组合截面分成几个简单的几何图形,并选取参考坐标系。如果截面有对称轴,应选此轴作为一个坐标轴,以简化计算。然后计算各部分的面积及其形心在参考坐标系中的位置坐标。

② 按组合截面求形心位置坐标的公式,确定其形心在参考坐标系中的位置坐标(z,y)。这样,形心轴(中性轴)的位置随之确定。

③ 应用平行移轴公式求出各部分面积对组合截面的形心轴的惯性矩。最后求总和即得组合截面对其形心轴的惯性矩。

3. 弯曲正应力

横截面上距中性轴为 y 处各点的正应力

$$\sigma = \frac{My}{I_z} \tag{2}$$

式中,M 是横截面上的弯矩,I_z 是截面对中性轴的惯性矩。

由上式可见,正应力 **$\boldsymbol{\sigma}$ 的大小与该点到中性轴的距离成正比**。中性轴上 $\sigma = 0$,**中性轴的一侧为拉应力,另一侧为压应力。**

在使用式(2)计算正应力时,通常取弯矩 M 和坐标 y 的绝对值,至于正应力是拉应力还是压应力,可根据梁的变形情况来确定,位于中性轴凸向一侧的各点均为拉应力,而位于中性轴凹向一侧的各点均为压应力。

由式(2)显然可见,在横截面的上下边缘上将分别出现最大拉应力 σ_{Lmax} 或最大压应力 σ_{ymax}。如设 y_1 与 y_2 分别为受拉边缘和受压边缘到中性轴的距离,则

$$\sigma_{\mathrm{Lmax}} = \frac{My_1}{I_z} \qquad \sigma_{\mathrm{ymax}} = \frac{My_2}{I_z}$$

如果梁的横截面以中性轴为对称轴,此时 $y_1 = y_2 = y_{\max}$,$\sigma_{\mathrm{Lmax}} = \sigma_{\mathrm{ymax}}$,横截面上绝对值最大的

弯曲正应力

$$\sigma_{\max} = \frac{My_{\max}}{I_z} = \frac{M}{W_z} \tag{3}$$

式中

$$W_z = \frac{I_z}{y_{\max}}$$

称为**抗弯截面系数**。它是一个与横截面的形状和尺寸有关的几何量，常用单位是 cm^3 或 m^3。几种常用截面的抗弯截面系数已列入表 6－1 中。各种型钢的抗弯截面系数可由型钢表中查得。

表 6－1

截面形状	面积 A	形心轴位置	形心轴惯性矩 I	抗弯截面系数 W
矩形（b，h，z_C，y_C，C，z，y）	$A = bh$	$z_C = \frac{b}{2}$ $y_C = \frac{h}{2}$	$I_z = \frac{hb^3}{12}$ $I_y = \frac{hb^3}{12}$	$W_z = \frac{hb^2}{6}$ $W_y = \frac{hb^2}{6}$
圆形（d，C，z，y）	$A = \frac{\pi d^2}{4}$	圆心	$I_z = I_y = \frac{\pi d^4}{64}$	$W_z = W_y = \frac{\pi d^3}{32}$
圆环（D，d，C，z，y）	$A = \frac{\pi}{4}(D^2 - d^2)$	圆心	$I_z = I_y = \frac{\pi D^4(1 - a^4)}{64}$ $a = \frac{d}{D}$	$W_z = W_y = \frac{\pi D^3(1 - a^4)}{32}$

由式(3)可以看出，在保持最大弯曲正应力不变的条件下，W_z **越大，梁所能承受的弯矩** M **越大**，所以抗弯截面系数 W_z **是一个反映截面抗弯强度的几何量**。

4. 弯曲切应力

在梁的横截面上距中性轴 y 处的各点的切应力

$$\tau = \frac{F_Q S_z^*}{I_z b} \tag{4}$$

式中，F_Q 是横截面上的剪力，S_z^* 是距中性轴为 y 处的横线与外边界所围面积对中性轴的静矩，I_z 是整个截面对中性轴的惯性矩，b 是距中性轴为 y 处的横截面宽度。

由式(4)可以推导出矩形截面（工字形截面的腹板）上的弯曲切应力是沿截面高度按抛物

线规律分布的。在截面的上下边缘,切应力为零;在中性轴上,切应力最大,其值为

$$\tau = \frac{F_Q S_{z\max}}{I_z b} \tag{5}$$

式中,$S_{z\max}$是中性轴以下或以上面积对中性轴的静矩。根据这个公式可给出常见的几种截面的最大弯曲切应力的计算公式:

矩形截面
$$\tau_{\max} = \frac{3}{2}\frac{F_Q}{A}$$

圆形截面
$$\tau_{\max} = \frac{4}{3}\frac{F_Q}{A}$$

环形薄壁截面
$$\tau_{\max} = 2\frac{F_Q}{A}$$

式中,A 为横截面面积。对于工字形型钢截面,可由型钢表中查出 $I_x : S_x$(即 $I_z : S_{z\max}$)的值,然后再按式(5)计算$\tau_{\max}$。

5. 梁的强度计算

(1) 弯曲正应力强度条件。最大弯曲正应力发生在距中性轴最远的各点处,而该处的切应力为零或很小,因而最大弯曲正应力的作用点处可以认为是处于单向拉伸或压缩应力状态,所以梁的弯曲正应力强度条件,对于变截面梁为

$$\sigma_{\max} = \left(\frac{M}{W_z}\right)_{\max} \leqslant [\sigma]$$

对于等截面梁为

$$\sigma_{\max} = \frac{M_{\max}}{W_z} \leqslant [\sigma]$$

即最大工作应力不得超过材料的许用应力。

必须指出,上列强度条件只适用于抗拉与抗压强度相等的材料,且其截面对称于中性轴的梁。如果材料的抗拉与抗压强度不等,例如铸铁,则必须分别要求梁内的最大拉应力和最大压应力均不得超过材料的许用拉应力和许用压应力。

(2) 弯曲切应力强度条件。最大弯曲切应力通常发生在横截面的中性轴上,而该处的正应力为零,因此最大切应力作用点处处于纯剪力切状态。所以弯曲切应力强度条件为

$$\tau_{\max} = \frac{|F_Q|_{\max} S_{z\max}}{I_z b} \leqslant [\tau]$$

即梁内的最大弯曲切应力不得超过材料的纯剪切时的许用应力。

在一般细而长的非薄壁截面梁中,最大弯曲切应力远小于最大弯曲正应力,因此对于这类梁只需进行弯曲正应力的强度计算。但是对于薄壁截面梁、弯矩较小而剪力较大的梁、木梁和经焊接、胶合或铆接而成的梁则需分别进行弯曲正应力和弯曲切应力的强度计算。

6. 提高弯曲强度的主要措施

从弯曲正应力的强度条件式可以看出,要提高梁的弯曲强度可从下述几方面考虑:

(1) 尽量减小最大弯矩 $M_{\max}$的数值。可通过合理安排支座位置和布置载荷,以及适当地分散集中力等方法来实现。

(2) 选用合理截面形状。从强度方面考虑,**梁的合理截面形状应该满足两个条件:一是 W_z/A 的值应该较大**。为达此目的,应使横截面的大部分面积分布在离中性轴较远的地方。

例如采用工字形截面、空心截面等。但应注意侧向失稳和抗剪强度问题。**二是应使梁内的最大弯曲拉应力和最大弯曲压应力都能达到或接近各自的许用应力,以充分利用材料的强度。** 为此,对于用抗拉与抗压强度相等的材料制作的梁,其横截面形状应对称于中性轴。对于用抗拉强度低于抗压强度的脆性材料制作的梁,应采用使其中性轴靠近受拉边缘的截面形状。

(3) 采用变截面梁。在横力弯曲下,弯矩是沿梁轴变化的,因此应根据等强度梁的概念,采用变截面梁。在弯矩较大的梁段采用较大的横截面,在弯矩较小的梁段采用较小的横截面。这样不仅能节省材料,而且能减轻梁的自重,从而减小由自重而引起的弯曲应力。

6.3 解题指导

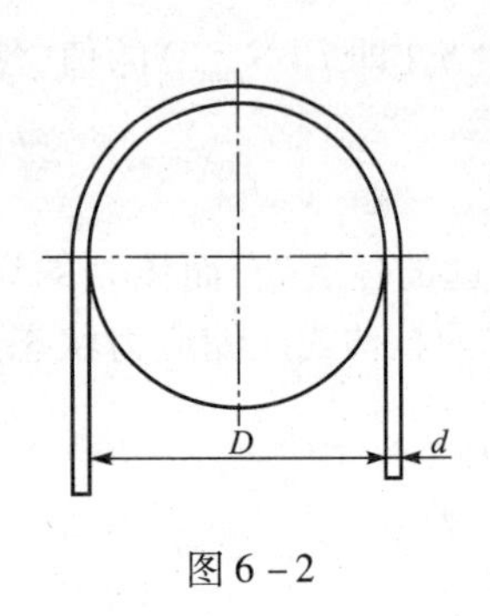

图 6-2

例 6-1 直径为 d 的钢丝,绕在直径为 D 的轮缘上,如图 6-2 所示。已知材料的弹性模量为 E。(1) 试求钢丝中的最大弯曲正应力;(2) 若钢丝中的最大弯曲正应力不得超过材料的屈服点应力 $\sigma_s = 240$ MPa,则钢丝的最大直径为多少?已知 $D = 2$ m, $E = 200$ GPa。

解 (1) 因本例不知钢丝所承受的弯矩,但知其弯曲变形为一圆弧,故应由 $\frac{1}{\rho} = \frac{M}{EI_z}$ 求出其弯矩为

$$M = \frac{EI_z}{\rho}$$

据此,可求出钢丝中的最大弯曲正应力

$$\sigma_{\max} = \frac{My_{\max}}{I_z} = \frac{Ey_{\max}}{\rho}$$

式中,$\rho = \frac{D}{2} + \frac{d}{2} = \frac{D+d}{2}$ = 钢丝中性层的曲率半径,$y_{\max} = \frac{d}{2}$,代入上式则得

$$\sigma_{\max} = \frac{Ed}{D+d}$$

(2) 应用上式和题给条件有

$$\sigma_{\max} = \frac{Ed}{D+d} \leqslant \sigma_s$$

将 $E = 200 \times 10^9\ \text{N/m}^2$, $D = 2$ m, $\sigma_s = 240 \times 10^6\ \text{N/m}^2$ 代入,得

$$\frac{200 \times 10^9\ d}{2+d} \leqslant 240 \times 10^6$$

解出

$$d \approx 2.4 \times 10^{-3}\ \text{m} = 2.4\ \text{mm}$$

分析与讨论

$\frac{1}{\rho} = \frac{M}{EI_z}$ 是一个重要的关系式,它将杆件弯曲变形的程度与所承的弯矩大小直接联系起来。虽然这个关系式是在纯弯曲的情况下导出的,但它可以推广应用于研究梁在横力弯曲时的变形,详见下卷第七章。

由这个关系式可以看出,在承受相同弯矩的情况下,I_z 越小,则曲率 $\frac{1}{\rho}$ 可以越大。**常用的**

钢丝绳，由多股细钢丝组成，就是基于这个道理。当钢丝绳弯曲时，每根细钢丝的 I_z 之和要远小于按钢丝绳直径算出的 I_z，故钢丝绳容易弯曲。

例 6-2 简支梁受均布载荷如图 6-3 所示。若分别采用截面面积相等的实心和空心圆截面，且 $D_1=40$ mm，$\frac{d_2}{D_2}=\frac{3}{5}$，试分别计算它们的最大正应力。并求出空心截面比实心截面的最大正应力减小了百分之几？

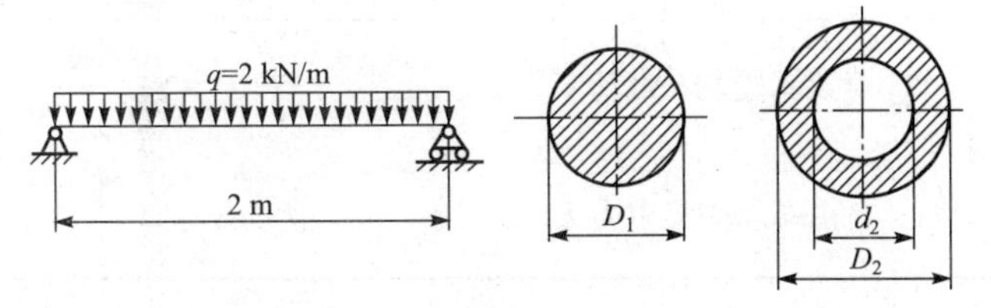

图 6-3

解 简支梁承受均布载荷 q，其最大弯矩发生在梁跨的中央截面上，其值为

$$M_{\max}=\frac{ql^2}{8}=\left(\frac{1}{8}\times 2\times 10^3\times 2^2\right)\ \mathrm{N\cdot m}=1\ 000\ \mathrm{N\cdot m}$$

实心圆截面的最大弯曲正应力

$$\sigma_{\max}=\frac{M_{\max}}{W_{z1}}=\frac{M_{\max}}{\dfrac{\pi D_1^3}{32}}=\frac{1\ 000}{\dfrac{\pi}{32}(40\times 10^{-3})^3}\ \mathrm{N\cdot m}=159\times 10^6\ \mathrm{N/m^2}=159\ \mathrm{MPa}$$

空心圆截面的面积与实心圆截面的面积相等

$$\frac{\pi}{4}(D_2^2-d_2^2)=\frac{\pi}{4}D_1^2$$

将 $D_1=40$ mm，$d_2=\frac{3}{5}D_2$ 代入，解之得空心圆截面的外径与内径，分别为

$$D_2=50\ \mathrm{mm}\qquad d_2=30\ \mathrm{mm}$$

空心圆截面的最大弯曲正应力

$$\sigma_{\max}=\frac{M_{\max}}{W_{z2}}=\frac{1\ 000}{\dfrac{\pi}{32}D_2^3(1-\alpha^4)}=\frac{1\ 000}{\dfrac{\pi}{32}\times(50\times 10^{-3})^3\left[1-\left(\dfrac{3}{5}\right)^4\right]}\ \mathrm{N/m^2}$$

$$=93.6\times 10^6\ \mathrm{N/m^2}=93.6\ \mathrm{MPa}$$

空心圆截面比实心圆截面的最大弯曲正应力减少了$\frac{159-93.6}{159}=41\%$。

分析与讨论

(1) 在工程实践中，经常遇到简支梁承受均布载荷或在梁跨中点承受集中力，悬臂梁承受均布载荷或在自由端承受集中力等情况，记住它们的最大弯矩的计算式及其所在截面(表 6-2)是非常有用的。如同本例一样，可以不画弯矩图，从而简化计算。

表 6－2

梁 型	载 荷	M_{max}	截面位置
简支梁	全梁承受均布载荷 q	$\frac{ql^2}{8}$	梁跨中央
	中点承受集中力 F	$\frac{Fl}{4}$	集中力作用处
悬臂梁	全梁承受均布载荷 q	$\frac{ql^2}{2}$	固定端
	自由端承受集中力 F	Fl	固定端

l 为梁的跨度，M_{max} 均系绝对值。

（2）必须注意，空心圆截面的抗弯截面系数 $W_z=\frac{I_z}{y_{max}}=\frac{\frac{\pi D^4}{64}-\frac{\pi d^4}{64}}{\frac{D}{2}}=\frac{\pi D^3}{32}(1-\alpha^4)\neq\frac{\pi D^3}{32}-\frac{\pi d^3}{32}$，$\alpha=\frac{d}{D}$。初学者往往容易在此疏忽出错。

（3）本例的计算结果表明，同面积的空心圆截面比实心圆截面的弯曲强度高，原因就在于抗弯截面系数 W_z 较大。

例 6－3 某圆轴的外伸部分系空心圆截面，载荷情况如图 6－4(a)所示。试做该轴的弯矩图，并求轴内的最大正应力。

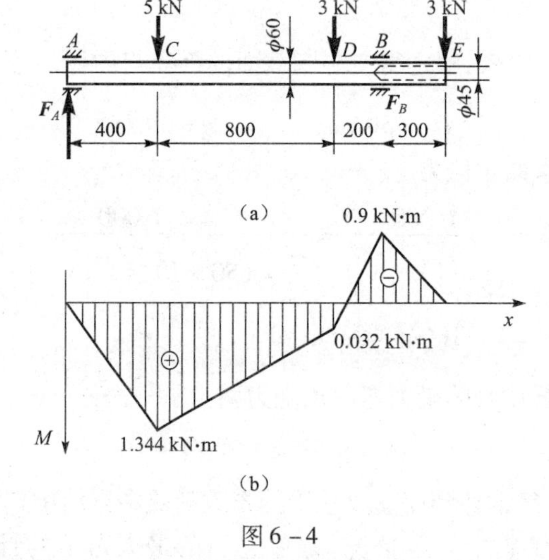

图 6－4

解 （1）计算支反力

由
$$\sum M_B=0$$
得
$$F_A\times1.4-5\times1-3\times0.2+3\times0.3=0$$
$$F_A=3.36\ \text{kN}$$
由
$$\sum F_y=0$$

得
$$F_A + F_B - 5 - 3 - 3 = 0$$
$$F_B = (11 - 3.36)\ \text{kN} = 7.64\ \text{kN}$$

（2）绘制弯矩图

计算 C、D、B 各截面的弯矩

$$M_C = F_A \times 0.4 = (3.36 \times 0.4)\ \text{kN} \cdot \text{m} = 1.344\ \text{kN} \cdot \text{m}$$
$$M_D = F_A \times 1.2 - 5 \times 0.8 = (3.36 \times 1.2 - 4)\ \text{kN} \cdot \text{m} = 0.032\ \text{kN} \cdot \text{m}$$
$$M_B = (-3 \times 0.3)\ \text{kN} \cdot \text{m} = -0.9\ \text{kN} \cdot \text{m}$$

据此，即可绘出弯矩图，如图6－4(b)所示。

（3）计算最大弯曲正应力

B、C 两截面的最大弯曲正应力分别为

$$\sigma_{B\max} = \frac{0.9 \times 10^3}{\dfrac{\pi \times (60 \times 10^{-3})^3}{32}\left[1 - \left(\dfrac{45}{60}\right)^4\right]}\ \text{N/m}^2 = 62 \times 10^6\ \text{N/m}^2 = 62\ \text{MPa}$$

$$\sigma_{C\max} = \frac{1.344 \times 10^3}{\dfrac{\pi \times (60 \times 10^{-3})^3}{32}}\ \text{N/m}^2 = 63.4 \times 10^6\ \text{N/m}^2 = 63.4\ \text{MPa}$$

由以上计算结果可知，轴内最大弯曲正应力在截面 C 上，其值为63.4 MPa。

分析与讨论

（1）由本例可知，当梁上只有集中载荷作用时，只要算出集中载荷作用处与支座处的弯矩值，然后在各梁段间连线，即可画出弯矩图。由本例的弯矩图不难推知，当简支梁承受集中载荷时，$M_{\max}$ 只可能发生在集中载荷所在的截面。

（2）对于变截面梁，$\sigma_{\max} = \left(\dfrac{M}{W_z}\right)_{\max}$，所以最大弯曲正应力不一定发生在 $M_{\max}$ 的截面上，也可能发生在弯矩虽小一些，但抗弯截面系数 W_z 也小的截面上，必须全面考虑后再确定。

例6－4 图6－5所示梁设计截面。若材料的$[\sigma]$ = 160 MPa，（1）设计圆截面直径 d；（2）设计矩形截面（若 $b:h = 1:2$）；（3）设计工字形截面，并说明哪种截面最省材料。

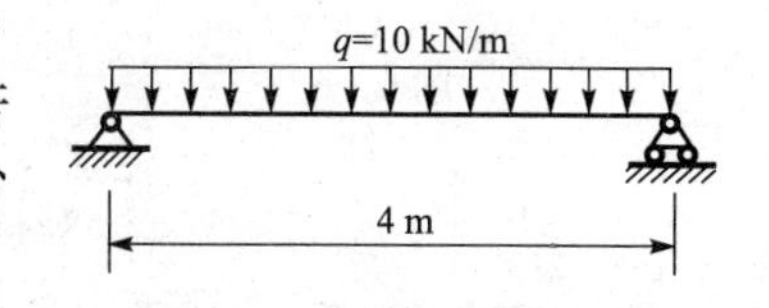

图6－5

解 简支梁承受均布载荷，其最大弯矩

$$M_{\max} = \frac{ql^2}{8} = \left(\frac{1}{8} \times 10 \times 10^3 \times 4^2\right)\ \text{N} \cdot \text{m} = 20\,000\ \text{N} \cdot \text{m}$$

按强度条件，$\sigma_{\max} = \dfrac{M_{\max}}{W_z} \leqslant [\sigma]$ 设计截面

（1）圆形截面

$$\sigma_{\max} = \frac{20\,000}{\dfrac{\pi}{32}d^3} \leqslant 160 \times 10^6\ \text{Pa}$$

故
$$d \geqslant 0.108\ \text{m} = 10.8\ \text{cm}$$
$$A = \frac{\pi}{4}d^2 \geqslant 91.6\ \text{cm}^2$$

（2）矩形截面

$$\sigma_{\max}=\frac{20\ 000}{\frac{b(2b)^2}{6}}\leqslant 160\times10^6\ \text{Pa}$$

故 $b\geqslant 0.0572\ \text{m}=5.72\ \text{cm}\qquad h\geqslant 11.44\ \text{cm}$

$$A=bh\geqslant 65.4\ \text{cm}^2$$

（3）工字形截面

$$\sigma_{\max}=\frac{20\ 000}{W_z}\leqslant 160\times10^6\ \text{Pa}$$

故 $W_z\geqslant 125\times10^{-6}\text{m}^3=125\ \text{cm}^3$

查型钢表，选用No.16工字钢，其 $W_z=141\ \text{cm}^3, A=26.1\ \text{cm}^2$

上述结果表明，工字形截面最省材料。

分析与讨论

（1）选择截面尺寸是强度条件应用的一个重要方面。若选取矩形截面，则应首先给出高度比$\frac{h}{b}$的数值；若选取型钢截面，则应先求出 W_z 值，然后去查型钢表，以确定型钢型号。

（2）本例表明，工字形截面梁比较合理。其原因在于 $K=\frac{W_z}{A}$的数值较大，在 W_z 不变的条件下，工字形截面就较小，因而最省材料。

例6-5 当力直接作用在梁AB的中点时，梁内的弯曲正应力超过许用应力30%。为了消除过载现象，配置了如图6-6所示的辅助梁CD。试求此辅助梁的跨度a。已知 $l=6$ m。

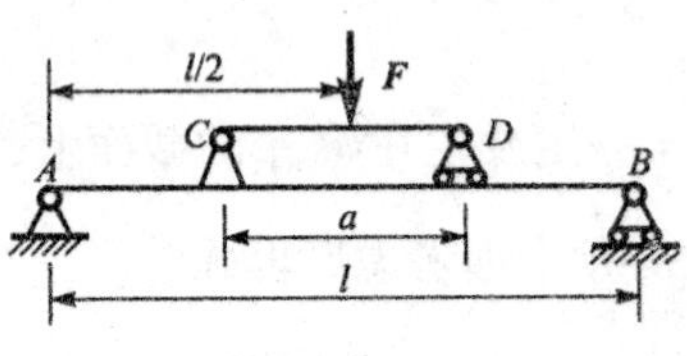

图6-6

解 不加辅梁CD时，最大弯矩发生在梁跨中央截面，其值为

$$M_{\max}=\frac{Fl}{4}$$

梁内最大弯曲正应力

$$\sigma_{\max}=\frac{M_{\max}}{W_z}=\frac{\frac{Fl}{4}}{W_z}=\frac{Fl}{4W_z}=1.3[\sigma]\tag{1}$$

增加辅梁CD后，AB梁内的最大弯矩发生在CD段内，其值为

$$M'_{\max}=\frac{F}{2}\left(\frac{l}{2}-\frac{a}{2}\right)=\frac{F}{4}(l-a)$$

梁内最大弯曲正应力

$$\sigma'_{\max}=\frac{M'_{\max}}{W_z}=\frac{F}{4W_z}(l-a)=[\sigma]\tag{2}$$

(1)/(2)得 $\qquad\frac{l}{l-a}=1.3\qquad a=\frac{0.3}{1.3}l$

将 $l=6$ m代入，得 $\qquad a=1.385$ m

分析与讨论

工程实践中当梁上载荷较大时，常设置辅梁以减小弯矩。辅梁的跨度应根据实际情况确定。

例6-6 图6-7所示为一起重机及梁。梁由两根工字钢组成。起重机自重 $P=50$ kN，起重量$F=10$ kN。许用应力$[\sigma]=160$ MPa，$[\tau]=100$ Ma。若暂不考虑梁的自重，试按正应力强度条件选择工字钢型号，然后再按切应力强度条件进行校核。

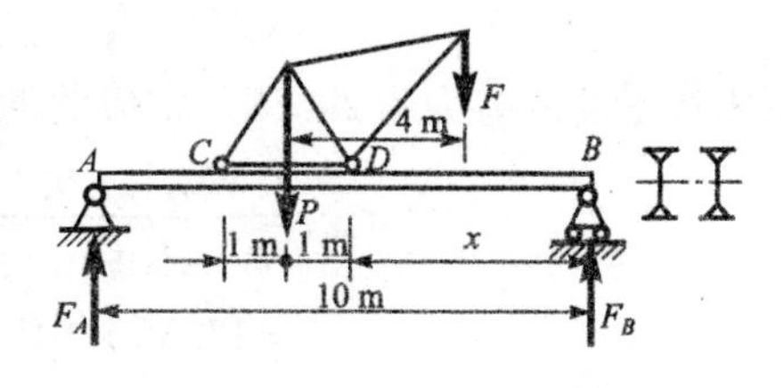

图6-7

解 由系统的整体平衡条件求梁的支反力 F_A 与 F_B。

设 $DB=x$

由 $$\sum M_A=0$$

得 $$F_B\times 10-50(10-x-1)-10(10-x+3)=0$$

$$F_B=58-6x \tag{1}$$

由 $$\sum M_B=0$$

得 $$-F_A\times 10+50(x+1)+10(x-3)=0$$

$$F_A=6x+2 \tag{2}$$

起重机在梁上行走时，大梁内的最大弯矩只可能发生在车轮所在的截面 C 或 D 上。

截面 C 的弯矩

$$M_C=F_A(10-2-x)=(6x+2)(8-x)=16+46x-6x^2$$

由 $$\frac{\mathrm{d}M_C}{\mathrm{d}x}=46-12x=0$$

得 $$x=\frac{23}{6}\ \mathrm{m}$$

故 $$M_{C\max}=\left[\left(6\times\frac{23}{6}+2\right)\left(8-\frac{23}{6}\right)\right]\mathrm{kN\cdot m}=104\ \mathrm{kN\cdot m}$$

截面 D 的弯矩

$$M_D=F_Bx=58x-6x^2$$

由 $$\frac{\mathrm{d}M_D}{\mathrm{d}x}=58-12x=0$$

得 $$x=\frac{29}{6}\mathrm{m}$$

故 $$M_{D\max}=\left[58\times\frac{29}{6}-6\left(\frac{29}{6}\right)^2\right]\ \mathrm{kN\cdot m}=140.5\ \mathrm{kN\cdot m}$$

比较 C、D 两截面的弯矩可知，当 D 轮与右支座 B 相距为$\frac{29}{6}$ m 时，梁内在 D 轮所在截面上有最大弯矩 140.5 kN·m。

支承起重机的大梁有两根，故正应力强度条件为

$$\sigma_{\max}=\frac{M_{\max}}{2W_z}\leqslant[\sigma]$$

由此得 $$W_z\geqslant\frac{140.5\times10^3}{2\times160\times10^6}\mathrm{m}^3=439\times10^{-6}\mathrm{m}^3=439\ \mathrm{cm}^3$$

查型钢表，选 No. 28a 工字钢，其 $W_z=508.15\ \mathrm{cm}^3$，$I_a:S_z$(即 $I_z:S_{z\max}$)$=24.62$ cm，d(即 b)$=0.85$ cm。

切应力强度校核：由式(1)可知，在 DB 段内剪力 $F_Q=-F_B=-(58-6x)$，当 $x\to0$，即 D 轮无限接近支座 B 时，支座 B 的左侧截面上剪力的绝对值最大，其值为

$$|F_Q|_{max}=58\ \text{kN}$$

每根梁承受的剪力为29 kN。相应的最大弯曲切应力为

$$\tau_{max}=\frac{|F_Q|_{max}S_x}{I_x d}=\frac{29\times10^3}{24.62\times10^{-2}\times0.85\times10^{-2}}\ \text{N/m}^2$$

$$=13.86\times10^6\ \text{N/m}^2=13.86\ \text{MPa}\ll[\tau]$$

分析与讨论

(1)本例的计算结果表明,**对于一般的细长梁,其强度是由弯曲正应力控制的,无需进行切应力的强度计算。**

(2)由本章所举例题和教材中的例题可以归纳出梁的强度计算的解题步骤是确定梁内最大弯矩,正确计算抗弯截面系数,然后应用弯曲正应力强度条件校核梁的强度,或确定截面尺寸,或确定许可载荷。

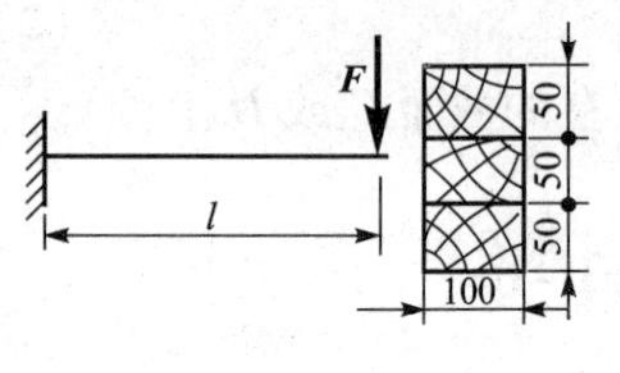

图6-8

例6-7 由三根木条胶合而成的悬壁梁,截面尺寸如图6-8所示。跨度 $l=0.8$ m。若胶合面上的许用切应力为0.34 MPa,木材的许用弯曲正应力$[\sigma]=10$ MPa,许用切应力$[\tau]=1$ MPa,试求最大许可载荷$[F]$。

解 (1)按胶合面上的许用切应力确定许可载荷

图示悬臂梁在全梁范围内的剪力为

$$F_Q=F$$

根据切应力互等定理可知,在胶合面上的切应力应该等于横截面上同高处,即胶合线上的切应力,由剪切强度条件

$$\tau=\frac{F_Q S_z^*}{I_z b}\leqslant[\tau]$$

可得

$$\tau=\frac{F(50\times100\times50\times10^{-9})}{\frac{1}{12}\times100\times150^3\times10^{-12}\times100\times10^{-3}}\leqslant0.34\times10^6\ \text{Pa}$$

解出

$$F\leqslant3.83\times10^3\ \text{N}=3.83\ \text{kN}$$

(2)按木材的许用切应力确定许可载荷

最大弯曲切应力发生在横截面的中性轴上,其值为

$$\tau_{max}=\frac{3}{2}\frac{F_Q}{A}$$

由剪切强度条件可得

$$\frac{3}{2}\frac{F}{100\times150\times10^{-6}}\leqslant1\times10^6\ \text{Pa}$$

解出

$$F\leqslant10\times10^3\ \text{N}=10\ \text{kN}$$

(3)按木材的弯曲正应力强度条件确定许可载荷

最大弯矩发生在固定端,其值为

$$|M|_{max}=Fl$$

由弯曲正应力强度条件

$$\sigma_{\max}=\frac{|M|_{\max}}{W_z}=\frac{F\times 0.8}{\frac{1}{6}\times 100\times 150^2\times 10^{-9}}\leqslant 10\times 10^6\ \text{Pa}$$

可得 $$F\leqslant 4\ 687\ \text{N}=4.687\ \text{kN}$$

由以上计算结果可知，$[F]=3.83$ kN

分析与讨论

(1)本例的梁因跨度较短，且胶合面的抗剪强度较低，所以梁的承载能力是由胶合面上的许用切应力决定的。如果梁的跨度 $l>1$ m，则梁的承载能力将由弯曲正应力确定。

(2)若用 ϕ12 mm 的螺钉固结，使其能发生整体弯曲，且已知螺钉的许用切应力 $[\tau]=$ 40 MPa，则所需螺钉的个数可按下法求得。

在力 $F=3.83$ kN 的作用下，结合面上的切应力 $\tau=0.34$ MPa。连接螺钉所承受的总剪力为

$$F_Q=\tau bl=(0.34\times 10^6\times 100\times 10^{-3}\times 0.8)\ \text{N}=27.2\times 10^3\ \text{N}$$

设用 n 个螺钉连接，每个螺钉承受的剪力相等，则由剪切强度条件

$$\tau=\frac{F_Q}{nA}\leqslant[\tau]$$

得 $$n\geqslant\frac{F_Q}{A[\tau]}=\frac{27.2\times 10^3}{\frac{\pi}{4}\times(12\times 10^{-3})^2\times 40\times 10^6}\approx 6$$

故需用6个螺钉来连接。

练习题

A　判断题(下列命题你认为正确的在题后括号内打"√"，错误的打"×")

6A-1　梁上某一横截面的正应力 σ 只与该截面的弯矩 M 有关；梁上某一横截面的切应力 τ 只与该截面的剪力 F_Q 有关。(　　)

6A-2　横截面的形心轴就是中性轴。(　　)

6A-3　在推导弯曲正应力公式的过程中，曾得到 $\varepsilon=\frac{y}{\rho}$ 和 $\sigma=E\frac{y}{\rho}$。据此，可得出如下结论：梁的纵向线应变与材料的性质无关，而弯曲正应力却与材料的性质有关。(　　)

6A-4　中性轴是横截面上拉应力与压应力的分界线。(　　)

6A-5　梁弯曲时，弯矩最大的截面一定是危险截面。(　　)

6A-6　在一组相互平行的轴系中，截面对各轴的惯性矩以对通过该截面形心的轴的惯性矩为最小。(　　)

B　填空题

6B-1　在纯弯曲的梁段中，剪力 $F_Q=$________，弯矩 $M=$________。

6B-2　弯曲时梁内长度保持不变的纵向层叫________；它与横截面的交线叫________。

6B-3　横截面上任一点处弯曲正应力 σ 的大小与该点到中性轴的距离成________。中性轴是横截面上________的分界线。

6B-4　在横力弯曲中，梁横截面上同时存在正应力和切应力。在中性轴上正应力

________,切应力________;在横截面的上下边缘上正应力________,切应力________。

6B-5 在较窄的矩形截面梁中,弯曲切应力沿横截面高度按________规律变化。横截面的中性轴上τ =________,上下边缘上τ =________。

6B-6 在弯矩 M 不变的条件下,EI_z 愈大,弯曲变形________。EI_z 称为梁的________。

6B-7 梁横截面的 W_z 越大,梁的承载能力越大。W_z 称为________,其计算公式为W_z =________。

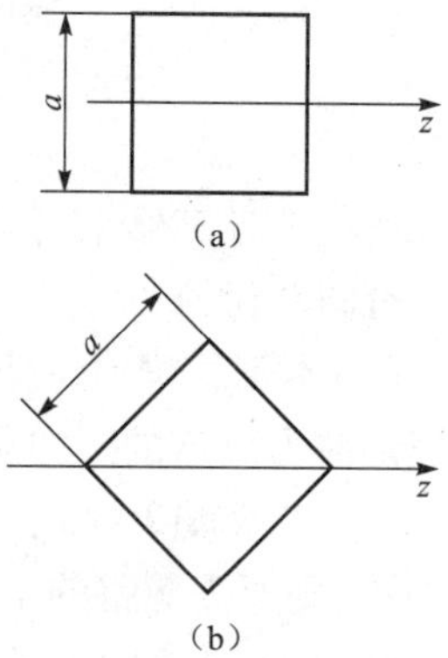

(a)

(b)

图 6-9

图 6-10

6B-8 外径为 D、内径为 d 的空心圆截面,对其形心轴 z 的惯性矩 I_z =________,抗弯截面系数 W_z =________。

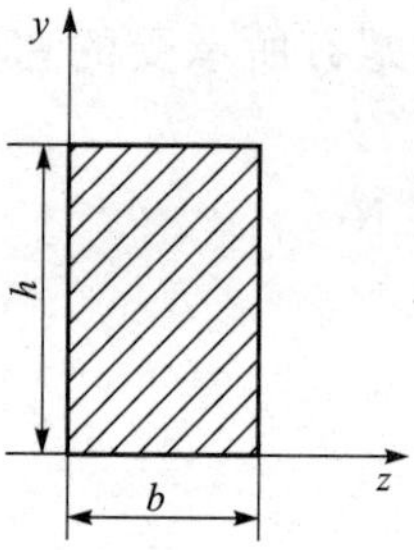

6B-9 横截面为正方形的梁,按图 6-9 所示两种方式放置。在此两种情况下,截面对 z 轴的惯性矩皆为$\frac{a^4}{12}$。图(a)的抗弯截面系数 $W_z^{(a)}$ =________,图(b)的抗弯截面系数 $W_z^{(b)}$ =________。从强度考虑,图________优于图________。

6B-10 矩形截面的宽度和高度各增加一倍则其惯性矩增加为原来的________倍,抗弯截面系数增加为原来的________倍。

C 选择题

6C-1 图 6-10 所示截面对 y 轴的惯性矩为( )。

(a)$\frac{hb^3}{12}$ (b)$\frac{hb^3}{3}$ (c)$\frac{bh^3}{12}$ (d)$\frac{bh^3}{3}$

6C-2 矩形截面梁发生横力弯曲时,横截面上最大切应力的大小是平均切应力的( )。

(a) 2 倍 (b) 1.5 倍 (c) 3 倍 (d) 1 倍

6C-3 两梁尺寸完全相同,受力和支承情况也相同,但材料不同,则此二梁

(a) 应力不等,变形不等

(b) 应力不等,变形相等

(c) 应力相等,变形不等

(d) 应力相等,变形相等

D 简答题

6D-1 试述纯弯曲与横力弯曲的区别。

6D-2 梁的合理截面形状应具备哪些条件?

E 应用题

6E-1 一矩形截面梁,尺寸如图 6-11 所示,许用应力[σ] = 160 MPa。试按下列两种情况校核此梁:(1) 使此梁的 12 cm 边竖直放置;(2) 使 12 cm 边水平放置。

6E-2 空气泵的操纵杆,受力及尺寸如图 6-12 所示,Ⅰ-Ⅰ及Ⅱ-Ⅱ截面尺寸相同,h/b = 3,试求Ⅰ-Ⅰ截面尺寸 b 和 h。若[σ] = 50 MPa。

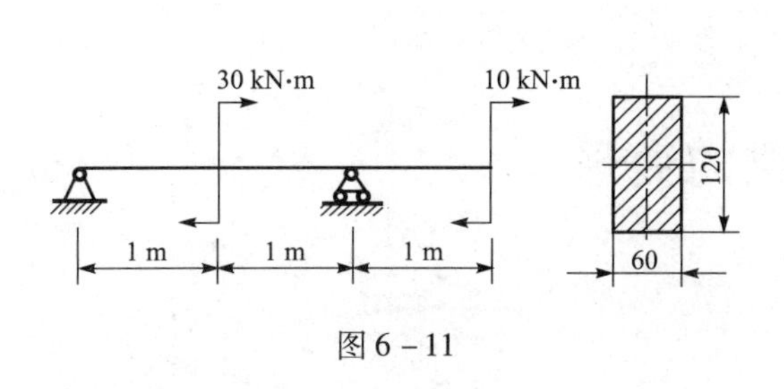

图6-11

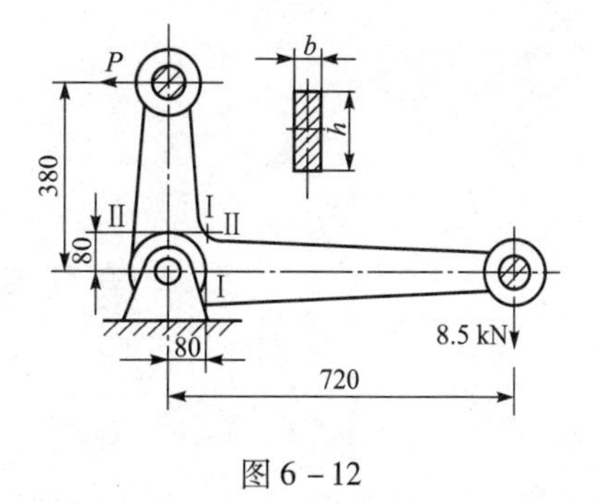

图6-12

6E-3 球墨铸铁梁受载情形和截面形状尺寸如图6-13所示。横截面对中性轴的惯矩 $I_z=2\ 980\ \mathrm{cm}^4$。(1) 作出最大正弯矩和最大负弯矩所在截面的应力分布图,并标明应力数值;(2) 求梁中最大拉应力和最大压应力。

6E-4 如图6-14所示,在No. 18工字梁上作用着可移动的载荷 F。为提高梁的承载能力,试确定 a 和 b 的合理数值及相应的许可载荷。设 $[\sigma]=160$ MPa。

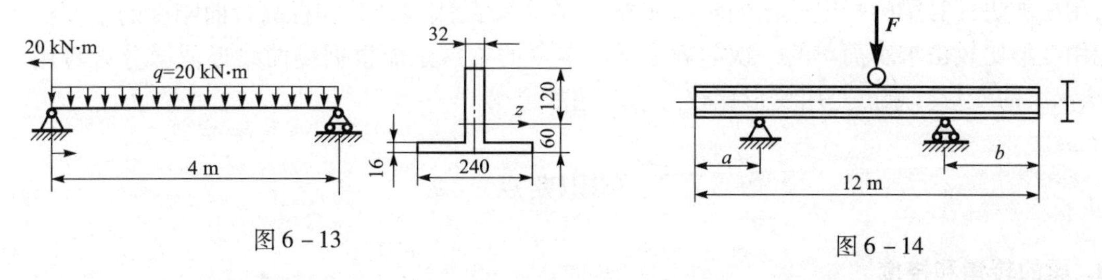

图6-13

图6-14

6E-5 用螺钉将四块木板连接而成的箱形梁如图6-15所示。每块木板的横截面皆为150 mm×25 mm。若每一螺钉的许可剪力为1.1 kN,试确定螺钉的间距 s。设 $F=5.5$ kN。

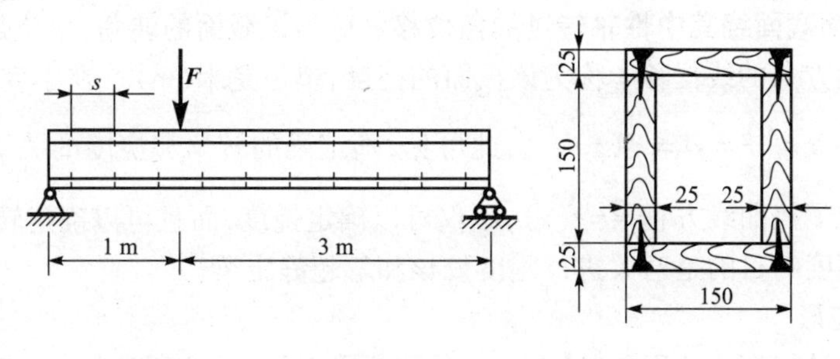

图6-15

应用题答案

6E-1 (1) $\sigma_{\max}=138.8\ \mathrm{MPa}<[\sigma]$

(2) $\sigma_{\max}=278\ \mathrm{MPa}>[\sigma]$

6E-2 $b\geqslant 4.17$ cm,取 $b=4.2$ cm、$h=12.6$ cm

6E-3 $\sigma_{l\max}=80.6$ MPa,$\sigma_{y\max}=123.2$ MPa

6E-4 $a=b=2$ m,$F\leqslant 14.8$ kN

6E-5 $s\leqslant 117$ mm

第7章 梁的变形

7.1 内容提要

本章主要研究在平面弯曲时,由弯矩引起的变形及其求法。总的要求是了解转角和挠度是衡量弯曲变形的两个基本量;能应用积分法求梁的变形;会借助在简单载荷作用下的梁的变形表,用叠加法计算梁的指定截面的转角和挠度;掌握梁的刚度计算和提高弯曲刚度的主要措施;能用变形比较法求解简单的一次超静定梁。本章的重点是能根据挠曲线近似微分方程用积分法求梁的变形。难点是用变形比较法求解超静定梁。

7.2 知识要点

1. 梁的转角和挠度

梁发生平面弯曲后,其轴线将变成一条平面曲线,此曲线称为**挠曲线**。在平面直角坐标系中,挠曲线方程可表达为 $y=f(x)$。

梁弯曲后,某**横截面绕其中性轴转过的角位移** θ 称为该截面的**转角**,单位是弧度(rad);其形心在垂直于梁轴方向的线位移 y 称为该截面的**挠度**,单位是米(m)。在小变形的条件下,**转角与挠度的关系是** $\theta=\dfrac{\mathrm{d}y}{\mathrm{d}x}=y'=f'(x)$。由此可见,确定梁的转角和挠度的关键在于确定挠曲线方程。只要确定了挠曲线方程 $y=f(x)$,不仅可以确定挠度,而且可以确定转角。

计算转角和挠度的目的是对梁进行刚度校核和解超静定梁。

2. 积分法求变形

直接积分法是计算弯曲变形的基本方法,其要领是对挠曲线近似微分方程

$$EIy''=M(x)$$

连续积分两次,确定积分常数后,即可得到梁或梁段的转角方程和挠曲线方程。

对于全梁只有一个弯矩方程的简单问题,积分常数只用梁的位移边界条件即可确定。固定端的位移边界条件是转角 $\theta=0$,挠度 $y=0$;铰支座的位移边界条件是挠度 $y=0$;弹性支承的位移边界条件是该处相应的弹性变形。

对于梁上载荷较多,需要分段确定挠曲线的复杂问题,除了应用上述位移边界条件确定积分常数外,还要应用挠曲线的光滑连续条件,即在两梁段挠曲线的交界点处,此两曲线有相同的转角和挠度。

3. 叠加法求变形

当梁上载荷比较复杂，而且只需计算某一个或几个截面的转角和挠度时，最适于应用叠加法。这个方法告诉我们，当梁上有几个载荷共同作用时，**梁上某一截面的转角或挠度等于每个载荷单独作用时该截面的转角或挠度的代数和。**应用简单载荷作用下梁的变形表（教材下卷表7－1）可使计算大为简化。

4. 梁的刚度条件

梁的刚度条件是

$$|\theta|_{\max} \leqslant [\theta] \qquad |y|_{\max} \leqslant [f]$$

即梁的最大转角和最大挠度不得超过有关设计手册中按梁的工作性质所规定的许可值，以保证梁的正常工作。

要提高梁的刚度可从改变载荷作用方式和支座位置以减小弯矩，增大梁横截面的惯性矩和减小梁的跨度等方面考虑。

5. 超静定梁的求解

求解简单的超静定梁可用变形比较法，其步骤是确定超静定次数，选择相当系统，根据相当系统与原梁在多余约束处应有相同的变形建立补充方程，并解出多余约束力。以下计算与静定梁相同。

7.3　解题指导

例7－1　试画出下列各梁挠曲线的大致形状。

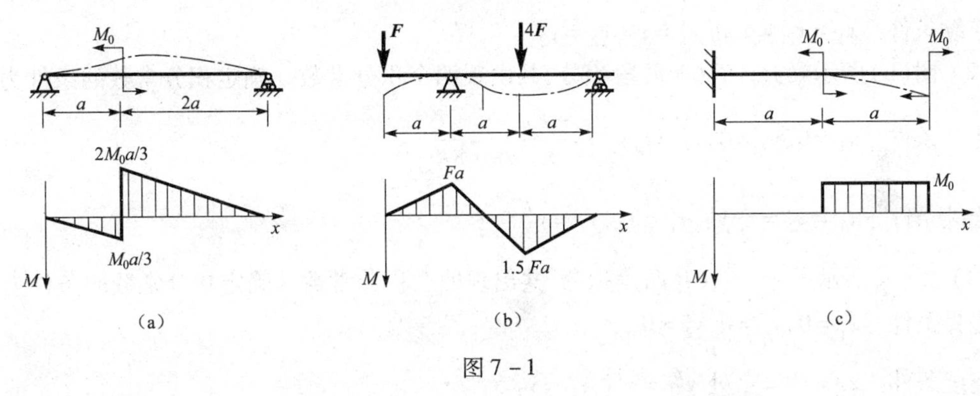

图7－1

分析与讨论

(1) 梁的挠曲线上各点处的曲率与该处的弯矩成正比。弯矩图的正负决定着挠曲线的下凸或上凸。因此，可以先画出弯矩图，再根据梁的约束条件，即可画出梁的挠曲线的大致形状，如图7－1中各梁所示。

(2) 由于约束条件的影响，各截面的弯矩与挠度并不成正比。亦即当弯矩为正时，但挠度可能为负值（图(b)）；弯矩为负时，挠度可能为正值（图(a)）。

(3) 弯矩最大处，曲率也最大，但挠度不一定最大（图(a)），还有可能为零。例如承受均布载荷或集中力的悬臂梁，在固定端处弯矩最大，但挠度却为零。

(4) 当弯矩图的符号变化时，即挠曲线由下凸变上凸或由上凸变下凸，在此变化处，挠曲线出现拐点(图(a),图(b))。

(5) 弯矩为零处,挠曲线曲率为零。在无弯矩的梁段,梁轴保持直线(图(c))。

例 7-2 用积分法求图 7-2 所示各梁的挠曲线方程时,应分为几段?将出现几个积分常数?并写出各梁的边界条件和连续条件。

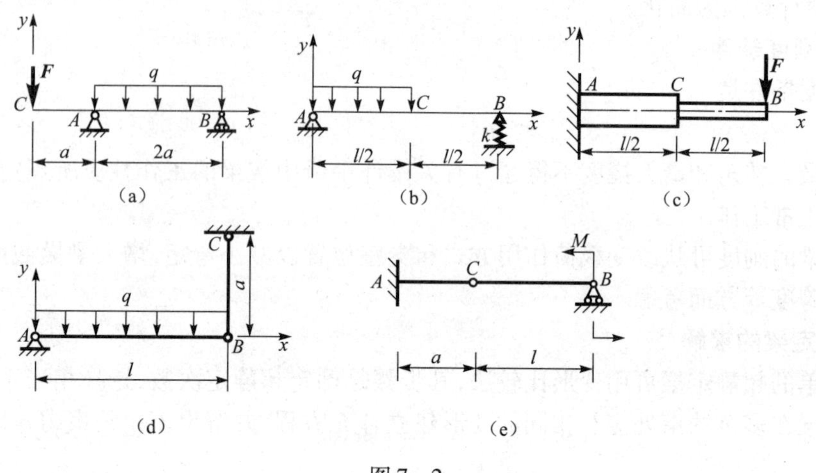

图 7-2

解 (1) 图(a)所示梁分 CA、AB 两段积分,共出现四个积分常数。确定积分常数的条件为

边界条件 $x_1=a, y_1=0; x_2=3a, y_2=0$

连续条件 $x_1=x_2=a$ 处 $y_1'=y_2', y_1=y_2$

(2) 图(b)所示梁分 AC、CB 两段积分,共出现四个积分常数。确定积分常数的条件为

边界条件 $x_1=0, y_1=0; x_2=l, y_2=\dfrac{-F_B}{K}=-\dfrac{ql}{8K}$

连续条件 $x_1=x_2=\dfrac{l}{2}$ 处, $y_1'=y_2', y_1=y_2$

(3) 图(c)所示梁分 AC、CB 两段积分,共出现四个积分常数。确定积分常数的条件为

边界条件 $x_1=0, y_1'=0, y_1=0$

连续条件 $x_1=x_2=\dfrac{l}{2}$ 处 $y'_1=y'_2, y_1=y_2$

(4) 图(d)所示梁不需分段,按全梁积分即可,出现两个积分常数。确定积分常数的条件为

边界条件 $x=0, y=0; x=l, y=\dfrac{\dfrac{ql}{2}a}{EA}=-\dfrac{qla}{2EA}$

式中 EA 为 BC 杆的抗拉刚度。

(5) 图(e)所示梁分 AC、CB 两段积分,共有四个积分常数。确定积分常数的条件为

边界条件 $x_1=0, y_1'=0, y_1=0$

$x_2=a+l, y_2=0$

连续条件 $x_1=x_2=a$ 处, $y_1=y_2$

分析与讨论

用积分法计算梁的变形，正确地划分梁段和确定积分常数是最为重要的。读者应注意以下几点：

(1) 凡载荷有突变处、中间支承处(含中间铰)、截面变化处或材料有变化处，均应作为分段点，将梁分成若干段，以便分段积分。

(2) 要正确列出边界条件。对于固定端，其边界条件是转角 $\theta=y'=0$ 和挠度 $y=0$；对于铰支座，其边界条件只是挠度 $y=0$，而转角 $\theta=y'\neq 0$，初学者往往容易在此出错；对于弹性支承，其边界条件是相应的弹性变形，必须注意其正负号。

(3) 凡分段点处都应列出连续条件。根据梁的变形的连续性，对于同一截面来说，只能有唯一确定的挠度和转角值。在中间铰两侧，虽然转角不同，但挠度却是唯一的。

例 7-3 试用积分法求图 7-3 梁的转角方程和挠曲线方程，并求截面 A、B 的转角和截面 C 的挠度。

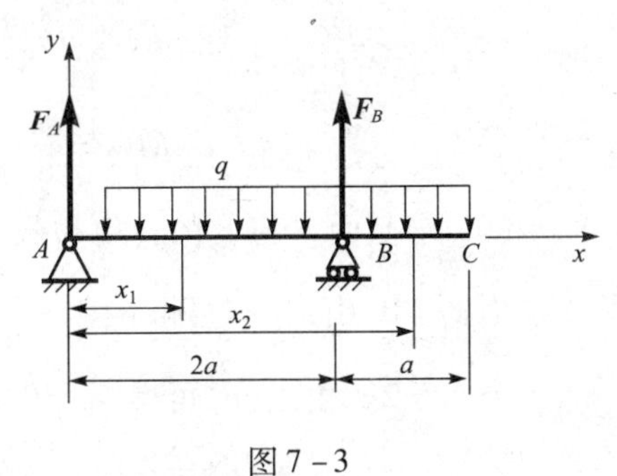

图 7-3

解 (1) 求支反力

应用平衡方程：$\sum M_B=0$ 和 $\sum M_A=0$ 可求得支反力

$$F_A=\frac{3}{4}qa \qquad F_B=\frac{9}{4}qa$$

(2) 分段建立弯矩方程

AB 段 $(0\leqslant x_1\leqslant 2a)$：

$$M(x_1)=F_Ax_1-\frac{q}{2}x_1^2=\frac{3qa}{4}x_1-\frac{q}{2}x_1^2$$

BC 段 $(0\leqslant x_2\leqslant 3a)$：

$$M(x_2)=F_Ax_2-\frac{q}{2}x_2^2+F_B(x_2-2a)=\frac{3qa}{4}x_2-\frac{q}{2}x_2^2+\frac{9qa}{4}(x_2-2a)$$

(3) 分段列出挠曲线近似微分方程并积分

AB 段：$EIy_1''=\frac{3qa}{4}x_1-\frac{q}{2}x_1^2$

$$EIy_1'=\frac{3qa}{8}x_1^2-\frac{q}{6}x_1^3+C_1 \tag{a}$$

$$EIy_1=\frac{qa}{8}x_1^3-\frac{q}{24}x_1^4+C_1x_1+D_1 \tag{b}$$

BC 段：$EIy_2''=\frac{3qa}{4}x_2-\frac{q}{2}x_2^2+\frac{9qa}{4}(x_2-2a)$

$$EIy_2'=\frac{3qa}{8}x_2^2-\frac{q}{6}x_2^3+\frac{9qa}{8}(x_2-2a)^2+C_2 \tag{c}$$

$$EIy_2=\frac{qa}{8}x_2^3-\frac{q}{24}x_2^4+\frac{3qa}{8}(x_2-2a)^3+C_2x_2+D_2 \tag{d}$$

(4) 确定积分常数

由边界条件 $x_1=0$、$y_1=0$ 和 $x_1=2a$、$y_1=0$，从式(b)可得

$$C_1=-\frac{qa^3}{6} \qquad D_1=0$$

由连续条件 $x_1=x_2=2a$、$y_1'=y_2'$ 和 $y_1=y_2$，从(a)、(b)、(c)、(d)四式可得

$$C_1 = C_2 = -\frac{qa^3}{6} \qquad D_1 = D_2 = 0$$

（5）分段建立转角方程和挠曲方程

将所求得的积分常数分别代入(a)、(b)、(c)、(d)四式可得两段的转角方程与挠曲线方程。

AB 段　$(0 \leqslant x_1 \leqslant 2a)$：

$$EIy_1' = \frac{3qa}{8}x_1^2 - \frac{q}{6}x_1^3 - \frac{qa^3}{6} \tag{e}$$

$$EIy_1 = \frac{qa}{8}x_1^3 - \frac{q}{24}x_1^4 - \frac{qa^3}{6}x_1 \tag{f}$$

BC 段　$(2a \leqslant x_2 \leqslant 3a)$：

$$EIy_2' = \frac{3qa}{8}x_2^2 - \frac{q}{6}x_2^3 + \frac{9qa}{8}(x_2 - 2a)^2 - \frac{qa^3}{6} \tag{g}$$

$$EIy_2 = \frac{qa}{8}x_2^3 - \frac{q}{24}x_2^4 + \frac{3qa}{8}(x_2 - 2a)^3 - \frac{qa^3}{6}x_2 \tag{h}$$

（6）求截面 A 与 B 的转角和截面 C 的挠度

令 $x_1 = 0$，由式(e)可得 $\theta_A = -\frac{qa^3}{6EI}$（↓）

令 $x_1 = 2a$，由式(e)可得 $\theta_B = 0$

令 $x_2 = 3a$，由式(h)可得 $y_C = -\frac{qa^4}{8EI}$（↓）

分析与讨论

（1）用积分法求梁的变形时，一般总以梁的左端点为坐标原点来建立坐标系，x 向右为正，y 向上为正。这样求出的挠度向上为正，向下则为负。转角为正值则截面绕中性轴逆时针转，为负则绕中性轴顺时针转。本例求出的 θ_A 及 y_C 均为负值，表明截面 A 的转角为顺时针转，截面 C 的挠度向下。

（2）由本例可以看到，当分段列写弯矩方程时，后一段的弯矩方程实际上可以套用前一段的弯矩方程，再加上新载荷引起的弯矩项。当新载荷为集中力 F 时，增加 $F(x-a)$ 项；当新载荷为均布载荷 q 时，增加 $\frac{1}{2}q \cdot (x-a)^2$ 项；如果新载荷是集中力偶矩 M_0 时，则增加 $M_0(x-a)^n$ 项。项中的符号 a 表示新载荷作用点到左端坐标原点的距离，x 为列写弯矩方程时，在本段所取截面的位置坐标。如遇分布不到终点的均布载荷，应补齐到终端，以保持由均布载荷形成的弯矩项始终保持形态不变。为消除补齐部分的影响，应在补齐部分加上载荷集度相同但方向相反的均布载荷，如图 7－4(a)、(b)所示。同时要注意在积分时，不要展开 $(x-a)^n$ 项，也不要合并同类项，而以整个括号 $(x-a)$ 作为被积因子进行积分。按照上述原则，可由连续条件直接得出

$$C_1 = C_2 = \cdots = C_n = C$$
$$D_1 = D_2 = \cdots = D_n = D$$

只用两个边界条件即可求出 C 与 D，从而避免了解多元联立方程组确定积分常数的困难。

例 7－4　试用叠加法求前例外伸梁截面 A 与 B 的转角和截面 C 的挠度。

解　将 AC 梁在截面 B 处截开，得图 7－5 所示梁。查梁的变形表，应用叠加法，即可求得截面 A、B 的转角。由均布载荷 q 引起的：

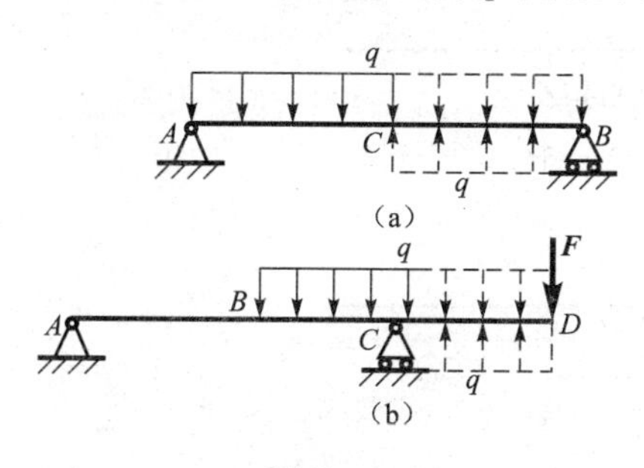

图 7－4

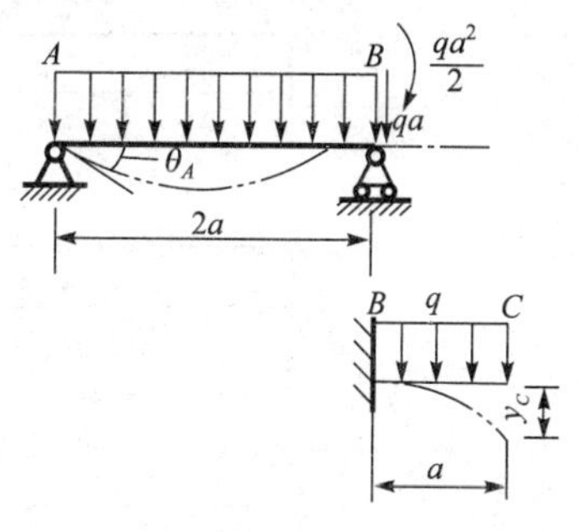

图 7－5

$$(\theta_A)_q=\frac{-q(2a)^3}{24EI}=-\frac{qa^3}{3EI}(\downarrow)$$

$$(\theta_B)_q=\frac{q(2a)^3}{24EI}=\frac{qa^3}{3EI}(\uparrow)$$

由集中力偶 $M=\frac{qa^2}{2}$ 引起的：

$$(\theta_A)_M=\frac{\frac{qa^2}{2}2a}{6EI}=\frac{qa^3}{6EI}(\uparrow)$$

$$(\theta_B)_M=-\frac{\frac{qa^2}{2}2a}{3EI}=\frac{-qa^3}{3EI}(\downarrow)$$

故

$$\theta_A=(\theta_A)_q+(\theta_A)_M=-\frac{qa^3}{3EI}+\frac{qa^3}{6EI}=-\frac{qa^3}{6EI}(\downarrow)$$

$$\theta_B=(\theta_B)_q+(\theta_B)_M=\frac{qa^3}{3EI}-\frac{qa^3}{3EI}=0$$

由于 $\theta_B=0$，不会在外伸端引起附加挠度，故原梁截面 C 的挠度与长度为 a 的承受均布载荷 q 的悬臂梁的自由端挠度相同

$$y_C=-\frac{qa^4}{8EI}(\downarrow)$$

分析与讨论

由以上两例可以看出，叠加法与积分法解出的结果完全一致。叠加法虽然简便，但必须有变形表可查，否则仍要应用积分法，故积分法仍是求梁的变形的基础。

例 7－5　悬臂梁受力如图 7－6(a)所示。若已知 q、l、EI，求梁自由端的转角和挠度。

解一　在 CB 段内距 A 点 x 处取微段 $\mathrm{d}x$，作用于此微段上的载荷 $q\mathrm{d}x$ 可视为集中力。查梁的变形表可知，此集中力使梁在自由端 B 处产生的挠度 $\mathrm{d}y$ 和转角 $\mathrm{d}\theta$ 分别为

$$\mathrm{d}y=-\frac{(q\mathrm{d}x)x^2(3l-x)}{6EI}$$

$$\mathrm{d}\theta=-\frac{(q\mathrm{d}x)x^2}{2EI}$$

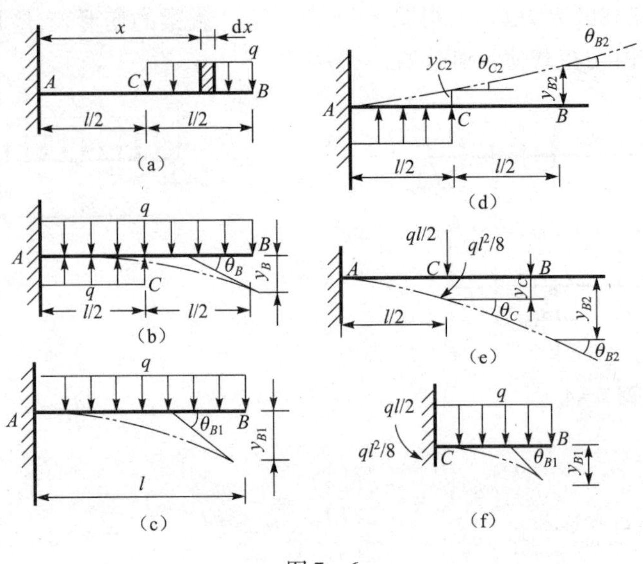

图 7-6

积分后，

$$y_B = -\frac{q}{6EI}\int_{\frac{l}{2}}^{l} x^2(3l - x)\mathrm{d}x = \frac{-41ql^4}{384EI}(\downarrow)$$

$$\theta_B = -\frac{q}{2EI}\int_{\frac{l}{2}}^{l} x^2\mathrm{d}x = -\frac{7ql^3}{48EI}(\downarrow)$$

解二 将梁上均布载荷 q 由 BC 延长至 A，为了不改变原来的作用效应，自 C 至 A 再加上载荷集度相同但方向相反的均布载荷，如图 7-6(b) 所示。于是求图(a)所示梁 B 点的转角和挠度就变成了求图(b)所示梁 B 点的转角和挠度。

应用叠加法，图(b)所示梁可分解为图(c)和图(d)所示两根梁。将两根梁的变形叠加起来便得原来梁的变形，即

$$y_B = y_{B1} + y_{B2}$$

$$\theta_B = \theta_{B1} + \theta_{B2}$$

其中 y_{B1} 与 θ_{B1} 可直接由梁的变形表查得，为

$$y_{B1} = -\frac{ql^4}{8EI} \qquad \theta_{B1} = -\frac{ql^3}{6EI}$$

式中 y_{B2} 是作用在 AC 段方向向上的均布载荷在 B 点引起的挠度。

由图(d)可见，CB 段上无弯矩作用，因而不发生变形，但却会因 AC 段的变形而产生位移。B 点的位移实际是刚体位移，它由两部分组成：一是 C 点的垂直位移；二是 C 点的转角引起的位移。于是

$$y_{B2} = y_{C2} + \theta_{C2}\left(\frac{l}{2}\right)$$

式中 y_{C2}、θ_{C2} 为向上的均布载荷作用在 AC 段梁引起的 C 点的挠度和转角。由梁的变形表可查得

$$y_{C2} = \frac{q\left(\frac{l}{2}\right)^4}{8EI} = \frac{ql^4}{128EI} \qquad \theta_{C2} = \frac{q\left(\frac{l}{2}\right)^3}{6EI} = \frac{ql^3}{48EI}$$

故
$$y_{B2}=\frac{ql^4}{128EI}+\frac{ql^3}{48EI}\frac{l}{2}=\frac{7ql^4}{384EI}$$

最后得

$$y_B=y_{B1}+y_{B2}=-\frac{ql^4}{8EI}+\frac{7ql^4}{384EI}=-\frac{41ql^4}{384EI}(\downarrow)$$

$$\theta_B=\theta_{B1}+\theta_{B2}=\theta_{B1}+\theta_{C2}=-\frac{ql^3}{6EI}+\frac{ql^3}{48EI}=-\frac{7ql^3}{48EI}(\downarrow)$$

解三 沿截面 C 将梁分成两部分,如图(e)、(f)所示。CB 段上的载荷对 AC 段的影响,可用截面 C 上的剪力$\frac{ql}{2}$和弯矩$\frac{ql^2}{8}$来代替(或用力线平移定理将 CB 段上的载荷向 C 点平移,其结果也一样)。

首先,把 CB 段视作悬臂梁,由梁的变形表求出 B 相对于 C 点的挠度和转角,分别为

$$y_{B1}=-\frac{q\left(\frac{l}{2}\right)^4}{8EI}=-\frac{ql^4}{128EI}$$

$$\theta_{B1}=-\frac{q\left(\frac{l}{2}\right)^3}{6EI}=-\frac{ql^3}{48EI}$$

其次,计算悬臂梁 AC 的变形,应用叠加法由梁的变形表可求出 C 点的挠度和转角,分别为

$$y_C=-\frac{\left(\frac{ql}{2}\right)\left(\frac{l}{2}\right)^3}{3EI}-\frac{\frac{ql^2}{8}\left(\frac{l}{2}\right)^2}{2EI}=-\frac{7ql^4}{192EI}$$

$$\theta_C=-\frac{\frac{ql}{2}\left(\frac{l}{2}\right)^2}{2EI}-\frac{\frac{ql^2}{8}\left(\frac{l}{2}\right)}{EI}=-\frac{ql^3}{8EI}$$

由于 AC 段变形,将使 CB 段的 B 点产生的位移为

$$y_{B2}=y_C+\theta_C\times\frac{l}{2}=-\frac{7ql^4}{192EI}-\frac{ql^3}{8EI}\times\frac{l}{2}=-\frac{19ql^4}{192EI}$$

$$\theta_{B2}=\theta_C=-\frac{ql^3}{8EI}$$

于是 B 端的挠度和转角分别为

$$y_B=y_{B1}+y_{B2}=-\frac{ql^4}{128EI}-\frac{19ql^4}{192EI}=-\frac{41ql^4}{384EI}(\downarrow)$$

$$\theta_B=\theta_{B1}+\theta_{B2}=-\frac{ql^3}{48EI}-\frac{ql^3}{8EI}=-\frac{7ql^3}{48EI}(\downarrow)$$

分析与讨论

由本例可以看出,对某些问题应用叠加法求梁的转角和挠度,叠加方式不止一种,在具体应用时应以简便为原则。但应注意:

(1) 所采用的等效梁必须与原给定梁的受力和约束条件一致。这样,才能使等效梁的叠加结果反映原给定梁的变形。

(2) 所采用的等效梁,应当容易分解成简单载荷和约束形式,以便能直接应用梁的转角和挠度表进行有关计算。

(3) 叠加时,要分析各部分的变形曲线,必要时应将其画出,以便正确确定各部分变形或位移之间的关系。其中特别要注意刚体位移对变形的影响,这常常是初学者容易遗漏的。

(4) 要特别注意各部分载荷引起的挠度和转角的正负号(可根据挠曲线加以判断),以避免在叠加时由于正负号的差错而引起的错误。

例 7-6 图 7-7(a)所示结构中,梁为 16 号工字钢,拉杆的截面为圆形,$d=10$ mm,两者均为 Q235 A 钢,弹性模量 $E=200$ GPa。试求梁及拉杆的最大正应力。

解 (1) 确定超静定次数

固定端 A 处有三个约束反力,B 处拉杆的轴力 F_N 未知,共有四个未知力,而平面一般力系只有三个独立的平衡方程,故本例为一次超静定梁。

(2) 选择相当系统

把拉杆作为多余约束去掉,而代之以相应的轴力 F_N,则得相当系统,如图 7-7(b)所示。

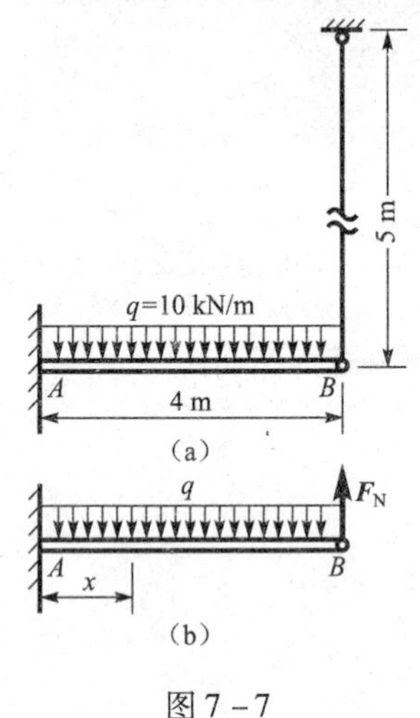

图 7-7

(3) 建立补充方程,求解多余约束力 F_N

查梁的变形表可知,在均布载荷 q 作用下,悬臂梁 AB 在自由端 B 的挠度为 $-\frac{ql^4}{8EI}$(向下);在集中力 F_N 的作用下,悬臂梁 AB 在自由端 B 的挠度为$\frac{F_Nl^3}{3EI}$(向上),故相当系统在 B 点的挠度应为

$$y_B=-\frac{ql^4}{8EI}+\frac{F_Nl^3}{3EI}$$

因原梁在 B 端的挠度为拉杆的伸长 $-\frac{F_Nl_1}{EA}$,在 B 点向下位移,故变形协调条件为 $y_B=-\frac{F_Nl_1}{EA}$,据此得补充方程

$$-\frac{ql^4}{8EI}+\frac{F_Nl^3}{3EI}=-\frac{F_Nl_1}{EA}$$

已知 16 号工字钢的惯性矩 $I=1\ 130\ \text{cm}^4=1\ 130\times10^{-8}\ \text{m}^4$、拉杆的横截面面积 $A=\frac{\pi}{4}d^2=\frac{\pi}{4}(10\times10^{-3})^2\ \text{m}^2=78.5\times10^{-6}\ \text{m}^2$、均布载荷 $q=10\ \text{kN/m}=10\times10^3\ \text{N/m}$、梁长 $l=4$ m,拉杆长 $l_1=5$ m,将这些数值代入上式,得

$$-\frac{10\times10^3\times4^4}{8\times1\ 130\times10^{-8}}+\frac{F_N\times4^3}{3\times1\ 130\times10^{-8}}=-\frac{F_N\times5}{78.5\times10^{-6}}$$

解出

$$F_N=14\ 500\ \text{N}$$

(4) 计算拉杆与梁的最大正应力

拉杆中的拉应力为

$$\sigma=\frac{F_N}{A}=\frac{14\ 500}{78.5\times10^{-6}}\ \text{N/m}^2=185\times10^6\ \text{N/m}^2=185\ \text{MPa}$$

对于 AB 梁,以左端为坐标原点,则剪力方程为

$$F_Q(x)=q(4-x)-F_N=10\times10^3(4-x)-14\ 500$$

弯矩方程为

$$M(x)=F_N(4-x)-\frac{q}{2}(4-x)^2=14\ 500(4-x)-\frac{10\times10^3}{2}(4-x)^2$$

其绝对值最大的弯矩可能发生在剪力为零的截面上,也可能发生在固定端的截面上,必须经过计算才能确定。

令

$$F_Q(x)=10\times10^3(4-x)-14\ 500=0$$

$$x=2.55\ \text{m}$$

在剪力为零的截面上的弯矩为

$$M_1=\left[14\ 500\times(4-2.55)-\frac{10\times10^3}{2}(4-2.55)^2\right]\ \text{N}\cdot\text{m}=10\ 512.5\ \text{N}\cdot\text{m}$$

固定端的弯矩为

$$M_2=\left(14\ 500\times4-\frac{10\times10^3}{2}\times4^2\right)\ \text{N}\cdot\text{m}=-22\ 000\ \text{N}\cdot\text{m}$$

由此可知,$|M|_{max}=22\ 000\ \text{N}\cdot\text{m}$

发生在固定端截面上。

由型钢表查得16号工字钢的抗弯截面系数 $W_2=141\ \text{cm}^3=141\times10^{-6}\ \text{m}^3$,因此 AB 梁中的最大弯曲正应力

$$\sigma_{max}=\frac{|M|_{max}}{W_2}=\frac{22\ 000}{141\times10^{-6}}\ \text{N/m}^2=156\times10^6\ \text{N/m}^2=156\ \text{MPa}$$

分析与讨论

(1) 由本例可以看出,求解超静定梁的关键是建立补充方程,求出多余约束力(未知力)。而要建立补充方程,必须选好相当系统。相当系统是以解除“多余”约束代之以相应的“多余”约束力得到的。然后根据相当系统在“多余”约束处的位移必须满足原梁在该处的约束条件,即变形协调条件,即可得到补充方程。求出多余约束力后,以下计算与静定梁完全相同。

(2) 选择相当系统,不仅仅只有一种方案,超静定次数越高,选择的余地越大。但原则是便于列出补充方程。

练习题

A　判断题(下列命题你认为正确的在题后括号内打“√”,错误的打“×”)

7A-1　梁弯曲时,弯矩最大的截面挠度和转角也最大。　(　　)

7A-2　梁弯曲时,弯矩为零的截面,其挠度和转角也为零。　(　　)

7A-3　梁的变形大小与梁的抗弯刚度 EI 成正比。　(　　)

7A-4　梁纯弯曲时,横截面绕中性轴转动的角度就等于该截面的转角。　(　　)

7A-5　挠度和转角是衡量弯曲变形的两个基本量。　(　　)

B　填空题

7B-1　挠曲线近似微分方程是________,挠度和转角之间的关系是________。

7B-2　用积分法求梁的挠曲线时,其积分常数由________条件和________条件求得。

7B-3　梁发生平面弯曲时,各横截面均绕________轴转动。转动的角度称为________。

7B-4　梁发生平面弯曲时,各横截面的形心在垂直于梁轴方向上所发生的线位移 y,称

为________。在 $x-y$ 直角坐标系中,挠曲线方程可表达为________。

7B-5 梁的未知反力数超过了独立的平衡方程的数目,这类梁称为________。超静定次数是指________之差数。

C 选择题

7C-1 高度为宽度2倍的矩形截面梁,在相同的载荷和支承条件下,截面平放时的挠度是竖放时的(　　)。

(a) 2倍　　(b) 4倍　　(c) 8倍　　(d) 16倍

7C-2 三个截面、材料均相同的简支梁承受均布载荷作用。若三梁跨度之比为1∶2∶3,则此三梁最大挠度之比为(　　)。

(a) 1∶4∶9　　(b) 1∶8∶27　　(c) 1∶16∶81　　(d) 1∶2∶3

D 简答题

7D-1 如何应用叠加法求梁的转角和挠度?

7D-2 试述提高梁弯曲刚度的主要措施。

E 应用题

7E-1 用积分法求图7-8所示各梁的挠曲线方程时,应分为几段?将出现几个积分常数?并写出各梁的边界条件和连续条件。在图(d)中支座 B 的弹簧刚度为 C(N/m)。

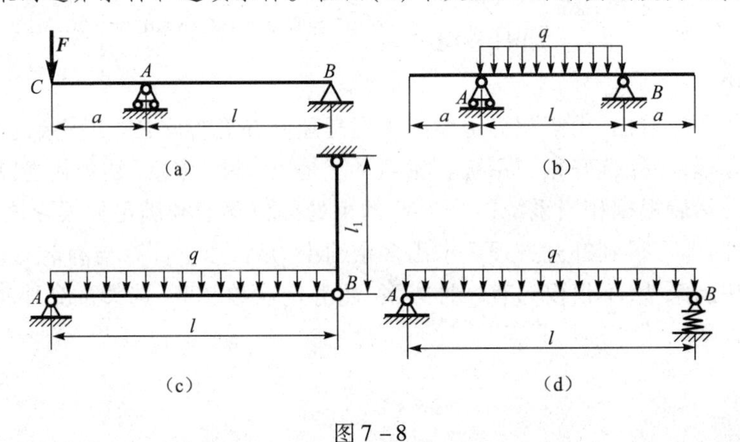

图7-8

7E-2 试用积分法和叠加法求图7-9所示各梁截面 A 的挠度和截面 B 的转角。EI 为已知常数。

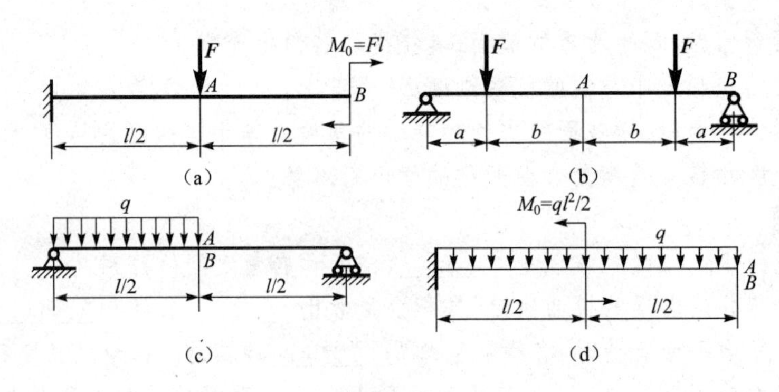

图7-9

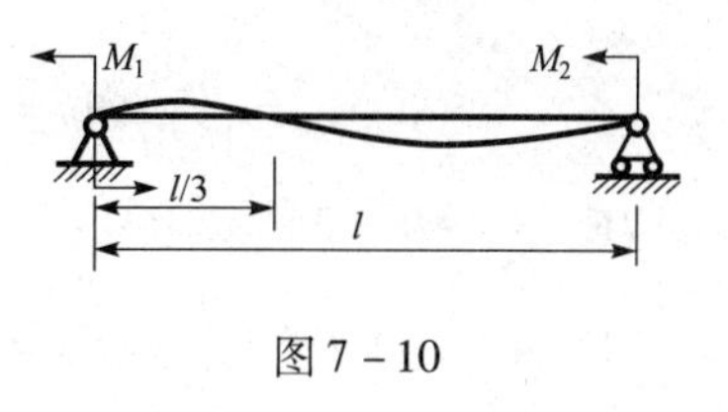

图7－10

7E－3　图7－10所示简支梁，左右端各作用一力偶矩为 M_1、M_2 的力偶。如果要使挠曲线的拐点位于离左端 $\frac{l}{3}$ 处，则 M_1、M_2 应保持何种关系（提示：拐点处弯矩为零）？

7E－4　试求图7－11所示超静定梁的支反力，并作弯矩图。设 EI 为常数。

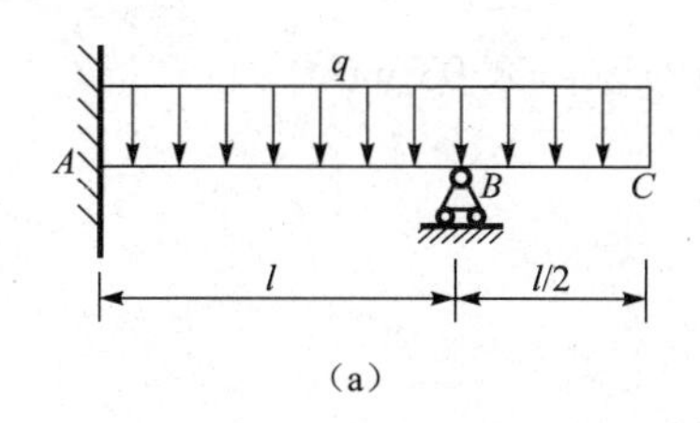

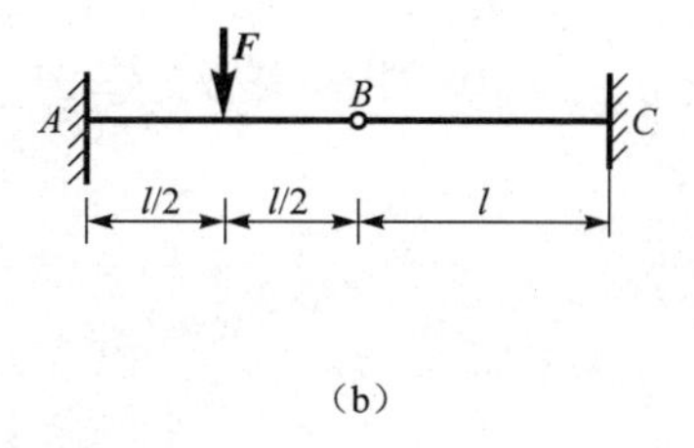

图7－11

7E－5　如图7－12所示结构，悬臂梁 AB 和简支梁 DG 均为No. 18工字钢制成。BC 为圆截面钢杆，直径 $d=20$ mm。梁和杆的弹性模量均为 $E=200$ GPa。若 $F=30$ kN，试计算梁和杆内的最大正应力，并计算截面 C 的垂直位移。

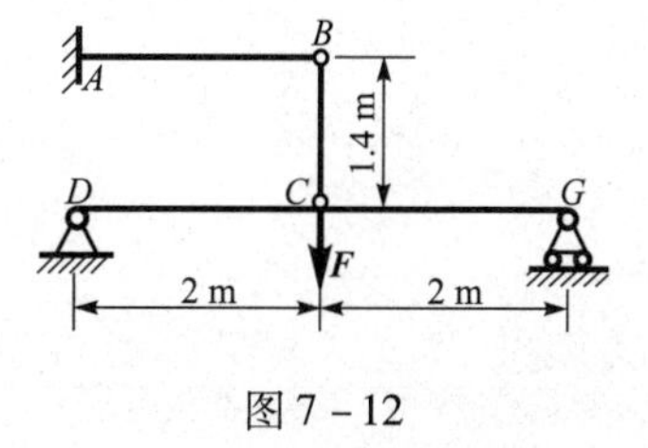

图7－12

应用题答案

7E－1　(a) 分 CA 与 AB 两段积分。

边界条件：$x_1=a$ 处，$y_1=0$

$x_2=a+l$ 处，$y_2=0$

连续条件：$x_1=x_2=a$ 处，$y_1=y_2$、$\theta_1=\theta_2$

(b) 边界条件：$x=a$ 处，$y=0$

$x=a+l$ 处，$y=0$

(c) 边界条件：$x=0$ 处，$y=0$

$x=l$ 处，$y=-\dfrac{ql l_1}{2EA}$

(d) 边界条件：$x=0$ 处，$y=0$

$x=l$ 处，$y=-\dfrac{ql}{2C}$

7E－2　(a) $y_A=-\dfrac{Fl^3}{6EI}$，$\theta_B=-\dfrac{9Fl^3}{8EI}$

(b) $y_A=-\dfrac{Fa}{6EI}(3b^2+6ab+2a^2)$

$\theta_B=\dfrac{Fa(ab+a)}{2EI}$

(c) $y_A=-\dfrac{5ql^4}{768EI}$，$\theta_B=\dfrac{ql^3}{384EI}$

(d) $y_A = \frac{ql^4}{16EI}, \theta_B = \frac{ql^3}{12EI}$

7E－3　$M_2 = 2M_1$

7E－4　(a) $F_A = \frac{7}{16}ql, F_B = \frac{17}{16}ql, M_A = \frac{ql^2}{16}, |M|_{\max} = \frac{ql^2}{8}$

(b) $F_A = \frac{27}{32}F, F_C = \frac{5}{32}F, M_A = \frac{11}{32}Fl, M_C = -\frac{5}{32}Fl, |M|_{\max} = \frac{11}{32}Fl$

7E－5　梁 $\sigma_{\max} = 108$ MPa，杆 $\sigma_{\max} = 31.8$ MPa，$y_C = 8.03$ mm

第 8 章　应力状态和强度理论

8.1　内容提要

在工程实际中,构件的受力是很复杂的。有不少构件在危险点处同时存在正应力和切应力。显然,要解决这类构件的强度计算问题必须从两方面着手。

首先要全面研究危险点在各截面上的应力情况,从而确定最大正应力和最大切应力及其所在截面,为强度计算提供依据。这正是应力状态部分所要研究的问题。

其次要研究材料在复杂应力状态下的破坏规律,并在此基础上提出相应的强度条件。这一部分则是强度理论所要探讨的问题。

8.2　知识要点

1. 应力状态的概念

(1) 一点的应力状态。受力构件内某一点在各个不同方位截面上应力情况的集合称为该点的**应力状态**。

(2) 研究一点处应力状态的目的:是为了确定该点处的最大正应力及其所在截面和该点处的最大切应力及其所在截面,为复杂应力状态下构件的强度计算提供依据。

(3) 研究一点处应力状态的方法。围绕所研究的点切取一个各面上应力已知的无限小的六面体,即原始单元体,则该点在任意方位截面上的应力就可用解析法或图解法确定。

(4) 主平面、主应力。单元体切应力为零的截面称为**主平面**。主平面上的正应力称为**主应力**。

弹性力学的理论证明:受力构件内任一点处总存在三个相互垂直的主平面和三个相应的主应力。这三个主应力用 σ_1、σ_2、σ_3 表示,且按代数值排列,即 $\sigma_1 \geqslant \sigma_2 \geqslant \sigma_3$。$\sigma_1$ 是最大主应力,σ_3 是最小主应力,它们分别是过该点的所有截面上正应力中的最大值和最小值。三对相互垂直的主平面所构成的单元体称为主单元体。

(5) 应力状态的分类。应力状态可分为三类:

单向应力状态　只有一个主应力不为零,另两个主应力均为零的应力状态。

二向应力状态　两个主应力不为零,另一个为零的应力状态。

三向应力状态　三个主应力都不为零的应力状态。

单向、二向应力状态属平面应力状态,三向应力状态属空间应力状态。材料力学只限于研究平面应力状态。

2. 平面应力状态分析的解析法

(1) 单元体斜截面上的应力。从受力构件中某点处取出原始单元体,应用截面法可得斜截面上的应力公式

$$\left.\begin{aligned}\sigma_\alpha &= \frac{\sigma_x+\sigma_y}{2}+\frac{\sigma_x-\sigma_y}{2}\cos 2\alpha-\tau_x\sin 2\alpha\\ \tau_\alpha &= \frac{\sigma_x-\sigma_y}{2}\sin 2\alpha+\tau_x\cos 2\alpha\end{aligned}\right\} \tag{1}$$

由上述公式可得出单元体相互垂直的截面上应力的重要关系:

由式(1)可得到在 α_1 截面上的应力

$$\sigma_{\alpha 1}=\frac{\sigma_x+\sigma_y}{2}+\frac{\sigma_x-\sigma_y}{2}\cos 2\alpha_1-\tau_x\sin 2\alpha_1 \tag{a}$$

$$\tau_{\alpha 1}=\frac{\sigma_x-\sigma_y}{2}\sin 2\alpha_1+\tau_x\cos 2\alpha_1 \tag{b}$$

在 $\alpha_1+\frac{\pi}{2}$ 截面上的应力

$$\begin{aligned}\sigma_{\alpha_1+\frac{\pi}{2}} &= \frac{\sigma_x+\sigma_y}{2}+\frac{\sigma_x-\sigma_y}{2}\cos 2\left(\alpha_1+\frac{\pi}{2}\right)-\tau_x\sin 2\left(\alpha_1+\frac{\pi}{2}\right)\\ &= \frac{\sigma_x+\sigma_y}{2}-\frac{\sigma_x-\sigma_y}{2}\cos 2\alpha_1+\tau_x\sin 2\alpha_1\end{aligned} \tag{a'}$$

$$\begin{aligned}\tau_{\alpha_1+\frac{\pi}{2}} &= \frac{\sigma_x+\sigma_y}{2}\sin 2\left(\alpha_1+\frac{\pi}{2}\right)+\tau_x\cos 2\left(\alpha_1+\frac{\pi}{2}\right)\\ &= -\left(\frac{\sigma_x-\sigma_y}{2}\sin 2\alpha_1+\tau_x\cos 2\alpha_1\right)\end{aligned} \tag{b'}$$

将式(a)与式(a')相加,得到

$$\sigma_{\alpha_1}+\sigma_{\alpha_1+\frac{\pi}{2}}=\sigma_x+\sigma_y=\text{常数}$$

即通过单元体的两个相互垂直的截面上的正应力之和为一常数。比较式(b)与式(b')可知

$$\tau_{\alpha_1}=-\tau_{\alpha_1+\frac{\pi}{2}}$$

即通过单元体的两个相互垂直的截面上的切应力等值反号。这就再次证明了切应力互等定理。

(2) 主应力与主平面。在材料力学中,通常是已知单元体的一个主平面及其上的主应力(一般为零),而要求的是其余的两个主应力的大小和方向。由应力圆可导出下列公式:

主应力

$$\left.\begin{aligned}\sigma'\\ \sigma''\end{aligned}\right\}=\frac{\sigma_x+\sigma_y}{2}\pm\sqrt{\left(\frac{\sigma_x-\sigma_y}{2}\right)^2+\tau_x^2} \tag{2}$$

式中 σ' 和 σ'' 分别表示单元体中垂直于已知主平面的所有截面中正应力的极大值和极小值。它们是三个主应力中的两个。至于这两个主应力的排列序号,应同已知的第三个主应力的代数值比较才能确定。

主平面的方位角(主应力的方向角)α_0,

$$\tan 2\alpha_0 = \frac{-2\tau_x}{\sigma_x - \sigma_y} \tag{3}$$

必须指出，满足上式的角度有两个，即 α_0 和 $\alpha_0 + 90°$，它表明两个主应力是互相垂直的。至于这两个角度各与哪个主应力对应，利用应力圆极易判断。

现在，我们介绍一种确定主应力 σ' 与 σ'' 方向的简便方法。

按式(3)算出的每一个值，都可以在 $-90° \sim +90°$ 之间找到一个角度 $2\alpha_0$，从而求出角度 α_0。显然，α_0 的变化范围是 $-45° \leqslant \alpha_0 \leqslant +45°$。角度 α_0 究竟是哪个主应力的方向角呢？我们从应力圆即可得出结论。

应力圆上的点与单元体的截面有着一一对应关系。设应力圆上的 D_1 点对应着 x 截面（垂直于 x 轴的截面），D_2 点对应着 y 截面（垂直于 y 轴的截面）。因这两个截面互相垂直，所以 D_1 与 D_2 必然是应力圆中同一直径的两个端点，现分两种情况讨论：

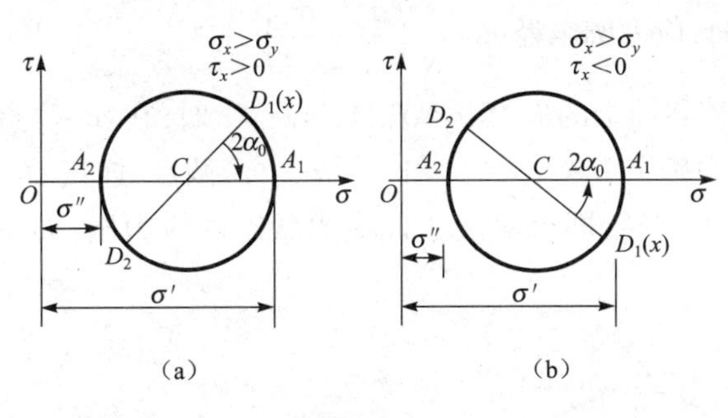

图 8－1

当 $\sigma_x > \sigma_y$ 时，D_1 点的位置将如图 8－1(a)或(b)所示。A_1 点对应着主应力 σ' 所在的主平面。由图可见，$\angle D_1CA_1$ 即 $2\alpha_0$ 的变动范围为

$$-90° \leqslant 2\alpha_0 \leqslant +90°$$

因此，由式(3)解出的在 $-45° \leqslant \alpha_0 \leqslant +45°$ 之间的锐角 α_0 就是主应力 σ' 与 x 轴的夹角，即主应力 σ' 的方向角。

当 $\sigma_x < \sigma_y$ 时，应力圆上 D_1 点的位置将如图 8－2(a)或(b)所示。A_2 点对应着主应力 σ'' 所在的主平面。由图可见，$\angle D_1CA_2$ 即 $2\alpha_0$ 的变动范围为

$$-90° \leqslant 2\alpha_0 \leqslant +90°$$

所以，由式(3)解出的在 $-45° \leqslant \alpha_0 \leqslant +45°$ 之间的锐角 α_0 就是主应力 σ'' 与 x 轴的夹角，即主应力 σ'' 的方向角。

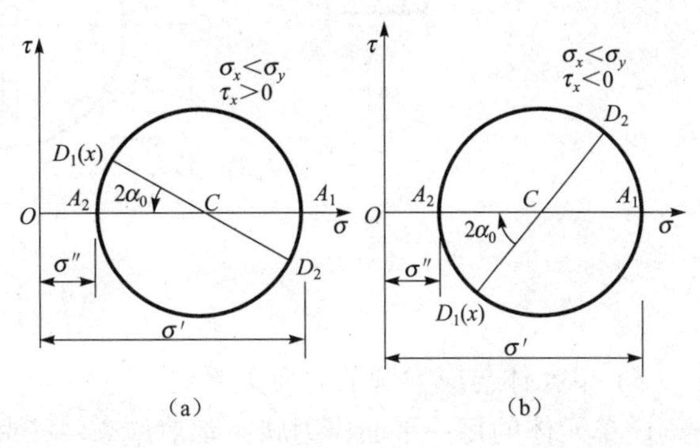

图 8－2

必须注意，当 α_0 角为正值，则从 x 轴反时针转动 α_0 角，确定 σ' 或 σ'' 的方向；反之，当 α_0 角为负值，则从 x 轴顺时针转动 α_0 角，确定 σ' 或 σ'' 的方向。确定出一个主应力的方向后，与之垂直的方向，就是另一个主应力的方向。

(3) 极值切应力

$$\left.\begin{matrix}\tau_{\max} \\ \tau_{\min}\end{matrix}\right\} = \pm\sqrt{\left(\frac{\sigma_x - \sigma_y}{2}\right)^2 + \tau_x^2} = \pm\frac{\sigma' - \sigma''}{2} \tag{4}$$

它们所在的平面互相垂直，且与 σ' 和 σ'' 所在主平面各成45°角。必须指出，按上式算出的极值切应力，只是与已知的主平面垂直(或与已知的主应力平行)的单元体所在截面中切应力的极值，并不一定是该点处的最大切应力。该点处的最大切应力恒为

$$\tau_{max}=\frac{1}{2}(\sigma_1-\sigma_3)$$

在应用上列公式计算时,应注意关于应力和 α 的正负号规定:拉应力规定为正,压应力规定为负;切应力则以对单元体内任一点产生顺时针力矩者为正,反之为负; α 角以 x 轴逆时针量度者为正,反之为负。

3. 平面应力状态分析的图解法

(1) 应力圆。斜截面上的应力 σ_α 与 τ_α 的表达式是一个以 2α 为参变量的参数方程。消去参数后,在 $\sigma-\tau$ 直角坐标系中,σ_α 与 τ_α 的函数关系是一个圆的方程(应力圆方程):

$$\left(\sigma_\alpha-\frac{\sigma_x+\sigma_y}{2}\right)^2+\tau_\alpha^2=\left(\frac{\sigma_x-\sigma_y}{2}\right)^2+\tau_x^2$$

此圆称为**应力圆**,应力圆圆心坐标$\left(\frac{\sigma_x-\sigma_y}{2},0\right)$,应力圆半径 $R=\sqrt{\left(\frac{\sigma_x-\sigma_y}{2}\right)^2+\tau_x^2}$。

(2) 应力圆的画法。当已知作用在单元体各面上的应力 σ_x、σ_y、$\tau_x=-\tau_y$ 时,在 $\sigma-\tau$ 直角坐标系中,选定适当的比例尺,在此坐标系中确定 $D_1(\sigma_x$、$\tau_x)$ 和 $D_2(\sigma_y$、$\tau_y)$ 两点,连接 D_1、D_2 交 σ 轴于 C 点,以 C 为圆心,CD_1 或 CD_2 为半径,即得对应于此应力状态的应力圆,如图 8-3(b) 所示。

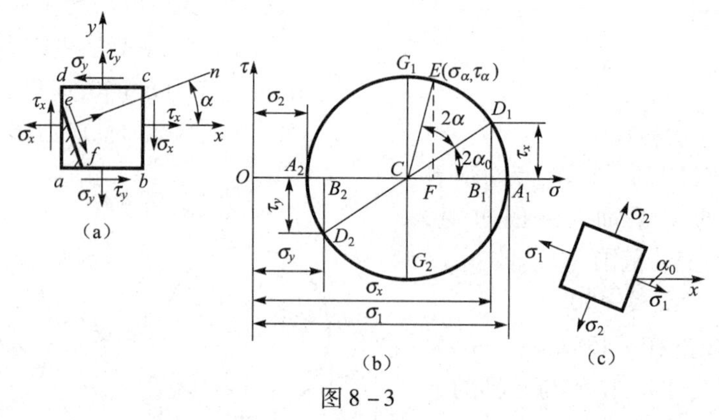

图 8-3

(3) 单元体与应力圆的对应关系。

① 单元体的每一平面应力状态都对应着一个相应的应力圆。

② 点面对应。即应力圆圆周上的每一个点都对应着单元体的一个斜截面。该点的横坐标与纵坐标分别表示此截面上的正应力和切应力。例如 D_1 点的坐标(σ_x,τ_x),D_2 点的坐标(σ_y,τ_y)和 E 点的坐标$(\sigma_\alpha,\tau_\alpha)$就分别表示单元体中垂直于 x 轴的截面、垂直于 y 轴的截面和 α 截面 ef 上的应力。因此应力圆表达了一点处的应力状态。

③ 转向一致。即在应力圆上,由 $D_1(\sigma_x,\tau_x)$ 点转到 $E(\sigma_\alpha,\tau_\alpha)$ 点的转动方向,与单元体上从 x 轴转到 α 截面 ef 的外法线的转向相同。

④ 角度二倍。即应力圆上两点间圆弧所对圆心角是单元体对应的两截面外法线夹角的二倍。例如图 8-3 中,由 D_1 点至 E 点圆弧所对圆心角为 2α,而由 x 轴至 ef 截面外法线的夹角则为 α。

(4) 应力圆的应用。

① 根据选定的比例尺,可直接从应力圆上量出任意斜截面的应力 σ_α 和 τ_α 与主应力 σ' 和

σ''以及 $2\alpha_0$，从而求得主平面的方位角 α_0 的大小和转向。

② 根据应力圆的特性，画出应力圆的草图后，可用几何与三角关系导出式(1)～式(4)。

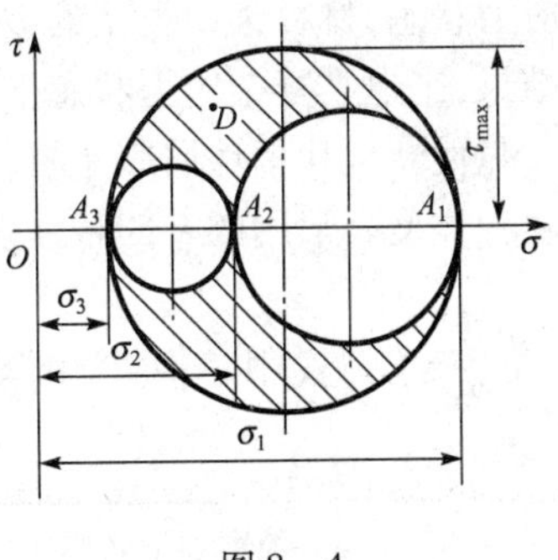

图 8－4

4. 三向应力状态的最大应力

已知三个主应力 σ_1、σ_2、σ_3，可用其中每两个主应力为一组画出三个应力图，简称三向应力圆，如图 8－4 所示。弹性力学的理论证明

（1）一点处的最大正应力 $\sigma_{max} = \sigma_1$

（2）一点处的最大切应力

$$\tau_{max} = \frac{\sigma_1 - \sigma_3}{2}$$

5. 广义胡克定律

在复杂应力状态下，对于各向同性材料，当应力不超过材料的比例极限时，主应力与主应变的关系为

$$\varepsilon_1 = \frac{1}{E}[\sigma_1 - \mu(\sigma_2 + \sigma_3)]$$

$$\varepsilon_2 = \frac{1}{E}[\sigma_2 - \mu(\sigma_3 + \sigma_1)]$$

$$\varepsilon_3 = \frac{1}{E}[\sigma_3 - \mu(\sigma_1 + \sigma_2)]$$

在小变形的情况下，线应变只与正应力有关，切应变只与切应力有关，因此广义胡克定律可写成更一般的形式

$$\begin{cases} \varepsilon_x = \frac{1}{E}[\sigma_x - \mu(\sigma_y + \sigma_z)] & \gamma_{xy} = \frac{1}{G}\tau_{xy} \\ \varepsilon_y = \frac{1}{E}[\sigma_y - \mu(\sigma_z + \sigma_x)] & \gamma_{yz} = \frac{1}{G}\tau_{yz} \\ \varepsilon_z = \frac{1}{E}[\sigma_z - \mu(\sigma_x + \sigma_y)] & \gamma_{zx} = \frac{1}{G}\tau_{zx} \end{cases}$$

下标“xy”、“yz”、“zx”，表示切应变与切应力所在的坐标平面。

在平面（二向）应力状态下的应力应变关系简化为

$$\begin{cases} \varepsilon_x = \frac{1}{E}(\sigma_x - \mu\sigma_y) \\ \varepsilon_y = \frac{1}{E}(\sigma_y - \mu\sigma_x) \\ \varepsilon_z = -\frac{\mu}{E}(\sigma_x + \sigma_y) \\ \gamma_{xy} = \frac{1}{G}\tau_{xy} \end{cases}$$

注意：在应用上列公式进行计算时，正应力（主应力）与线应变（主应变）均需是代数值。

6. 强度理论

在复杂应力状态下，关于材料破坏（失效）原因的假说，即认为不论简单应力状态还是复杂应力状态，材料某一类型的破坏都是由某一种因素引起的。据此，可利用单向应力状态的实验结果，来建立复杂应力状态下的强度条件。

脆性断裂和塑性屈服是材料破坏(失效)的两种基本形式。据此，强度理论也相应地分为这两种类型。常用的有四种强度理论（表 8－1），其强度条件可以写成

$$\sigma_{xd} \leqslant [\sigma]$$

$\sigma_{xd} \leqslant [\sigma]$式中 σ_{xd}称为相当应力，它是由强度理论所确定的三个主应力的某种组合。

表 8－1

强度理论名称		相当应力表达式
脆性断裂理论	第一强度理论——最大拉应力理论	$\sigma_{xd1} = \sigma_1$
	第二强度理论——最大拉应变理论	$\sigma_{xd2} = \sigma_1 - \mu(\sigma_2 + \sigma_3)$
塑性屈服理论	第三强度理论——最大切应力理论	$\sigma_{xd3} = \sigma_1 - \sigma_3$
	第四强度理论——形状改变比能理论	$\sigma_{xd4} = \sqrt{\frac{1}{2}[(\sigma_1 - \sigma_2)^2 + (\sigma_2 - \sigma_3)^2 + (\sigma_3 - \sigma_1)^2]}$

应用强度理论的步骤：

(1) 分析并计算危险点处纵横截面上的应力；

(2) 计算主应力并排列 σ_1、σ_2、σ_3 的顺序；

(3) 根据危险点处的应力状态和构件材料，选用合适的强度理论进行强度计算。

8.3 解题指导

例 8－1 如图 8－5(a)所示的原始单元体，试用解析法求：(1) $\alpha = 30°$斜截面上的应力；(2) 主应力、主平面和主单元体；(3) 最大切应力。

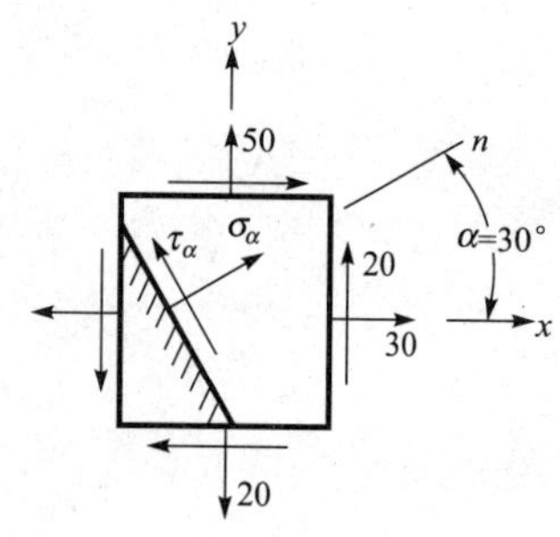

(a)

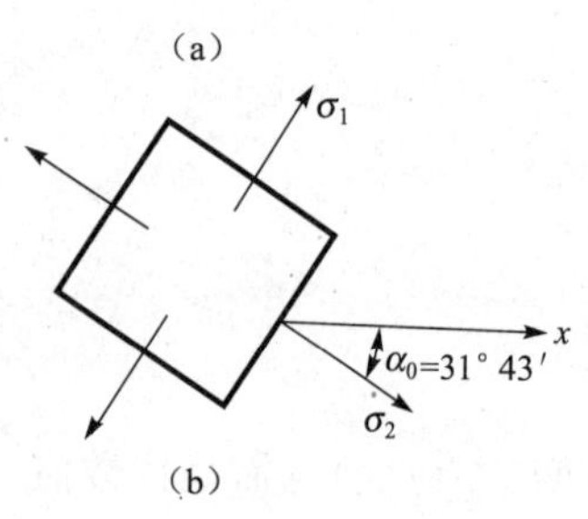

(b)

图 8－5

解 根据应力与 α 角的正负号规定，在图示单元体中，$\sigma_x = 30$ MPa、$\sigma_y = 50$ MPa，$\tau_x = -20$ MPa、$\tau_y = 20$ MPa、$\alpha = +30°$。据此，即可进行下列计算：

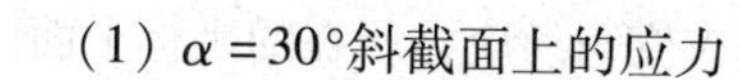

(1) $\alpha = 30°$斜截面上的应力

$$\sigma_\alpha = \frac{\sigma_x + \sigma_y}{2} + \frac{\sigma_x - \sigma_y}{2}\cos 2\alpha - \tau_x \sin 2\alpha$$

$$= \left(\frac{30 + 50}{2} + \frac{30 - 50}{2}\cos 60° + 20\sin 60°\right) \text{ MPa}$$

$$= \left(40 - 10 \times \frac{1}{2} + 20 \times \frac{\sqrt{3}}{2}\right)\text{MPa} = 52.32 \text{ MPa}$$

$$\tau_\alpha = \frac{\sigma_x - \sigma_y}{2}\sin 2\alpha + \tau_x \cos 2\alpha$$

$$= \left(\frac{30 - 50}{2}\sin 60° - 20\cos 60°\right) \text{ MPa}$$

$$= \left(-10 \times \frac{\sqrt{3}}{2} - 20 \times \frac{1}{2} \right) \text{MPa} = -18.66 \text{ MPa}$$

(2) 主应力、主平面与主单元体

$$\left.\begin{matrix} \sigma' \\ \sigma'' \end{matrix}\right\} = \frac{\sigma_x + \sigma_y}{2} \pm \sqrt{\left(\frac{\sigma_x - \sigma_y}{2} \right)^2 + \tau_x^2}$$

$$= \left[\frac{30+50}{2} \pm \sqrt{\left(\frac{30-50}{2} \right)^2 + (-20)^2} \right] \text{MPa}$$

$$= (40 \pm 22.4) \text{MPa} = \begin{cases} 62.4 \\ 17.6 \end{cases} \text{MPa}$$

已知的一个主平面是与纸面平行的平面,其上的主应力为零。由此得到三个主应力,依次为

$$\sigma_1 = 62.4 \text{ MPa} \qquad \sigma_2 = 17.6 \text{ MPa} \qquad \sigma_3 = 0$$

主应力的方向(即主平面的方位角)可由下式求得:

$$\tan 2\alpha_0 = \frac{-2\tau_x}{\sigma_x - \sigma_y} = -\frac{2(-20)}{30-50} = -2$$

查反三角函数表得

$$2\alpha_0 = -63°26' \qquad \alpha_0 = -31°43'$$

由于 $\sigma_x < \sigma_y$,故将 y 轴按顺时针方向旋转 $31°43'$,即得到 σ_1 的方位线,与之垂直的便是 σ_2 的方位线了。据此画出主单元体图,如图 8-5(b)所示。

(3) 最大切应力

$$\tau_{\max} = \frac{\sigma_1 - \sigma_3}{2} = \frac{62.4-0}{2} \text{ MPa} = 31.2 \text{ MPa}$$

其所在截面与 σ_1、σ_3 所在平面各成45°。

分析与讨论

(1) 此类问题是二向(平面)应力状态分析中最常见的问题。在用解析法求斜截面上的应力或确定主应力和主平面时,务必注意 σ_x、σ_y、τ_x、τ_y 和 α 的正负号,切勿搞错。

(2) 由主平面方位角公式

$$\tan 2\alpha_0 = \frac{-2\tau_x}{\sigma_x - \sigma_y}$$

可以解出相差90°的两个角度:α_0 和 $\alpha_0 \pm 90°$。故只需得到一个锐角值 α_0,即可确定两个主平面。

例 8-2 试用图解法解例 8-1。

解 选取比例尺 1 cm = 10 MPa,建立 $\sigma - \tau$ 直角坐标系,如图 8-6 所示。

(1) 作应力圆

由 x 面上的应力值确定点 $D_1(30, -20)$,由 y 面上的应力值确定点 $D_2(50,20)$,连接 D_1 与 D_2 两点,交 σ 轴于 C 点,C 点为应力圆的圆心。以 C 为圆心、CD_1 为半径作出应力圆,如图 8-6 所示。

(2) 求 $\alpha = 30°$斜截面上的应力

使半径 CD_1 逆时针转过 60°到 CE 的位置,E 点就对应着 $\alpha = 30°$的斜截面。量出 E 点的坐标(52.5,19),可以得到 $\sigma_\alpha = 52.5$ MPa, $\tau_\alpha = -19$ MPa。

(3) 主应力、主平面与主单元

A_1、A_2 两点的横坐标就是所求的两个主应力,它们对应的截面就是两个主平面。

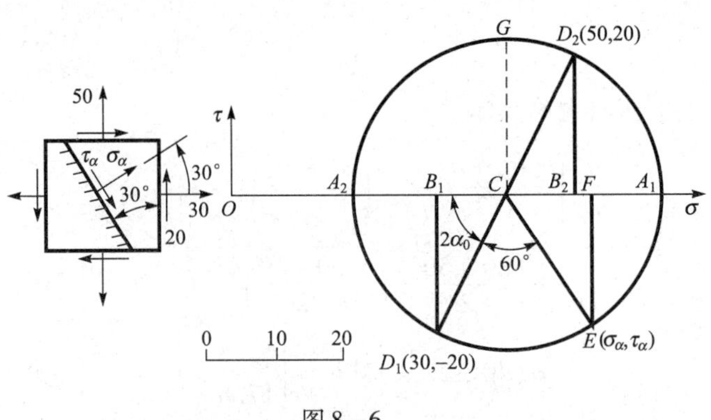

图 8 - 6

量得 $OA_1 = 63\ \text{MPa}$ $OA_2 = 17.5\ \text{MPa}$

三个主应力依次为 $\sigma_1 = 63\ \text{MPa}$，$\sigma_2 = 17.5\ \text{MPa}$，$\sigma_3 = 0$

量得圆心角$\angle D_1CA_2 = -63°$，得 $\alpha_0 = -31°30'$，该主平面上的主应力为 $\sigma_2 = 17.5\ \text{MPa}$。据此即可画出主单元体图，如图 8 - 5(b)所示。

(4) 最大切应力

最得应力圆上最高点 G 的纵坐标

$$\tau = 22.5\ \text{MPa}$$

这是由 σ_1 与 σ_2 所确定的极值切应力，而非单元体的最大切应力。最大切应力恒为

$$\tau_{\max} = \frac{\sigma_1 - \sigma_3}{2} = \frac{63}{2}\ \text{MPa} = 31.5\ \text{MPa}$$

务请注意。

分析与讨论

(1) 用应力圆分析二向应力状态是一种比较简便的方法，其精度虽不如解析法，但也能满足工程要求。用应力圆来分析二向应力状态时，关键是掌握应力圆与单元体的对应关系。

(2) 此类问题也可应用应力圆中的几何关系求解，特别对求主应力、主平面和最大切应力最为方便。例如本例中，

$$CB_2 = CB_1 = \frac{OB_2 - OB_1}{2} = \left(\frac{50 - 30}{2}\right)\ \text{MPa} = 10\ \text{MPa}$$

$$OC = OB_1 + CB_1 = (30 + 10)\ \text{MPa} = 40\ \text{MPa}$$

应力圆半径 $R = CD_2 = CA_1 = CA_2 = \sqrt{(CB_2)^2 + (B_2D_2)^2}$

$$= \sqrt{10^2 + 20^2}\ \text{MPa} = 22.4\ \text{MPa}$$

$$\sigma_1 = OA_1 = OC + R = (40 + 22.4)\ \text{MPa} = 62.4\ \text{MPa}$$

$$\sigma_2 = OA_2 = OC - R = (40 - 22.4)\ \text{MPa} = 17.6\ \text{MPa}$$

$$\sigma_3 = 0$$

$$\tau_{\max} = \frac{\sigma_1 - \sigma_3}{2} = \frac{62.4}{2}\ \text{MPa} = 31.2\ \text{MPa}$$

由

$$\tan 2\alpha_0 = \frac{B_1D_1}{CB_1} = \frac{20}{10} = 2$$

得 $\alpha_0=31°43'$。由图知 $\alpha_0<0$,是 x 平面与 σ_2 所在主平面的夹角。

由此可知,如果利用应力圆中的几何关系求解,可不必严格按照比例作图,而只需画出草图即可,而解出的结果为精确解。

例 8-3 在受力物体的某一点处,交为 β 角的两截面上的应力如图 8-7(a)所示。试用图解法和解析法求:(1) 该点处的主应力和主应力的方向;(2) 两截面的夹角 β。

解 (1) 解析法

为求主应力和两截面的夹角 β,必须首先求出 x 截面上的正应力 σ_x。为此,在该点处取单元体,如图 8-7(c)所示。

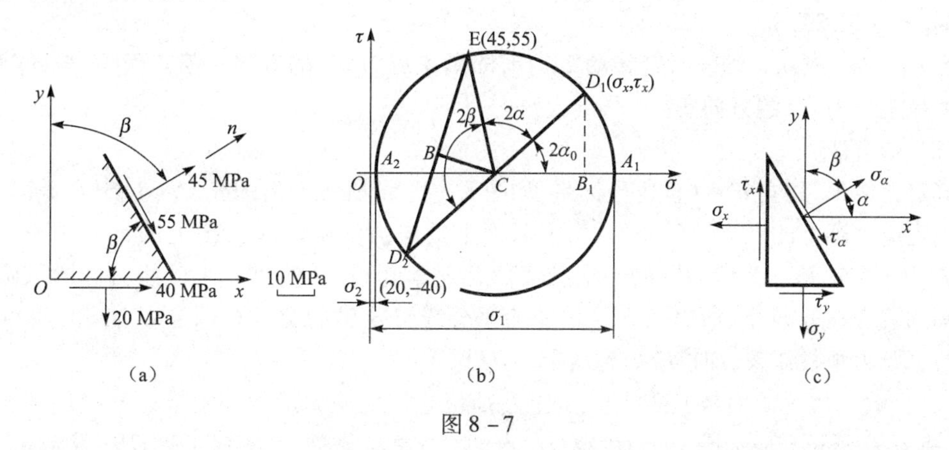

图 8-7

由斜截面的应力公式

$$\sigma_\alpha=\frac{\sigma_x+\sigma_y}{2}+\frac{\sigma_x-\sigma_y}{2}\cos 2\alpha-\tau_x\sin 2\alpha$$

$$\tau_\alpha=\frac{\sigma_x-\sigma_y}{2}\sin 2\alpha+\tau_x\cos 2\alpha$$

消去参变量 2α,可得应力圆方程

$$\left(\sigma_\alpha-\frac{\sigma_x+\sigma_y}{2}\right)^2+\tau_\alpha^2=\left(\frac{\sigma_x-\sigma_y}{2}\right)^2+\tau_x^2$$

因为 x 截面、y 截面和 α 截面分别对应着应力圆上的点,它们的应力值必然满足应力圆方程。据此,将 $\sigma_\alpha=45$ MPa、$\tau_\alpha=55$ MPa、$\tau_x=40$ MPa、$\sigma_y=20$ MPa 代入该方程,得

$$\left(45-\frac{\sigma_x+20}{2}\right)^2+55^2=\left(\frac{\sigma_x-20}{2}\right)^2+40^2$$

解出

$$\sigma_x=102\ \text{MPa}$$

求得 α 值后,才能求 β 值。将已知各值代回斜截面应力公式,得下列两方程:

$$\begin{cases}41\cos 2\alpha-40\sin 2\alpha=-16\\41\sin 2\alpha+40\cos 2\alpha=55\end{cases}$$

联立求解,得 $2\alpha=61°10'$,$\alpha=30°35'$。由于 $\alpha+\beta=90°$,故 $\beta=59°25'$。

最后,求主应力的大小及其方向。由主应力公式,得

$$\left.\begin{matrix}\sigma'\\\sigma''\end{matrix}\right\}=\frac{\sigma_x+\sigma_y}{2}\pm\sqrt{\left(\frac{\sigma_x-\sigma_y}{2}\right)^2+\tau_x^2}=\left[\frac{102+20}{2}\pm\sqrt{\left(\frac{102-20}{2}\right)^2+40^2}\right]\ \text{MPa}$$

$$=\begin{cases}118.3\ \text{MPa}\\3.72\ \text{MPa}\end{cases}$$

已知主平面上的主应力为零,故三个主应力依次为 $\sigma_1=\sigma'=118.3$ MPa,$\sigma_2=3.72$ MPa,$\sigma_3=0$。顺便算出本例的最大切应力为 $\tau_{\max}=\dfrac{\sigma_1-\sigma_3}{2}=59.2$ MPa。

由主平面的方位角(即主应力的方向角)公式,得

$$\tan 2\alpha_0=\frac{-2\ \tau_x}{\sigma_x-\sigma_y}=\frac{-2\times 40}{102-20}=-0.975\ 6$$

故 $2\alpha_0=-44.2°,\alpha_0=-22.1°$

因 $\sigma_x>\sigma_y$,故从 x 轴顺时针转动 22.1°,即是主应力 σ_1 的方向。不言而喻,与 σ_1 垂直的方向就是主应力 σ_2 的方向。

(2) 图解法

选定比例尺,建立 $\sigma-\tau$ 直角坐标系,如图 8-7(b)所示。由图 8-7(a)中 β 截面上的应力值确定应力圆上的点 $E(45,55)$;由 y 截面上的应力值确定应力圆上的点 $D_2(20,-40)$。连接 E、D_2 两点,ED_2 为应力圆的一根弦。由几何学知道,弦的垂直平分线必然通过圆心,因应力圆的圆心在 σ 轴上,所以弦 ED_2 的垂直平分线与 σ 轴的交点 C 即为应力圆的圆心。以 C 为圆心,CE 为半径作圆,即得应力圆(图 8-7(b))。

① 求 σ_x。因 x 截面与 y 截面互相垂直,所以它们对应着应力圆上同一直径的两个端点。据此,将 D_2C 延长与应力圆交于 D_1 点,D_1 点即对应着 x 截面,它的横坐标 OB_1 就是 σ_x。由图量得 $\sigma_x=OB_1=103$ MPa。

② 求主应力与主应力的方向。由应力圆可知,A_1、A_2 两点对应着两个主平面,它们的横坐标分别表示两个主应力。已知另一个主平面是与纸面平行的平面,其上的主应力为零。据此,三个主应力依次为

$$\sigma_1=OA_1=120\ \text{MPa}\qquad \sigma_2=3.8\ \text{MPa}\qquad \sigma_3=0$$

由图量得 $\angle D_1CA_1=2\alpha_0=43°,\alpha_0=21.5°$,即从 x 轴顺时针转 21.5°,即得 σ_1 的方向。自然,与 σ_1 垂直的方向就是 σ_2 的方向了。

(3) 求 β 角

应力圆上,由 E 经 A_2 转至 D_2 点,量出 $\angle ECD_2=2\beta=120°$,故 $\beta=60°$。

分析与讨论

由此例题可知,当一点处任意两个截面的应力已知,即可用解析法或图解法分析该点的应力状态。但是必须指出,倘若这两个任意截面的正应力相等而切应力等值反号,则必须同时给出两截面的夹角,才能确定该点的应力状态。这个道理由图解法极易明白。因为在应力圆上,对应的两点所连成的弦,其垂直平分线就是 σ 轴,应力圆的圆心和半径无从确定。给出这两截面的夹角后,就能确定圆心和半径,从而画出应力圆,分析该点的应力状态。

例 8-4 已知某点为三向应力状态。其中 $\sigma_x=30$ MPa、$\tau_x=40$ MPa、$\sigma_y=-20$ MPa、$\tau_y=40$ MPa、$\sigma_z=10$ MPa,如图 8-8(a)所示。试求:(1) 主应力;(2) 最大切应力。

解 这是一个三向应力状态的单元体。其中已知一个主平面和其上的主应力 $\sigma_z=10$ MPa,所以只需求出在 xy 平面内的两个主应力。为此,将单元体沿垂直于 z 轴的方向投影,就得到图8-8(b)所示的平面应力状态的单元体。在 xy 平面内的两个主应力为

$$\left.\begin{matrix}\sigma' \\ \sigma''\end{matrix}\right\} = \frac{\sigma_x + \sigma_y}{2} \pm \sqrt{\left(\frac{\sigma_x - \sigma_y}{2}\right)^2 + \tau_x^2}$$

$$= \left[\frac{30-20}{2} \pm \sqrt{\left(\frac{30+20}{2}\right)^2 + (-40)^2}\right] \text{MPa}$$

$$= \begin{cases} 55.2 \text{ MPa} \\ -42.2 \text{ MPa} \end{cases}$$

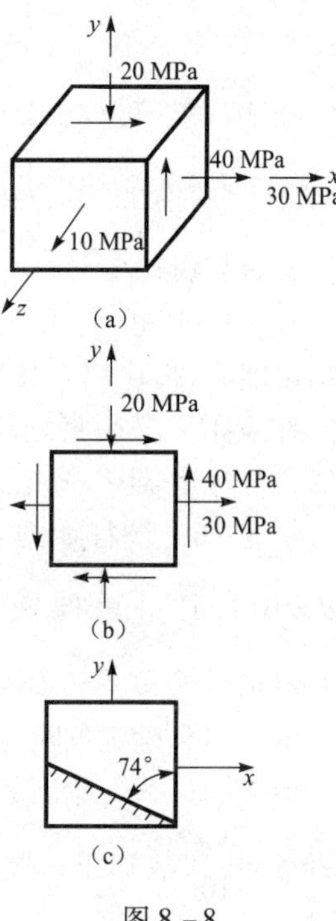

图 8-8

单元体的三个主应力依次为 $\sigma_1 = \sigma' = 52.2$ MPa, $\sigma_2 = \sigma_z = 10$ MPa, $\sigma_3 = \sigma'' = -42.2$ MPa

由公式

$$\tan 2\alpha_0 = \frac{-2\tau_x}{\sigma_x - \sigma_y} = \frac{-2(-40)}{30+20} = \frac{8}{5}$$

得 $2\alpha_0 = 58°$, $\alpha_0 = 29°$。**因 $\sigma_x > \sigma_y$，故由 x 轴反时针转动 29°，即是主应力 σ_1 的方向。σ_3 与 σ_1 垂直。**

单元体的最大切应力为

$$\tau_{\max} = \frac{\sigma_1 - \sigma_3}{2} = \left[\frac{1}{2}(52.2 + 42.2)\right] \text{MPa} = 47.2 \text{ MPa}$$

根据 $\tau_{\max}$ 所在平面必与 σ_2 平行，且与 σ_1 和 σ_3 所在主平面各成 45°，可知最大切应力作用面与 x 面的夹角为 $\alpha_0 + 45° = 74°$，如图 8-8(c) 所示。

分析与讨论

材料力学只研究平面应力状态。对于三向应力状态，必须已知一个主平面及其上的主应力才能应用材料力学的方法进行分析，如本例所述。这时，可把单元体向垂直于已知主应力的方向投影，得到一个平面应力状态的单元体（已知的主应力为零是它的特例），再按平面应力状态分析的方法，求出另外两个主应力及最大切应力等。

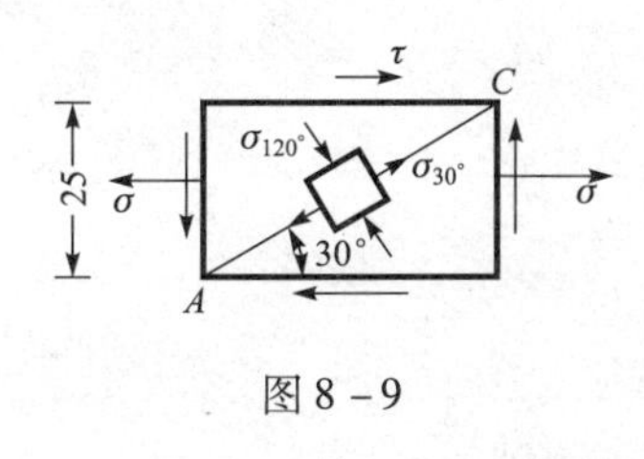

图 8-9

例 8-5　从钢构件内某一点的周围取出一单元体，如图 8-9 所示。根据理论计算已经求得 $\sigma = 30$ MPa, $\tau = 15$ MPa。材料的 $E = 200$ MPa, $\mu = 0.03$，试求对角线 AC 的长度改变。

解　要求对角线 AC 的长度改变，首先应求出单元体在 AC 方向上的线应变。为此，沿对角线 AC 取单元体，如图所示。在本例的情况下，$\sigma_x = \sigma = 30$ MPa、$\tau_x = -15$ MPa、$\sigma_y = 0$，由斜截面的正应力公式可求得

$$\sigma_{30°} = \frac{\sigma_x + \sigma_y}{2} + \frac{\sigma_x - \sigma_y}{2}\cos 2\alpha - \tau_x \sin 2\alpha$$

$$= \left(\frac{30}{2} + \frac{30}{2}\cos 60° + 15\sin 60°\right) \text{MPa} = 35.5 \text{ MPa}$$

$$\sigma_{120°} = \left(\frac{30}{2} + \frac{30}{2}\cos 240° + 15\sin 240°\right) \text{MPa} = -5.5 \text{ MPa}$$

再由广义胡克定律可求得 AC 方向的线应变 $\varepsilon_{30°}$ 为

$$\varepsilon_{30°} = \frac{1}{E}(\sigma_{30°} - \mu\sigma_{120°}) = \frac{1}{200 \times 10^9}(35.5 + 0.3 \times 5.5) \times 10^6$$

$$=\frac{1}{200\times10^3}\times37.15$$

对角线 AC 的长度伸长量为

$$\Delta l_{AC}=l_{AC}\varepsilon_{30^\circ}=\left(\frac{25}{\sin30^\circ}\times\frac{1}{200\times10^3}\times37.15\right)\ \text{mm}=9.29\times10^{-3}\ \text{mm}$$

分析与讨论

在对角线 AC 上任一点处均受到两个相互垂直的正应力,即 σ_{30° 与 σ_{120° 的作用,故要一一求出。然后,再应用广义胡克定律求线应变。

在应用广义胡克定律时,必须注意正应力与线应变的正负号规定,不得搞错。

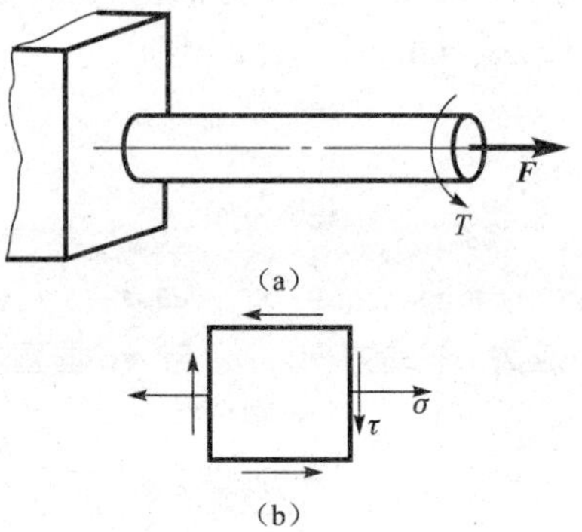

图 8-10

例 8-6 圆杆如图 8-10(a)所示。若已知圆杆直径 $d=10$ mm,外力偶矩 $T=\frac{Fd}{10}$,材料为钢材,$[\sigma]=160$ MPa,试按第三和第四强度理论求许可载荷 $[F]$。

解 (1) 确定危险点处的应力状态

由于圆杆每一截面的内力都相同,轴力皆等于 F,扭矩皆等于 $\frac{Fd}{10}$,故知任一截面的外缘各点均为危险点,其上的应力为

拉应力
$$\sigma=\frac{F}{A}=\frac{4F}{\pi d^2}=\frac{F}{25\pi}\times10^6$$

扭转切应力
$$\tau=\frac{\frac{Fd}{10}}{W_n}=\frac{16Fd}{10\pi d^3}=\frac{F}{62.5\pi}\times10^6$$

原始单元体如图 8-10(b)所示。据此,可求得主应力为

$$\left.\begin{matrix}\sigma_1\\ \sigma_3\end{matrix}\right\}=\frac{\sigma}{2}\pm\sqrt{\left(\frac{\sigma}{2}\right)^2+\tau^2}\qquad \sigma^2=0$$

(2) 根据第三、第四强度理论求许可载荷

$$\sigma_{xd3}=\sigma_1-\sigma_3=\sqrt{\sigma_2+4\tau^2} \tag{a}$$

$$=\sqrt{\left(\frac{F}{25\pi}\times10^6\right)^2+4\left(\frac{F}{62.5\pi}\times10^6\right)^2}\leqslant[\sigma]$$

由此解得

$$F\leqslant\frac{160\times10^6}{\sqrt{\left(\frac{1}{25\pi}\right)^2\times10^{12}+4\left(\frac{1}{62.5\pi}\right)^2\times10^{12}}}\ \text{N}=9\ 800\ \text{N}=9.8\ \text{kN}$$

$$\sigma_{xd4}=\sqrt{\sigma^2+3\tau^2} \tag{b}$$

$$=\sqrt{\left(\frac{F}{25\pi}\times10^6\right)^2+3\left(\frac{F}{62.5\pi}\times10^6\right)^2}\leqslant[\sigma]$$

由此解得

$$F \leqslant \frac{160 \times 10^6}{\sqrt{\left(\frac{1}{25\pi}\right)^2 \times 10^{12} + 3\left(\frac{1}{62.5\pi}\right)^2 \times 10^{12}}} \text{ N} = 10\ 300 \text{ N} = 10.3 \text{ kN}$$

分析与讨论

(1) 上述结果说明**第三强度理论较之第四强度理论偏于安全**。

(2) 平面应力状态中,最常见的是 $\sigma_y = 0$,只有 σ_x 和 τ(如本例)或 $\sigma_x = 0$,只有 σ_y 和 τ。在这种情况下,可直接应用本例的式(a)和式(b),即

$$\sigma_{xd3} = \sqrt{\sigma^2 + 4\tau^2} \qquad \sigma_{xd4} = \sqrt{\sigma^2 + 3\tau^2}$$

计算第三和第四强度理论的相当应力,以简化计算。

练习题

A　判断题(下列命题你认为正确的在题后括号内打"√",错误的打"×")

8A-1　主平面上的切应力一定为零。(　　)

8A-2　在受力构件内任一点处一定存在三个相互垂直的主平面。(　　)

8A-3　极值切应力所在的截面上,正应力为零。(　　)

8A-4　纯弯曲的梁,除中性层上各点外,其余各点均处于单向应力状态。(　　)

8A-5　应力圆上的两点对应着单元体的两个斜截面。这两点间圆弧所对圆心角就是这两个截面间的夹角。(　　)

8A-6　当受力构件的危险点处于复杂应力状态时,脆性材料的构件均按第一强度理论进行强度计算,而塑性材料的构件则按第三或第四强度理论进行强度计算。(　　)

B　填空题

8B-1　通过受力物体内任一点可以确定三个主平面。主平面上的切应力等于________,主平面上的正应力称________。

8B-2　根据一点处主应力不为零的个数,可将一点处的应力状态分为________。

8B-3　通过单元体的任意相互垂直的截面上,其正应力之和等于________,其切应力________。

8B-4　已知一点处的三个主应力 $\sigma_1 \geqslant \sigma_2 \geqslant \sigma_3$,则该点处的最大正应力 σ_{max}________,最大切应力 τ_{max} = ________。

8B-5　若已知一点处的三个主应力 σ_1、σ_2、σ_3 中 $\sigma_2 = 0$,则该点处的胡克定律表达式为________。

8B-6　已知一点处的三个应力 σ_1、σ_2、σ_3,按常用的四个强度理论写出的相当应力表达式 σ_{xd1} = ________,σ_{xd2} = ________,σ_{xd3} = ________,σ_{xd4} = ________。

C　选择题

8C-1　用解析法确定单元体斜截面上的应力和主应力时,必须按应力和方位角的正负号,将它们的代数值代入计算公式中才能得到正确的结果。图 8-11 中,当 $\sigma_x > 0$、$\sigma_y < 0$、$\tau_x > 0$,$\alpha < 0$,指的是单元体(　　)。

8C-2　应力圆表达了一点的应力状态。应力圆上的点与单元体的斜截面有着一一对应关系。应力圆上两点间圆弧所对圆心角等于(　　)。

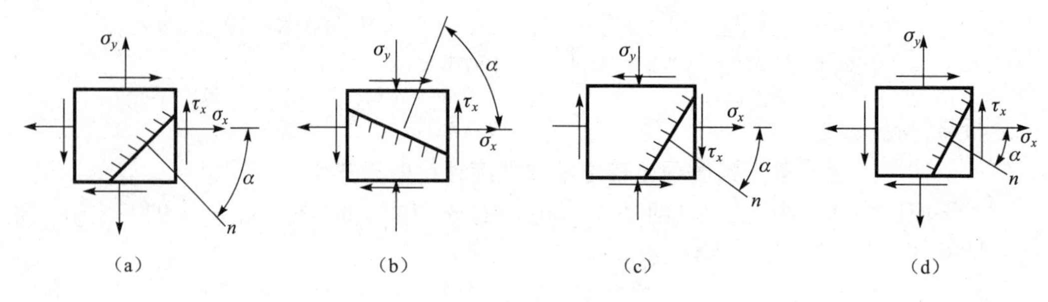

图 8-11

(a) 单元体中对应两截面的夹角,且转向相同

(b) 单元体中对应两截面的夹角,但转向相反

(c) 单元体中对应两截面的夹角的2倍,且转向相同

(d) 单元体中对应两截面的夹角的2倍,但转向相反

D 简答题

8D-1 何谓一点处的应力状态?为什么要研究一点处的应力状态?

8D-2 何谓强度理论?在常温静载下金属材料破坏有哪两种基本形式,是何原因?相应有几类强度理论?

E 应用题

8E-1 平面应力状态的单元体,如图 8-12 所示。试用解析法或图解法求:(1) $\alpha=30°$ 的斜截面上的应力;(2)主应力、主平面和主单元体;(3)最大切应力。

8E-2 一点处的平面应力状态,如图 8-13 所示。已知 $\alpha=60°$, $\sigma_\alpha=20$ MPa, $\tau_\alpha=10\sqrt{3}$ MPa; $\beta=-60°$, $\sigma_\beta=20$ MPa, $\tau_\beta=-10\sqrt{3}$ MPa。试用图解法和解析法求:(1)主应力并绘出主应力单元体;(2)最大切应力。

8E-3 自平面受力物体内取出一体元,其上承受的应力,如图 8-14 所示, $\tau=10\dfrac{\sigma}{\sqrt{3}}$。试求此点的主应力及单元体。

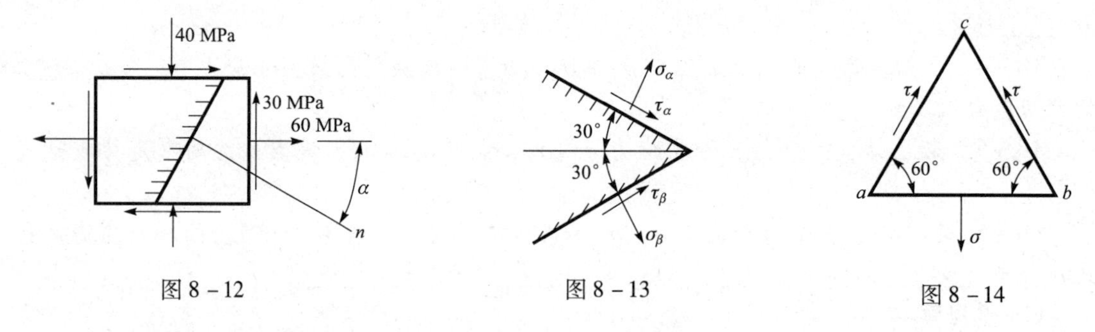

图 8-12　图 8-13　图 8-14

8E-4 试比较图 8-15 所示正方形棱柱体,在下列两种情况下的相当应力 σ_{xd3}。(a)棱柱体自由受压;(b)棱柱体在刚性模内受压。E、μ 已知。

应用题答案

8E-1 (1) $\sigma_\alpha=9.02$ MPa, $\tau_\alpha=-58.3$ MPa

(2) $\sigma_1=68.3$ MPa, $\sigma_2=0$, $\sigma_3=-48.3$ MPa

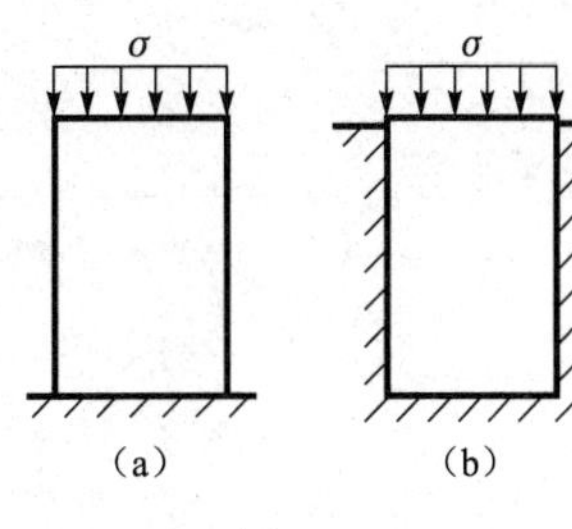

图8-15

(3) $\tau_{max}=58.3$ MPa

8E-2 (1) $\sigma_1=50$ MPa, $\sigma_2=10$ MPa, $\sigma_3=0$

(2) $\tau_{max}=25$ MPa

8E-3 $\sigma_1=\sigma, \sigma_2=0, \sigma_3=-\dfrac{\sigma}{3}$

8E-4 (a) $\sigma_{xd3}=\sigma$ (b) $\sigma_{xd3}=\dfrac{1-2\mu}{1-\mu}\sigma$

9.1 内容提要

在工程实践中,有许多构件同时发生几种基本变形,这种情况称为组合变形。本章只介绍杆件发生弯拉(压)组合变形和弯扭组合变形时的强度计算。但其分析方法同样适用于其他组合变形形式。总的要求是掌握分析组合变形问题的叠加法,掌握偏心拉伸(压缩)时构件的强度计算(只限于力作用在截面的一根对称轴上的情况),掌握拉(压)弯组合变形时构件的强度计算,掌握圆轴发生弯扭组合变形时的强度计算。

本章的重点是分析组合变形的叠加法,难点是理解圆轴发生弯扭组合变形时的强度计算。

9.2 知识要点

1. 组合变形

在载荷作用下杆件同时发生两种或两种以上的基本变形,称为**组合变形**。

2. 采用叠加法解决组合变形强度计算问题

叠加法步骤是:

(1) 外力分析。将组合变形的受力分解、简化,使之各自对应着一种基本变形。

(2) 内力分析,确定危险截面。绘制基本变形的内力图,从而确定危险截面。

(3) 应力分析,确定危险点。

(4) 根据危险点的应力状态及杆件材料,选择强度理论,建立强度条件。对于已经导出的公式,只要符合公式的应用条件,可以直接应用,从而使问题解决变得简捷一些。

特别应当指出的是,应用叠加法,必须是在小变形和材料服从胡克定律的条件下,否则是错误的。

3. 拉(压)弯组合变形及偏心拉(压)变形

可以应用下式:

$$\left.\begin{aligned}\sigma_{\mathrm{Lmax}} &= \frac{F_{\mathrm{N}}}{A}+\frac{M}{W}\leqslant[\sigma_{\mathrm{L}}]\\ \sigma_{\mathrm{Ymax}} &= \left|\frac{F_{\mathrm{N}}}{A}-\frac{M}{W}\right|\leqslant[\sigma_{\mathrm{Y}}]\end{aligned}\right\}$$

应用二式时应当注意:

(1) 式中轴力 F_N 应根据拉正压负的规定取代数值,而弯矩 M 则取绝对值代入。

(2) 对于抗拉压等强度的塑性材料,只需计算 σ_{Lmax} 与 σ_{Ymax} 中绝对值较大者一式满足强度条件即可,另一式不需再计算;对于脆性材料,则需要求 σ_{Lmax} 与 σ_{Ymax} 两式同时满足强度条件。

4. 弯扭组合变形

弯扭组合变形是工程中经常遇到的情况。本章主要介绍圆轴的弯扭组合变形的强度计算问题。有两组公式,一组用应力形式表示,一组用内力形式表示:

$$\left.\begin{aligned}\sigma_{xd3}&=\sqrt{\sigma^2+4\tau^2}\leqslant[\sigma]\\ \sigma_{xd4}&=\sqrt{\sigma^2+3\tau^2}\leqslant[\sigma]\end{aligned}\right\}\tag{a}$$

或

$$\left.\begin{aligned}\sigma_{xd3}&=\frac{1}{W}\sqrt{M^2+T^2}\leqslant[\sigma]\\ \sigma_{xd4}&=\frac{1}{W}\sqrt{M^2+0.75T^2}\leqslant[\sigma]\end{aligned}\right\}\tag{b}$$

在实际计算中,应根据具体情况,选用公式。

关于弯扭组合变形,强调以下几点:

(1) 弯扭组合变形是工程中经常遇到的情况,也是本章的难点和重点,希望大家重视。

(2) (a)**组公式适用条件是危险点的应力状态为简单二向应力状态,即在该点所取单元体上只有单向正应力及切应力**,这是问题的关键。弯扭组合、拉(压)扭组合以及拉(压)弯扭组合变形均可产生这样的应力状态;此外,圆截面杆、非圆截面杆也都可以适用。(b)**组公式只适用于圆截面杆弯扭组合变形**。这是因为公式推导中用了圆截面 $W_n=2W$ 这个特性。如果遇到的问题两组公式均可应用,建议采用(b)组,较简便。

5. 外力分析

在有些情况下,外力分析也很关键。组合变形受力分解、简化可以概括为两种情况:与轴线不平行、不垂直的力分解为与轴线平行的轴向力及与轴线垂直的横向力;不通过截面形心的轴向力向截面形心平移,分解为轴向力与弯曲外力偶,不通过截面形心的横向力向截面形心平移,分解为横向力与扭转外力偶。

9.3 解题指导

例9-1 图9-1(a)所示T形截面构件,在 B 点受 F 力作用。已知材料许用拉应力 $[\sigma_L]=35$ MPa,许用压应力 $[\sigma_Y]=80$ MPa,A 处截面惯性矩 $I_z=15.52\times10^6\ \text{mm}^4$,截面积 $A=4\ 800\ \text{mm}^2$。试确定 F 的许可值。

解 本例梁的受载可分解为轴向力与横向力,轴向力与轴线不重合,可向轴线平移而进一步分解为沿轴线的轴向力及弯曲外力偶,因此梁将在横向力与弯曲外力偶作用下发生弯曲,在沿轴线的轴向力作用下发生拉伸,故此梁为拉伸与弯曲组合变形问题。由于材料拉、压强度不同,需对危险截面的拉、压危险点分别进行强度计算。

(1) 外力分析

外力 F 可分解为轴向力 F_1、横向力 F_2 及弯曲外力偶矩 m_0,如图9-1(b)所示。其值分

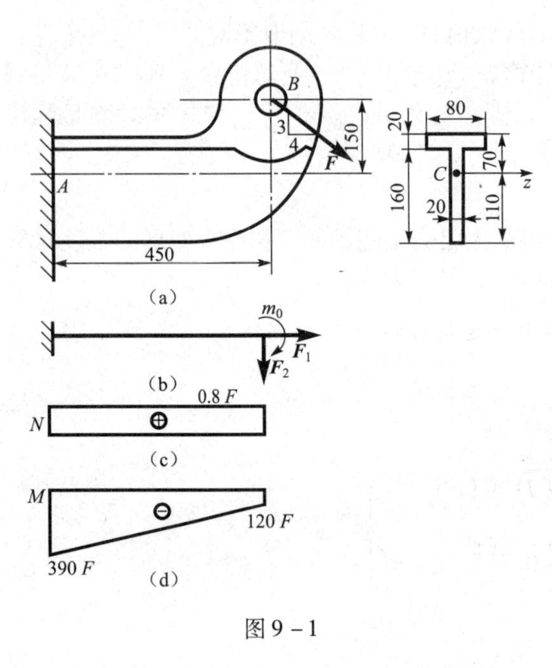

图 9－1

别为

$$F_1 = F\cos\alpha = 0.8F, F_2 = F\sin\alpha = 0.6F$$

$$m_0 = 150F_1 = 120F$$

故梁发生拉伸弯曲组合变形。

（2）内力分析，确定危险截面

梁的轴力图、弯矩图分别如图 9－1(c)、(d)所示，由图可知，梁 A 处截面为危险截面。$F_N = 0.8F, M = 390F$。

（3）应力分析，确定危险点

弯曲中性轴 Z 水平方位，弯曲应力中性轴以上为拉，以下为压；拉伸应力均匀分布。叠加后，截面上边缘点为拉应力危险点，$\sigma_{\text{Lmax}} = \dfrac{F_N}{A} + \dfrac{MY_1}{I_z}$；截面下边缘点为压应力危险点，$\sigma_{\text{Ymax}} = \left|\dfrac{F_N}{A} - \dfrac{MY_2}{I_z}\right|$。

（4）建立强度条件，确定 F 的许可值

由
$$\sigma_{\text{Lmax}} = \frac{F_N}{A} + \frac{MY_1}{I_z} \leqslant [\sigma_L]$$

即
$$\frac{0.8F}{4\ 800} + \frac{390F \times 70}{15.52 \times 10^6} \leqslant 35 \text{ MPa}$$

得
$$F \leqslant 18\ 200 \text{ N} = 18.2 \text{ kN}$$

由
$$\sigma_{\text{Ymax}} = \left|\frac{F_N}{A} - \frac{MY_2}{I_z}\right| \leqslant [\sigma_Y]$$

即
$$\left|\frac{0.8F}{4\ 800} - \frac{390F \times 110}{15.52 \times 10^6}\right| \leqslant 80 \text{ MPa}$$

得
$$F \leqslant 30\ 800 \text{ N} = 30.8 \text{ kN}$$

故 F 的许可值为 $F \leqslant 18.2$ kN。

分析与讨论

（1）在分析危险点的应力组成成分时，可按拉为正、压为负将组成应力按代数值叠加，然后取叠加应力的绝对值建立强度条件，如本例；也可用合成应力各组成成分的绝对值，按同向相加、异向相减的方法叠加。总之，只要力学概念清楚是不难做到的。

（2）单位问题。**本教材中力的单位用 N，长度为 m，则应力单位为 N/m^2，即 Pa；本例中力的单位用 N，长度为 mm，因 1 N/mm^2 = 10^6 N/mm^2，故本例应力以 MPa 为单位，在有些教材中也这样解决单位问题。**

（3）由于拉伸（压缩）与弯曲的组合变形改变了弯曲梁横截面上的应力分布，因此弯曲梁与拉（压）弯组合变形梁的合理截面并不一致。以本例梁而言，由于材料 $[\sigma_Y]/[\sigma_L] = 80/35 = 2.29$，为使最大拉、压应力同时分别达到材料的拉、压许用应力，在仅考虑弯曲应力时，理想截面的下边缘与上边缘到中性轴距离之比 y_2/y_1 也应为 2.29。当受弯之外还受拉时，叠加后的最大拉应力增大，而最大压应力减小，即当最大压应力达到许用压应力时，最大拉应力将超

过许用拉应力。可见，选择拉(压)弯组合变形梁的合理截面时，应考虑叠加后应力分布发生变化的因素。当然，拉(压)、弯相比，后者为主，因此这一影响并不很大。

(4) 本例这类题目，若对危险点的位置及其应力组成缺乏细致的分析，是导致错误的常见原因。如本例的强度条件常被误写为

$$\sigma_{\max}^{+}=\frac{0.8F}{4\ 800}+\frac{390F\times110}{15.52\times10^{6}}\leqslant35\ \text{MPa}$$

需要注意。此外，单位问题也是常常引起错误的原因。

例9-2　传动轴如图9-2(a)所示，其上带轮 C 输入功率，D、E 输出功率，带拉力大小及方向如图所示。带轮直径均为 $D=3$ m，轴材料许用应力$[\sigma]$125 MPa。试设计轴的直径。

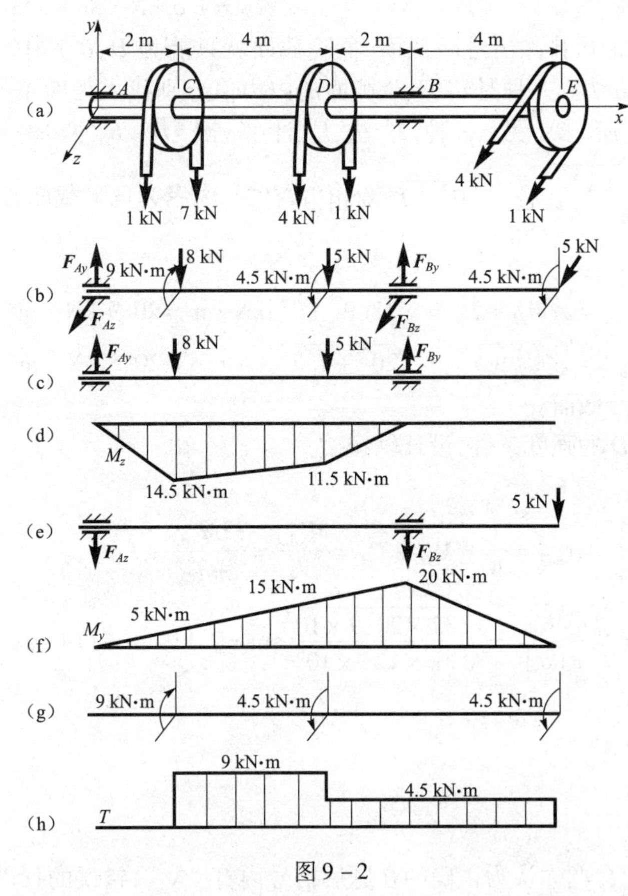

图9-2

解　本例通过外力分析，可知是弯扭组合变形，而且是两个相互垂直平面内的弯曲，作出 M_y、M_z 及扭矩 T 图，从而可以确定危险截面，进而列出强度条件设计轴径。本例虽然从分析解题思路很清楚，但由于题目求解较复杂，因此每一步骤都要很仔细，避免出错。

(1) 外力分析

由于载荷均为横向力且均为已知，故只需将外力向轴线平移，转化为力与扭转外力偶矩，其计算简图如图9-2(b)所示。由平衡方程可求出支座反力

$$F_{Ay}=7.25\ \text{kN}\qquad F_{\text{By}}=5.75\ \text{kN}$$

$$F_{Ax}=2.5\ \text{kN}\qquad F_{Bz}=-7.5\ \text{kN}$$

(2) 内力分析

做垂直平面内 M_z 图、水平面内 M_y 图及扭矩4图，如图9－2(d)、(f)、(h)所示。由内力图知，C、D、B 可以为危险截在，它们的合成弯矩

$$M_C=\sqrt{M_z^2+M_y^2}=\sqrt{14.5^2+5^2}\ \text{kN}\cdot\text{m}=15.3\ \text{kN}\cdot\text{m}$$

$$M_D=\sqrt{M_z^2+M_y^2}=\sqrt{11.5^2+15^2}\ \text{kN}\cdot\text{m}=18.9\ \text{kN}\cdot\text{m}$$

$$M_B=\sqrt{M_z^2+M_y^2}=\sqrt{0+20^2}\ \text{kN}\cdot\text{m}=20\ \text{kN}\cdot\text{m}$$

三个截面的扭矩 T 为

$$T_C=9\ \text{kN}\cdot\text{m}$$

$$T_D=9\ \text{kN}\cdot\text{m}$$

$$T_B=4.5\ \text{kN}\cdot\text{m}$$

由以上数据可知，C 截面可排除出危险截面，危险截面就只能为 D、B 其中一个截面。这里我们可以采用两种计算方法。一种是将 D、B 截面的内力值分别代入强度条件，分别设计轴径，轴径较大者即为所求；另一种方法是计算出 D、B 两截面的相当弯矩 $\left(\sigma=\frac{M}{W}\text{与}\ \sigma_{\text{xd3}}=\frac{\sqrt{M^2+T^2}}{W}\text{比较},\sqrt{M^2+T^2}\text{称相当弯矩}\right)$，大者为危险截面，以此设计轴径。相当弯矩

$$M_{\text{xd}D}=\sqrt{M_D^2+T_D^2}=\sqrt{18.9^2+9^2}\ \text{kN}\cdot\text{m}=20.9\ \text{kN}\cdot\text{m}$$

$$M_{\text{xd}B}=\sqrt{M_B^2+T_B^2}=\sqrt{20^2+4.5^2}\ \text{kN}\cdot\text{m}=20.5\ \text{kN}\cdot\text{m}$$

故可确定截面 D 为危险截面。

(5) 列危险截面 D 的强度条件，设计轴径

由第三强度理论

$$\sigma_{\text{xd3}}=\frac{1}{W}\sqrt{M_D^2+T_D^2}=\frac{M_{\text{xd}D}}{W}=\frac{32M_{\text{xd}D}}{\pi d^3}\leqslant[\sigma]$$

得

$$d\geqslant\sqrt[3]{\frac{32M_{\text{xd}D}}{\pi[\sigma]}}=\sqrt[3]{\frac{32\times20.9\times10^3}{\pi\times125\times10^6}}\ \text{m}=0.119\ \text{m}=119\ \text{mm}$$

可取 $d=120$ mm。

练习题

A 判断题（下列命题你认为正确的在题后括号内打“√”，错误的打“×”）

9A－1 在拉弯组合变形的杆中，横截面上可能没有中性轴。 ( )

9A－2 在图9－3所示刚架中，①、②、③、④杆均不是组合变形。 ( )

9A－3 在图9－4所示刚架中，①、②、③杆均不是组合变形。 ( )

9A－4 已知圆轴的直径为 d，其危险截面同时承受弯矩 M、扭矩 T 及轴力 F_N 的作用。用第三强度理论写出的该截面危险点的相当应力为

$$\sigma_{\text{xd3}}=\sqrt{\left(\frac{32M}{\pi d^3}+\frac{4F_N}{\pi d^2}\right)^2+\left(\frac{32T}{\pi d^3}\right)^2}$$ ( )

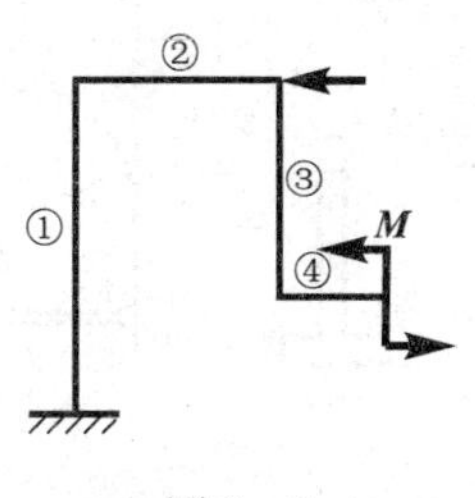

图9-3

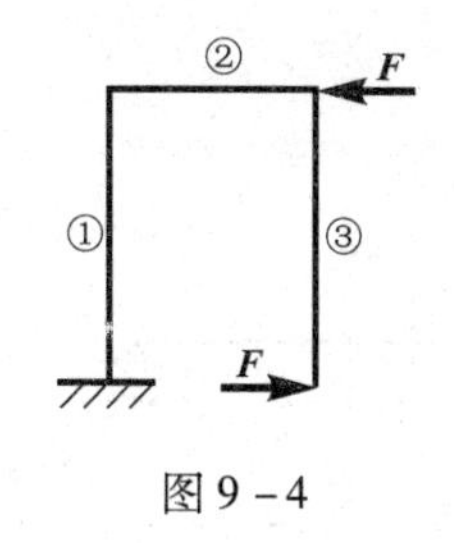

图9-4

9A-5 图9-5所示三种受压杆件，杆①、杆②和杆③中的最大压应力分别用 $\sigma_{\max 1}$、$\sigma_{\max 2}$和 $\sigma_{\max 3}$表示，它们之间的关系是

$$\sigma_{\max 2} > \sigma_{\max 1} = \sigma_{\max 3} \qquad (\quad)$$

9A-6 图9-6所示构架，矩形截面杆 AB 的宽和高分别为 b 和 h，长为 l，集中力 F 位于杆 AB 中央，杆 AB 中的最大拉应力为

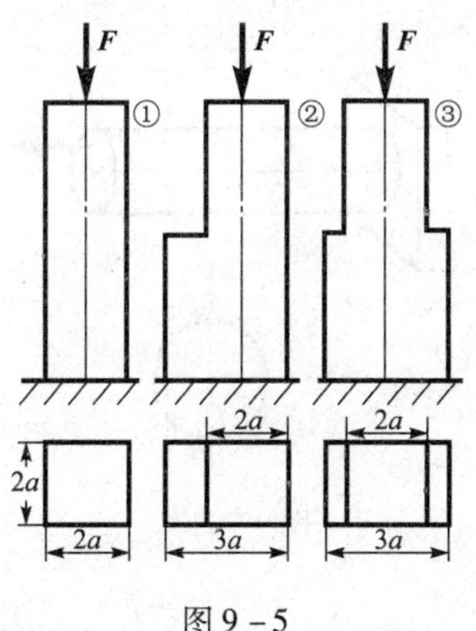

图9-5

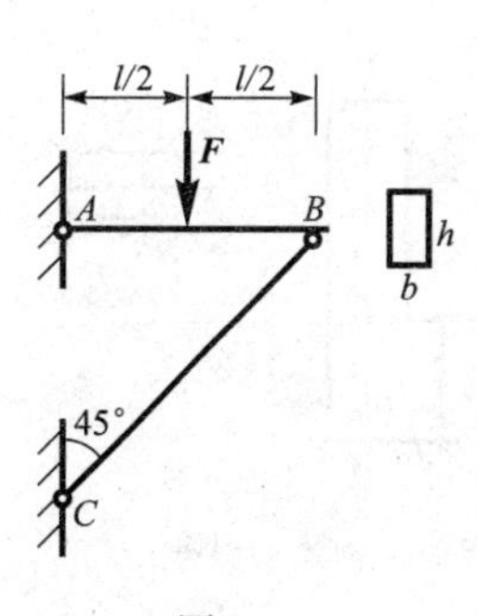

图9-6

$$\sigma_{\max} = \frac{F}{2bh}\left(1 + 3\,\frac{l}{h}\right) \qquad (\quad)$$

B 填空题

9B-1 曲杆如图9-7所示，其 AB、BC、CD 三段分别相互垂直，受 BCD 面内的 F 力作用。该杆上产生拉弯组合变形的杆段是________。

9B-2 上题曲杆，发生弯扭组合变形的杆段是________。

9B-3 解决组合变形强度计算问题采用________法，其步骤是：(1)________；(2)________；(3)________；(4)________。

9B-4 应用叠加法，必须是在________条件下才是正确的。

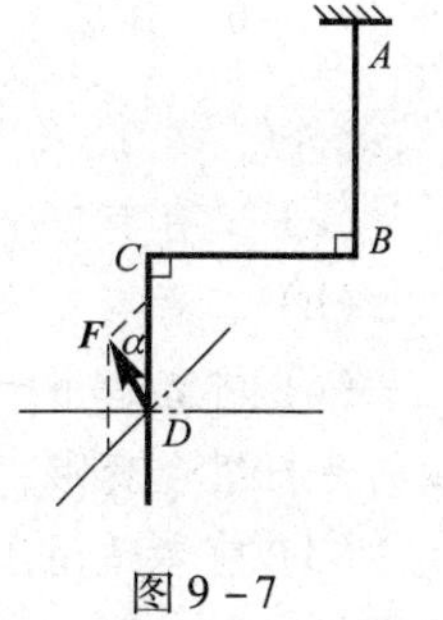

图9-7

C 选择题

9C-1 矩形截面简支梁如图9-8所示，以 C_- 和 C_+ 面分别表示 C 略左及 C 略右截面，则该梁的最大拉应力及最大压应力分别发生在(　　)。

(a) C_+ 面上边缘及 C_- 面上边缘　　(b) C_- 面上边缘及 C_- 面下边缘

(c) C_- 面下边缘及 C_- 面上边缘　　(d) C_+ 面下边缘及 C_- 面下边缘

9C-2 从强度观点考虑，图9-8所示塑性材料 AB 梁在所列4种截面中应选用的最合理的截面是(   )。

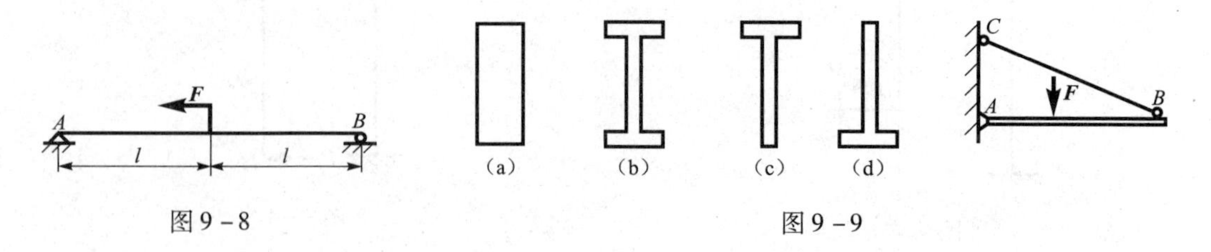

图9-8

图9-9

9C-3 阶梯杆尺寸及受载如图9-10所示,设其上段最大压应力为$\sigma_{\max1}$,下段最大压应力为$\sigma_{\max2}$,则$\sigma_{\max1}/\sigma_{\max2}$为(   )。

(a) 3　　(b) 3/2　　(c) 1　　(d) 3/4

9C-4 圆轴受载如图9-11所示,该轴危险截面上的危险点是(   )。

(a) A点　　(b) B点　　(c) A点及B点　　(d) 截面圆周上各点

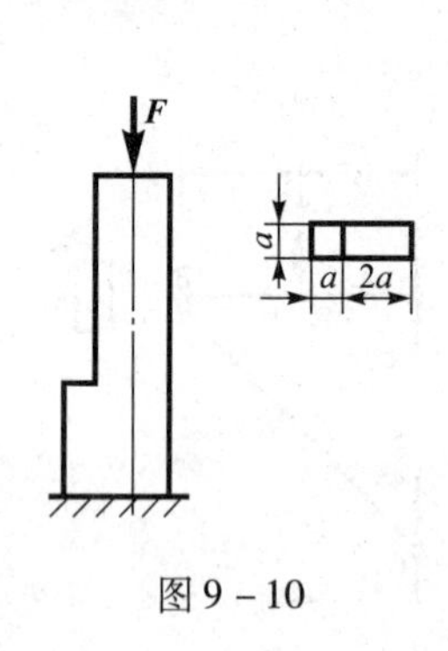

图9-10

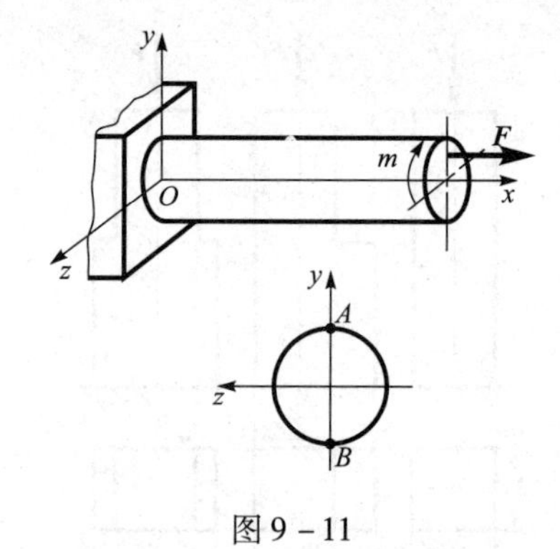

图9-11

9C-5 图9-12所示圆钢轴在轮上外力F_z及F_y作用下匀速转动,该轴的危险截面是(   )。

(a) A面　　(b) B面　　(c) C面　　(d) D面

9C-6 强度条件$\sigma_{xd3}=\sqrt{\sigma^2+4\tau^2}\leqslant[\sigma]$及$\sigma_{xd3}=\dfrac{1}{W}\sqrt{M^2+T^2}\leqslant[\sigma]$均适用于塑性材料,此外(   )。

(a) 二者有完全相同的适用范围

(b) 二者有完全不同的适用范围

(c) 前者适用于危险点为简单二向应力状态的各种杆的各种组合变形,后者适用于各种轴的弯扭组合变形

(d) 前者适用于危险点为简单二向应力状态的各种杆的各种组合变形,后者适用于圆轴的弯扭组合变形。

9C-7 图9-13所示三种受压杆件,杆①、杆②和杆③中的最大压应力分别用$\sigma_{\max1}$、$\sigma_{\max2}$和$\sigma_{\max3}$表示,它们之间的关系是(   )。

(a) $\sigma_{\max1}<\sigma_{\max2}<\sigma_{\max3}$　　(b) $\sigma_{\max1}<\sigma_{\max2}=\sigma_{\max3}$

(c) $\sigma_{\max1}<\sigma_{\max3}<\sigma_{\max2}$　　(d) $\sigma_{\max1}=\sigma_{\max3}<\sigma_{\max2}$

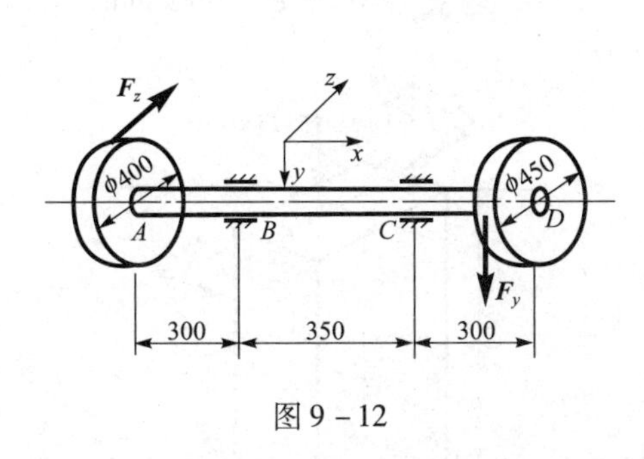

图9-12

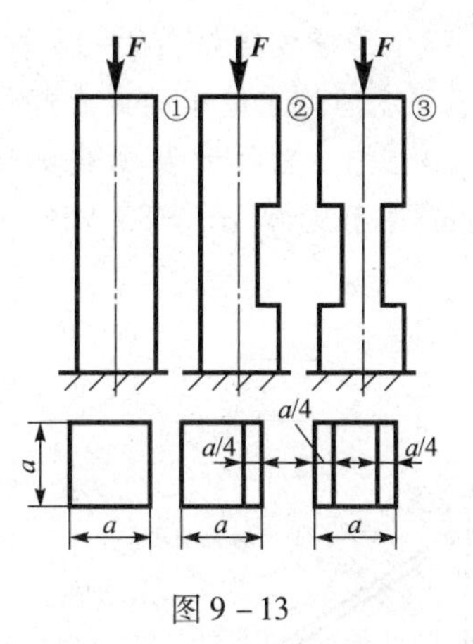

图9-13

9C-8　图9-14所示构架中，(　　)为组合变形。

(a) 杆①、②　　(b) 杆③、④　　(c) 杆①、②、③、④　(d) 无

9C-9　矩形截面梁两端固定，如图9-15所示。设梁的初始温度为0 ℃，最终温度在梁的上缘为t_1℃，梁的下缘为t_2℃($t_1 > t_2$)，沿梁的高度温度呈线性变化，则下列结论中(　　)是正确的(当温度为0 ℃时梁内无初应力)。

(1) 温度变化后，梁内各点均处于单向应力状态

(2) 温度变化后，梁的变形状态为压缩与弯曲组合

(3) 温度变化后，梁截面的中性轴通过截面形心

(a) (1)、(2)　　(b) (2)、(3)　　(c) (1)、(3)　　(d) 全对

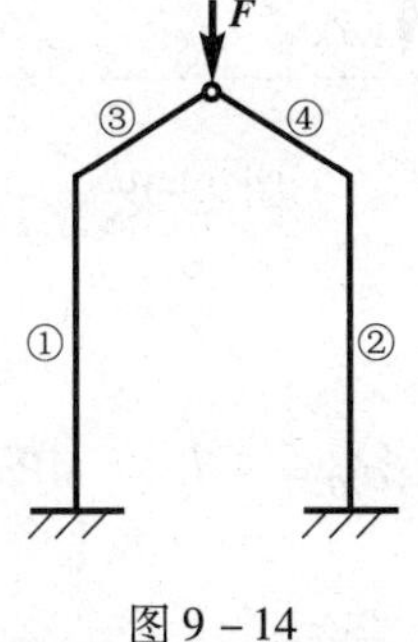

图9-14

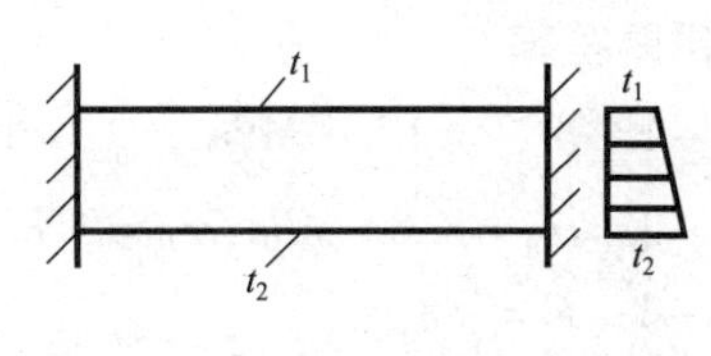

图9-15

D　简答题

9D-1　何谓组合变形?

9D-2　简述叠加法求解组合变形问题的步骤。叠加法应用的条件是什么?

9D-3　写出拉(压)与弯曲组合变形的强度条件。

9D-4　写出弯扭组合变形强度条件的两组公式。

E　应用题

9E-1　梁*ABC*由两根12.6号槽钢组成，并由拉杆*BD*吊起，如图9-16所示。已知$F = 35$ kN。试求梁内最大拉应力σ_{max}^{+}及最大压应力σ_{max}^{-}。12.6号槽钢的有关数据为：截面积$A = 15.69$ cm^2，对于对称轴的抗弯截面系数$W_z = 62.137$ cm^3。

9E-2　图9-17所示短柱受载荷F和F_1的作用，试求固定端截面上角点*A*、*B*、*C*及*D*的正应力。

9E－3 手摇绞车如图 9－18 所示，轴的直径 $d=30$ mm，材料的许用应力 $[\sigma]=80$ MPa。试按第三强度理论求绞车的最大起吊重量 F。

9E－4 传动轴尺寸及受载如图 9－19 所示。已知二轮直径均为 $D=600$ mm，轴直径 $d=60$ mm，许用应力 $[\sigma]=85$ MPa，试校核该轴的强度。

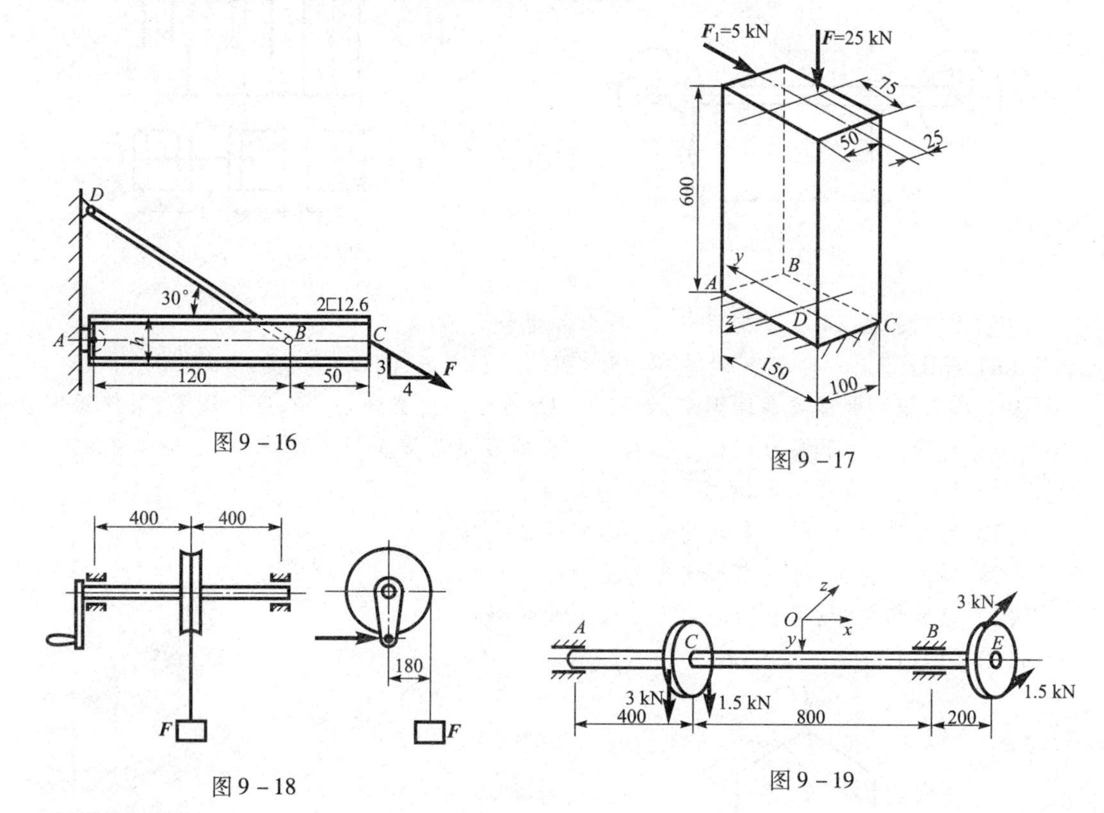

图 9－16

图 9－17

图 9－18

图 9－19

应用题答案

9E－1 $\sigma_{\max}^{+}=17.4$ MPa，$\sigma_{\max}^{-}=15.9$ MPa

9E－2 $\sigma_A=8.83$ MPa，$\sigma_B=3.83$ MPa，$\sigma_C=-12.2$ MPa，$\sigma_D=-7.17$ MPa

9E－3 $F=788$ N

9E－4 C 为危险截面，$\sigma_{xd3}=62.1$ MPa $<[\sigma]$，安全

第 10 章　压杆的稳定问题

10.1　内容提要

稳定性是材料力学的基本问题之一。本章以受压直杆为例，介绍稳定平衡与不稳定平衡，临界力和柔度等概念；给出欧拉公式并阐明其适用范围；在此基础上，介绍大、中、小柔度杆的临界力计算方法，以及压杆的稳定计算。本章的重点是压杆的三种类型及其临界应力计算和压杆的稳定计算。难点是确定压杆的类型。

10.2　知识要点

1. 基本概念

直杆在轴向压力作用下处于直线平衡状态，受到横向力干扰作用发生弯曲，但当干扰力消除后仍能恢复原来的直线平衡状态，这种平衡称为**稳定平衡**；否则，称为**不稳定平衡**。压杆不能保持原有的直线平衡形式，丧失了继续承载的能力，这种现象通常称为**失稳**。压杆从稳定平衡状态过渡到不稳定平衡状态载荷的临界值称为**临界力**。压杆在临界力作用下，横截面上的平衡应力称为**临界应力**。计算稳定问题的关键就是求出压杆的临界力或临界应力。

2. 临界应力的计算

根据柔度的不同，压杆分为大、中、小三种柔度杆。

（1）$\lambda \geqslant \lambda_{\mathrm{P}}$，大柔度杆或称细长杆，按欧拉公式计算临界力或临界应力

$$F_{\mathrm{lj}}=\frac{\pi^2 EI}{(\mu l)^2}$$

或

$$\sigma_{\mathrm{lj}}=\frac{\pi^2 E}{\lambda^2}$$

（2）$\lambda_0 \leqslant \lambda \leqslant \lambda_{\mathrm{P}}$，中柔度杆，按经验公式计算临界应力　$\sigma_{\mathrm{lj}}=a-b\lambda$

对于塑性材料　$\lambda_0=\dfrac{a-\delta_s}{b}$，$\lambda_{\mathrm{P}}=\sqrt{\dfrac{\pi^2 E}{\sigma_P}}$；对于脆性材料　$\lambda_0=\dfrac{a-\sigma_b}{b}$

（3）$\lambda \leqslant \lambda_0$，小柔度杆或称粗短杆，按强度计算。

在临界应力计算中应说明三点。一点是临界力与临界应力的关系 $F_{\mathrm{lj}}=\sigma_{\mathrm{lj}}A$，$A$ 为压杆横截面积，二者知道一个，另一个即可知道，这在稳定性计算中很重要。另一点说明的就是长度

系数μ,它代表支承方式对临界力的影响。两端约束越强,μ值越小,临界力越高;反之亦然。两端铰支,$\mu=1$;一端自由、一端固定,$\mu=2$;两端固定,$\mu=0.5$;一端固定、一端铰支,$\mu=0.7$。第三点说明的就是**柔度**$\lambda=\frac{\mu l}{i}$,是一个量纲为1的量,它综合反映了影响临界应力的各种因素:包括反映压杆支承情况的μ,压杆长度l和反映截面几何性质的惯性半径i。柔度λ越小,其临界应力越高。

3. 压杆的稳定性计算

压杆的稳定性计算本教材采用安全系数法。压杆的临界应力与工作应力之比为压杆的工作安全系数n,它应该不小于规定的稳定安全系数n_W。

$$n=\frac{\sigma_{lj}}{\sigma}\geqslant n_W$$

或

$$n=\frac{F_{lj}}{F}\geqslant n_W$$

10.3　解题指导

例10-1　木柱长$l=7$ m,截面为矩形120 mm×200 mm。杆在最小刚度平面内弯曲时,两端均为固定端,如图10-1(a)所示;杆在最大刚度平面内弯曲时,两端均为铰支,如图10-1(b)所示。已知木材的弹性模量$E=10$ GPa,$\lambda_P=110$。试求此木柱的临界力和临界应力。

解　本例要求计算出压杆的临界力和临界应力,由于在两个可能失稳平面内压杆的刚度和约束情况不同,故应分别计算出两个可能失稳平面内的临界力和临界应力,取其最小的即为所求。

(1) 计算在最小刚度平面内的临界应力和临界力

设在最小刚度平面内失稳,据题意知,其长度系数$\mu_1=\frac{1}{2}$,此平面内的截面惯性矩(图10-1(c)中对z轴的惯性矩)为

$$I_z=\left(\frac{1}{12}\times200\times120^3\right)\text{ mm}^4=288\times10^5\text{ mm}^4=2.88\times10^{-5}\text{ m}^4$$

对z轴的惯性半径

$$i_z=\sqrt{\frac{I_z}{A}}=\sqrt{\frac{2.88\times10^{-5}}{0.12\times0.2}}\text{ m}=0.034\ 6\text{ m}$$

柔度　$$\lambda_z=\frac{\mu_1 l}{i_z}=\frac{\frac{1}{2}\times7}{0.034\ 6}=101<\lambda_P=110$$

因此在此平面失稳时杆是中等柔度杆,故应用经验公式计算其临界应力σ_{lj}。由教材中的表10-2查得,木材$a=28.7$ MPa,$b=0.19$ MPa,故由直线公式得

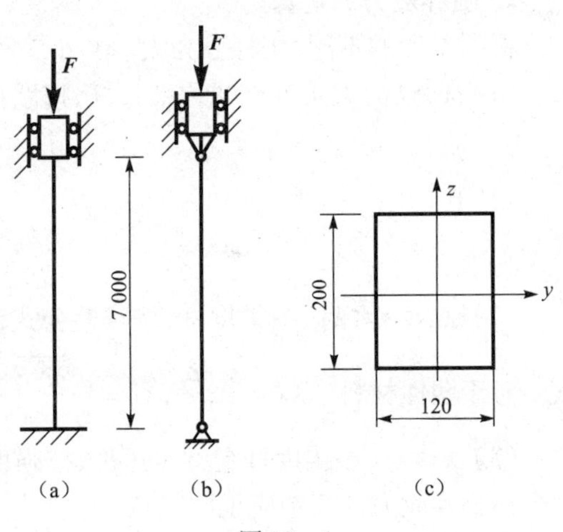

图10-1

$$\sigma_{lj}=a-b\lambda=(28.7-0.19\times101)\ \text{MPa}=9.5\ \text{MPa}$$

所以其临界力

$$F_{lj}=\sigma_{lj}A=[9.5\times10^6\times(0.2\times0.12)]\ \text{N}=228\times10^3\ \text{N}=228\ \text{kN}$$

(2) 计算在最大刚度平面内的临界应力和临界力

设在最大刚度平面内失稳,则长度系数 $\mu_2=1$。最大刚度平面的截面惯性矩(图 10-1(c)中对 y 轴的惯性矩)为

$$I_y=\left(\frac{1}{12}\times120\times200^3\right)\ \text{mm}^4=800\times10^5\ \text{mm}^4=8\times10^{-5}\ \text{m}^4$$

对 y 轴的惯性半径

$$i_y=\sqrt{\frac{I_y}{A}}=\sqrt{\frac{8\times10^{-5}}{0.2\times0.12}}\ \text{m}=0.0577\ \text{m}$$

柔度
$$\lambda_y=\frac{\mu_2 l}{i_y}=\frac{1\times7}{0.0577}=121>\lambda_P=110$$

因此在此平面内压杆为大柔度杆,应按欧拉公式计算临界应力和临界力

$$\sigma_{lj}=\frac{\pi^2E}{\lambda_y^2}=\frac{\pi^2\times10\times10^9}{(121)^2}\ \text{N/m}^2=6.7\times10^6\ \text{N/m}^2=6.7\ \text{MPa}$$

$$F_{lj}=\sigma_{lj}A=[6.7\times10^6\times(0.2\times0.12)]\ \text{N}=161\times10^3\ \text{N}=161\ \text{kN}$$

由以上分析可见,若此杆失稳将发生在最大刚度平面内,临界力为 161 kN,临界应力为 $\sigma_{lj}=6.7$ MPa。

分析与讨论

(1) 在计算压杆稳定问题时,首先要求出柔度 λ 的值,确定出压杆的类型,然后再决定用大柔度杆或中柔度杆的公式计算临界应力,不要不加分析地就采用欧拉公式。

(2) 通过本例可见,当最小刚度平面内与最大刚度平面内的杆端约束不同时,失稳不一定发生在最小刚度平面内。究竟如何,需分别按两个平面计算出临界应力和临界力,最小的即为所求。

(3) 因为对于相同材料制成的压杆,其临界应力和临界力仅与柔度 λ 有关,所以本例还可以这样计算:**分别计算出两个纵向平面内的柔度 λ_z 和 λ_y,柔度值大的平面内最先失稳,是起控制作用的,只需按此平面计算即可,也就是说,只需按柔度大的纵向平面内失稳时相应的公式计算临界应力和临界力。**

例 10-2 合金材料管外径 $D=37$ mm,内径 $d=25$ mm,长 $l=1.2$ m,为确定其临界力,测得受拉力 $F=30$ kN 及 $F_1=60$ kN 时,其500 mm 标距内的伸长分别为0.306 mm 及0.612 mm。试求此管两端铰支时的临界力 F_{lj}。

解 本例要求确定压杆的临界力,但只知道其几何参数而不知其材料性质参数,为此从提供的拉伸资料可求出材料的弹性模量 E。假若压杆为大柔度杆,即可用欧拉公式计算临界力 F_{lj},问题即可解决;假若为中柔度杆,需用经验公式计算临界应力,而题目又未给出 σ_s 及 a、b 数据,故无法求解。

(1) 确定压杆的几何参数

截面面积
$$A=\frac{\pi}{4}(D^2-d^2)=\frac{\pi}{4}(37^2-25^2)\ \text{mm}^2=584\ \text{mm}^2$$

惯性矩
$$I=\frac{\pi}{64}(D^4-d^4)=\frac{\pi}{64}(37^4-25^4)\ \text{mm}^4=7.28\times10^4\ \text{mm}^4$$

惯性半径
$$i=\sqrt{\frac{I}{A}}=\sqrt{\frac{7.28\times10^4}{584}}\ \text{mm}=11.2\ \text{mm}$$

（2）确定材料的弹性模量 E

由于拉伸资料提供的两组数据表明材料仍处于弹性阶段，故可用胡克定律计算弹性模量 E

$$\Delta N=30\ \text{kN},\Delta(\Delta l)=0.306\ \text{mm}$$

故
$$E=\frac{\Delta(N)l}{\Delta(\Delta l)A}=\frac{30\times10^3\times500\times10^{-3}}{0.306\times10^{-3}\times584\times10^{-6}}\ \text{N/m}^2=83.9\times10^9\ \text{N/m}^2=83.9\ \text{GPa}$$

（3）判断能否应用欧拉公式

因加载 $F_1=60$ kN 时，变形与受力仍保持线性关系，故比例极限估计为

$$\sigma_P\geqslant=\frac{F_1}{A}=\frac{60\times10^3}{584\times10^{-6}}\ \text{Pa}=103\times10^6\ \text{Pa}=103\ \text{MPa}$$

其柔度
$$\lambda_P=\sqrt{\frac{\pi^2E}{\sigma_P}}\leqslant\sqrt{\frac{\pi^2\times83.9\times10^9}{103\times10^6}}=89.6$$

即 λ_P 最大只可能等于89.6，而

杆的柔度
$$\lambda=\frac{\mu l}{i}=\frac{1\times1\ 200}{11.2}=107>\lambda_P$$

故可应用欧拉公式计算临界力。

（4）计算压杆临界力

$$F_{lj}=\frac{\pi^2EI}{(\mu l)^2}=\frac{\pi^2\times83.9\times10^9\times7.28\times10^{-8}}{(1\times1.2)^2}\ \text{N}=41.8\times10^3\ \text{N}=41.8\ \text{kN}$$

分析与讨论

本例的拉伸资料提供了两组数据，拉力分别为 30 kN 及 60 kN 时测得的伸长量分别为 0.306 mm 及 0.612 mm，说明在 60 kN 拉力时，材料仍处于弹性阶段，才能用这些资料由胡克定律计算弹性模量 E 及估算比例极限 σ_P，使问题得以解决。若只给出一组拉伸资料数据，则不能判定材料是否处于弹性阶段，也不能应用胡克定律求 E 及估算 σ_P，题目不能解，或压杆处于中柔度杆亦不能求解。

例 10－3 增力机构由圆柱铰连接，如图 10－2(a)所示。连杆 AB 材料为 Q235A，截面高 $h=40$ mm。两端支承情况：对图面内失稳可视为铰链，对垂直于图面内的失稳可视为固定端。试按在两平面内稳定性相等的要求，设计连杆截面宽度 b，并校核其稳定性。规定的安全系数 $n_W=2$。

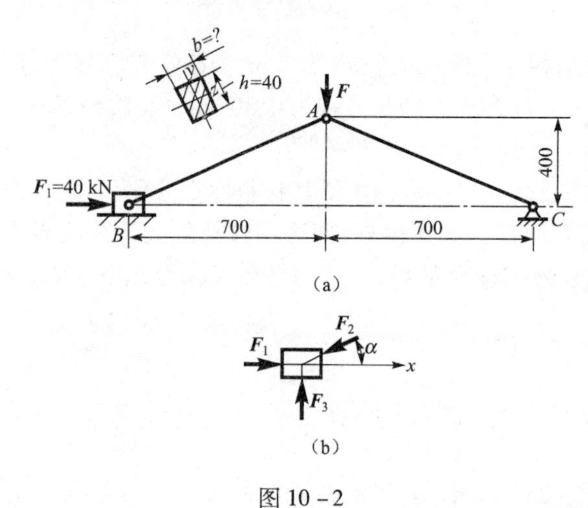

图 10－2

解 压杆在材料、截面确定的情况下，稳定性决定于柔度大小。要求两平面内稳定性相等，即要求两平面内的柔度相等，可由此确定连杆截面宽度 b，进行压杆的稳定

计算。

(1) 求 AB 杆在两平面内的柔度

图纸平面内，中性轴为 z，则

$$i_z=\sqrt{\frac{I_z}{A}}=\sqrt{\frac{bh^3}{12}\frac{1}{bh}}=\frac{h}{\sqrt{12}}$$

$$\mu_z=1$$

$$\lambda_z=\frac{\mu_z l}{i_z}=\frac{\mu_z\sqrt{12}l}{h}$$

其中，杆长

$$l=\sqrt{700^2+400^2}=806\ \text{mm}$$

$$\lambda_z=\frac{\mu_z\sqrt{12}l}{h}=\frac{1\times\sqrt{12}\times 806}{40}=69.8$$

垂直于图纸平面内，中性轴为 y，则

$$\mu_y=0.5$$

$$i_y=\sqrt{\frac{I_y}{A}}=\sqrt{\frac{hb^3}{12}\frac{1}{bh}}=\frac{b}{\sqrt{12}}$$

$$\lambda_y=\frac{\mu_y l}{i_y}=\frac{\mu_y\sqrt{12}l}{b}$$

(2) 设计截面宽度 b

根据题意，令 $\lambda_y=\lambda_z$

$$\frac{\mu_y\sqrt{12}l}{b}=\frac{\mu_z\sqrt{12}l}{h}$$

$$b=\frac{\mu_y}{\mu_z}h=\left(\frac{0.5}{1}\times 40\right)\ \text{mm}=20\ \text{mm}$$

(3) 计算连杆的临界应力和临界力

由教材知 Q235A 之 $\lambda_P=100$，由教材中的表 10－2 查得 $\sigma_s=235$ MPa，直线公式的常数 $a=304$ MPa，$b'=1.12$ MPa。

$$\lambda_0=\frac{a-\sigma_s}{b'}=\frac{304-235}{1.12}=61.6$$

$$\lambda=\lambda_z=69.8$$

所以

$$\lambda_0<\lambda<\lambda_P$$

属中柔度杆，应按经验公式计算临界应力。

$$\sigma_{lj}=a-b\lambda=(304-1.12\times 69.8)\ \text{MPa}=226\ \text{MPa}$$

临界力 $F_{lj}=\sigma_{lj}A=(226\times 10^6\times 40\times 20\times 10^{-6})\ \text{N}=181\times 10^3\ \text{N}=181\ \text{kN}$

(4) 计算连杆的工作压力

以滑块为研究对象，受力图如图 10－1(b)所示。

$$\sum F_x=0 \qquad F_1-F_2\cos\alpha=0$$

式中
$$\cos\alpha=\frac{700}{\sqrt{700^2+400^2}}=\frac{700}{806}=0.868$$

得
$$F_2=\frac{F_1}{\cos\alpha}=\frac{40}{0.868}\ \text{kN}=46.1\ \text{kN}$$

(5) 压杆稳定性计算

工作安全系数 $n=\frac{F_{lj}}{F_2}=\frac{181}{46.1}=3.9>n_W=2$,故连杆 AB 的稳定性足够。

分析与讨论

本例的工作安全系数 $n=3.9$,比规定的安全系数 $n_W=2$ 高出将近一倍,是由于 $h=40$ mm 偏大,因而按二平面内等稳定性要求设计得出的 $b=20$ mm 也相应偏大。如果认为太保守,则可减小 h、b 尺寸,降低工作安全系数 n,使之比 n_W 略大即可。

练习题

A 判断题(下列命题你认为正确的在题后括号内打“√”,错误的打“×”)

10A-1 细长杆 AB 受轴向压力 F 作用,如图 10-3 所示。设杆的临界力为 F_{lj}。为保证杆 AB 处于稳定平衡状态,应使 $F\leqslant F_{lj}$。 ( )

10A-2 细长杆 AB 受轴向压力 F 的作用,如图 10-3 所示。设杆的临界力为 F_{lj},则压杆 AB 的抗弯刚度 EI_{min} 值增大,临界力 F_{lj} 的值也随之增大,两者成正比关系。 ( )

10A-3 压杆上端自由、下端固接于弹性地基上,如图 10-4 所示,该杆长度系数 $\mu>2$。 ( )

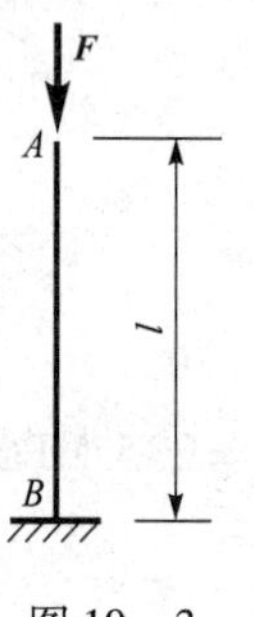

图 10-3

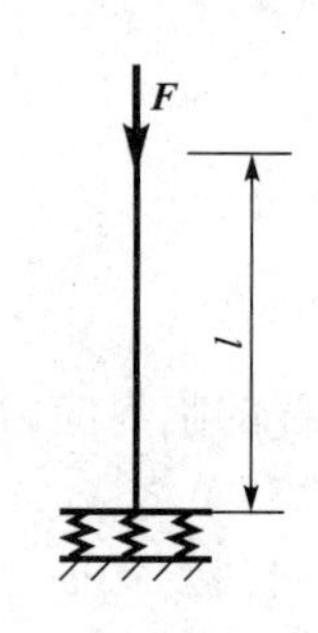

图 10-4

10A-4 设 σ_{lj} 表示压杆的临界应力。细长杆的 σ_{lj} 值与杆的材料有关,各种压杆的 σ_{lj} 值均与压杆的柔度 λ 有关。 ( )

10A-5 图 10-5①、②、③三种桁架,各杆的材料和横截面相同,各竖杆的长度也相同。对于同一桁架,各斜杆长度相同。若用 F'_{max}、F''_{max}、F'''_{max} 分别表示桁架①、②、③在不出现失稳时的最大许可载荷,则 $F'_{max}>F''_{max}>F'''_{max}$。 ( )

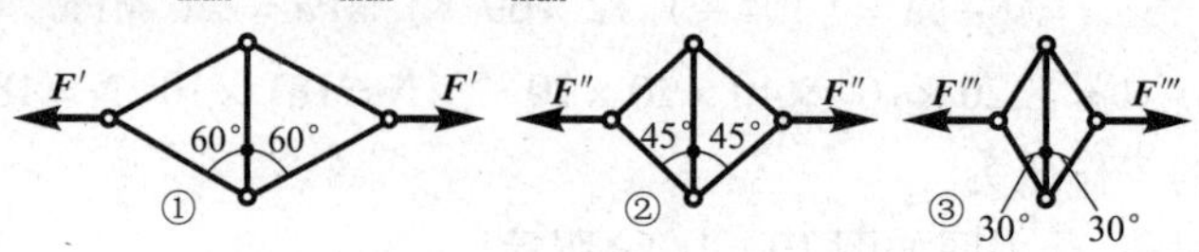

图 10-5

B　填空题

10B－1　理想压杆的三种平衡状态是________、________、________。

10B－2　欧拉公式中μ叫________，μl叫________。

10B－3　受压直杆，根据柔度λ的大小可以分为三种类型：(1)__________________，(2)__________________，(3)__________________。

10B－4　从欧拉公式$F_{lj}=\dfrac{\pi^2 EI}{(\mu l)^2}$看，提高压杆稳定性的措施是：(1)________________，(2)__________________，(3)__________________。

C　选择题

10C－1　下列说法中，正确的是(　　)。

(a) 稳定压杆轴线必为直线，失稳压杆的轴线必为曲线

(b) 稳定压杆的轴线微弯后能回复为直线，失稳压杆轴线微弯后不能回复为直线

(c) 稳定及失稳压杆的轴线微弯后均能回复为直线

(d) 稳定及失稳压杆轴线微弯后均不能回复为直线

10C－2　下列说法中，正确的是(　　)。

(a) 材料相同的压杆，具有相同的临界力

(b) 材料相同的压杆，长度相同时具有相同的临界力

(c) 材料相同的压杆，长度、截面形状、尺寸相同时，具有相同的临界力

(d) 材料相同的压杆，长度、截面形状、尺寸相同时，仍不一定有相同的临界力

10C－3　图10－6所示4根压杆为材料相同、直径相同的圆截面杆，受压后最先失稳的杆是(　　)。

10C－4　对于在二相互垂直面内约束情况不同的压杆，从稳定性的角度看，图10－7所示截面形状中最佳的是(　　)。

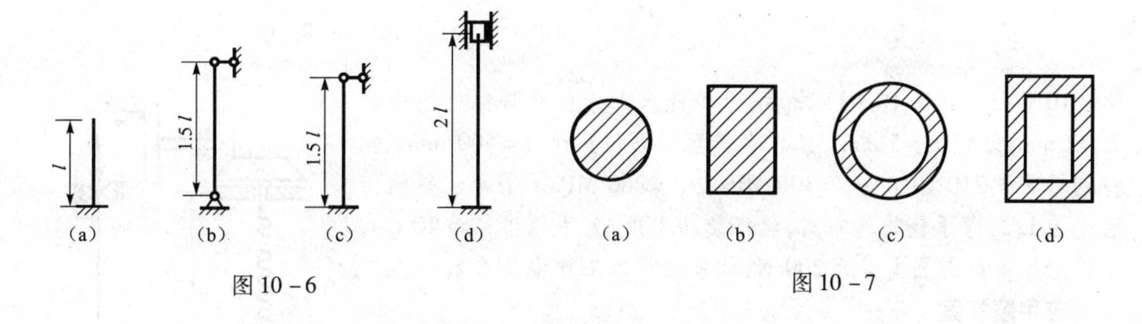

图10－6　　　　图10－7

10C－5　两端球铰支承的大柔度钢杆，横截面为$h=2b$的矩形，在图10－8所示4种提高杆临界力的措施中，最有效的是(　　)。

D　简答题

10D－1　应用欧拉公式计算临界力的条件是什么？为什么？

10D－2　何谓柔度？大、中、小柔度杆的临界应力如何计算？

E　应用题

10E－1　图10－9所示托架中，AB杆的直径$d=20$ mm，长度$l=400$ mm。杆的两端可视

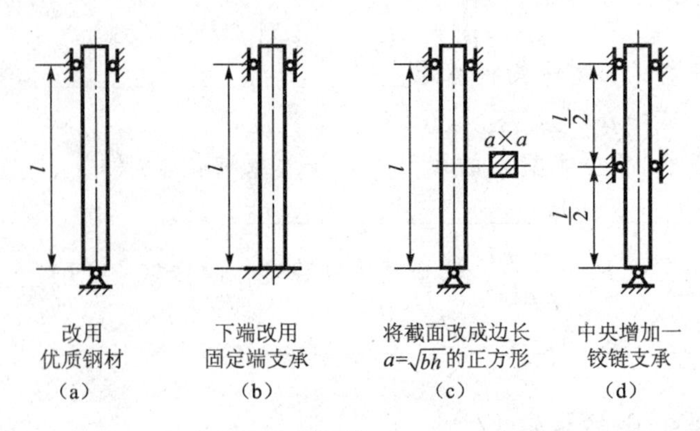

改用优质钢材 (a) 下端改用固定端支承 (b) 将截面改成边长 $a=\sqrt{bh}$ 的正方形 (c) 中央增加一铰链支承 (d)

图 10－8

为铰支，材料为 Q235A。(1) 试求托架 AB 杆的临界应力；(2) 如果取稳定安全系数 $n_W=3$，试求托架 D 端的工作载荷 F 的许用值是多少？

10E－2　结构如图 10－10 所示，受载 $F=45$ kN，撑杆 BC 为外径 $D=30$ mm、内径 $d=18$ mm 的 Q235A 钢管，$E=206$ GPa，$\sigma_s=235$ MPa，$a=304$ MPa，$b=1.12$ MPa，规定稳定安全系数 $n_W=2$。试校核 BC 杆的稳定性。

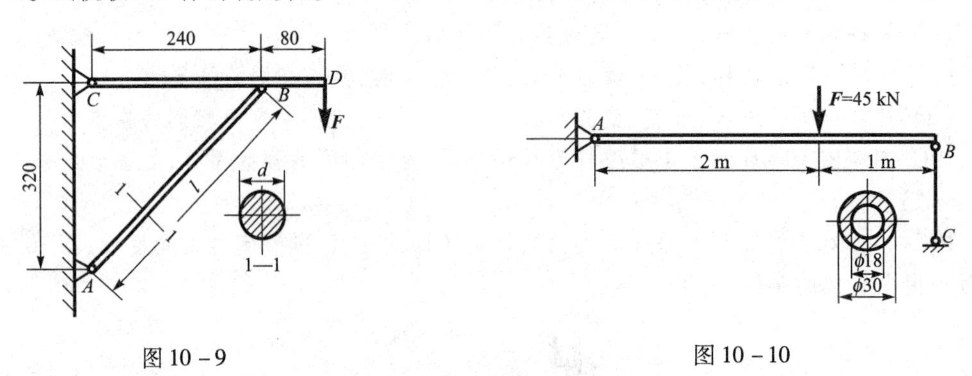

图 10－9　　图 10－10

10E－3　如图 10－11 所示，万能铣床工作台升降丝杆的内径为 22 mm，螺距 $S=5$ mm。工作台升至最高位置时，$l=500$ mm。丝杆钢材 $E=210$ GPa，$\sigma_s=300$ MPa，$\sigma_P=260$ MPa。若伞齿轮的传动比为 1/2，即手轮旋转一周，丝杆旋转半周，且手轮半径为 10 cm，手轮上作用最大圆周力为 200 N，试求丝杆的工作安全系数。

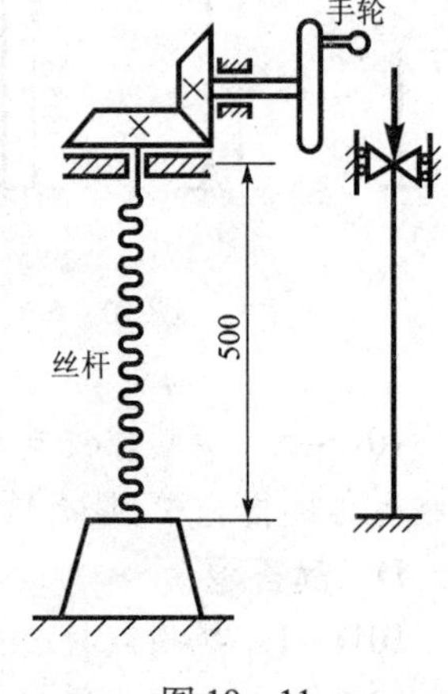

图 10－11

应用题答案

10E－1　(1) $\sigma_{lj}=193$ MPa；(2) $[F]=12.1$ kN

10E－2　$\lambda=91.4$，$\sigma_{lj}=202$ MPa，$F_{lj}=91.3$ kN，$n=3.04>n_W$，稳定

10E－3　$n=2.25$

11.1　内容提要

本章仅就动载荷问题做些简单介绍。主要讲述匀加速度运动构件的动应力计算和冲击载荷作用时构件的应力及强度计算，并简要介绍减小冲击应力的主要措施。

11.2　知识要点

1. 动载荷

使构件产生明显加速度的载荷称为**动载荷**。在动载荷作用下构件产生的应力和变形则分别称为**动应力**和**动变形**。

动载荷问题的计算是建立在静力计算的基础上的。比值

$$K_d = \frac{\text{动载荷}}{\text{静载荷}} = \frac{\text{动应力}}{\text{静应力}} = \frac{\text{动变形}}{\text{静变形}}$$

称为**动荷系数**。由此可见，只要确定出 K_d，动载荷问题就迎刃而解。简单的动载荷问题，可以用理论方法确定其动荷系数。

2. 匀加速度运动构件的动应力计算

对于这类问题，首先必须分析和确定加速度；然后在构件上加上相应的惯性力，使构件处于假想的静止平衡状态；最后再应用静力学平衡方程求出构件上的动载荷；进而即可计算构件的动应力和动变形。这种方法就是动力学中曾经讲授过的动静法。

(1) 匀加速直线运动构件的动应力计算。

此时，只要确定出运动的加速度 a，则作用在构件上的惯性力为 $-ma$，其中 m 为质量，负号表示与加速度的矢量方向相反。需要注意的是，不仅要正确确定加速度的大小，而且要正确确定其方向。由动静法，可求出这类问题的动荷系数为

$$K_d = 1 + \frac{a}{g}$$

式中，a 为构件运动的加速度，g 为重力加速度。a 铅垂向上时为正，反之为负。

(2) 匀速转动构件的动应力计算。

在这种情况下，构件各质点的切向加速度 $a_\tau = 0$，而只有法向加速度。若转动角速度为 ω，转动半径为 r，则法向加速度的数值 $a_n = r\omega^2$，方向指向旋转中心。惯性力的数值为 $ma_n =$

$mr\omega^2$，方向与 a_n 相反，即背离旋转中心。

必须指出，动荷系数的表达式与杆件的运动形式（如直线运动或圆周运动）和受力形式（如拉伸、弯曲、扭转）有关，在计算动载荷作用下的应力、变形或动荷系数时，应按照上述的动静法，对具体问题进行具体分析，不要硬套公式。

3. 受冲击构件的动应力计算

冲击载荷是在极短时间内加到构件上的载荷。因为时间极短，速度变化很大，其加速度难以确定，所以不能应用动静法。

目前工程上计算冲击载荷采用能量法。它以下述基本假定为基础：① 冲击物变形很小，故可忽略而视为刚体；② 被冲击物的质量一般比冲击物小得多，可以不考虑；③ 构件的变形仍然处于弹性范围。

能量法依据的原理是质点动能定理，即冲击物在冲击前后的动能变化等于作用在冲击物上的外力所做的功。按此，可求得自由落体冲击的动荷系数

$$K_d = 1 + \sqrt{1 + \frac{2h}{\delta_j}}$$

式中，h 是冲击物自由下落高度，δ_j 是受冲件在冲击点的静变形。

突加载荷的动荷系数 $K_d = 2$。

其他形式的冲击问题，其动荷系数也可通过相同原理和方法或查有关手册确定。

4. 降低构件冲击应力的主要措施

降低冲击应力，就要设法降低冲击时的动荷系数。静变形越大，动荷系数越小，所以增大静变形是减小冲击应力的主要措施。由于静变形与构件的刚度成反比，因此可采用降低构件刚度的方法来减小动荷系数，使冲击应力得以降低。当构件已确定时，增加缓冲装置，如弹簧、橡皮垫圈等，则是一种降低构件冲击应力的有效方法。

11.3 解题指导

例 11-1 图 11-1 所示起重机构 A 的重量为 20 kN，装在由两根 No. 30b 工字钢组成的梁上。今用钢索吊起重物 60 kN，并在第一秒内以匀加速上升了 2.5 m。求绳内所受拉力及梁内最大应力（要求考虑梁的自重）。

解 （1）计算绳索拉力 F_d

确定重物运动的向上加速度

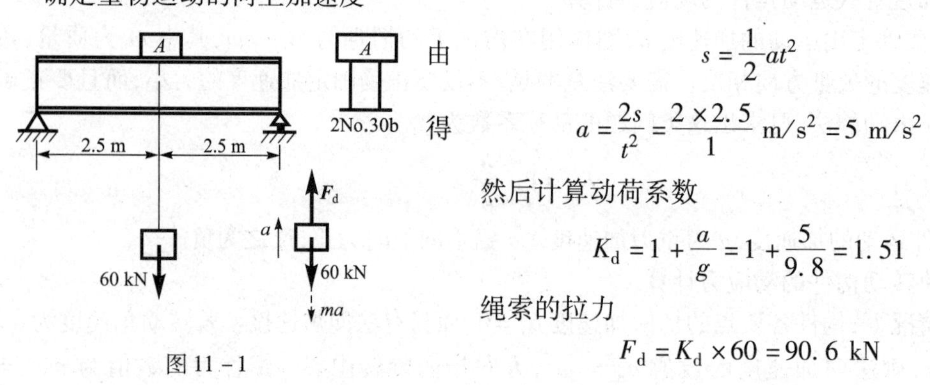

图 11-1

由
$$s = \frac{1}{2}at^2$$

得
$$a = \frac{2s}{t^2} = \frac{2 \times 2.5}{1}\ \text{m/s}^2 = 5\ \text{m/s}^2$$

然后计算动荷系数

$$K_d = 1 + \frac{a}{g} = 1 + \frac{5}{9.8} = 1.51$$

绳索的拉力

$$F_d = K_d \times 60 = 90.6\ \text{kN}$$

(2) 计算梁内最大应力 σ_{max}

重物以 $a=5\ m/s^2$ 上升时,梁上载荷有重物 A、绳索施加的拉力 F_d 和均匀分布的自重 $q=2\times0.527\ kN/m$。据此,可求出最大弯矩发生在梁的中央截面,其值为

$$M_{max}=\left[\frac{1}{4}(20+90.6)\times5+\frac{1}{8}\times2\times0.527\times5^2\right]\ kN\cdot m=141.5\ kN\cdot m$$

由型钢表可知 No. 30b 工字钢的抗弯截面系数 $W_z=627\ cm^3$,则

$$\sigma_{max}=\frac{M_{max}}{2W_z}=\frac{141.5\times10^3}{2\times627\times10^{-6}}\ N/m^2=112.8\times10^6\ N/m^2=112.8\ MPa$$

分析与讨论

在本题中,作用在梁上的载荷包括:

(1)静载。重物 A 和梁的自重,是已知的。

(2)动载。重 60 kN 的重物以匀加速上升时通过绳索作用在梁上的动载,是未知的,需要单独计算。

故在计算梁的最大弯矩和最大正应力时,需同时考虑这两种载荷。按此得出的最大正应力应视为动应力。

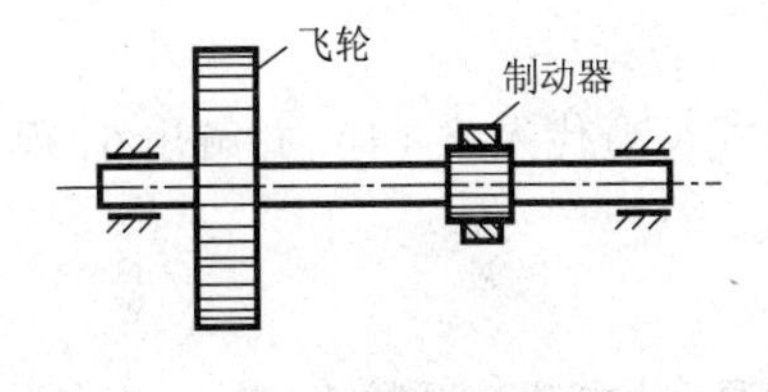

图 11-2

例 11-2 在直径为 100 mm 的轴上装有转动惯量 $J=500\ N\cdot m\cdot s^2$ 的飞轮,角速度 $\omega=4\pi\ rad/s$,如图 11-2 所示。制动器开始作用后,飞轮在 10 s 内停止转动,试求轴内最大切应力。设在制动器作用前,轴已与驱动装置脱开,且轴承内的摩擦力可以不计。

解 飞轮与轴的角速度 $\omega=4\pi\ rad/s$:可以近似地认为,在制动过程中飞轮与轴同时作匀减速转动,其角加速度为

$$\alpha=\frac{\omega_1-\omega}{t}=\frac{0-4\pi}{10}\ rad/s^2=-0.4\pi\ rad/s^2$$

α 为负值,说明 α 与 ω 的方向相反。按照动静法,在飞轮上加上方向与 α 相反的惯性力偶矩 M_g,且

$$M_g=-J\alpha=[-500\times(-0.4\pi)]\ N\cdot m=200\pi\ N\cdot m$$

设作用在轴上的制动力偶矩为 M_f。它与 M_d 构成假想的平衡力系。由 $\sum M_x=0$,得

$$M_f=M_g=200\pi\ N\cdot m$$

在 M_d 与 M_f 的作用下,轴发生扭转变形,横截面上扭矩

$$T_d=M_g=200\pi\ N\cdot m$$

横截面上的最大扭转切应力

$$\tau_{dmax}=\frac{T_d}{W_n}=\frac{200\pi}{\frac{\pi}{16}(100\times10^{-3})^3}\ N/m^2=3.2\times10^6\ N/m^2=3.2\ MPa$$

分析与讨论

本例属运动构件的动应力计算问题,无计算动荷系数 K_d 的公式,故需按动静法求解。

例 11-3 图 11-3 所示杆 AB 下端固定,长度为 l。在 C 点受到沿水平运动的物体 G 的冲击。物体的自重为 P,当其与杆件接触时速度为 v。设杆的 E、I 及 W_z 皆为已知量,试求杆

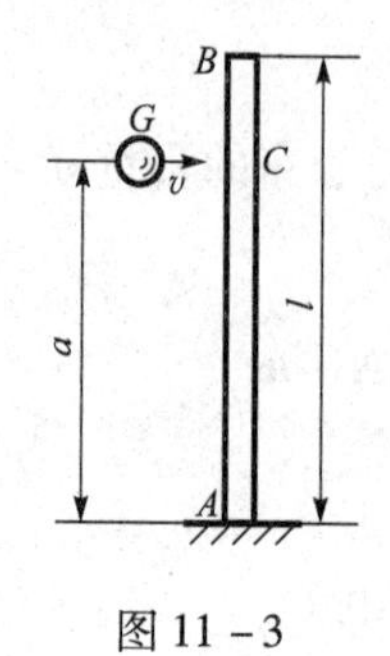

图 11－3

AB 的最大弯曲正应力。

解　设最大冲击变形为 δ_d，相应的最大冲击力为 P_d。冲击开始时冲击物 G 的动能为 $\frac{1}{2}mv^2=\frac{P}{2g}v^2$，冲击终了时冲击物 G 的动能为零。在整个冲击过程中，冲击力是弹力，它所作的功为 $-\frac{1}{2}F_d\delta_d$。根据质点动能定理有

$$\frac{Pv^2}{2g}=\frac{P_d\delta_d}{2} \tag{1}$$

因在冲击过程中，杆件的变形仍处于弹性范围，所以有

$$\frac{P_d}{\delta_d}=\frac{P}{\delta_j} \qquad P_d=\frac{\delta_d}{\delta_j}P \tag{2}$$

式中，δ_j 表示的是当静载 P 沿冲击方向作用在杆 AB 的冲击点 C 时杆的静变形。因杆 AB 是悬臂梁，所以

$$\delta_j=\frac{Pa^3}{3EI} \tag{3}$$

将式 (2)代入式 (1)，并解出 δ_d 得

$$\delta_d=\sqrt{\frac{v^2\delta_j}{g}}$$

于是，冲击动荷系数 K_d 为

$$K_d=\frac{\delta_d}{\delta_j}=\sqrt{\frac{v^2}{g\delta_j}}=\sqrt{\frac{3EIv^2}{gPa^3}}$$

杆 AB 的最大弯曲正应力为

$$\sigma_{dmax}=K_d\sigma_{jmax}=\sqrt{\frac{3EIv^2}{gPa^3}}\frac{M_{jmax}}{W_z}=\sqrt{\frac{3EIv^2}{gPa^3}}\frac{Pa}{W_z}=\sqrt{\frac{3EIv^2P}{gaW_z^2}}$$

分析与讨论

由本例可以看出，不同形式的冲击问题有不同的冲击动荷系数。简单的冲击问题均可应用能量法求得解答。

练习题

A　判断题（下列命题你认为正确的在题后括号内打“√”，错误的打“×”）

11A－1　绳索吊运物体，物体的加速度不等于零时，绳索内的动应力总比静应力大。（　　）

11A－2　杆的刚度越大，抵抗冲击的能力越强。（　　）

11A－3　冲击应力与静应力不同之处在于前者与构件的刚度有关，而后者与构件的刚度无关。（　　）

B　填空题

11B－1　已知运动构件的加速度，求解这类动载荷问题的基本方法是________。计算冲击载荷的基本方法是________。

11B－2　已知匀加速直线运动构件的加速度为 a，则其动荷系数 K_d = ________；受自由落体冲击的构件，其动荷系数 K_d = ________。

11B－3　构件的刚度小，静变形就________；因而冲击动荷系数就________。

11B－4　突加载荷的动荷系数 K_d = ________，所以突加载荷也属于________载荷。

11B－5　在受冲构件上设置缓冲装置，如弹簧、橡皮垫圈等，因为增大了________，所以能有效地降低构件的________应力。

C　简答题

11C－1　刚度较大的杆与刚度较小的杆，哪一种能承受较大的冲击动能？为什么？

11C－2　同样材料、截面与长度的两根梁，一根是悬臂梁，一根是简支梁。前者在自由端，后者在跨中，受到相同的载荷从相同高度自由下落而冲击，哪一个梁的动应力大？为什么？

D　应用题

11D－1　AD 轴以匀角速度 ω 转动。在轴的纵向对称平面内，于轴线的两侧有两个重 P 的偏心载荷，如图 11－4 所示。试求轴内最大弯矩。

11D－2　重为 P 的重物自高度 H 下落，冲击于梁上的 C 点，如图 11－5 所示。设梁的 E、I 及抗弯截面系数 W 皆为已知量，试求梁内最大正应力及梁的跨度中点的挠度。

11D－3　材料相同、长度相等的变截面杆和等截面杆，如图 11－6 所示。若两杆的最大截面面积相同，问哪一根杆承受冲击的能力强？设变截面杆直径为 d 的部分长为 $\frac{2}{5}l$。为了便于比较，假设 H 较大，可以近似地把动荷系数取为 $K_d=1+\sqrt{1+\frac{2H}{\delta_j}}\approx\sqrt{\frac{2H}{\delta_j}}$。

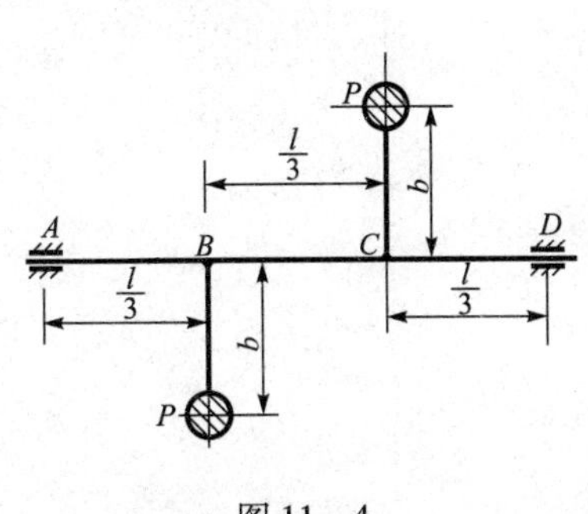

图 11－4

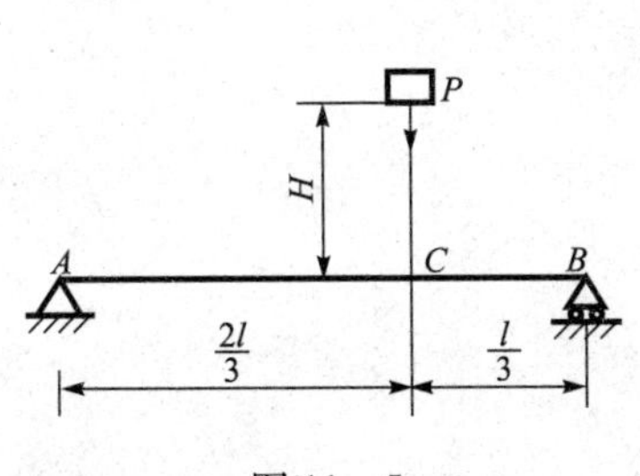

图 11－5

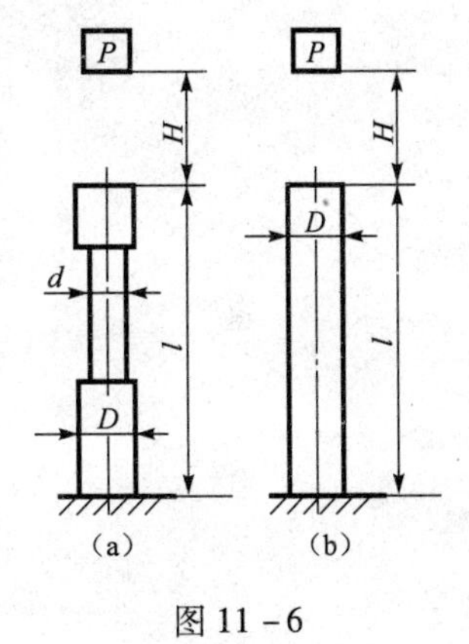

图 11－6

应用题答案

11D－1　$M_{d\max}=\frac{Pl}{3}\left(1+\frac{b\omega^2}{3g}\right)$

11D－2　$\sigma_{d\max}=\left[1+\sqrt{1+\frac{243EI}{2Pl^3}}\right]\frac{2Pl}{gW}$

$$f_{l/2}=\left[1+\sqrt{1+\frac{243EI}{2Pl^3}}\right]\frac{23Pl^3}{1\,296EI}$$

11D－3 $\sigma_{\rm da}=\sqrt{\dfrac{8HPE}{\pi ld^2\left[\dfrac{3}{5}\left(\dfrac{d}{D}\right)^2+\dfrac{2}{5}\right]}}\sqrt{\dfrac{8HPE}{\pi lD^2\left[\dfrac{3}{5}\left(\dfrac{d}{D}\right)^2\right]+\dfrac{2}{5}}}$

$\sigma_{\rm db}=\sqrt{\dfrac{8HPE}{\pi lD^2}}<\sigma_{\rm da}$

12.1　内容提要

本章仅介绍交变应力和疲劳破坏的基本概念和基本知识。其内容包括交变应力的定义、描述交变应力的重要参数(应力循环的特征值)和交变应力的类型;疲劳破坏的特征和机理;以及持久极限及其影响因素等。

12.2　知识要点

1. 交变应力

(1) 定义。随时间作周期性变化的应力称为**交变应力**。应力每重复变化一次,称为一次应力循环。

(2) 描述交变应力的重要参数(应力循环的特征值)

应力极值　　σ_{max}与σ_{min}

平均应力　　$\sigma_m=\dfrac{1}{2}(\sigma_{max}+\sigma_{min})$

应力幅度　　$\sigma_a=\dfrac{1}{2}(\sigma_{max}-\sigma_{min})$

应力循环特性　　$r=\sigma_{min}/\sigma_{max}$或$r=\sigma_{max}/\sigma_{min}$

以绝对值最大者作分母,这样 r 的变化范围为 $-1\leqslant r\leqslant +1$。

(3) 交变应力的类型。循环特性 r 是表示交变应力变化特征的重要参数。根据 r 值,交变应力可分为:

① 对称循环交变应力　　$r=-1$

② 非对称循环交变应力　　$r\neq1$

其中 $r=0$ 的交变应力称为脉动循环交变应力,最常见也最重要。$r=+1$ 时,应力无改变,即为静应力。

2. 疲劳破坏

在交变应力的作用下,构件经长期使用后,突然发生的破坏叫**疲劳破坏。其特点是破坏时的最大应力远低于材料的强度极限值,并且表现为突然的脆性断裂,其断口明显地分为光滑区和粗糙颗粒区**。构件的疲劳破坏实质上就是疲劳裂纹的发生、扩展,直至构件最后断裂的全部过程。

3. 持久极限（疲劳极限）

（1）材料的持久极限：是材料在交变应力作用下的极限应力，是材料能经受“无限次”应力循环而不发生疲劳破坏的最大应力。材料的持久极限与材料、变形形式和循环特性 r 有关，常用 σ_r 或 τ_r 表示。下脚表示循环特性。其值是采用标准试件（7～10 mm）光滑小试件进行疲劳试验测定的。在各种应力循环中，以对称循环的持久极限 σ_{-1} 或 τ_{-1} 最低。它远低于材料的静力强度值。

（2）构件的持久极限。构件的持久极限与构件的外形、尺寸、表面质量状况等因素有关，因而它不是一个固定的数值。构件的持久极限与材料的持久极限有如下关系：

弯曲对称循环　　$\sigma^0_{-1}=\dfrac{\sigma_{-1}\varepsilon\beta}{K_\sigma}$

扭转对称循环　　$\tau^0_{-1}=\dfrac{\tau_{-1}\varepsilon\beta}{K_\tau}$

式中影响系数 K_σ、K_τ、ε、β 可查有关手册。

4. 提高构件疲劳强度的措施

在交变应力下，构件的疲劳强度条件可表达为

$$\text{工作安全系数}=\frac{\text{构件的持久极限}}{\text{构件的最大工作应力}}\geqslant\text{规定的安全系数}$$

因此，提高构件的持久极限是提高其疲劳强度的关键。据此，应从减缓应力集中、降低表面粗糙和提高表层强度等方面考虑。

12.3　解题指导

例 12－1　图 12－1 所示重物 P 通过轴承对圆轴作用一垂直方向的力。已知 $P=10$ kN，且轴在 ±30°范围内往复摆动，试求危险截面上 1、2、3、4 点的循环特性。

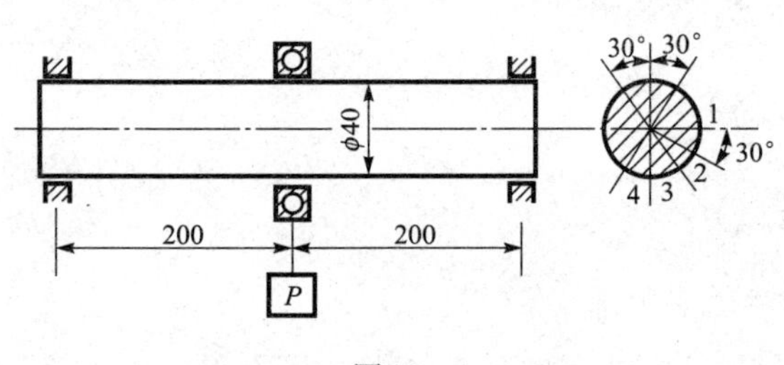

图 12－1

解　计算危险截面的弯矩，即轴的最大弯矩

最大弯矩 $M_{\max}=\dfrac{PL}{4}=\dfrac{10\times10^3\times0.4}{4}$ N·m=1 000 N·m，发生在力 P 作用的截面上。

危险截面上任一点处的弯曲正应力为

$$\sigma=\frac{M_{\max}y}{I_z}$$

计算轴在 ±30°范围内往复摆动时，图示危险截面上 1、2、3、4 点的循环特性：

1 点的循环特性 r_1：1 点的中性轴上，当轴在 ±30°范围内摆动时

$$\sigma_{\max}=-\sigma_{\min}=\frac{M_{\max}R\sin 30^\circ}{I_z}\text{（}R\text{ 为圆轴半径）}$$

故

$$r_1=\frac{\sigma_{\min}}{\sigma_{\max}}=-1$$

2点的循环特性r_2：当轴在±30°范围内摆动时，2点的最大弯曲正应力为

$$\sigma_{\max}=\frac{M_{\max}R\sin 60^\circ}{I_z}$$

最小弯曲正应力

$$\sigma_{\min}=0$$

故

$$r_2=\frac{\sigma_{\min}}{\sigma_{\max}}=0$$

3点的循环特性r_3：当轴在±30°范围内摆动时，3点的最大弯曲正应力为

$$\sigma_{\max}=\frac{M_{\max}R}{I_z}$$

最小弯曲正应力为

$$\sigma_{\min}=\frac{M_{\max}R\cos 30^\circ}{I_z}$$

故

$$r_3=\frac{\sigma_{\min}}{\sigma_{\max}}=\cos 30^\circ=\frac{\sqrt{3}}{2}=0.866$$

4点的循环特性r_4：当轴在±30°范围内摆动时，4点的最大弯曲正应力为

$$\sigma_{\max}=\frac{M_{\max}R}{I_z}$$

最小弯曲正应力为

$$\sigma_{\min}=\frac{M_{\max}R\cos 60^\circ}{I_z}$$

故

$$r_4=\frac{\sigma_{\min}}{\sigma_{\max}}=\cos 60^\circ=\frac{1}{2}=0.5$$

例12-2 若受力构件内某定点的应力随时间变化的曲线如图12-2所示，求该点交变应力的平均应力σ_m，应力幅度σ_a和循环特性r。

解 本题为拉、压应力交替变化。由图可见，$\sigma_{\max}=50$ MPa，$\sigma_{\min}=-100$ MPa，故得

平均应力 $\sigma_m=\frac{1}{2}(\sigma_{\max}+\sigma_{\min})=\frac{1}{2}(50-100)\ \text{MPa}=-25\ \text{MPa}$

应力幅度 $\sigma_a=\frac{1}{2}(\sigma_{\max}-\sigma_{\min})=\frac{1}{2}(50+100)\ \text{MPa}$

$=75\ \text{MPa}$

在计算循环特性时，应以绝对值大者为分母，若系拉压交替变化，为负值，故本例的循环特性为$r=-\frac{50}{100}=-\frac{1}{2}$

由以上两个例题可以看出：

(1) 在交变应力的计算问题中，最大和最小工作应力的计算与静应力完全相同。

(2) 在应力循环的五个特征值$\sigma_{\max}$、$\sigma_{\min}$、σ_m、σ_a与r中，只有两个是独立的。任意知道其中两个，其他三个特征值都可从公式中计算出来。

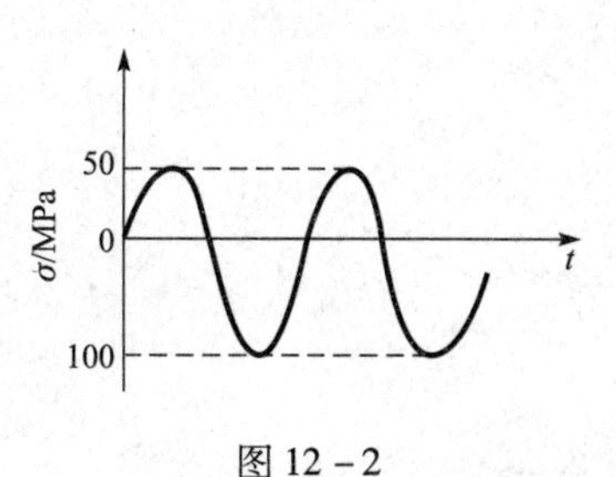

图12-2

练习题

A 判断题（下列命题你认为正确的在题后括号内打“√”，错误的打“×”）

12A－1 构件的疲劳破坏是因为材料的强度不够引起的。 （ ）

12A－2 构件的持久极限一般都小于材料的持久极限，不是一个固定值。 （ ）

B 填空题

12B－1 随时间作周期性变化的应力称________。承受交变应力的构件，经较长时间使用后，突然发生的脆性断裂叫______________。

12B－2 若已知交变应力中的σ_{max}与σ_{min}，则平均应力σ_m＝________，应力幅值σ_a＝________，应力循环特性r＝________。

C 选择题

12C－1 在交变应力中，对称循环的循环特性r是（ ）。

(a) 1 (b) 0.5 (c) 0 (d) －1

12C－2 构件表面加工质量对持久极限的影响是（ ）。

(a) 一定降低 (b) 一定提高 (c) 有可能降低 (d) 无影响

D 简答题

12D－1 何谓疲劳破坏？有何特点？疲劳破坏过程的物理本质是什么？

12D－2 影响持久极限的主要因素是什么？提高构件疲劳强度的措施有哪些？

E 应用题

12E－1 柴油发动机连杆大头螺钉在工作时间受到最大拉力$F_{max}=58.3$ kN，最小拉力$F_{min}=55.8$ kN。螺纹处内径$d=11.5$ mm。试求其平均应力σ_m、应力幅度σ_a、循环特性r，并绘$\sigma-t$曲线。

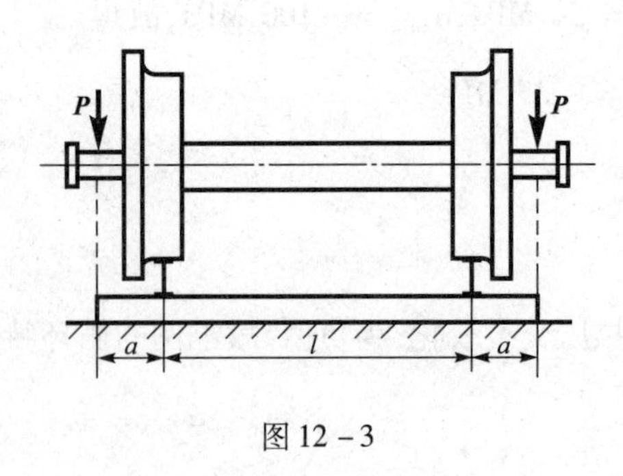

图12－3

12E－2 火车车轴受力情况如图12－3所示。$a=500$ mm，$l=1\ 435$ mm，车轴中段直径$d=15$ cm。若$P=50$ kN，试求车轴中段截面边缘上任一点的最大应力σ_{max}、最小应力σ_{min}、循环特性r，并绘$\sigma-t$曲线。

应用题答案

12E－1 $\sigma_{max}=561$ MPa，$\sigma_{min}=537$ MPa，$\sigma_a=12$ MPa，$\sigma_m=549$ MPa，$r=0.957$

12E－2 $\sigma_{max}=-\sigma_{min}=75.5$ MPa，$r=-1$

材料力学小结

在学完材料力学之后，我们拟对材料力学研究的问题、研究问题的基本方法和课程内容的内在联系予以简要的回顾，以期对读者有所帮助和启发。

一、材料力学研究的问题

结构物和机械都是由单个构件组成的。工程中的很多构件都是纵向尺寸远大于横向尺寸，如梁、柱、轴、活塞杆和连杆等，即具有“杆”的形状。在材料力学中，就把这类构件抽象为“杆”，并把等直杆作为主要的研究对象。作用在杆上的力有载荷和约束反力，我们把此二者统称为外力。在外力的作用下，杆将产生变形，同时在杆内也将产生内力以抗衡外力，并制止杆的继续变形。杆的变形不仅决定于外力，而且也与杆的几何尺寸和材料的力学性质有关。因此，材料力学必须研究下述三方面的问题。

(1) 在各种外力作用下，杆件的内力和变形，以及外力、内力和变形之间的关系；

(2) 杆的几何形状和尺寸对强度、刚度和稳定性的影响；

(3) 常用工程材料的主要力学性质。并在此基础上，建立保证杆件的强度、刚度和稳定性的条件。

二、研究材料力学问题的基本方法

在外力作用下，杆件的变形是多种多样的，但基本的变形是轴向拉伸与压缩、剪切、扭转和弯曲等四种。复杂的变形无非是两种或两种以上基本变形的相合。因此研究基本变形问题是解决组合变形问题的基础。

杆的横截面上某点处分布内力的集度，即该点外单位面积上的内力，称为该点的应力。横截面上分布内力系的合力或合力偶矩，简称内力。由于内力是外力引起的抗力，所以应用截面法，根据静力学平衡方程及边界荷载法就可求出内力。回顾我们在研究基本变形问题和组合变形问题时，杆件横截面上的内力，诸如轴力、剪力、扭矩和弯矩等无一不是应用截面法及边界荷载法求得的。

内力是杆件横截面上分布内力系的合力或合力偶矩，因此它们不能确切表达横截面上各点处材料受力的强弱。为了解决杆件的强度计算问题，我们就必须探讨受力杆件横截面上的应力分布规律和应力计算题。材料的应力和应变间的物理关系，可以通过试验或由资料中查出。例如，对于线弹性材料，胡克定律指出：在比例极限内，应力与应变成正比。因此，从几何方面考察在某种载荷下杆的变形特点，在此基础上对变形规律作一些符合实际的假设，例如杆件横截面的平面假设，然后使用判断和推理的方法确定应变在横截面上的分布规律；据此，依照力与应变间的物理关系，即可得到应力的横截面上的分布规律了。由于横截面上的内力是该截面上各点处的应力组合而成的，所以应用静力学的方法，即可得到应力和内力的关系，即计算应力的公式。由于在研究应力分布规律的过程中，应力是通过胡克定律用反映变形的量来表达的，所以在推导应力的计算公式时，自然就会得到由内力求变形的公式。掌握了杆件应力和变形的计算方法,建立杆件的强度条件和刚度条件则属易事。

强度条件:

危险点处的最大应力≤材料的许用应力

刚度条件:

最大变形位移值≤允许变形位移值

回顾我们在建立拉伸与压缩、扭转和弯曲等基本变形的应力与变形的计算公式时,无一不是采用了上述的方法。这个方法概括说来就是考虑问题的几何方面、物理方面和静力学方面,简称几何、物理、静力三方面的方法。

压杆稳定问题中欧拉公式的推导,也与上述相似。首先,由静力学平衡方程列出弯矩表达式 $M(x)$,然后由力与变形间的物理关系写出挠曲线的近似微分方程 $EIy''=M(x)$,并求出其通解,最后由位移边界条件,即变形几何协调关系确定积分常数,进而得到欧拉公式。

众所周知,超静定问题,仅有静力学平衡方程不能求得所有的未知力;必须考察变形间的几何关系,建立变形协调方程;然后,由力与变形间的物理关系写出物理方程;将物理方程代入变形协调方程,得到补充方程;将补充方程与静力平衡方程联立求解,才能得出全部的未知力。

上面的例子阐述了研究材料力学问题应用静力、物理、几何三方面方法的原理。从材料力学的整个范畴来看,静力、物理、几何三个方面也是研究问题的基础。例如,杆件内力的计算和平面应力分析等属于静力学范围;材料的力学性质,应力与应变的关系,强度理论等的研究则是物理学的范围;而截面几何性质的研究则是几何学的范围。

材料力学研究问题的程序可简单地表达为

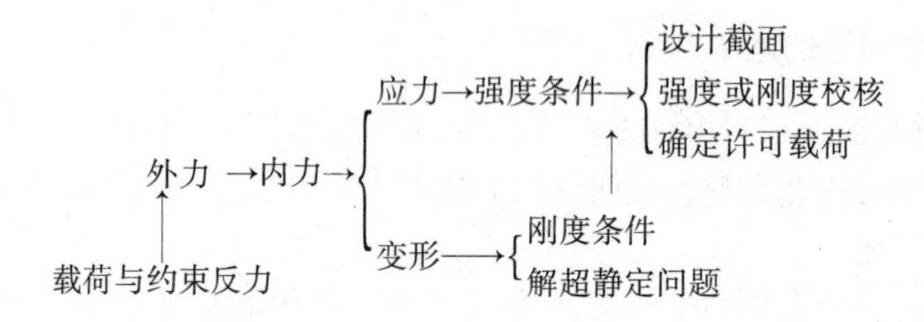

三、材料力学内容的简要回顾

我们将教材中材料力学的有关内容合并成基本变形问题、组合变形问题、压杆稳定问题和动应力问题四个单元,作一简要的总结和回顾。

1. 基本变形问题

我们把在基本变形问题学习中所涉及的基本概念和基本公式汇总成表 1,以供大家复习参考。

表 1

杆件基本变形形式	拉伸、压缩	剪　切	扭　转	弯　曲
简　图	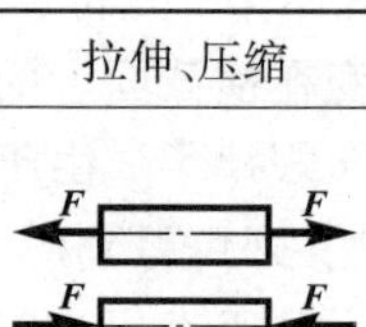	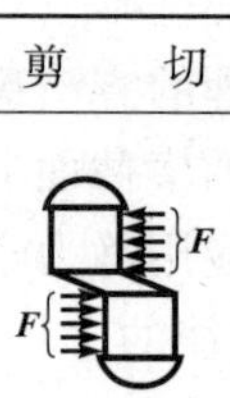	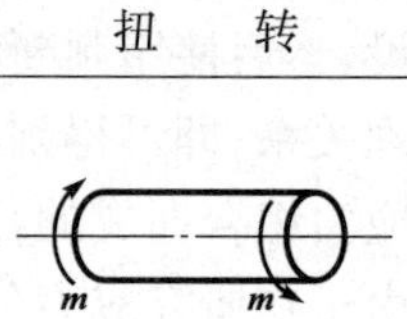	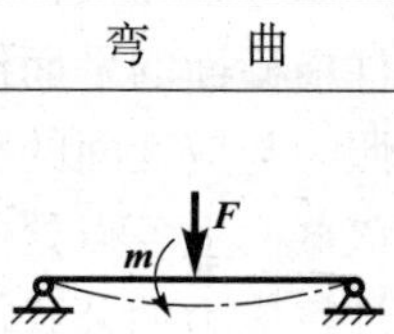

续表

杆件基本变形形式		拉伸、压缩	剪切	扭转	弯曲
受力特点		杆的两端承受与轴线重合的拉力或压力	在垂直于杆轴线的方向作用着等值、反向、作用线相距很近的平行力	在垂直于杆轴线的若干横截面内有互相平衡的外力偶矩作用	在梁的纵向对称平面内作用着垂直于杆轴线的外力
变形特点		直杆沿轴向伸长或缩短	相邻部分发生相对的错动	任意二横截面绕杆轴线发生相对转动	梁的轴线在纵向对称平面内弯成曲线
内力	符号规定	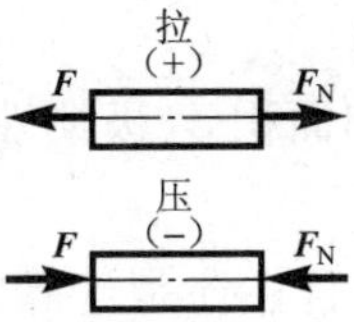 拉(+) F F_N 压(−) F F_N	主要内力为剪力 F_Q	按右手螺旋法则定正负 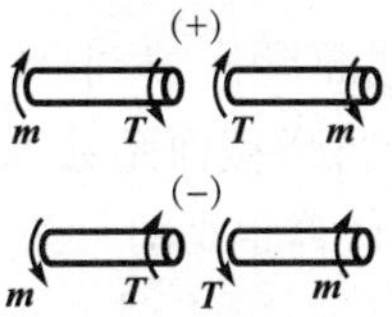 (+) m T T m (−) m T T m	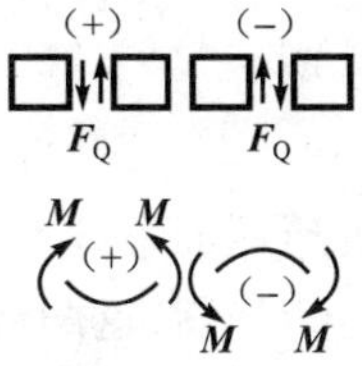 (+) (−) F_Q F_Q M M (+) (−) M M
	计算方法	截面法：假想切开，取出一部分，示出内力，根据平衡确定内力；边界荷载法			
应力	分布规律	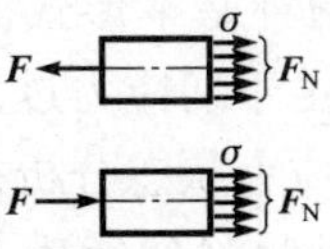 F σ F_N F σ F_N 在横截面上均匀分布	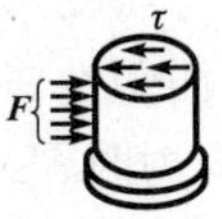 F τ 受剪面上的切应力均匀分布	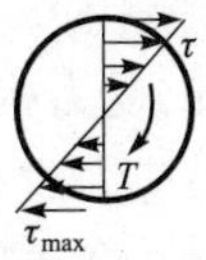 τ T τ_{max} 切应力沿横截面的半径方向按线性分布，且与半径垂直	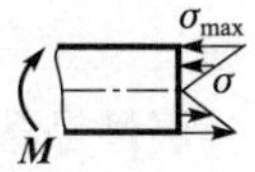 σ_{max} σ M 横截面上任一点处的正应力与该点到中性轴的距离成正比
	计算公式	$\sigma = F_N/A$	$\tau = F_Q/A$	$\tau = \frac{T\rho}{I_P}$ $\tau_{max} = \frac{T}{W_n}$	$\sigma = \frac{My}{I_z}$ $\sigma_{max} = \frac{M}{W_z}$
强度条件		$\sigma_{max} = \frac{\|F_N\|_{max}}{A} \leqslant [\sigma]$	$\tau = \frac{F_Q}{A} \leqslant [\tau]$	$\tau_{max} = \frac{\|T\|_{max}}{W_n} \leqslant [\tau]$	$\sigma_{max} = \frac{\|M\|_{max}}{W_z} \leqslant [\sigma]$
变形计算公式		$\varepsilon = \frac{\sigma}{E}$或$\Delta l = \frac{F_N l}{EA}$		单位长度的扭转角 $\varphi = \frac{Tl}{GI_P}$	$EJy'' = M(x)$
刚度条件				$\theta = \frac{T_{max}}{GI_P}\frac{180}{\pi} \leqslant [\theta]$	$\|\theta\|_{max} \leqslant [\theta]$ $\|y\|_{max} \leqslant [f]$

由表中所列公式可以看出如下的相似性：

（1）轴向拉压、圆轴扭转和平面弯曲的应力公式都具有相同的构造形式：分子均为相应的内力（F_N、T 和 M），而其分母则为与截面形状和尺寸有关的几何量（A、W_n 和 W_z）。

（2）轴向拉压、圆轴扭转和平面弯曲的变形公式也具有相同的构造形式：分子均为相应的内力（F_N、T 和 M），而其分母则为杆件相应的刚度（EA、GI_P 和 EI_z）。

（3）杆件的强度条件一般都是由三个量组成的。兹以弯曲强度条件为例

$$\sigma_{max} = \frac{|M|_{max}}{W_z} \leqslant [\sigma]$$

其中，绝对值最大的弯矩 $|M|_{max}$ 是和外力有关的量；抗弯曲截面系数 W_z 是和截面形状和尺寸有关的量；许用应力 $[\sigma]$ 是和材料、载荷性质和构件重要性有关的量。

因此，为了进行强度计算，首先必须掌握：

（1）内力的计算和内力图的绘制方法，以便确定最大轴力、最大扭矩、最大剪力或最大弯矩。

（2）与杆件横截面形状、大小有关的几何量的计算，如面积 A、极惯性矩 I_P、轴惯性矩 I_z、抗扭截面系数 W_n 和抗弯截面系数 W_z 等的计算。

当然，这两部分计算也是对杆进行刚度计算的前提，而且往往是计算中的难点，我们必须熟练掌握。

2. 组合变形问题

应力状态分析和强度理论是计算组合变形强度问题的理论基础，所以我们首先复习一下这方面的有关知识。

通过试验和观察可知，受力构件的破坏（强度失效）有两种基本形式，即脆性断裂和塑性屈服。脆性断裂是由于拉应力过大造成的，而塑性屈服则是由于切应力过大造成的。所以，当受力构件的危险点处同时存在正应力和切应力时，必须通过应力状态分析，确定该点处的最大正应力和最大切应力；然后，根据危险点处的应力状态和构件材料的性质，选用合适的强度理论进行强度计算。

若已知危险点处的应力 σ_x、σ_y、$\tau_x = -\tau_y$，则由平面（二向）应力状态分析可知，

$$\left.\begin{matrix}\sigma' \\ \sigma''\end{matrix}\right\} = \frac{\sigma_x + \sigma_y}{2} \pm \sqrt{\left(\frac{\sigma_x - \sigma_y}{2}\right)^2 + \tau_x^2}$$

$$\tan 2\alpha_0 = \frac{-2\tau_x}{\sigma_x - \sigma_y}$$

求出 σ' 与 σ'' 后，再与已知的第三个主应力 σ''' 比较，排列出三个主应力的序号，即 $\sigma_1 \geqslant \sigma_2 \geqslant \sigma_3$。危险点处的最大正应力和最大切应力分别为

$$\sigma_{max} = \sigma_1 \qquad \tau_{max} = \frac{\sigma_1 - \sigma_3}{2}$$

脆性材料，在压缩应力状态下应用第三强度理论，在二向拉伸—压缩应力状态，且压应力较大时，可用第二强度理论，其余的应力状态一般都用第一强度理论（最大拉应力理论），其强度条件为

$$\sigma_{xd1} = \sigma_1 \leqslant [\sigma]$$

塑性材料，在三向拉伸应力状态下，最大切应力的数值较小，一般用第一强度理论，其余的

应力状态可用第三或第四强度理论（最大切应力理论或形状改变比能理论），其强度条件为

$$\sigma_{xd3} = \sigma_1 - \sigma_3 \leqslant [\sigma]$$

$$\sigma_{xd4} = \sqrt{\frac{1}{2}[(\sigma_1 - \sigma_2)^2 + (\sigma_2 - \sigma_3)^2 + (\sigma_3 - \sigma_1)^2]} \leqslant [\sigma]$$

上述理论知识是分析组合变形强度问题的基础。组合变形的强度计算公式见表2。

表2

变形类型	拉（压）~弯	偏心拉伸（压缩）	弯~扭	拉（压）~弯~扭
受力特点	横向力与轴向力共同作用	拉（压）力 F 平行于杆轴线且在截面对称轴上，偏心距为 e	横向力与扭矩共同作用	轴向力、横向力与扭矩共同作用
危险截面上的内力	轴力 F_N 与弯矩 M	轴力 F_N 与弯矩 M	弯矩 M 与扭矩 T	轴力 F_N、弯矩 M 与扭矩 T
危险点处的应力	$\left.\begin{matrix}\sigma_{max}\\\sigma_{min}\end{matrix}\right\}=\frac{F_N}{A}\pm\frac{M}{W_z}$ 式中 F_N 用代数值，M 用绝对值	$\left.\begin{matrix}\sigma_{max}\\\sigma_{min}\end{matrix}\right\}=\frac{F_N}{A}\pm\frac{M}{W_z}$ $=\frac{F}{A}\pm\frac{Fe}{W_z}$ 式中偏心力 F 用代数值，Fe 用绝对值	$\sigma=\frac{M}{W_z}$ $\tau=\frac{T}{W_n}$	$\left.\begin{matrix}\sigma_{max}\\\sigma_{min}\end{matrix}\right\}=\sigma_N\pm\sigma_M$ $=\frac{F_N}{A}\pm\frac{M}{W_z}$ $\tau=\frac{T}{W_z}$
应力状态	单向应力状态	单向应力状态	二向应力状态	二向应力状态
强度条件	$\sigma_{max}>0$ $\sigma_{max}=\frac{F_N}{A}+\frac{M}{W_z}\leqslant[\sigma_z]$ $\sigma_{min}<0$ $\lvert\sigma_{min}\rvert=\left\lvert\frac{F_N}{A}-\frac{M}{W_z}\right\rvert$ $\leqslant[\sigma_y]$	$\sigma_{Lmax}=\frac{F}{A}+\frac{Fe}{W_z}\leqslant[\sigma_L]$ $\sigma_{ymax}=\left\lvert\frac{F}{A}-\frac{Fe}{W_z}\right\rvert$ $\leqslant[\sigma_y]$	$\sigma_{xd3}=\sqrt{\sigma^2+4\tau^2}$ $\leqslant[\sigma]$ $\sigma_{xd4}=\sqrt{\sigma^2+3\tau^2}$ $\leqslant[\sigma]$ 对于圆形截面轴，上式简化为 $\sigma_{xd3}=\frac{1}{W_z}\sqrt{M^2+T^2}$ $\leqslant[\sigma]$ $\sigma_{xd4}=\frac{1}{W_z}\sqrt{M^2+0.75T^2}$ $\leqslant[\sigma]$	σ_{xd3} $=\sqrt{\sigma^2+4\tau^2}$ $\leqslant[\sigma]$ σ_{xd4} $=\sqrt{\sigma^2+3\tau^2}$ $\leqslant[\sigma]$ σ 为 σ_{max} 与 σ_{min} 中绝对值最大者

由上表可以看出：

（1）在小变形的条件下，组合变形是几种基本变形的某种组合。在单向应力状态下，应力可以直接叠加，仅在二向应力状态下，才需要应用强度理论计算相当应力。

（2）相当应力是危险点处三个主应力的某种组合，相当于单向拉伸时危险点处的最大工

作应力。所以组合变形的强度条件是

受力构件中危险点处的相当应力≤许用应力

3. 压杆稳定问题

受压直杆的稳定性问题,是材料力学研究的三大课题之一。

受压直杆的稳定条件是

$$n = \frac{F_{lj}}{F} = \frac{\sigma_{lj}}{\sigma} \geqslant n_W$$

式中,n 是实际工作时的稳定安全系数;n_W 是规定的稳定安全系数;F_{lj} 和 σ_{lj} 是临界力和临界应力;F 与 σ 分别是实际工作压力和应力。

显然,稳定计算的中心问题是确定临界应力 σ_{lj} 或临界力 $F_{lj} = \sigma_{lj}A$。

按实际受压杆件的柔度 $\lambda = \mu l/i$ 的数值,压杆可分为三种类型,其临界应力的计算公式见表3。

表3

压杆类型	大柔度杆	中柔度杆	小柔度杆
柔度 $\lambda = \mu l/i$	$\lambda > \lambda_P \quad \lambda_P = \sqrt{\frac{\pi^2 E}{\sigma_P}}$	$\lambda_P \geqslant \lambda \geqslant \lambda_0$ 塑性材料 $\lambda_0 = \frac{a - \sigma_s}{b}$ 脆性材料 $\lambda_0 = \frac{a - \sigma_b}{b}$	$\lambda \leqslant \lambda_0$
临界应力 σ_{lj}	欧拉公式 $\sigma_{lj} = \frac{\pi^2 E}{\lambda^2}$	经验公式——直线公式 $\sigma_{lj} = a - b\lambda$	$\sigma_{lj} = \begin{cases} \sigma_s & (塑性材料) \\ \sigma_b & (脆性材料) \end{cases}$

由上表可知:λ 越小,临界应力越高,压杆的稳定性就越好。

4. 动应力问题

(1) 动载荷问题。当构件的运动状态发生改变时,因为惯性力将使构件出现不可忽视的动力效应,因动力效应引起的载荷叫动载荷。在动载荷作用下,构件产生的应力和变形分别称为动应力和动变形。动载荷问题的计算是建立在静力计算的基础上的。比值

$$K_d = \frac{动载荷}{静载荷} = \frac{动应力}{静应力} = \frac{动变形}{静变形}$$

称为动荷系数。由此可见,只要确定出 K_d,动载荷问题就迎刃而解。

动载荷问题也可直接用下述方法求解:

① 当构件作匀加速直线运动或匀速转动时,可应用动静法求动变形与动应力。

② 对于构件受冲击的问题,可应用动能定理求解构件的最大冲击变形、最大冲击力和最大冲击应力。

(2) 交变应力。随时间作用周期性变化的应力叫交变应力。在交变应力作用下,构件突发的脆性断裂叫疲劳破坏。

疲劳强度条件是

$$工作安全系数 = \frac{构件的持久极限}{构件的最大工作应力} \geqslant 规定的安全系数$$

因此疲劳强度计算的中心问题是确定构件的持久极限。

由于应力集中是疲劳破坏的主导因素，因此构件的外形、尺寸和表面质量状况等因素都对材料的持久极限（疲劳强度）有影响。这些影响分别用有效应力集中系数 K_σ 或 K_τ、尺寸系数 ε 和表面质量系数 β 来表达。因此，构件的持久极限，对于弯曲（拉压）对称循环为

$$\sigma^0_{-1} = \frac{\sigma_{-1}\varepsilon\beta}{K_\sigma}$$

对于扭转对称循环为

$$\tau^0_{-1} = \frac{\tau_{-1}\varepsilon\beta}{K_\tau}$$

这些影响系数可由机械设计手册中查得。由此可见，构件的持久极限受众多因素的影响，不是一个固定的数值。要提高构件的疲劳强度，主要应从降低应力集中的影响和提高构件表层的强度来考虑。

附录 工程力学综合测试题及参考答案

工程力学综合测试题（A）

一 判断题（下列命题你认为正确的在题后括号内打“√”，错误的打“×”。每小题 1 分，共 8 分）

题 A 一 -1 图

1. 刚体受平面汇交力系 $\boldsymbol{F}_1$、$\boldsymbol{F}_2$、$\boldsymbol{F}_3$、$\boldsymbol{F}_4$ 作用，其力多边形如图示，则该刚体处于平衡状态。（ ）

2. 两个半径不等的齿轮传动，在任一瞬时两轮啮合点的速度相等，加速度也相等。（ ）

3. 质量相同的质点，受力情况相同，但它们的运动规律不见得相同。（ ）

4. 质点在力的作用下运动时，由于力作功，质点将具有动能，但质点的动能并不等于力所作的功。（ ）

5. 在工程中，通常将伸长率 $\delta \geqslant 5\%$ 的材料称为塑性材料，而把 $\delta < 5\%$ 的材料称为脆性材料。（ ）

6. 相邻两个截面上的切应力大小相等，方向为指向或背离此两截面的交线。（ ）

7. 在一组相互平行的轴系中，截面对各轴的惯性矩以对通过截面形心的轴的惯性矩为最小。（ ）

8. 当圆环绕垂直于圆环平面的对称轴匀速转动时，若环内的动应力过大，可以用增加圆环横截面面积的办法使动应力减小。（ ）

二 填空题（每空 1 分，共 8 分）

1. ________是力偶作用效果的唯一度量。

2. 刚体平动时其上各点的轨迹________，任一瞬时的速度、加速度________。

3. 运动的质点在第①位置时的动能为 10 J，在第②位置时的动能为 5 J，则作用在此质点上的力所作的功为________。

4. 用积分法求图中所示外伸梁挠曲线方程时，其积分常数可用边界条件________和变形连续条件________求得。

5. 压杆的柔度 λ 可用公式 $\lambda =$________计算，对于长度 l、两端固定的直径为 d 的圆截面压杆，其柔度 $\lambda =$________。

题 A 二 -4 图

三 选择题（从下列各题四个备选答案中选出一个正确答案，并将正确答案的编号写在题目后面的括号内。答案选错或未作选择者，该题无分。每小题 2 分，共 12 分）

1. 如图示置于倾角 α 斜面上的物块受重力 $\boldsymbol{P}$ 及水平力 $\boldsymbol{F}$ 作用，则物块的正压力为(　　)。

(a) $F_N = P$　(b) $F_N = P\cos\alpha + F\sin\alpha$　(c) $F_N = P\cos\alpha$　(d) $F_N = P\sin\alpha + F\cos\alpha$

2. 一质点以大小相同而方向不同的速度抛出，只在重力作用下运动，当质点落到同一水平面上时，它们的速度为(　　)。

(a) v_1 最大　(b) v_2 最大　(c) v_3 最大　(d) 彼此相等

题 A 三 - 1 图

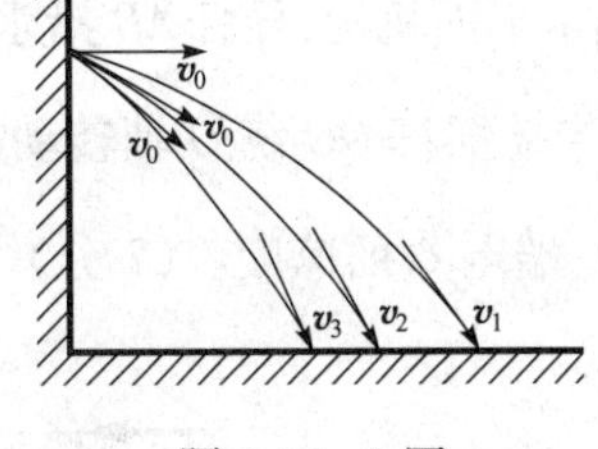

题 A 三 - 2 图

3. 两根刚度均为 K 的弹簧串联，其等效刚度为(　　)。

(a) $K_{eg} = K$　(b) $K_{eg} = 2K$　(c) $K_{eg} = \dfrac{K}{2}$　(d) $K_{eg} = \dfrac{K}{4}$

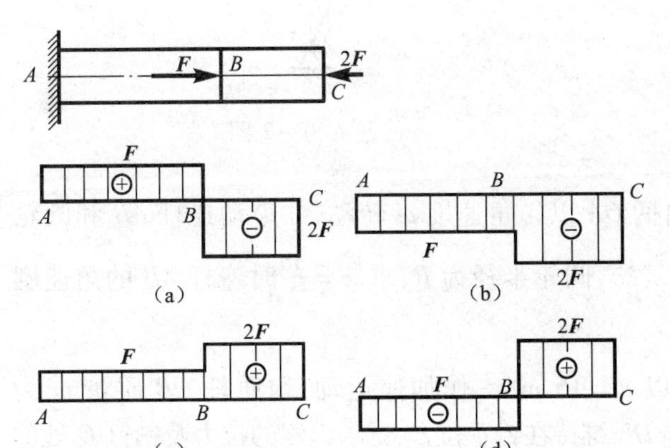

题 A 三 - 4 图

4. 图示受力杆件的轴力图有以下四种，其中正确的是(　　)。

5. 对于一个应力单元体，下列结论中错误的是(　　)。

(a) 正应力最大的面上切应力必为零

(b) 切应力最大的面上正应力必为零

(c) 切应力最大的面与正应力最大的面相交成 45°

(d) 正应力最大的面与正应力最小的面相互垂直

6. 影响构件持久极限的主要因素有构件外形、尺寸和表面质量。其影响系数分别为有效应力集中系数 K_σ、尺寸系数 ε_σ、表面质量系数 β，它们的值域是(　　)。

(a) $K_\sigma > 1, \varepsilon_\sigma < 1, \beta < 1$　(b) $K_\sigma < 1, \varepsilon_\sigma > 1, \beta > 1$

(c) $K_\sigma < 1, \varepsilon_\sigma > 1, \beta < 1$　(d) $K_\sigma > 1, \varepsilon_\sigma < 1, \beta > 1$ 或 < 1

四　简答题 (每小题 3 分，共 12 分)

1. 计算一物体的重心位置时，选取不同的坐标系，计算出来的重心位置是否相同？计算出来的重心坐标是否相同？重心的实际位置是否相同？为什么？

2. 设图示机构的角速 ω 为一常量，杆 AB 的质量均为 m，试在图上画出杆 AB 上的惯性力，并写出其表达式。

3. 若将圆轴的直径增加到原来直径的 1.5 倍，其他条件不变，则轴内的最大切应力和扭转

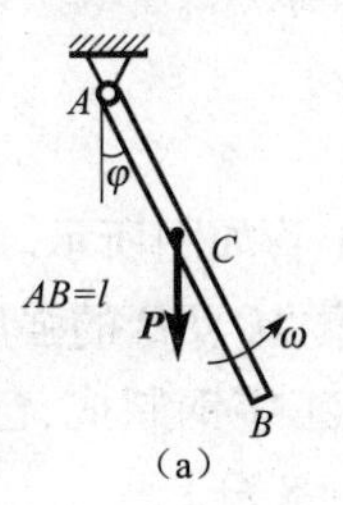

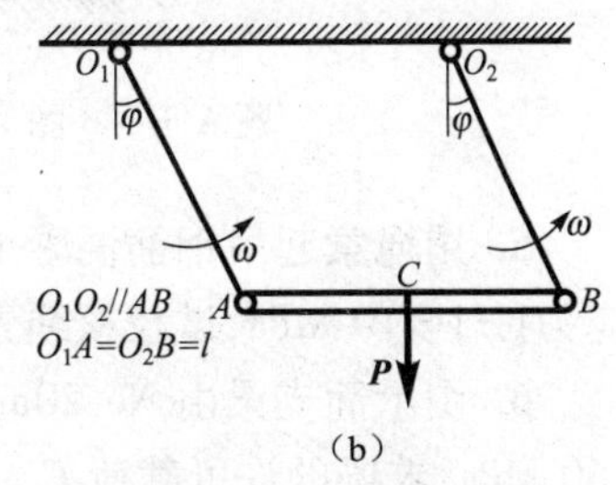

题 A 四 - 2 图

角分别减少为原来的多少?

4. 试述影响压杆柔度的因素。为什么压杆的柔度 λ 越大,临界力越小?

五 应用题(60 分)

1. 钢筋校直机构如图示,如在 E 点作用水平力 $F=90$ N,$\alpha=30°$,试求 A 铰处的反力及在 G 处所产生的压力。尺寸单位:cm。(8 分)

2. 图示平面机构,导杆 AB 沿水平滑道以匀速 u 向左运动,套筒在 A 点与导杆 AB 铰接,通过套筒 A 带动摇杆 OC 绕 O 轴转动,$OC=l$。运动开始时 $\varphi=0$,试求 $\varphi=\frac{\pi}{4}$ 时摇杆 OC 的角速度及杆 OC 端点 C 的速度。(7 分)

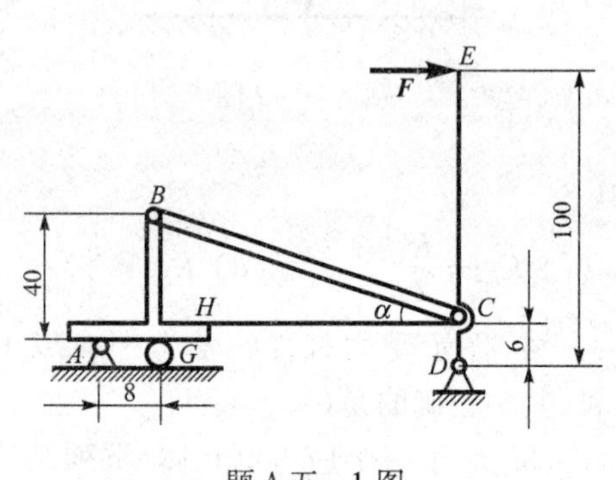

题 A 五 - 1 图

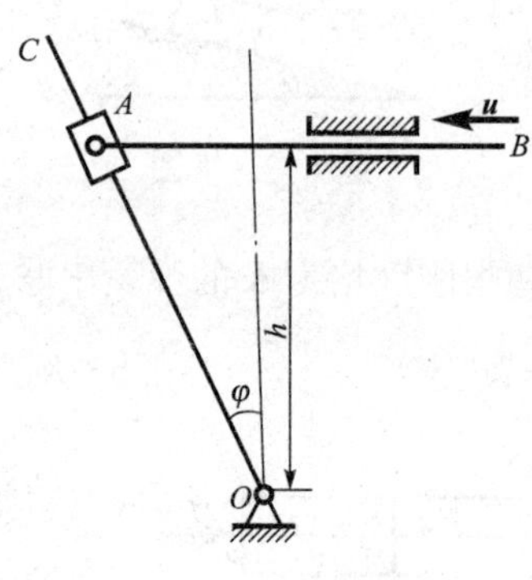

题 A 五 - 2 图

3. 图示平面机构中,A、B 均为铰接,曲柄 OA 以匀角速度 ω 转动,并带动连杆 AB 和圆轮运动,圆轮沿水平直线纯滚动。$OA=a$,$AB=2a$,圆轮半径为 R,求 $\varphi=\frac{\pi}{2}$ 时连杆 AB 的角速度及圆轮的角速度。(7 分)

4. 图示平台在水平面上沿直线向右以 $a=16\ \text{m/s}^2$ 作加速运动,均质杆 OB 质量 m 为 1.8 kg,在 O 处铰接于水平台上,并用水平绳 DE 维持在铅垂位置,试求绳索的拉力及销钉 O 处的反力。$BE=20$ cm,$OE=40$ cm。(8 分)

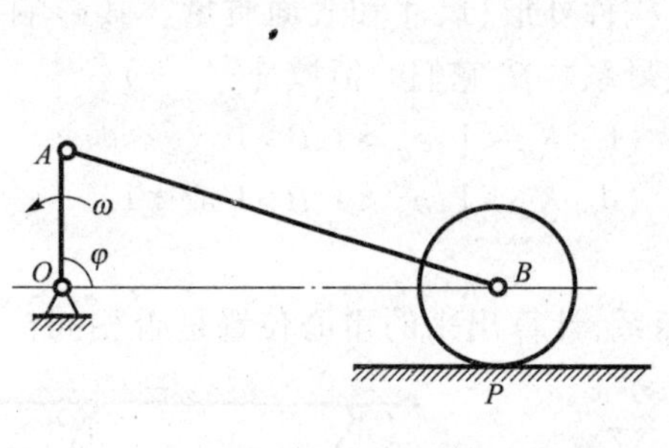

题 A 五 - 3 图

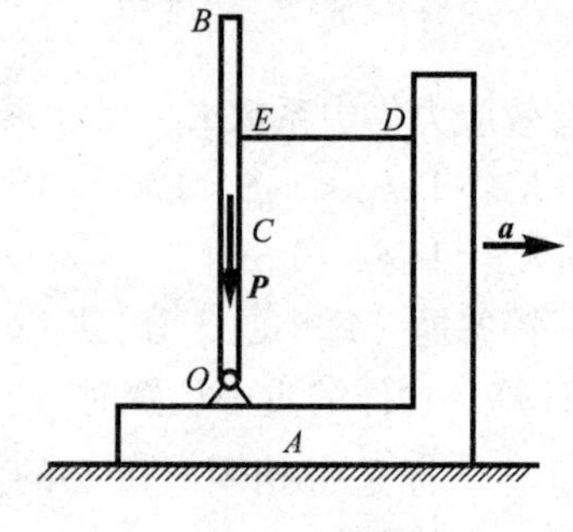

题 A 五 - 4 图

5. 用绳索起吊钢筋混凝土管如图所示。若管的重量 $P=10$ kN,绳索直径 $d=40$ mm,许用应力 $[\sigma]=10$ MPa,试校核绳索 AD、BD 的强度。(6 分)

6. 图示简支梁由 No. 20a 工字钢制成,已知抗弯截面系数 $W_z=237\ \text{cm}^3$,许用应力 $[\sigma]=160$ MPa,求梁的许可载荷 F。(8 分)

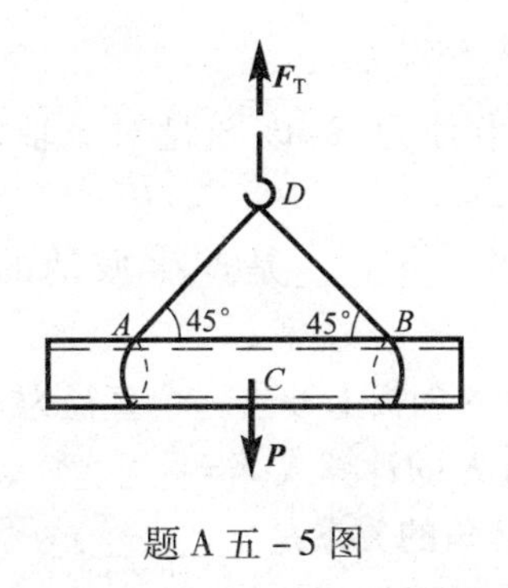

题 A 五 –5 图

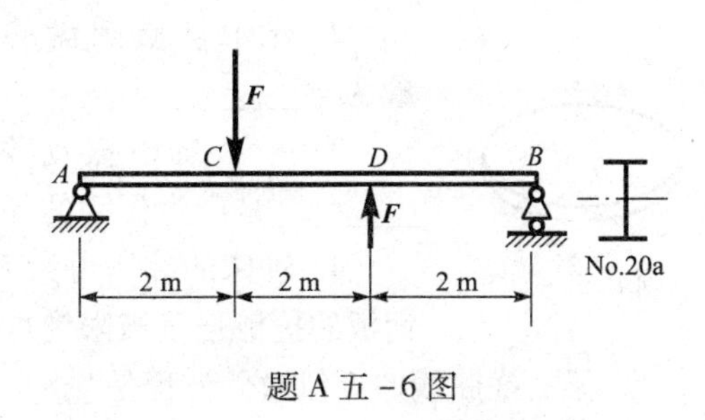

题 A 五 –6 图

7. 求图示单元体的主应力和最大切应力。(6 分)

8. 图示带轮轴上,C 轮受铅垂带拉力作用,$F=400$ N,C 轮直径 $D=400$ mm;E 轮受力偶矩 $M_0=80$ N · m 作用。已知轴材料$[\sigma]=40$ MPa,试画出轴的扭矩图和弯矩图,并按第三强度理论设计轴的直径。(10 分)

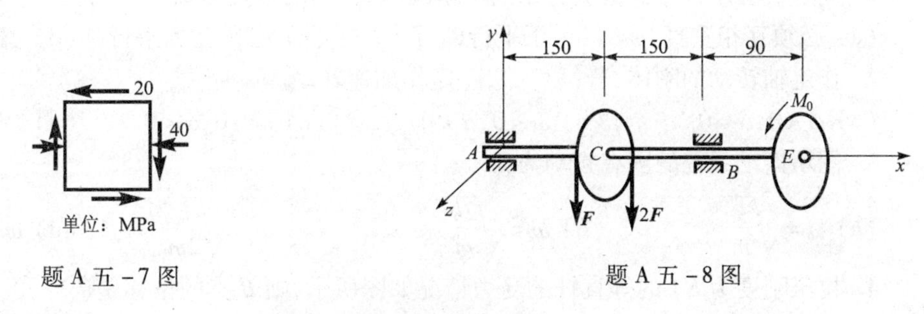

题 A 五 –7 图　　题 A 五 –8 图

工程力学综合测试题(B)

一　判断题(下列命题你认为正确的在题后括号内打"√",错误的打"×"。每小题 1 分,共 8 分)

1. 图(a)所示构件 AB 受力 $\boldsymbol{F}$ 作用,不计自重,试判断所画受力图(b)是否正确。(　　)

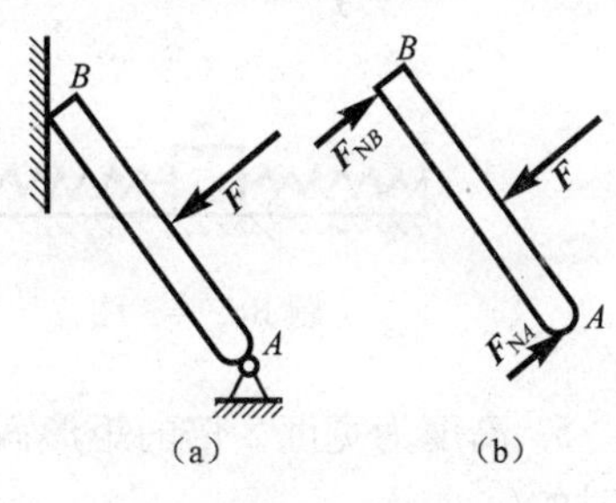

题 B 一 –1 图

2. 点作曲线运动时,其速度的大小恒为一常量,则该点的加速度为零。(　　)

3. 各点作圆周运动的刚体一定是作定轴转动。(　　)

4. 凡有加速度的质点就有惯性力。惯性力是一个真实的力,但它并不作用在该质点上。(　　)

5. 杆的刚度越大,抵抗冲击的能力越强。(　　)

6. 构件的持久极限一般都小于材料的持久极限,不是一个固定值。(　　)

7. 在受力构件内任一点处,一定存在三个相互垂直的主平面。主平面上的切应力为零。(　　)

8. 梁弯曲时,弯矩最大的截面,其转角和挠度也最大。(　　)

二　**填空题**(每空 1 分,共 11 分)

1. 力偶中的两个力在任一轴上投影的代数和为 ________。

2. 图示均质圆盘的质量为 m,半径为 R,该圆盘对 z 轴的转动惯量 $J_z=$ ________。

题 B 二 -2 图

3. 一个自由振动系统所具有的 ________ 是产生振动的内因,而 ________ 是产生振动的外因。

4. 冲床的冲压力为 F,需在厚为 t 的钢板上冲击一个直径为 d 的圆孔,钢板的抗剪强度极限为 τ_b,写出冲压力 F 的计算式 $F=$ ________。

5. 梁的挠曲线的近似微分方程是 ________,挠度和转角的关系是 ________。

6. 胡克定律成立的条件是应力必须在 ________ 内,它的表达式为 ________。

7. 已知一点处的三个主应力 $\sigma_1 \geqslant \sigma_2 \geqslant \sigma_3$,则该点处的最大正应力 $\sigma_{\max}=$ ________,最大切应力 $\tau_{\max}=$ ________。

三　**选择题**(从下列各题四个备选答案中选出一个正确答案,并将正确答案的编号写在题目后面的括号内。答案选错或未作选择者,该题无分。每小题 2 分,共 12 分)

1. 用解析法求解平面汇交力系的平衡问题时,其两根投影轴(　　)。

(a) 必须互相垂直　(b) 不平行即可　(c) 必须互相平行　(d) 必须铅垂、水平

2. 作定轴转动的刚体,若(　　),一定作加速转动。

(a) $\omega<0,\alpha>0$　(b) $\omega<0,\alpha<0$　(c) $\omega>0,\alpha<0$　(d) $\omega>0,\alpha=0$

3. 图示振动系统的固有频率为(　　)。

(a) $\omega=\sqrt{\dfrac{k}{m}}$　(b) $\omega=\sqrt{\dfrac{2k}{m}}$　(c) $\omega=\sqrt{\dfrac{k}{2m}}$　(d) $\omega=\sqrt{\dfrac{k}{4m}}$

4. 拉压刚度为 EA 的等直杆的受力情况如图所示,则 B 点的位移是(　　)。

(a) $\dfrac{F_2 l_2}{EA}$　(b) $\dfrac{F_1 l_1}{EA}$

(c) $\dfrac{(F_2-F_1)l_1}{EA}$　(d) $\dfrac{(F_1+F_2)l_1}{EA}$

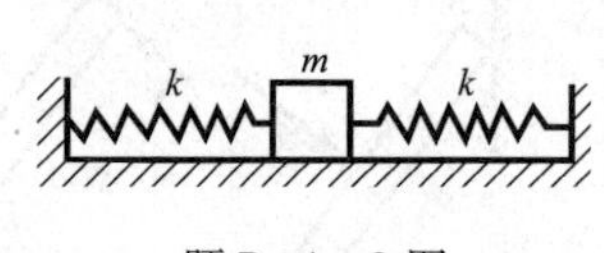

题 B 三 -3 图

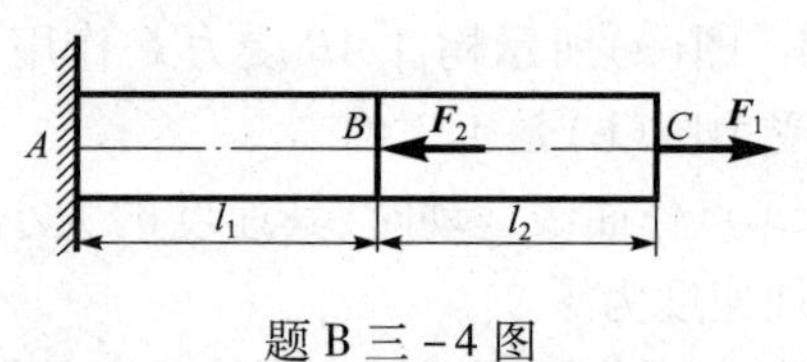

题 B 三 -4 图

5. 高度为宽度 2 倍的矩形截面梁,在相同的载荷和支承条件下,截面平放时的挠度是竖放时的(　　)。

(a) 2 倍　(b) 4 倍

(c) 8 倍　(d) 16 倍

6. 图示应力状态,用第三强度理论校核时,其相当应力为(　　)。

(a) $\sigma_{xd3}=\sqrt{\tau}$　(b) $\sigma_{xd3}=\tau$

(c) $\sigma_{xd3}=\sqrt{3}\tau$　(d) $\sigma_{xd3}=2\tau$

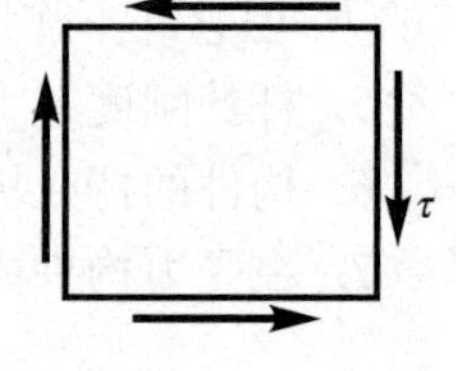

题 B 三 -6 图

四　简答题（每小题3分，共9分）

1. 何谓质点的达朗伯原理与质点的动静法？

2. 试写出下列图示杆 AB 的动能（ω、P、l 均已知）。

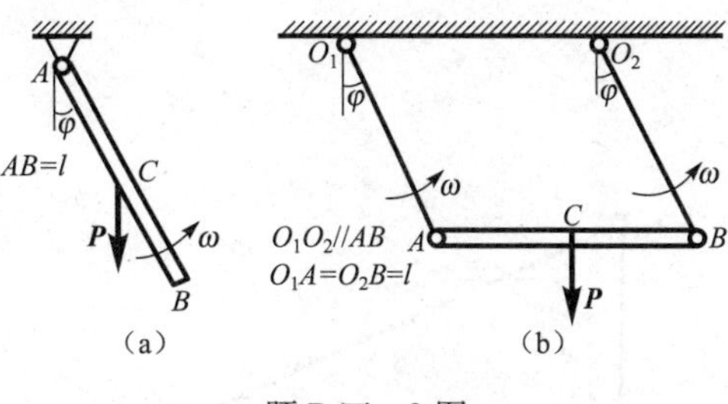

题B四－2图

3. 有一传动轴，三个轮的外力偶矩分别为 m_1、m_2、m_3，且 $m_1=2m_2=2m_3$。今有两个方案：(a)把轮1装在轴的一端；(b)把轮1装在轴的中间。你认为哪种方案好？为什么？

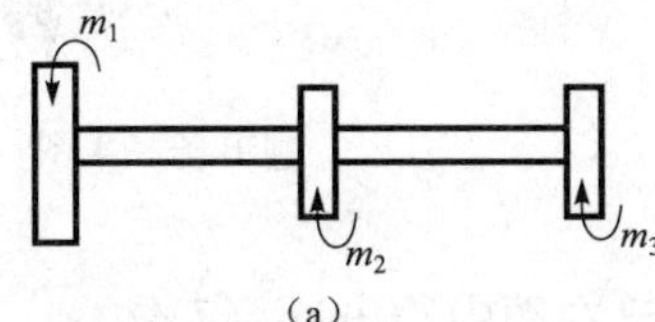

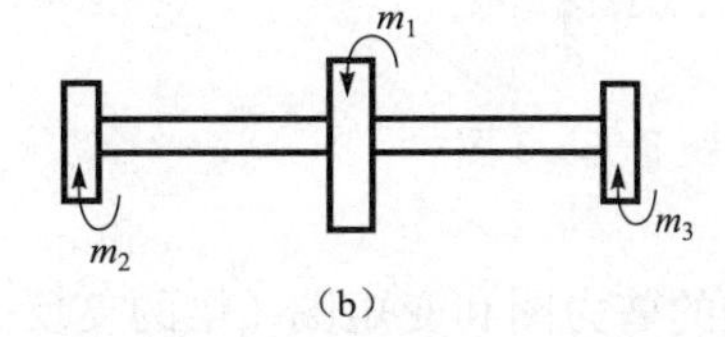

题B四－3图

五　应用题（60分）

1. 组合梁由 AB 和 BC 用铰 B 连接而成，载荷分布如图示。已知 $P=20$ kN、$q=5$ kN/m、$\alpha=45°$，求 A、B、C 三处反力。（8分）

2. 图示平面机构中，已知圆盘以匀角速 ω 绕 O 轴转动，通过它上面固定的销钉 A 带动具有水平滑槽 DE 的连杆 BC 沿铅垂的固定滑道上下滑动。$OA=r$，运动开始时 $\varphi=0$，试求 $\varphi=\dfrac{\pi}{6}$ 时杆 BC 的速度。（7分）

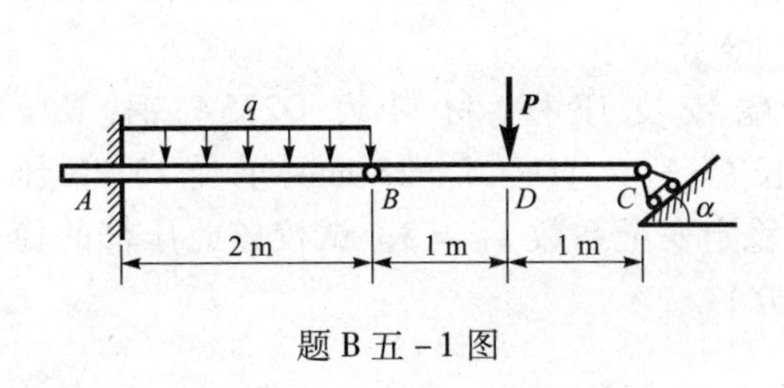

题B五－1图

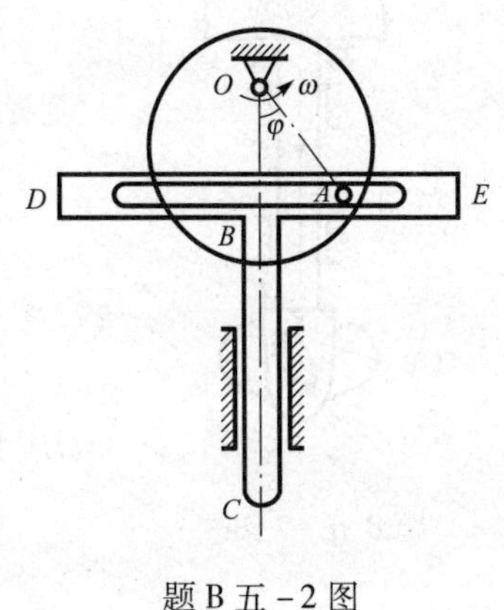

题B五－2图

3. 四连杆机构 $OABO_1$ 中，$OA=O_1B=\dfrac{1}{2}AB=r$。曲柄 OA 以 $\omega=3$ rad/s 匀速转动时，试求当曲柄 O_1B 恰在 OO_1 延长线上时连杆 AB 及曲柄 O_1B 的角速度。（7分）

4. 图示提升设备，鼓轮由半径 $R=10$ cm 的大轮和半径 $r=5$ cm 的小轮组成，对轴 O 的转动惯量为 $J_0=1\,000\ \text{kg}\cdot\text{cm}^2$。鼓轮安装在固定轴 O 上，大轮受牵引力 $F_T=300$ N 的作用，使鼓轮绕 O 轴转动，提升质量 $m=20$ kg 的重物 A，试求重物 A 的加速度及重物所受的拉力。（8分）

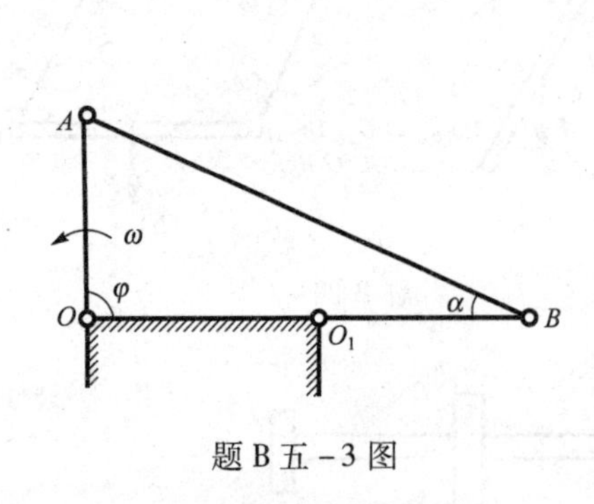

题B五-3图

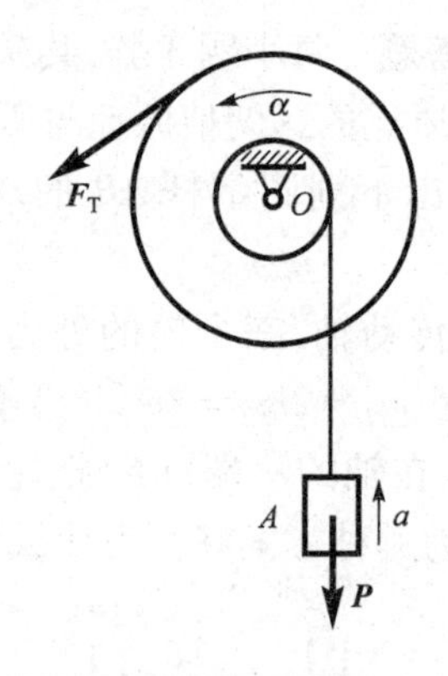

题B五-4图

5. 作图示梁的剪力图和弯矩图（梁的支反力已在图中给出）。（7分）

6. 图示梁的弯曲许用应力$[\sigma]=140$ MPa，当$b/h=1/2$时，试设计矩形截面尺寸。（8分）

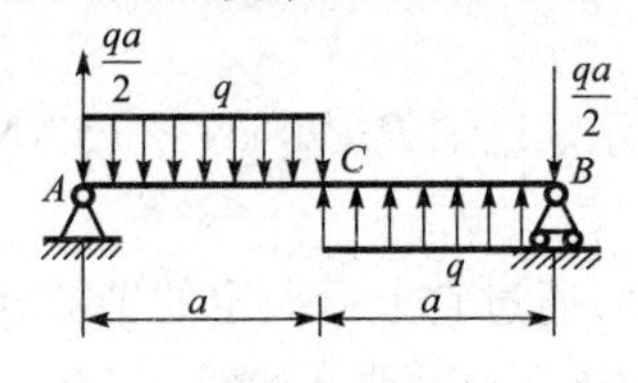

题B五-5图

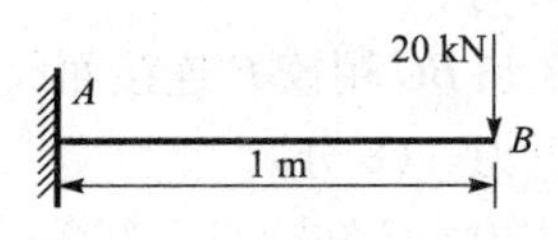

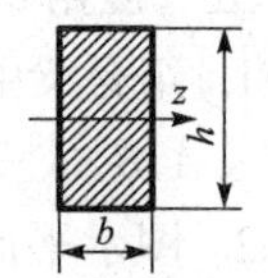

题B五-6图

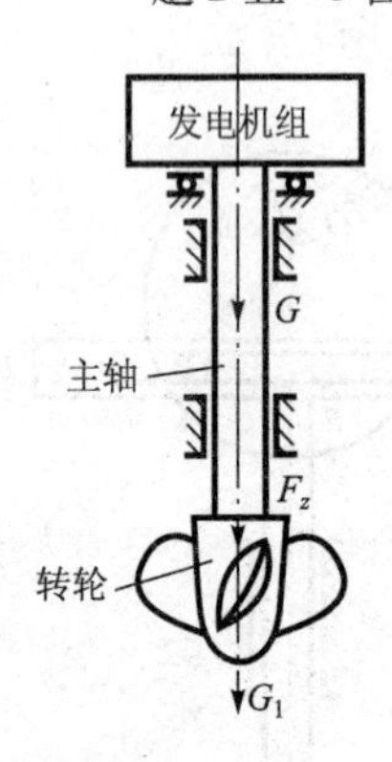

题B五-7图

7. 某型号水轮机的主轴如图所示。水轮机组的输出功率$P=37\ 500$ kW，转速$n=150$ r/min。已知轴向推力$F_z=4\ 800$ kN，转轮重$G_1=390$ kN，主轴内径$d=34$ cm，外径$D=75$ cm，自重$G=285$ kN，主轴材料的许用应力$[\sigma]=80$ MPa。试按第四强度理论校核主轴的强度。（8分）

8. 两端铰支压杆，材料为Q235A钢，$E=200$ GPa，长$l=1$ m，直径$d=25$ mm，承受25 kN压力，规定的稳定安全系数$n_W=3$。试校核此压杆的稳定性。（7分）

工程力学综合测试题(A)参考答案

一 判断题(判断正确得分,判断错误或不判断不得分。每小题1分,共8分)

1. √ 2. × 3. √ 4. √ 5. √ 6. × 7. √ 8. ×

二 填空题(填对得分,填错或不填不得分。每空1分,共8分)

1. 力偶矩
2. 相同;相等
3. -5 J
4. $x_1=a$ 处,$y_1=0$,$x_2=3a$ 处,$y_2=0$;$x_1=x_2=a$ 处;$y_1=y_2=0$,$\theta_1=\theta_2$
5. $\dfrac{\mu l}{i}$;$\dfrac{2l}{d}$

三 选择题(选对得分,选错或不选不得分。每小题2分,共12分)

1. (b) 2. (d) 3. (c) 4. (b) 5. (b) 6. (d)

四 简答题(每小题3分,共12分)

1. 选取不同的坐标系计算出来的重心坐标是不同的,但重心的位置仍然相同。因为物体质量、形状一定时,其重心的位置就是一定的。它不会因坐标系的选取不同而改变,但同一重心对不同坐标系的坐标却是不同的。

2.

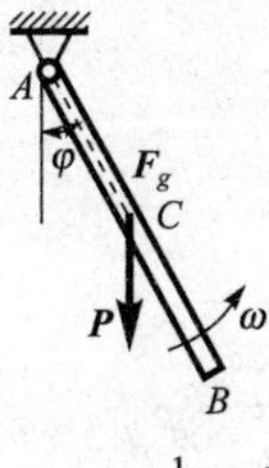

(a)

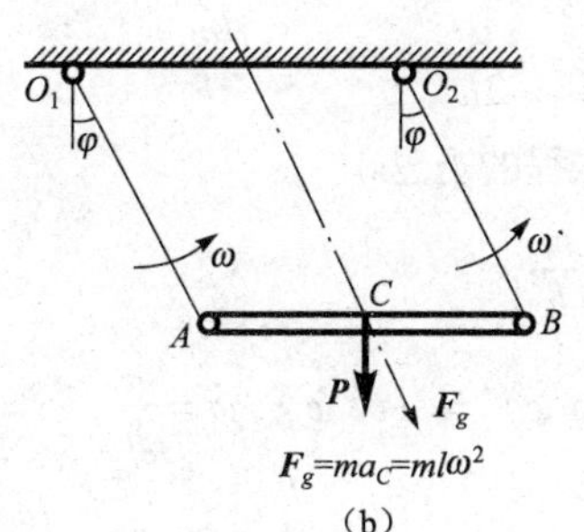

(b)

答A四-2图

3. 由公式$\tau_{\max}=\dfrac{T}{W_n}$和$\varphi=\dfrac{Tl}{GI_P}$可知,$\tau_{\max}$与$\varphi$分别与抗弯截面系数$W_n=\dfrac{\pi d^3}{16}$和极惯性矩$I_P=\dfrac{\pi d^4}{32}$成反比。所以当圆轴直径增加到原来的1.5倍时,

切应力减少为原来的
$$\frac{\frac{\pi}{16}d^3}{\frac{\pi}{16}(1.5d)^3}=\left(\frac{2}{3}\right)^3=\frac{8}{27}$$

扭转角减少为原来的
$$\frac{\frac{\pi}{32}d^4}{\frac{\pi}{32}(1.5d)^4}=\left(\frac{2}{3}\right)^4=\frac{16}{81}$$

4. 由柔度$\lambda=\mu l/i$可知,影响λ的因素有杆端约束的状况、杆的长度和杆的横截面的形状和尺寸。

由公式 $\sigma_{lj}=\dfrac{\pi E}{\lambda^2}$和 $\sigma_{lj}=a-b\lambda$ 可知，柔度 λ 越大，临界应力 σ_{lj}越小，故压杆能承受的临界力越小。

五 应用题（60 分）

1. 研究杆 ECD

$$\sum M_D(\boldsymbol{F})=0 \quad F_{CB}\cos\alpha\times6-F\times100=0 \quad F_{CB}=1\,732\ \text{N}$$

研究构件 ABH

$$F_{BC}=F_{CB}$$

$$\sum M_A(\boldsymbol{F})=0 \quad F_{\text{N}}\times8-F_{BC}\cos\alpha\times40-F_{BC}\sin\alpha\times8=0$$

$$\sum F_x=0 \quad F_{Ax}+F_{BC}\cos\alpha=0$$

$$\sum F_y=0 \quad F_{\text{N}}+F_{Ay}-F_{BC}\sin\alpha=0$$

解得：$F_{\text{N}}=8\,366\ \text{N}, F_{Ax}=-1\,500\ \text{N}, F_{Ay}=-7\,500\ \text{N}$

2. 解法一（复合运动法）

动点：套筒 A　动系：杆 OC

$$\boldsymbol{v}_A=\boldsymbol{v}_{\text{e}}+\boldsymbol{v}_{\text{r}}$$

$$v_{\text{e}}=v_A\cos45^\circ=\frac{\sqrt{2}}{2}u$$

杆 OC：$\omega=\dfrac{v_{\text{e}}}{OA}=\dfrac{v_A\cos45^\circ}{h/\cos45^\circ}=\dfrac{u}{2h}, v_C=l\omega=\dfrac{lu}{2h}$

解法二（建立转动方程的方法）

杆 OC：转动方程 $\tan\varphi=\dfrac{ut}{h}$

$$(\tan\varphi)'=\sec^2\varphi\cdot\dot{\varphi}=\frac{u}{h},\ \omega=\dot{\varphi}=\frac{u}{h}\cos^2 45^\circ=\frac{u}{2h}$$

$$v_C=l\omega=\frac{lu}{2h}$$

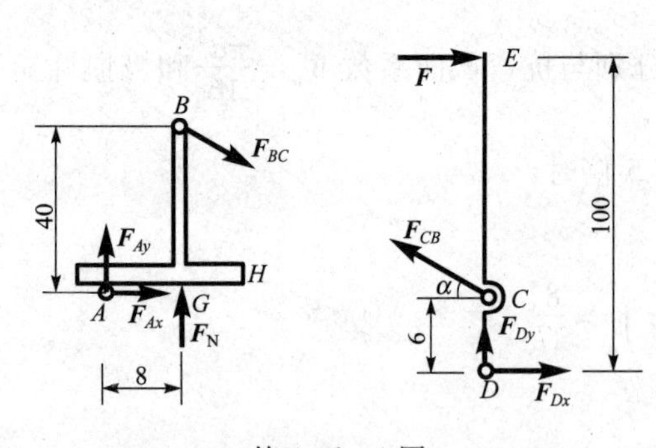

答 A 五 -1 图

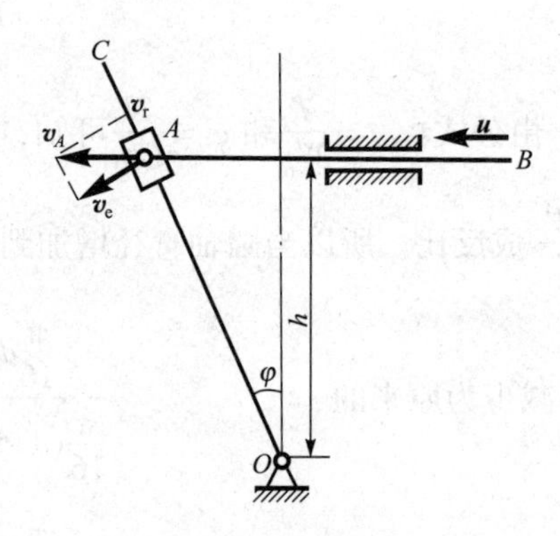

答 A 五 -2 图

3. 杆 OA：$v_{\text{A}}=a\omega$

杆 AB：瞬时平动 $\omega_{AB}=0, v_B=v_A=a\omega$

圆轮：纯滚动、瞬心为 P

$$\omega_1=\frac{v_B}{R}=\frac{a}{R}\omega$$

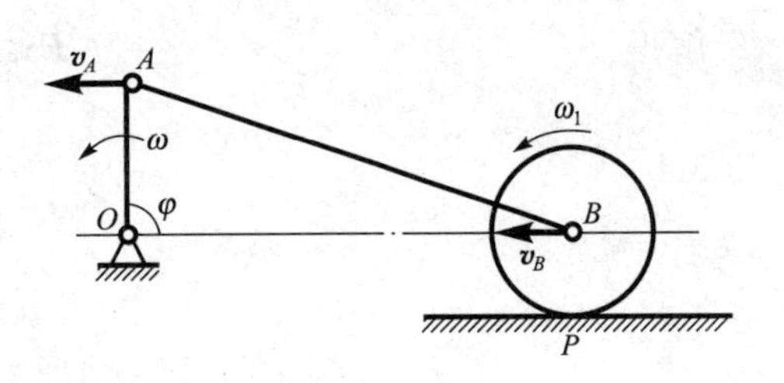

答 A 五 -3 图

4. 解法一（应力动力学方程，图(a)）

杆 OB：$ma_{Cx}=F_T+F_{Ox}$

$ma_{Cy}=0=F_{Oy}-P$

$\sum M_C(\boldsymbol{F}_i)=0, F_{Ox}\times OC-F_T\times CE=0$

解得：$F_{Ox}=7.2\ \text{N}, F_{Oy}=17.6\ \text{N}, F_T=21.6\ \text{N}$

解法二（应用动静法，图(b)）

杆 OB：$\sum F_x=0, F_T+F_{Ox}-F_g=0, F_g=ma$

$\sum F_y=0, F_{Oy}-P=0$

$\sum M_C(\boldsymbol{F}_i)=0, F_{Ox}\times OC-F_T\times CE=0$

解得：$F_{Ox}=7.2\ \text{N}, F_{Oy}=17.6\ \text{N}, F_T=21.6\ \text{N}$

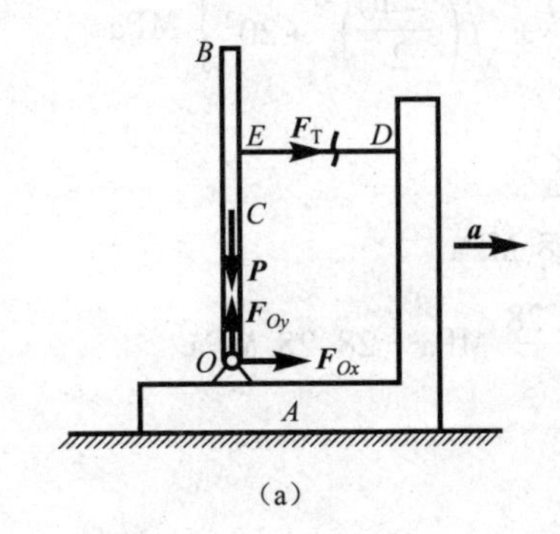

(a)

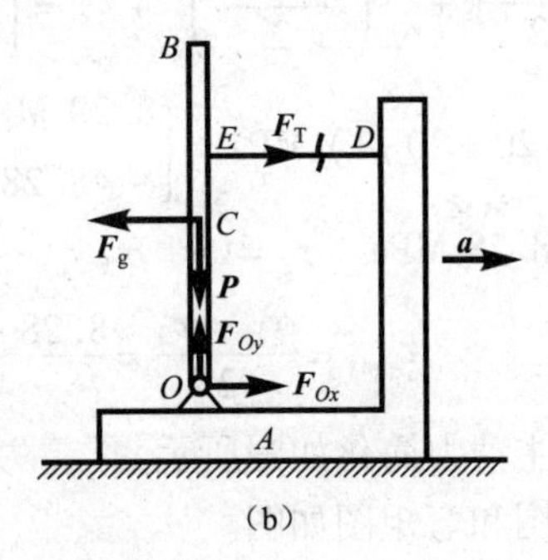

(b)

答 A 五 -4 图

5. 如图，设绳索中的轴力为 F_N，由 $\sum F_y=0$，可得

$$2F_N\sin 45°-P=0$$

$$F_N=\frac{\sqrt{2}P}{2}=5\sqrt{2}\ \text{kN}$$

绳索中的应力　$\sigma=\frac{F_N}{A}=\frac{5\sqrt{2}\times10^3}{\frac{\pi}{4}(40\times10^{-3})^2}\ \text{N/m}^2=5.63\times10^6\ \text{N/m}^2=5.63\ \text{MPa}<[\sigma]$，故绳索的强度足够。

6. 求支反力：由力偶系的平衡条件可求得梁的支反力 $F_A=F_B=\frac{F}{3}$，方向如图所示。

画出梁的弯矩图，如图所示。$M_{\max}=\frac{2}{3}F$

确定许可载荷　由梁的弯曲正应力强度条件：

$$\sigma_{\max}=\frac{M_{\max}}{W_z}\leqslant[\sigma]$$

有

$$\sigma_{\max}=\frac{\frac{2}{3}F}{237\times10^{-6}}\leqslant160\times10^6\ \text{Pa}$$

解得 $F \leqslant 56.88\ \text{kN}$

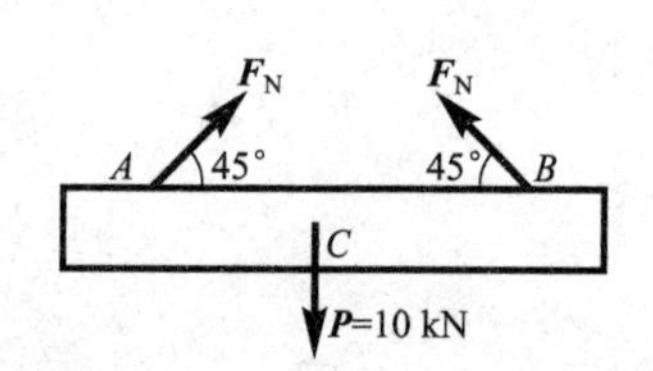

答 A 五 -5 图

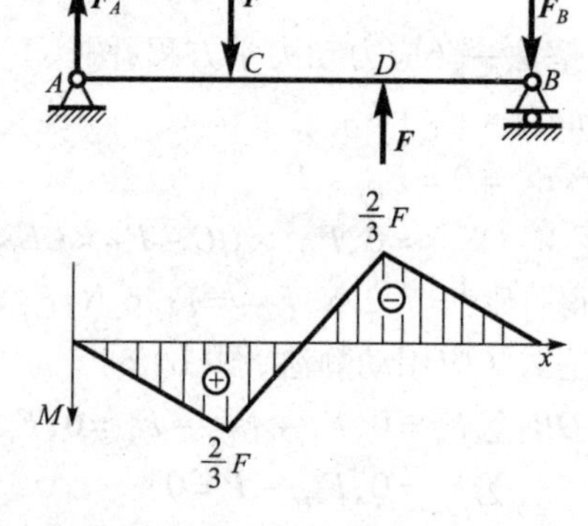

答 A 五 -6 图

7. $$\left.\begin{matrix}\sigma' \\ \sigma''\end{matrix}\right\} = \frac{\sigma_x + \sigma_y}{2} \pm \sqrt{\left(\frac{\sigma_x - \sigma_y}{2}\right)^2 + \tau_x^2} = \left[\frac{-40}{2} \pm \sqrt{\left(\frac{-40}{2}\right)^2 + 20^2}\right]\ \text{MPa}$$

$$= (-20 \pm 20\sqrt{2})\ \text{MPa} = \begin{cases} 8.28\ \text{MPa} \\ -48.28\ \text{MPa} \end{cases}$$

于是 $\sigma_1 = 8.28\ \text{MPa} \quad \sigma_2 = 0 \quad \sigma_3 = -48.28\ \text{MPa}$

$$\tau_{\max} = \frac{\sigma_1 - \sigma_3}{2} = \frac{8.28 + 48.28}{2}\ \text{MPa} = 28.28\ \text{MPa}$$

8. 轴 AB 的主动力简化如图所示。

作轴的扭矩图和弯矩图如图。

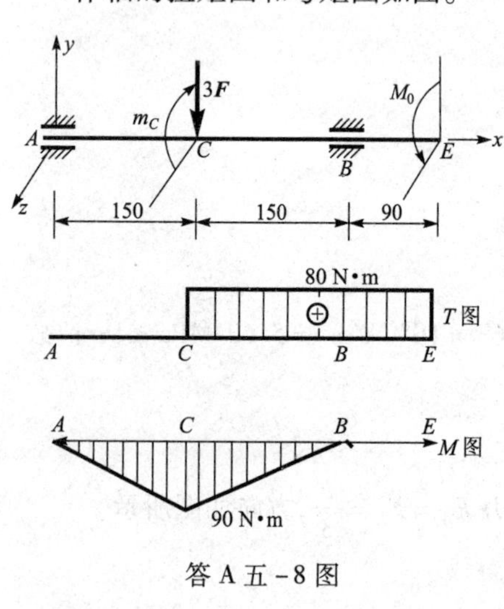

答 A 五 -8 图

此轴发生弯扭组合变形，危险截面为 C 轮所在截面，其内力分量为

扭矩 $T = M_0 = 80\ \text{N} \cdot \text{m}$

弯矩 $M = 90\ \text{N} \cdot \text{m}$

由第三强度理论 $\frac{\sqrt{M^2 + T^2}}{W} \leqslant [\sigma]$ 有

$$\frac{\sqrt{90^2 + 80^2}}{\frac{\pi}{32}d^3} \leqslant 40 \times 10^6$$

$$\frac{\pi d^3}{32} \geqslant \frac{\sqrt{90^2 + 80^2}}{40 \times 10^6} = \frac{\sqrt{14\ 500}}{40 \times 10^6} = \frac{120}{40 \times 10^6}$$

$$d \geqslant \sqrt[3]{\frac{32 \times 120}{\pi \times 40 \times 10^6}} = 3.13 \times 10^{-2}\ \text{m} = 3.13\ \text{cm}$$

工程力学综合测试题（B）参考答案

一　判断题（判断正确得分，判断错误或不判断不得分。每小题 1 分，共 8 分）

1. × 2. × 3. × 4. √ 5. × 6. √ 7. √ 8. ×

二　填空题（填对得分，填错或不填不得分。每空1分，共11分）

1. 零　2. $J_z=\dfrac{3}{2}mR^2$　3. 弹性和惯性；运动初始条件　4. $F=\pi dt\ \tau_b$　5. $EIy''=M(x)\theta=y'$　6. 比例极限；$\sigma=E\varepsilon$ 或 $\Delta l=\dfrac{F_N l}{EA}$　7. $\sigma_{max}=\sigma_1$；$\tau_{max}=\dfrac{\sigma_1-\sigma_3}{2}$

三　选择题（选对得分，选错或不选不得分。每小题2分，共12分）

1.（b）　2.（b）　3.（b）　4.（c）　5.（b）　6.（d）

四　简答题（每小题3分，共9分）

1. 在变速运动的质点上除了作用的真实力外，再假想地加上质点的惯性力，这些力在形式上构成平衡力系，这就是达朗伯原理。应用该原理将质点动力学问题从形式上转化为静力学问题的方法称为质点的动静法。

2. 图(a)：$T=\dfrac{1}{2}J_A\omega^2=\dfrac{P}{6g}l^2\omega^2$

图(b)：$T=\dfrac{1}{2}mv_C^2=\dfrac{1}{2}\ \dfrac{P}{g}l^2\omega^2$

3. $m_2=m_3=\dfrac{m_1}{2}$。绘出(a)、(b)两方案的扭矩图，如图所示。显然，方案(b)，即把轮1装在中间较好，因扭矩较小。

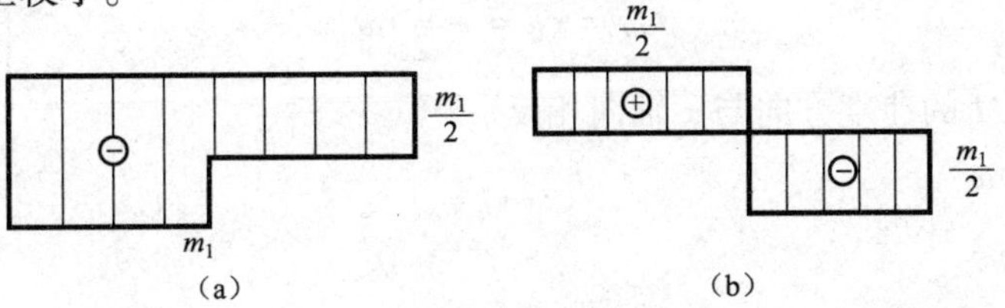

答B四-3图

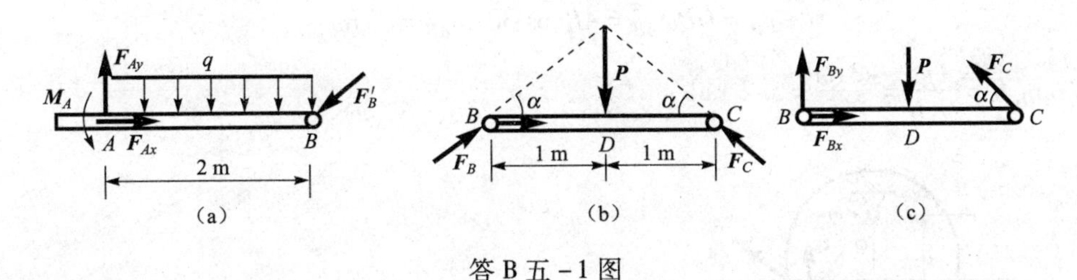

答B五-1图

五　应用题（60分）

1. 研究杆 BC（图(b)）

$$\sum F_x=0\quad F_B=F_C$$
$$\sum F_y=0\quad 2F_B\cos 45^\circ-P=0$$

解得：$F_B=F_C=14.14\ \text{kN}$

或由图(c)

$$\sum F_x=0\quad F_{Bx}-F_C\cos 45^\circ=0$$
$$\sum F_y=0\quad F_{By}-P+F_C\sin 45^\circ=0$$
$$\sum M_B(F)=0\quad F_C\sin 45^\circ\times 2-P\times 1=0$$

解得：$F_C = 14.14\ \text{kN}; F_{Bx} = F_{By} = 10\ \text{kN}$

研究杆 AB(图(a))

$$F_B = F'_B$$

$$\sum F_x = 0 \quad F_{Ax} - F'_B \cos 45° = 0$$

$$\sum F_y = 0 \quad F_{Ay} - q \times 2 - F'_B \sin 45° = 0$$

$$\sum M_A(\boldsymbol{F}) = 0 \quad M_A - q \times 2 \times 1 - F'_B \times 2 \times \cos 45° = 0$$

解得：$F_{Ax} = 10\ \text{kN}, F_{Ay} = 20\ \text{kN}, M_A = 30\ \text{kN} \cdot \text{m}$

2. 解法一（复合运动法）

动点：销钉 A　动系：连杆 BC

$$\boldsymbol{v}_A = \boldsymbol{v}_e + \boldsymbol{v}_r$$

$$v_e = v_A \sin 30° = \frac{1}{2} r\omega$$

连杆 BC：$v_{BC} = v_e = \dfrac{1}{2} r\omega$

解法二(建立运动方程)

连杆上的点 M：$x_M = r\cos\varphi, \dot{x}_M = -r\dot{\varphi}\sin\varphi = -\dfrac{1}{2} r\omega$

$$v_{BC} = \dot{x}_M = -\frac{1}{2} r\omega$$

式中的负号说明点 M 的速度方向与 x 轴向相反。

3. 杆 OA:$v_A = r\omega$

杆 AB：瞬心为 O 点

$$\omega_{AB} = \frac{v_A}{r} = \omega = 3\ \text{rad/s}$$

$$v_B = OB\omega_{AB} = AB\cos 30° \omega_{AB} = \sqrt{3} r\omega$$

杆 O_1B:$\omega_{O1}B = \dfrac{v_B}{O_1B} = \dfrac{\sqrt{3} r\omega}{r} = 5.2\ \text{rad/s}$

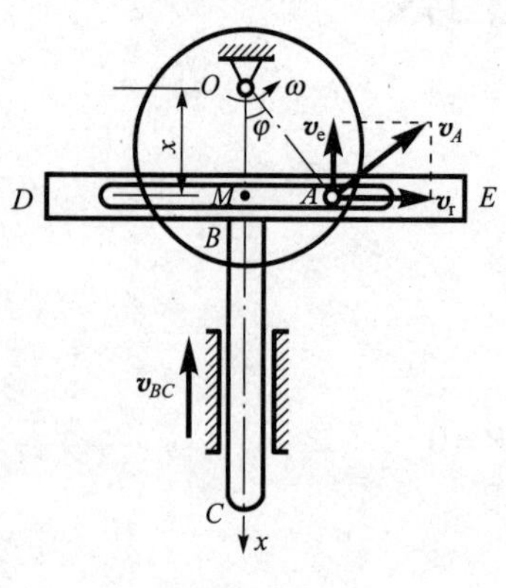

答 B 五 - 2 图

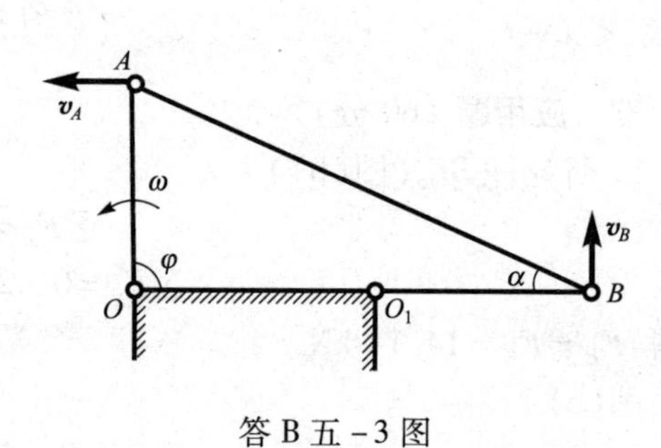

答 B 五 - 3 图

4. 解法一（应用动能定理,图(a)）

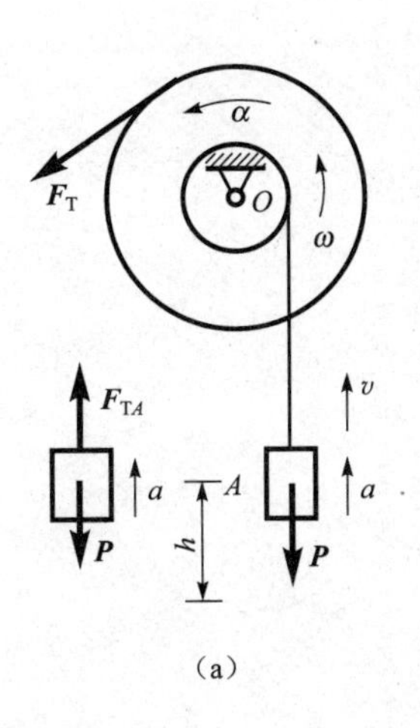

(a)

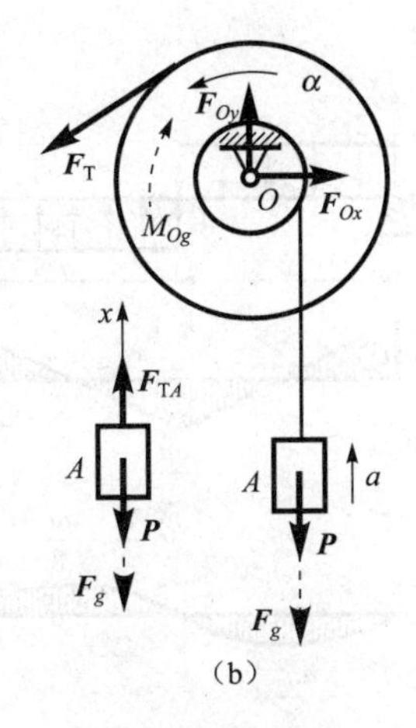

(b)

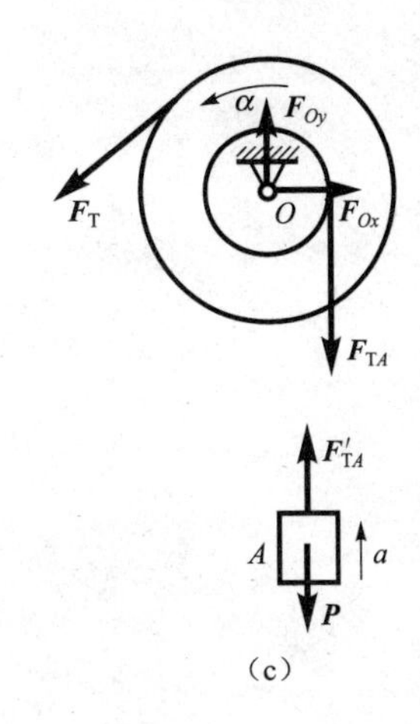

(c)

答 B 五 -4 图

研究整体。系统开始时静止，所以 $T_1=0$。重物提升 h 时，速度为$\boldsymbol{v}$ 。$h=r\varphi, v=r\omega$。

$$T_2-T_1=\sum W$$

$$\frac{1}{2}J_0\omega^2+\frac{1}{2}mv^2-0=F_\mathrm{T}R\varphi-Ph$$

$$\frac{1}{2}(J_0/r^2+m)v^2=\left(F_\mathrm{T}\frac{R}{r}-mg\right)h$$

$$\frac{1}{2}(J_0/r^2+m)2\,a=F_\mathrm{T}\frac{R}{r}-mg$$

解得：　$a=6.73\ \mathrm{m/s^2}$

研究重物 A。

$$ma=F_{\mathrm{T}A}-P$$

解得：　$F_{\mathrm{T}A}=330.6\ \mathrm{N}$

解法二（应用动静法，图(b)）

研究整体。

惯性力
$$F_\mathrm{g}=ma \qquad M_{O\mathrm{g}}=J_0\alpha$$

$$\sum M_O(\boldsymbol{F}_i)=0 \qquad F_TR-J_0\alpha=Pr-F_\mathrm{g}-r=0$$

$$a=r\alpha$$

解得：　$a=6.73\ \mathrm{m/s^2}$

研究重物 A。

$$\sum F_x=0 \qquad F_{\mathrm{T}A}-P-F_\mathrm{g}=0$$

解得：　$F_{\mathrm{T}A}=330.6\ \mathrm{N}$

解法三（应用动力学方程，图(c)）

研究鼓轮。

$$J_0\alpha=F_\mathrm{T}R-F_{\mathrm{T}A}\cdot r$$

研究重物。

$$ma=F'_{\mathrm{T}A}-P$$

解得：$a=6.73\ \mathrm{N}, F'_{\mathrm{T}A}=330.6\ \mathrm{N}$

5.

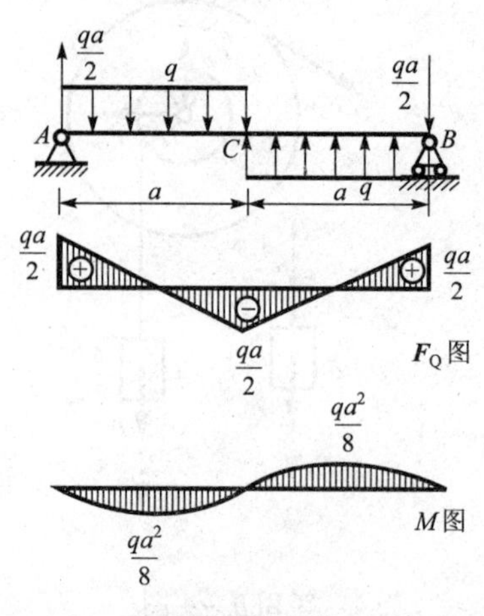

答 B 五 -5 图

6. 最大弯矩 $M_{\max}=(20\times1)\ \text{kN}\cdot\text{m}=20\ \text{kN}\cdot\text{m}$

由弯曲正应力强度条件

$$\sigma_{\max}=\frac{M_{\max}}{W_z}=\frac{20\times10^3}{\frac{b}{6}(2b)^2}\leqslant140\times10^6\ \text{Pa}$$

得 $$b^3\geqslant214.3\times10^{-6}\ \text{m}^3\quad b\geqslant5.98\times10^{-2}\ \text{m}$$

故取 $$b=6\ \text{cm},h=12\ \text{cm}。$$

7. (1) 主轴发生拉伸与扭转组合变形。危险截面为主轴的端截面,其上的内力分量为

轴力 $F_N=F_z+G+G_1=(4\ 800+285+390)\ \text{kN}=5\ 475\ \text{kN}$

扭矩 $T=M_0=9\ 549\frac{P}{n}=9\ 549\times\frac{37\ 500}{150}\ \text{N}\cdot\text{m}=2\ 387\times10^3\ \text{N}\cdot\text{m}$

(2) 危险截面上危险点处的应力分量为

正应力 $\sigma=\frac{F_N}{A}=\frac{5\ 475\times10^3\times4}{\pi(0.75^2-0.34^2)}\ \text{N/m}^2=15.47\times10^6\ \text{N/m}^2=15.47\ \text{MPa}$

切应力 $\tau=\frac{T}{W_n}=\frac{2\ 387\times10^3\times16}{\pi\times0.75^3\left[1-\left(\frac{34}{75}\right)^4\right]}\ \text{N/m}^2=30.09\times10^6\ \text{N/m}^2=30.09\ \text{MPa}$

(3) 用第四强度理论校核强度

$\sigma_{xd4}=\sqrt{\sigma^2+3\tau^2}=\sqrt{15.47^2+3\times30.09^2}\ \text{MPa}=54.36\ \text{MPa}<[\sigma]$

8. (1) $\lambda=\frac{\mu l}{i}=\frac{1\times1\ 000}{\frac{25}{4}}=160>\lambda_P=100$

故为大柔度杆。可用欧拉公式计算临界力。

(2) $F_{lj}=\frac{\pi^2EI}{(\mu l)^2}=\frac{\pi^2\times200\times10^9\times\frac{\pi(25\times10^{-3})^4}{64}}{1\times1}\ \text{N}=37.8\times10^3\ \text{N}$

(3) 工作安全系数 $n=\frac{F_{lj}}{F}=\frac{37.8}{25}=1.5<n_w=3$,故此压杆稳定性不足。